中国科学院
战略性先导科技专项报告

中国土壤微生物组（上）

朱永官　沈仁芳　主编

China Soil
Microbiome Initiative

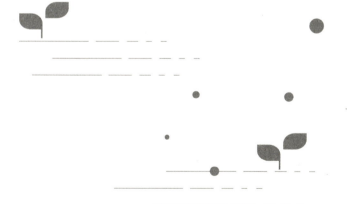

浙江大学出版社

《中国土壤微生物组》
编委会

主　编　朱永官　沈仁芳

副主编　韩兴国　王艳芬　贺纪正　贾仲君

编　委　褚海燕　梁　超　吕晓涛　丁维新
　　　　　姚槐应　杨小茹　张丽梅　施卫明
　　　　　孙　波　赵学强　徐　健　张旭东
　　　　　潘贤章

前　言

　　地球上没有完全相同的两块土壤,根本原因在于微生物的差异。从客观现实的角度看,每克土壤中微生物的数量高达10亿,很难在两个地块完全复制海量的生命形式。从历史进化的角度看,大约37亿年前,地球上出现了微生物。这些古老而简单的生命,适应不同的气候和地形等变化,在漫长的历史长河中,将贫瘠的岩石母质转化为多姿多彩的土壤,形成了地球活的皮肤,孕育了绚丽、灿烂的人类文明。

　　事实上,如果没有微生物对植物凋落物等有机物料的分解,作物年复一年汲取土壤养分,会导致土壤退化,甚至可能导致人类文明消亡。然而,令人惊异的是,尽管每克土壤中微生物的数量可达10亿,但人类对其中99%微生物的功能和潜力一无所知。这些数以亿计的未知的微生物资源,被认为可与物理学中的暗物质相媲美,被称为"微生物暗物质",事关人类千年发展大计。微生物也常被称为地球表层系统科学的引擎,驱动了元素的地球生物化学循环,是联系大气圈、水圈、岩石圈及生物圈物质与能量交换的重要纽带,为人类社会经济发展提供了重要的物质保障。

　　经过长达两年的精心酝酿,中国科学院于2014年6月启动了战略性先导科技专项(B类)"土壤-微生物系统功能及其调控"(以下简称专项)。专项凝聚了15家院内机构和8家院外机构的跨学科科研团队,充分发挥了中国科学院建制化、体系化的科技攻关优势,设置了4个项目、15个课题、43个子课题,资助总经费达2.5亿元。经过5年的努力,专项团队在土壤微生物研究的新技术开发和创新、微生物地理分布格局和资源发掘、微生物生态过程及其功能调控、植物-微生物相互作用及其应用等方面取得了一系列原创成果,研发了多项具有自主知识产权的核心方法与技术,发表了SCI论文600余篇,其中TOP一区期刊(专业内的顶尖期刊)专业内的顶尖期刊论文200余篇,包括《自然》(*Nature*)系列期刊论文46篇,为我国培养了一批土壤生物学的领军人才和优秀青年人才。专项骨干在我国农业相关重大研究计划立项和实施过程中发挥了重要作用。

　　专项的实施显著提升了我国土壤微生物的技术创新能力和原创性理论

I

积累:提出了土壤生源要素转化的同位素示踪标记物的理论和全链条技术策略,开发了国际上首个土壤单细胞拉曼分选-测序系统,建立了"土壤菌群单细胞功能基因组技术体系";阐明了我国典型农田、森林、草地土壤微生物的分布格局和时空特征,初步揭示了典型区域土壤微生物多样性的形成机制;发现了一种新型植物源硝化抑制剂,明确了其对土壤氮转化的调控作用;发现了高价态铁作为氧化剂驱动铵氧化的新过程,定量了该过程导致的农田氮损失占比;提出了"土壤微生物碳泵"的概念模型,揭示了土壤有机质的稳定性及其积累机制——红壤"大团聚体"生物培肥技术调控理论,创建了大豆等作物氮磷高效利用的地上-地下协同调控模式;开发了以土壤微生物调控为核心的新的整治耕地地力快速提升技术,并实现了推广与应用,社会、经济和生态效益显著。

专项的启动和实施,全面带动了我国土壤学、微生物学和相关学科的跨越式发展。2014年,我国土壤微生物相关的科研产出量(SCI论文)在全球占比不到20%;而2019年则急剧攀升至40%。专项国际函评的36个学术指标中,22个获得了最优评价。所有匿名国际同行评审均认为,专项的实施效果和研究质量具有卓越的国际影响力和竞争力,并能够促进其他国家对该领域开展更多、更好的研究;特别是专项获得数据本身即代表着巨大的非常有价值的资源,且都来自概念上和技术上都颇具挑战的领域中的大量高质量研究,使得专项的整体研究水平跻身国际前列。部分专家高度评价专项成果,认为其对国际土壤微生物学和相关学科研究具有指明灯的作用。

本书为专项重要成果汇编,全书分为4篇14章,系统介绍了专项在土壤微生物新技术、新方法,农田、森林和草地土壤微生物资源与格局,土壤生源要素循环的分子微生物生态学机制,以及土壤地上-地下生态系统协同耦合作用等4个方面的主要成果。期望本书的出版能够为我国土壤微生物学和相关学科提供有益的参考。

最后,感谢中国科学院对"土壤-微生物系统功能及其调控"的资助,感谢张亚平副院长领衔的专项领导小组和傅伯杰院士领衔的咨询专家组的指导与支持;感谢时任中国科学院前沿局局长许瑞明研究员、张鸿翔处长、段晓男副处长、李颖虹副研究员和汤青副研究员在专项实施过程中给予的帮助;感谢专项总体组、中国科学院南京土壤研究所专项办公室、中国科学院城市环境研究所和其他参与单位的共同努力,感谢专项所有参与人员做出的巨大贡献;特别感谢时任资源环境局范蔚茗局长和冯仁国副局长等领导在专项前期策划、筹备过程中给予的支持与指导。

朱永官

2022 年 6 月

总目录

————— 上　册 —————

第一篇　土壤微生物资源

导　言　　　　　　　　　　　　　　　　　　　3

第1章

农田土壤微生物资源　　　　　　　　　6

————

1.1　稻田土壤微生物的分布格局及形成机制　　　　　6

1.2　麦田土壤微生物的分布格局及形成机制　　　　　29

1.3　黑土微生物的分布格局及形成机制　　　　　　　38

第2章

草地土壤微生物资源　　　　　　　　　79

————

2.1　草地土壤微生物的分布格局及其尺度依赖性　　　79

2.2　微生物地理分布格局形成的机制　　　　　　　　85

2.3　草地土壤微生物的环境适应机制　　　　　　　　89

I

第3章

森林土壤微生物资源　　　　106

3.1　中国典型森林土壤微生物水平分布特征与形成机制　　　108

3.2　森林土壤微生物的垂直分布格局　　　125

3.3　森林土壤微生物对植被演替的响应规律　　　143

第4章

土壤微生物群落演变及环境驱动力解析　　　161

4.1　土壤化学计量特征与土壤微生物群落演变　　　167

4.2　凋落物化学计量特征与土壤微生物群落演变　　　178

4.3　全球变化因子与土壤微生物群落演变　　　184

4.4　区域尺度下土壤微生物群落的演变规律　　　189

第二篇　土壤碳、氮、磷生物地球化学循环的微生物过程

导　言　　　209

第5章

土壤碳循环的微生物过程　　　213

5.1　土壤微生物层级分布特征与碳稳定化机制　　　214

5.2 土壤有机质转化的微生物机制 236

5.3 土壤中外源碳有机质化的微生物机制 246

第6章

旱地土壤氮转化的微生物过程 261

6.1 典型农区旱地土壤微生物的分布格局和主要驱动因素 261

6.2 典型农区旱地土壤氮素转化的容量和强度特征 274

6.3 典型农区旱地农田土壤氮素迁移转化过程及其微生物机制 285

6.4 旱地农田土壤微生物调控原理及措施 297

第7章

稻田土壤氮转化的微生物过程 308

7.1 氧化还原梯度对微生物氮素转化功能微生物的影响 309

7.2 稻田系统中氮素转化的厌氧过程及其功能微生物 317

7.3 稻田土壤氮素转化的微生物生态机制及其调控 326

第8章

土壤磷转化及其与碳氮耦合的微生物机制   345

8.1   土壤磷素微生物活化的研究方法进展   345

8.2   土壤中磷素转化的微生物过程   362

8.3   真菌菌丝际细菌群落结构及解磷潜能   382

8.4   太湖稻麦轮作区磷肥减施土壤磷素周转特征及其微生物生态机制   384

下　册

第三篇　土壤微生物调控（地上–地下耦联）

导　言   395

第9章

根系–微生物对话的信号基础与氮磷转化吸收   399

9.1   根系–微生物对话的信号基础与氮转化吸收   399

9.2   土壤–根系–微生物系统的信号物质与磷的吸收利用   413

第10章

土壤–根系–微生物的协同作用机制与氮磷生物有效性   435

10.1   土壤生物协同作用对碳氮磷转化的驱动机制   435

| 10.2 | 根系–微生物交互作用对氮磷吸收转运的驱动机制 | 447 |

| 10.3 | 作物根–茎–叶氮磷吸收和转运机制及调控 | 471 |

第11章

氮磷高效利用的土壤–生物功能调控与技术原理   495

——

| 11.1 | 外源生物对根圈土壤氮磷供应的调控与技术原理 | 495 |

| 11.2 | 氮磷高效利用的地上–地下生物功能调控与技术原理 | 525 |

第四篇　土壤微生物技术

导　言   555

第12章

土壤微生物组与单细胞新技术及应用   559

——

| 12.1 | 土壤微生物宏基因组技术 | 559 |

| 12.2 | 基于液滴微流控的微生物单细胞高通量培养分选技术 | 563 |

| 12.3 | 土壤微生物宏蛋白质组技术 | 578 |

| 12.4 | 土壤微生物单细胞拉曼分析分选和基因组测序 | 586 |

第 13 章

土壤微生物系统功能及其原位表征技术 598

———

13.1 稳定同位素示踪土壤微生物标记技术 599

13.2 基于膜进样质谱法的稻田硝酸根还原过程研究 608

13.3 微生物参与策略表征及群落功能的定量评价技术 615

第 14 章

土壤-微生物系统数据整合集成与分析平台建设 633

———

14.1 土壤微生物研究规范与标准 633

14.2 土壤微生物数据的空间分析与挖掘 646

14.3 土壤微生物数据库特征与平台服务 658

参考文献 683

上册目录

第一篇 土壤微生物资源

导 言   3

第1章

农田土壤微生物资源   6

1.1 稻田土壤微生物的分布格局及形成机制   6

    1.1.1 稻田土壤微生物典型特征   6

    1.1.2 稻田土壤细菌微生物群落分布格局   7

    1.1.3 稻田土壤真菌微生物群落分布格局   12

    1.1.4 稻田土壤细菌与真菌相互作用关系   16

    1.1.5 稻田土壤古菌群落分布格局   21

1.2 麦田土壤微生物的分布格局及形成机制   29

    1.2.1 大尺度麦田土壤微生物的地理分布及群落构建   30

    1.2.2 大尺度麦田根际土壤微生物生物地理分布   33

    1.2.3 华北麦田土壤微生物分布与土壤功能潜力的耦合   36

1.3 黑土微生物的分布格局及形成机制   38

    1.3.1 黑土区概况   38

    1.3.2 黑土农田土壤样品的采集及土壤理化指标   39

    1.3.3 黑土土壤细菌群落结构   42

I

1.3.4 真菌群落结构 50

1.3.5 黑土古菌 58

1.3.6 黑土氨氧化细菌和氨氧化古菌 65

第2章

草地土壤微生物资源 79

——

2.1 草地土壤微生物的空间分布格局及其尺度依赖性 79

2.1.1 水平空间分布 80

2.1.2 垂直水平分布 84

2.2 微生物地理分布格局的机制 85

2.2.1 决定性过程 86

2.2.2 随机过程 88

2.2.3 决定性过程和随机过程的共同作用 89

2.3 草地土壤微生物的环境适应机制 89

2.3.1 草地土壤微生物的分布特征与环境适应机制 90

2.3.2 草地土壤微生物的环境适应理论 90

2.3.3 草地土壤微生物的环境适应变化与机制 91

第3章

森林土壤微生物资源 106

——

3.1 中国典型森林土壤微生物水平分布特征与形成机制 108

3.1.1 森林土壤微生物多样性纬度变化特征及其机制 112

3.1.2 林分尺度下土壤微生物多样性的构建机制 120

3.2 森林土壤微生物的垂直空间分布格局 125

　　3.2.1 中国不同气候带森林土壤微生物多样性海拔梯度格局 126

　　3.2.2 中国不同气候带森林土壤微生物总体群落组成海拔梯度格局
　　　　　及其驱动因子 131

　　3.2.3 中国不同气候带优势微生物类群相对丰度海拔梯度格局 134

3.3 森林土壤微生物对植被演替的响应规律 143

　　3.3.1 温带长白山森林次生演替对土壤微生物群落结构的影响 146

　　3.3.2 亚热带天童山森林演替对土壤微生物群落结构及酶活性
　　　　　的影响 153

第4章
土壤微生物群落演变及环境驱动力解析 161

4.1 土壤化学计量特征与土壤微生物群落演变 167

　　4.1.1 生态化学计量学概述 168

　　4.1.2 土壤的化学计量特征及其驱动因素 169

　　4.1.3 土壤全量元素化学计量特征与土壤微生物群落 172

　　4.1.4 土壤有效态元素化学计量特征与土壤微生物群落 174

4.2 凋落物化学计量特征与土壤微生物群落演变 178

　　4.2.1 凋落物化学计量特征对全球变化的响应 178

　　4.2.2 土壤微生物群落对凋落物化学计量特征的响应 180

4.3 全球变化因子与土壤微生物群落演变 184

　　4.3.1 环境变化对土壤微生物群落的相对影响 184

　　4.3.2 环境变化影响土壤微生物群落的物理化学机制 185

　　4.3.3 环境变化对土壤微生物群落影响的生态学过程 186

Ⅲ

4.4 区域尺度下土壤微生物群落的演变规律	189
4.4.1 当代环境因素和历史因素对微生物空间分布的影响	191
4.4.2 我国北方草地土壤微生物研究现状	194
4.4.3 北方草地土壤微生物α-多样性的区域尺度演变规律	195
4.4.4 北方草地土壤微生物β-多样性的区域尺度演变规律	202

第二篇 土壤碳、氮、磷生物地球化学循环的微生物过程

| 导　言 | 209 |

第5章
土壤碳循环的微生物过程　213

——

5.1 土壤微生物层级分布特征与碳稳定化机制	214
5.1.1 土壤微生物群落结构与有机碳累积的关系	214
5.1.2 土壤中微生物的微尺度分布特征及其关键控制因素	220
5.1.3 微米级土壤中碳稳定的微生物介导机制	225

5.2 土壤有机质转化的微生物机制	236
5.2.1 土壤中纤维素和木质素的转化特征与微生物机制	236
5.2.2 土壤有机质转化过程中碳氮磷耦合的微生物计量学机制	242

5.3 土壤中外源碳有机质化的微生物机制	246
5.3.1 外源秸秆碳的分解和去向	246
5.3.2 外源葡萄糖碳在不同肥力土壤中的分解	255

第6章
旱地土壤氮转化的微生物过程 261

6.1 典型农区旱地土壤微生物的分布格局和主要驱动因素 261

    6.1.1 细菌/真菌/古菌/原生动物 261

    6.1.2 氮转化功能微生物 268

6.2 典型农区旱地土壤氮素转化的容量和强度特征 274

    6.2.1 旱地土壤硝化反硝化潜势 274

    6.2.2 旱地农田肥料氮去向 276

    6.2.3 旱地土壤气态氮损失 282

6.3 典型农区旱地农田土壤氮素迁移转化过程及其微生物机制 285

    6.3.1 红壤坡地农田土壤氮素迁移转化过程及其微生物机制 285

    6.3.2 旱地土壤 N_2O 产生机制 289

6.4 旱地农田土壤微生物调控原理及措施 297

    6.4.1 硝化抑制剂对旱地土壤氮转化过程的调控效应及微生物机制

        298

    6.4.2 主要作物生长过程中土壤氮素转化关键微生物的演变特征 303

    6.4.3 不同施肥管理措施对土壤和作物微生物组的调控效应 304

第7章
稻田土壤氮转化的微生物过程 308

7.1 氧化还原梯度对微生物氮素转化功能微生物的影响 309

    7.1.1 稻田根际/非根际土壤氮素转化功能微生物特征 309

7.1.2 稻田根际/非根际厌氧氨氧化细菌群落组成 310

7.1.3 稻田氮素转化功能微生物对氧化还原电位的响应机制 314

7.2 稻田系统中氮素转化的厌氧过程及其功能微生物 317

7.2.1 反硝化过程及其功能微生物 317

7.2.2 厌氧氨氧化过程及其功能微生物 320

7.2.3 甲烷厌氧氧化过程及其功能微生物 323

7.2.4 硝酸盐异化还原为铵及其功能微生物 324

7.3 稻田土壤氮素转化的微生物生态机制及其调控 326

7.3.1 稻田土壤微生物生态特征 326

7.3.2 稻田土壤氮素周转通量与功能微生物群落 330

7.3.3 稻田土壤氮素转化的微生物调控机制 336

第8章
土壤磷转化及其与碳氮耦合的微生物机制 345

8.1 土壤磷素微生物活化的研究方法进展 345

8.1.1 微生物功能基因芯片 345

8.1.2 基于单细胞拉曼光谱研究驱动氮和磷循环的土壤功能微生物

354

8.1.3 磷酸盐氧同位素技术在示踪土壤磷素周转和固定过程中的应用

358

8.2 土壤中磷素转化的微生物过程 362

8.2.1 土壤磷素组成及分级方法 362

8.2.2 土壤磷素活化的新视角——"以碳促磷" 367

8.2.3 根际微生物的有机磷活化过程 374

| 8.3 | 真菌菌丝际细菌群落结构及解磷潜能 | 382 |

8.4	太湖稻麦轮作区磷肥减施土壤磷素周转特征及其微生物生态机制	384
	8.4.1 稻麦轮作农田土壤磷素供给阈值	386
	8.4.2 稻麦轮作农田土壤磷素周转机制	387
	8.4.3 稻麦轮作土壤磷素周转过程中微生物作用	390

第一篇

土壤微生物资源

导　言

　　土壤是地球环境中微生物多样性最高、物种最丰富的环境,每克土壤中微生物数量达1亿~10亿,可能含有高达800万不同的微生物物种。土壤微生物千姿百态,以自己特有的生存和繁衍方式存在于土壤之中。它们对于土壤的形成发育、肥力演变和生态系统中的物质循环及能量流动有着重要的影响。种类丰富、数量巨大的土壤微生物是无法估量的潜在资源,我们目前对于土壤微生物的认知十分有限,90%以上的土壤微生物尚不为人所知。定向挖掘并调控土壤生物功能,为工业、农业和医药行业服务,成为国际研究前沿。探寻土壤微生物的地理分布格局则成为发掘和利用土壤微生物资源的重要前提。

　　生物的分布格局反映了生物之间以及生物与环境之间的相互关系,与"尺度"一起被称为生态学研究的核心问题,同时也是生物地理学的基石。在什么地方分布着什么样的土壤微生物?为什么这些土壤微生物生活在那里?在不同时间和空间尺度下,土壤微生物是如何分布的?对这些问题的研究有助于深刻理解地球上生物多样性产生和保持的机制(如物种形成、消失、扩散、种间相互作用),是亟待解决的前沿科学问题之一。

　　科学界对宏观生物(如动物、植物)的研究发现其分布具有明显的地域性,提出了动植物地理分布的理论和假说,例如,动植物多样性随纬度和海拔增加不断降低或成单峰模式等。虽然土壤微生物是陆地生态系统的关键组成部分,承担着极其重要的生态功能,但是由于其高度多样性以及研究手段的限制,对于微生物,特别是土壤微生物空间分布格局的研究长期滞后于针对动植物空间分布格局的相关研究。科学界对于土壤微生物是否存在一定的生物地理分布格局存在争论,这严重制约了我们对生态系统过程和功能的整体认识，以及对生态系统在管理措施和全球变化下演变规律的理解和预测能力。21世纪以来，随着高通量测序、基因芯片等技术的突破，从基因水平高通量测定不可培养土壤微生物的群落组成和功能多样性成为可能。土壤微生物的空间分布规律及其驱动机制已经成为国际上土壤学、微生物学、地理学和生态学等多学科交叉研究的热点，同时也是难点。

土壤中几乎所有物质的转化都是在微生物参与下进行的，因此，微生物组成和多样性对土壤的生态功能有直接影响。陆地植物的分布有明显的地域性，土壤类型也呈地带性分布，不同地区有不同类型的植被和土壤。已有大量研究表明，植被类型和土壤类型可以影响土壤微生物群落的组成和多样性，因而土壤微生物随土壤和植被类型不同而存在地域性差异。另外，多种生物和非生物因素均可影响微生物群落的组成和多样性。不同地区和气候类型下陆地生态系统的自然变异和所受的人为干扰不同，均会导致土壤微生物群落的地理空间分异。以往基于培养方法的研究发现了土壤微生物的特定生理类群具有地方特异性，但由于环境中微生物绝大多数尚不可培养，所以这些结果并不能反映完整的微生物类群。

土壤微生物空间分布的核心问题和难点是将特定的微生物与复杂的功能直接联系起来，最终实现人为管理调控生态功能服务。尽管目前还存在着诸多挑战，如微生物的功能冗余、相同基因具有不同的功能等，但已经发展出一些分析和预测模型，如利用局部相似性分析来建立微生物种或门之间以及微生物与环境之间的相互关系，利用系统进化的生态网络来找出在群落中起关键作用的微生物类群，通过环境参数来预测微生物的群落组成，进而将预测的微生物组成与其功能联系起来。得益于测试与分析技术手段（高通量测序、基因芯片等）和方法的发展，我们才有可能将复杂的群落结构与其功能耦合，找到发挥核心作用的微生物类群和环境驱动因子，验证并外推先前的理论，预测在管理措施及全球变化背景下微生物的群落变化及可能产生的生态过程效应。目前大多数研究未能比较自然变异与人为干扰下土壤微生物分布规律的异同，也未能在不同空间尺度下研究微生物的空间分布。因此，当代环境条件和历史因素如何驱动土壤微生物的空间分布尚存巨大的未知。

基于此，在中国科学院战略性先导科技专项（B类）——"土壤-微生物系统功能及其调控"专项中设置了"土壤微生物的分布格局与驱动机制"的项目并形成了本章的主要内容。本章利用我国地域广阔、不同地区气候差异

4

显著,且生态系统自然变异及受人为干扰程度各不相同的特点,借助现代分子生物学和生物信息学技术,开展典型农田、草地和森林土壤微生物分布格局的研究,针对性地回答以下重大科学问题:土壤微生物的空间分布规律如何? 当代环境条件和历史因素如何驱动微生物分布,相对贡献如何? 在不同的生态系统、不同空间尺度下微生物分布规律有何不同? 在项目执行期间,来自中国科学院沈阳应用生态研究所、中国科学院大学、中国科学院南京土壤研究所、清华大学等单位的科研人员,在全国范围内选择主要农田、草地和森林土壤,系统地研究了典型生态系统土壤微生物的物种组成和多样性,绘制了我国典型生态系统的微生物组成分布图,并形成了土壤微生物及基因分布数据库。同时,还针对重要的生态过程,如氮、磷转化的功能微生物组成等,开展了深入研究,研究结果为系统挖掘土壤微生物资源提供了坚实基础。在不同时空尺度下认知土壤生物的结构、格局、演替及其机制,为深入理解生态系统的结构和功能,预测生态系统对管理措施和环境变化的响应提供了科学依据,这对于提升我国农田、草地和森林生态系统管理水平有着重要的科学价值。

第1章 农田土壤微生物资源

本章主要围绕稻田土壤、麦田土壤、黑土微生物的分布格局及形成机制展开讨论。

1.1 稻田土壤微生物的分布格局及形成机制

1.1.1 稻田土壤微生物典型特征

稻田是地球上最大的人工湿地,其面积约为1.1亿公顷,其中又有约90%集中分布在亚洲。我国的水稻播种面积在世界产稻国中位居第二位,产量居首,具有悠久的稻作史。水稻可由任一类型的土壤,经人类的长期耕作活动改良而成。在水稻的生长季节,水稻土被水覆盖,形成缺氧环境;水稻收割之后,水稻土暴露于空气中,成为好氧环境。干湿交替的土壤环境使得水稻土成为一种特殊的农田土壤,形成了独特的氧化还原特性,使得好氧、厌氧、兼性厌氧微生物共同分布于土壤中。但是,长期的水流冲刷也使得水稻土中的营养物质流失严重。作为重要的植物营养元素,氮元素的流失容易造成水稻减产。微生物作为地球化学循环的重要参与者,对调节碳氮元素循环起到重要作用。其中,固氮细菌通过氮固定过程为水稻的生长提供氮元素(Bannert et al., 2011)。然而,目前水稻土中功能微生物的分布规律及演替规律仍然未知,关于水稻土中功能微生物的研究对提高耕作效率具有重大意义。

微生物多样性对生态系统功能具有重要作用,研究微生物群落多样性的地理分布规律,是保护和提高生态系统功能的重要保证。尽管微生物体积微小,容易扩散,但是由于地理距离的阻隔和环境选择,不同地区的微生物丰度和多样性差别明显（Green et al.，2006；Meyer et al.，2018）。地理距离衰减规律，也就是随着地理距离的增加，微生物群落的相似性降低，是表征这一差距的重要地理学分布规律之一（Green et al.，2006；Zhang et al.，2016）。这一规律揭示随着空间距离增加，微生物群落多样性增加。地理衰减的速率显示了微生物群落多样性增加的速率。水稻土特殊的耕作方式——定期翻耕，使得水稻土中微生物更容易进行地理扩散。此外，长期翻耕使得水稻土壤的异质性比其他农田土壤要低（Ranjard et al.，2013），相似的土壤环境更容易选择出相似的微生物（Hewson et al.，2006）。基于这些假设，水稻土中微生物群落的地理衰减速率应比其他环境要低。同时，不同的微生物群落，如细菌、真菌、古菌和固氮菌微生物群落的地理衰减规律可能存在差异（Angermeyer et al.，2015）。因此，本章着眼于水稻土中的不同微生物群落的地理衰减规律，比较细菌、真菌、古菌和固氮菌微生物群落的地理衰减速率，并介绍其环境影响因子。

在不同的空间尺度下，环境因子的差异性可能存在不同。例如，在小尺度的一块水稻田中，土壤湿度、温度、含水量相似性高；在大尺度下，不同省份水稻土的环境因子差异性则会远远高于小尺度下的差异性。同时，地理扩散的限制在不同尺度下也有巨大差距：在一块水稻田中，土壤微生物容易随风飘移或随水漂移；而在不同省份之间，微生物的长距离飘移则十分困难。基于以上两点，微生物群落在大尺度下的相似性应小于在小尺度下的相似性。因此，微生物的地理衰减规律应该存在空间尺度依赖性（Meyer et al.，2018）。由于缺乏扩散限制，海洋微生物更容易扩散，因此地理衰减速率很小（Hewson et al.，2006）。在沼泽地中，氨氧化细菌和硫还原细菌的地理衰减速率随空间尺度改变而改变，表现出明显的空间尺度依赖性（Martiny et al.，2011）。因此，本章还关注固氮菌和细菌的地理衰减规律是否存在空间尺度依赖性。

1.1.2 稻田土壤细菌微生物群落分布格局

微生物的地理衰减规律已被广泛研究，但对水稻田中微生物群落的地理衰减规律的研究比较缺乏（Angermeyer et al.，2015）。我国水稻田分布广泛，且温度、湿度等气候条件差异相对较小。有研究表明，在小尺度（1～113m）、中尺度（3.4～39km）、大尺度（103～668km）下，细菌和固氮菌的地理衰减速率具有显著差异（见图1.1.1），因此，水稻土中微生物的固氮潜势具有很强的空间异质性(Gao et al.,2019)。这可能与土壤溶解性有机氮、氨氮和硝酸盐在水稻土中的空间异质性相关。水稻的长期耕作会促进固氮菌的固氮能力(Bannert et al.,2011),因此,固氮菌β-多样性的空间异质性对土壤氮含量的差异性具有一定的指示作用。研究还表明,固氮菌在中尺度并没有显著的地理衰减规律,因此不同水稻田之间固氮菌的相似度比较高,我国水

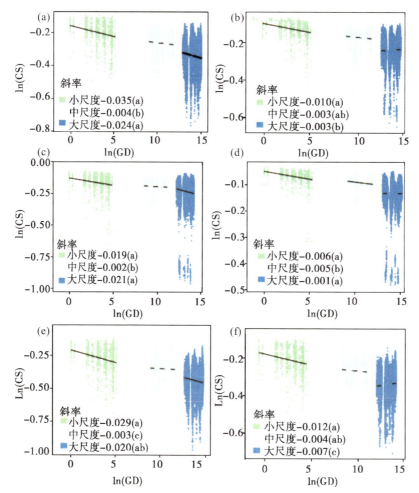

图1.1.1 细菌和固氮菌在不同空间尺度的地理衰减规律。(a)&(b)细菌和固氮菌的群落相似性随地理距离的衰减规律;(c)&(d)固氮菌的稀有种群和核心种群的群落相似性随地理距离的衰减规律;(e)&(f)细菌的稀有种群和核心种群的群落相似性随地理距离的衰减规律

注:GD,地理距离,m;CS,群落相似性。图中数据后不同小写字母表示细菌和固氮菌在不同空间尺寸的地理衰减规律间差异达到显著水平($P<0.05$)。

稻田的固氮功能比较稳定（Gao et al., 2019）。按照细菌或固氮菌在所有样品中出现的概率，将细菌和固氮菌群落分为稀有种群（在25%及以下的样品中被检测到）和核心种群（在超过75%的样品中被检测到）。地理衰减的空间依赖性在稀有固氮菌群落以及核心固氮菌群落中都存在（见图1.1.2），表明固氮菌地理衰减空间依赖性具有普适性（Gao et al., 2019）。

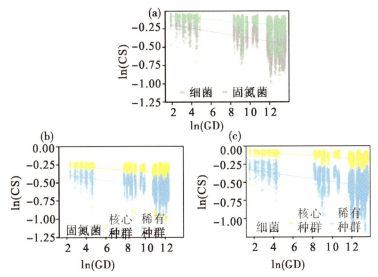

图1.1.2 细菌和固氮菌群落的地理衰减规律。(a)细菌和固氮菌的群落相似性随地理距离的衰减规律；(b)固氮菌的稀有种群和核心种群的群落相似性随地理距离的衰减规律；(c)细菌的稀有种群和核心种群的群落相似性随地理距离的衰减规律

注：GD，地理距离，m；CS，群落相似性。

引起水稻田地理衰减规律的主要因素包含生物因子、环境因子和地理距离（见表1-1-1）。在以往研究中发现，土壤pH在不同生态系统中均对微生物群落结构具有重要影响（Liu et al., 2016；Shen et al., 2016）。同样，在三个空间尺度下，土壤pH对水稻田土壤中固氮菌群落β-多样性空间分布均具有重要影响。与固氮菌不同的是，细菌群落只在小尺度下具有显著的地理衰减规律。在以往研究中同样发现，细菌群落的地理衰减规律在小尺度（厘米级）上才能被观测到（O'Brien et al., 2016）。

这一现象可能跟以下几个因素有关。第一，长期的翻耕和灌溉使得水稻土的空间异质性小于其他农田土壤。相比地理距离，相似的土壤环境可能会对细菌产生更大的影响。第二，在小尺度范围内比中尺度和大尺度能观察到更多聚集的细菌物种。以往的研究发现,土壤颗粒的团聚效应使得土壤微生物在土壤团块内部更为相似,而土壤团块之间差异较大,因此在小尺度下更容易观测到微生物群落β-多样性的空间变化(Faust et al.,2012a)。第三,根系营养物质分布不均衡,这也会导致微生物细菌物种之间的竞争-合作机制,从而影响微生物在不同空间点的群落结构和β-多样性(Yang et al.,2018)。第四,在整个空间尺度下的采样并不能涵盖水稻土中所有细菌物种,这就造成在中尺度和大尺度细菌群落出现地理衰减速率的偏差。

表1-1-1 地理距离、环境因子、生物因子在不同空间尺度下对细菌和固氮菌地理衰减的贡献度

菌 类	因 素	整体种群		稀有种群		核心种群	
		R^2	P	R^2	P	R^2	P
固氮菌	地理距离	0.273	0.001	0.285	0.001	0.129	0.001
	环境因子[a]	0.254	0.001	0.251	0.001	0.198	0.001
	生物因子[b]	0.174	0.001	0.097	0.001	0.395	0.001
细 菌	地理距离	0.171	0.001	0.270	0.001	0.244	0.001
	环境因子	0.230	0.001	0.193	0.001	0.296	0.001
	生物因子	0.403	0.001	0.180	0.001	0.456	0.001

[a]非生物因素:溶解性总碳、溶解性总氮、氨态氮、硝态氮、土壤含水率、温度、pH。
[b]生物因素:平均连接度、平均聚集系数、模块化。

细菌群落β-多样性空间分布的尺度依赖性在不同的环境中可能不同(Lozupone et al.,2007;Zinger et al.,2014)。例如,土壤沉积物中,微生物容易固着在土壤团块中,从而形成地理隔离,造成微生物群落β-多样性的空间分布往往差异较大(Zinger et al.,2014)。在一项细菌地理衰减规律的研究中,海洋中细菌群落的地理衰减速率远远小于土壤沉积物中细菌群落的地理衰减速率,与土壤中细菌的地理衰减速率相似(Ranjard et al.,2013)。这主要是由于洋流的流动性促进了微生物的地理扩散(Zinger et al.,2014)。水稻土中细菌群落在中尺度和大尺度下均没有地理扩散(Gao et al.,2019),在小尺度下的地理扩散速率与在沉积物中相似(0.003~0.070)(Schauer et al.,2010),这表明水稻土中细菌的扩散限制较小。

尽管核心固氮菌种群的地理衰减速率在不同的空间尺度中存在差异,这一现象并没有在核心细菌种群中发现。环境异质性增大,核心细菌种群比核心固氮菌拥有更多的生态位,地理距离增加对核心细菌种群β-多样性的影响会小得多。另外,细菌群落具有更多的物种,因此物种的迁移、飘散、

定植过程会更加随机(Bell,2010)。相比于核心种群,细菌和固氮菌的稀有种群均在小尺度下具有更快的地理衰减速率,与以往的模型研究结果一致(Morlon et al.,2008)。

微生物之间的相互作用也会对微生物群落β-多样性的空间分布产生影响。例如,微生物对环境中营养元素的竞争会限制微生物物种之间的共存,造成更大的空间差异(Macarthur et al.,1967;Leibold,1998)。相反,不同微生物之间的互惠关系会促进微生物共存,导致更小的空间差异(Zelezniak et al.,2015)。根据零模型的模拟结果,水稻土中81%~94%的细菌和固氮菌物种都会存在非随机的相互关联(见图1.1.3),远远高于植物物种的关联程度(Blois et al.,2014;Li et al.,2016)。微生物间的相互作用对细菌群落的影响要远远大于对固氮菌群落的影响(Gao et al.,2019)。微生物物种通过相互作用形成复杂的网络结构,微生物网络的模块化对细菌群落β-多样性的空间差异具有最重要的影响。在以往的研究中,网络模块可以被当作微关联的模块(Luo et al.,2006)。模块化体现了细菌群落的多样的生态位(Chaffron et al.,2010)。生物群落内部不同的功能群体中具有相似功能的微生物容易相互关联,形成密切的网络关系。

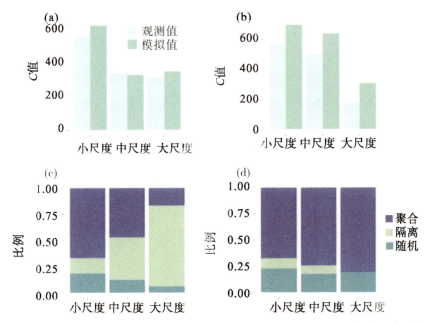

图1.1.3 物种的相互作用关系。(a)细菌和(b)固氮菌在小尺度、中尺度、大尺度下的C值;(c)细菌和(d)固氮菌在小尺度、中尺度、大尺度下显著聚集、显著发散和随机出现的物种比例

1.1.3 稻田土壤真菌微生物群落分布格局

土壤真菌对难降解碳的降解能力较强,可以将地上植物的大分子有机物中的碳元素和氮元素等分解为简单的小分子,返还到水稻田土壤中去。这对维持土壤养分含量,供给水稻正常生长的养分需求具有十分重要的作用。然而,不同的水稻田由于耕作条件的差异,其土壤环境不尽相同,而不同的环境所选择的土壤真菌的群落也不尽相同。因此,我国水稻田土壤真菌群落多样性的分布特征如何,在不同的水稻田中的组成主要是由哪些因素决定的,目前尚不清楚。

已有研究表明,土壤真菌群落无论在大尺度还是在小尺度下,都呈现出相似性的距离衰减关系(见图1.1.4)。与细菌群落相似,真菌群落的距离衰减关系也具有空间尺度依赖性(Bahram et al.,2013)。导致这种距离衰减关系差异的原因主要是驱动真菌群落多样性分布的生态学过程在不同的空间尺度下不同,比如确定性和随机性过程、环境选择和扩散限制等(McGill,2010)。

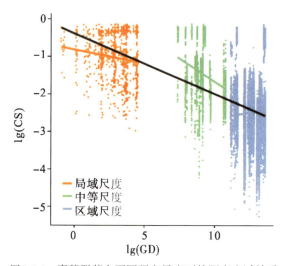

图1.1.4 真菌群落在不同研究尺度下的距离衰减关系

注:GD,地理距离,m;CS,群落相似性。

在以往对土壤细菌群落和植物群落的研究中已经证明,这些生态学过程在不同空间尺度下的相对作用差异导致了距离衰减关系斜率的差异(Chase,2014)。其中在较大的空间尺度下,确定性的环境选择过程更加重要;而在较小的空间尺度下,扩散过程和随机漂变过程更加重要(Bahram et al.,2016)。驱动真菌群落距离衰减关系的生态学过程尺度依赖性研究较少。由于水稻田生态系统是一个特殊的、经过长时间人为干扰的土壤生态系统,土壤环境在较小的研究尺度下较为均质,而且由于地上部分的水稻种植历史和耕作条件相同,由此排除了很多人为的干扰因素。

在Zhao等的研究(zhao et al.,2019)中发现,水稻田土壤中丰度最高的真菌为子囊菌门的Sordariomycetes(见图1.1.5)。Sordariomycetes在碳氮比较低的土壤中较为丰富(Yuan et al.,2018)。水稻收割或氮肥施用造成的土壤碳氮比降低可能是导致Sordariomycetes丰度增加的重要原因。此外,最丰富的真菌分类单元(operational taxonomic units, OTU)属于 *Mortierella* 属。*Mortierella* 属在草原和泥炭地土壤中最为丰富(Pellissier et al.,2015)。*Mortierella* 属中含有重要的腐生菌,对降解土壤中的植物凋落物具有重要作用,有利于有机质的转化。这表明 *Mortierella* 属对调控水稻田土壤的碳、氮循环具有重要作用。

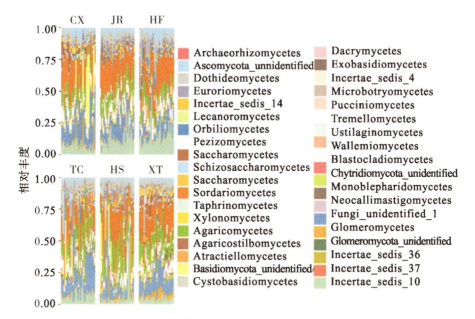

图1.1.5 真菌群落纲水平上的组成情况分布图

注:CX、JR、HF、TC、HS、XT分别代表长兴、句容、合肥、桐城、黄石、仙桃。

在一项对水稻田土壤真菌群落的距离衰减关系研究发现,真菌群落存在空间尺度依赖性的距离衰减关系,这与细菌和植物群落中的发现相类似(Martiny et al.,2011;Nekola et al.,2014)。土壤真菌群落的距离衰减关系在小尺度和中尺度下被观察到,在大尺度下没有被观察到(Zhao et al.,2019)。在中尺度下,真菌群落的地理衰减速率最快,而Martiny等(2011)发现,在沼泽中,氨氧化细菌群落在大尺度下的距离衰减速率最快。有几个原因可以解释这种差异。首先,频繁种植水稻会导致水稻田具有相对较好的营养环境,因此环境选择可能对观察到的距离衰减规律贡献较少。其次,自然环境可能存在优先效应,即当地适应的真菌个体可能已经能够通过竞争排除来排除后来的入侵真菌(Kennedy et al.,2010)。局部适应的真菌个体可以增加其自身的丰度,因此在小尺度下容易观察到距离衰减关系。然而,随着空间尺度加大,优先效应减弱,因而在一定程度上降低了距离衰减速率(Kennedy et al.,2010;Hanson et al.,2012)。最后,由于采样数量的限制,不能涵盖大尺度下所有真菌物种的信息,从而导致距离衰减关系被掩盖(Jizhong et al.,2013)。

构建零模型是分析确定性和随机性过程对微生物群落影响的重要方法(Ning et al.,2019)。研究表明,在较大的区域研究尺度下,确定性过程对真菌群落构建的影响更加强烈,而在较小的局域研究尺度下,随机性过程更加强烈(Zhao et al.,2019)。具体而言,环境选择的作用在区域尺度下最强,随着研究尺度减小,其作用逐渐减弱。而随机的生态漂变过程则随着研究尺度逐渐减小而增强(见图1.1.6)。群落构建的生态过程的尺度依赖性已经被广泛证明,包括植物群落和细菌群落,真菌群落构建也遵循同样的尺度依赖性规律(Bahram et al.,2016)。环境因子在较大的研究尺度下比空间距离相关的因子更加重要;而在较小的空间尺度下,空间距离的影响比环境因子的影响更大。此外,研究表明土壤溶解性有机碳元素的含量是驱动真菌多样性的最主要环境因子(Zhao et al.,2019)。真菌无法固定碳和氮,因此,真菌依赖外部提供的有机物和含氮化合物来生长。也有研究表明,许多真菌喜欢温暖、含糖、酸性、有氧和潮湿的条件(Walker et al.,2017)。水稻田中溶解性的碳含量较低。由于地上的生物由于收割被去除,地下植物残体的分解速率不足以供给微生物的需要,因此溶解性的有机碳含量成为非常重要的限制因素(见表1-1-2)。证据表明,真菌群落和土壤养分(溶解性有机碳、氮)之间具有显著相关性(Zhao et al.,2019)。除了土壤养分,水稻土中的淹水条件会改变土壤的氧气含量,对真菌也具有较强的环境选择作用。在大尺度下,确定性过程解释了水稻田土壤中真菌群落空间分布规律的82.4%(Zhao et al.,2019),表明环境选择在较大尺度的真菌群落构建中占主导地位(Tedersoo et al.,2012;Kivlin et al.,2014)。

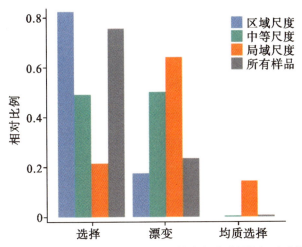

图1.1.6　不同空间尺度下群落构建的生态学过程的相对贡献

相比之下,生态漂移等随机过程在小尺度(63.9%)、中尺度(50.2%)和大尺度(17.6%)的解释量逐渐减小,这说明小尺度下漂移的作用更强。此外,扩散限制以及生物选择(例如真菌-真菌相互作用或真菌-植物相互作用)、进化和历史突发事件所引起的选择作用(Zhou et al.,2017)等都会对真菌群落的构建产生影响。最后,一些未被测量的环境因素也会被忽略。以上研究表明,真菌的群落构建机制具有空间尺度依赖性。在较大的空间尺度下,物种栖息地环境差异决定了群落的组成。与此同时,出生、死亡、扩散等随机事件导致个体的随机分布(Chase et al.,2011)。在以后的群落分布研究中,需要充分考虑空间尺度对群落构建过程的影响。

表1-1-2　真菌群落和环境因子的相关性分析

因　子	R^2			
	整体尺度	小尺度	中尺度	大尺度
空间距离	−0.004	0.008**	−0.005	−0.002
溶解性有机碳	0.006**	0.008	0.004	0.006**
溶解性有机氮	0.000	0.007	0.010*	−0.002
氨态氮	−0.002	0.003	−0.004	−0.002

续表

因 子	R^2			
	整体尺度	小尺度	中尺度	大尺度
亚硝酸	0.003	−0.006	−0.001	0.004
水 分	−0.001	−0.002	0.004	0
土壤温度	−0.001	0.004	0.001	−0.002
土壤 pH	0.000	0.008	0.001	−0.001

注:*,$P<0.05$;**,$P<0.01$。

1.1.4 稻田土壤细菌与真菌相互作用关系

不同微生物可通过共生、竞争或捕食等过程形成复杂的网络联系。传统生态学中,食物关系网络对研究生态系统稳定性和复杂性具有重要作用(Dunne et al.,2002)。微生物群落中物种数量庞大,物种之间也必定存在着各种关联和相互作用。目前,贝叶斯网络(Larsen et al.,2012)、关联性网络(Butte et al.,2000)、共表达(co-occurrence)网络(Barberán et al.,2012)、随机矩阵模型(random matrix theory,RMT)网络构建法(Deng et al.,2012)等方法,被逐渐应用于微生物的网络构建中。网络中的每个节点代表一个微生物,节点之间的连线代表微生物之间的关联(Deng et al.,2012)。微生物网络也具备一些基本的拓扑学性质,比如小世界网络、无尺度、层次性和模块化(Zhou et al.,2011;Deng et al.,2012)。除了网络拓扑学性质,当两个微生物个体具有互惠关系时,两者之间的关系往往为正相关,在网络中表现为正连接。当微生物个体之间具有相互抵制的作用,如存在竞争或者捕食关系时,两者往往表现为负相关,在网络中表现为负连接(Faust et al.,2012b)。在某些情况下,微生物之间的正负关系可能是一种间接关系,比如,某两个微生物具有相同的生态位,那么两个微生物可能会表现出正相关关系(Lozupone et al.,2012)。目前,生物学网络已经被广泛应用,在一项全球的浮游生物网络研究中,不同功能类型的浮游植物与寄生虫之间存在显著的相关性,寄生虫会显著影响浮游植物的功能(Lima-Mendez et al.,2015)。

但是,微生物群落的复杂性给微生物网络的计算带来了巨大挑战。

①微生物群落几乎都会有超过5000个物种,也就是$1.25×10^7$个种间相互关系。②基于测序所得的微生物序列丰度是基于一个固定的总测序数量下的相对丰度,不能代表微生物物种的绝对丰度。③样本的代表性不足会导致取样深度不够,因此会导致序列的缺失。④由于目前测序技术的限制,测序深度不够会导致很多微生物不能被检测到,因此也会给网络构建造成一定的偏差。⑤微生物之间可能会存在多种可能的关系,如线性关系、指数型关系、周期性关系,但是很难用某种算法检测到所有的关系类型(Reshef et al.,2011)。

　　土壤微生物对农业生态系统有着深远的影响,比如参与生物地球化学循环过程(Fierer et al.,2012;Xu et al.,2013),影响地上植物的生长等(Wagg et al.,2011)。正因为如此,调控土壤微生物已经成为农业管理和生态系统修复过程中非常重要的途径(Hardoim et al.,2015)。目前,通过高通量测序技术产生的海量测序数据已经能够非常细致地了解土壤微生物的多样性、结构以及潜在功能。但是,关于微生物之间相互作用的研究还比较少。目前现有的微生物群落算法中,共表达网络的构建过程依赖主观拟定的相关性系数,缺乏客观性。相反,基于随机矩阵模型算法的网络,在构建过程中自动生成相关性阈值,因此网络内部的相关关系也更加可靠(Weiss et al.,2016),被广泛应用于不同环境中微生物群落的网络构建(Zhou et al.,2010;Deng et al.,2016;Shi et al.,2016)(见图1.1.7)。

　　通过微生物分子生态网络,可以揭示微生物生态位,鉴定潜在关键物种,明确微生物拓扑结构特征。土壤微生物可以从分类类群(如细菌、真菌和古菌)、功能类群(如固氮菌等)等角度分类(Fuhrman et al.,2008;Berry et al.,2014)。由于仅仅通过分类信息无法全面解析微生物在生物地球化学循环中的重要功能,因此微生物功能类群受到广泛关注(Louca et al.,2016)。例如,固氮菌虽然仅占微生物基因组的0.5%不到,却是许多陆地生态系统中非常重要的无机氮来源(Zehr et al.,2003;Kumar et al.,2017)。由于氮通常是作物生长和生产的限制性因子,因此研究固氮菌将会为微生物及地上植物提供更多的功能信息。此外,与细菌、真菌相比,固氮菌的分子生态网络研究还比较少。微生物分子生态网络的生物地理分布研究有助于揭示土壤微生物潜在的相互作用及其环境影响因子,进而促进农业土壤管理。

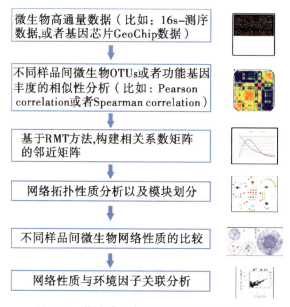

图1.1.7 构建分子生态系统网络的主要步骤

注:Pearson correlation,皮尔逊相关性;Spearman correlation,斯皮尔曼相关性。

微生物分子生态网络结构特征对于微生物生态系统的稳定性和适应性具有非常重要的生态学意义。一方面,网络结构中的任何两个物种都能通过一定的联系方式产生必然的关系(小世界),网络中物种之间的交流有效且快,这使得生态系统的结构甚至功能能够对外界环境变化迅速产生响应(Albert et al.,2000;Montoya et al.,2006)。另一方面,在无尺度网络中,绝大部分物种只和很少的物种相联系,而极少数物种(关键物种)与非常多的物种相联系。这些关键物种的存在使得网络结构对随机物种的消亡有着强大的承受力和稳定性,但是协同性攻击造成的关键物种消亡则可能会引发网络结构及功能的巨变(Barabasi et al.,2004)。同时,模块特性可以在一定程度上减缓局部扰动对整个网络结构的影响。总的来说,本研究中水稻田土壤细菌、真菌及固氮菌的分子生态网络在应对外界环境变化时可以通过平衡网络拓扑结构特征的利弊来维持生态系统的稳定性。

通常认为,在微生物群落中高度连接的、对群落结构和功能起到重要作用且不因丰度和时空变化而改变的物种为关键物种(Olesen et al.,2007;Faust et al.,2012a)。利用网络分析方法,可对水稻田土壤细菌、真菌及固氮菌分子生态网络中物种的拓扑作用进行划分并识别出潜在关键物种:如网络中连接度极高的物种网络节点类群(network hubs)、模块内连接度极高的物种模块节点类群(module hubs)以及模块间连接度极高的物种连接器(connectors)。Network hubs 对于整个网络的连通性极为重要,在以往的研究中鲜有报道。在一项对稻田土壤微生物的网络分析显示,除了细菌、真菌及固氮菌的分子生态网络结构中均存在 network hubs(见图 1.1.8)(Wan et al.,2020)。固氮菌网络中的 network hubs 均为未培养物种;真菌网络中的 network hubs 隶属于柄孢壳菌属、被孢霉属、红酵母属以及一个未知属(子囊菌门)。在已有研究中,柄孢壳菌属、被孢霉属以及红酵母属对于土壤酶活性以及地上植物生长发挥着重要作用(Zhang et al.,2011)。虽然这些物种被暂定为潜在关键物种,但并不代表它们所包含的菌属都对系统结构和功能产生影响。细菌、固氮菌以及真菌网络中的潜在关键物种(network hubs,module hubs 和 connectors)很少重复出现在多个不同的网络中,即呈现一定的空间动态性。该结果支持背景依赖理论(context dependency theory),即网络中的关键物种只在某一特定的环境背景下发挥重要作用,即存在时空动态(Salam et al.,2013)。研究发现绝大部分潜在关键物种的相对丰度极低(0.002%~0.099%)。以往的研究中高丰度菌群受关注较多(Delgado-Baquerizo et al.,2018),在今后的研究中需要更多地关注低丰度的关键物种。值得注意的是,利用网络分析方法得到的群落中的潜在关键物种是基于微生物丰度相关数据而得,并非因果关系,潜在关键物种对群落组成和功能的影响还需要进一步实验验证。然而,由于绝大部分微生物不可培养,基于海量测序数据利用网络分析方法识别到的潜在关键物种为了解菌群对土壤生态系统结构和功能的影响,以及土壤保护和管理提供了理论依据。

多元回归模型分析结果表明,细菌、固氮菌及真菌的网络拓扑结构特征所受环境影响因素存在差异(见图 1.1.9)。细菌网络结构仅受温度影响,且影响显著。固氮菌和真菌共有的影响因素包括铵态氮、微生物丰度和温度。此外,含水量显著影响固氮菌网络结构;溶解性总氮显著影响真菌网络结构。环境因子数据与网络拓扑结构(连通性,connectivity)相关关系结果间接表明,细菌及固氮菌网络连通性与所选全部土壤理化因子显著相关。绿弯菌门对土壤理化因子的变化更为敏感。

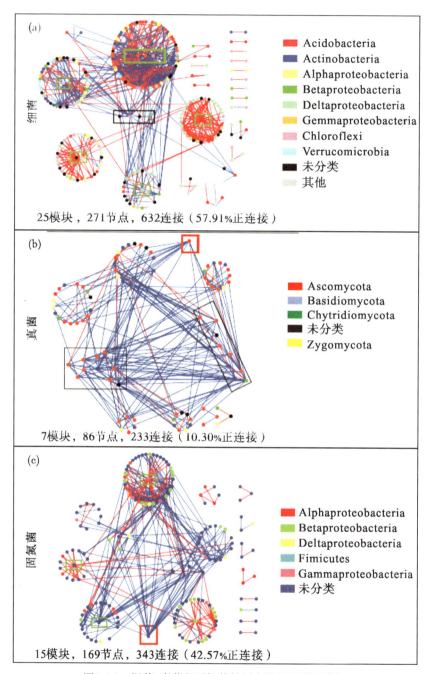

图1.1.8 细菌、真菌和固氮菌基因水平分子网络结构

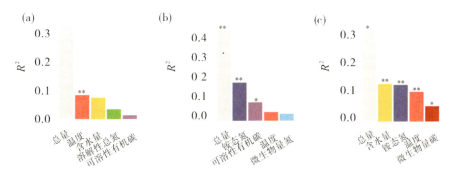

图1.1.9 环境因子对细菌(a)、真菌(b)和固氮菌(c)基因水平分子网络的贡献度
注：*，$P<0.05$；**，$P<0.01$。R^2和P值根据多元回归模型计算。

这些结果表明不同菌群的分子生态网络拓扑结构中的关键物种及影响因素存在差异，为了更加全面地了解土壤微生物的结构和功能，今后研究需要涵盖更多不同的微生物类群。由于微生物相互作用对土壤生态系统结构和功能的影响要大于对微生物多样性的影响，所以我们为探明微生物生物地理规律、微生物组成及对土壤生态系统功能的影响提供了新的视角。

1.1.5 稻田土壤古菌群落分布格局

土壤微生物的生物地理学是研究土壤微生物在时间、空间、环境等因素下分布及变化规律的一门学科(褚海燕等，2017)，开展土壤微生物的生物地理学研究有助于人类对森林、草地、水稻田等生态系统中微生物的认知，了解不同土壤生态系统中微生物的地理分布格局。近些年，研究者开展了农田生态系统，特别是水稻土中细菌、真菌、古菌的地理学分布特征。古菌已被确定为环境中复杂微生物群落的重要组成部分，甚至是关键物种。特别是广古菌门(产甲烷菌、嗜盐菌)和奇古菌门，它们可以在植物、动物和人类的微生物群落中共存(Moissl-Eichinger et al.，2017)。产甲烷古菌的地理分布可能是甲烷(CH_4)排放区域差异的原因，确定古菌的生物地理分布模式及环境驱动因子在微生物生态学中具有重要意义，特别是对于生物甲烷排放源-水稻田系统(Zhang et al.，2017)。因此，探究古菌群落在水稻田生态系统中的地理分布特征对温室气体减排以及缓解全球温室效应有着重要的生态学意义。

古菌是一个独立的生命领域,与细菌和真核生物截然不同(Moissl-Eichinger et al.,2017),科学家最早是在高温、高盐、缺氧、强酸、强碱等极端环境下发现古菌,并认为这类微生物可能是产甲烷的细菌,但与已知的细菌有本质区别,最终将其归为原核生物的独立组—古细菌(Archaebacteria)(Manuel et al.,2002)。根据16S rDNA序列将古菌分属于5个不同的门类:奇古菌门(Thaumarchaeota)、广古菌门(Euryarchaeota)、泉古菌门(Crenarchaeota)、纳古菌门(Nanoarchaeota)和初生古菌门(Korarchaeota)。

古菌不仅存在于极端环境,还广泛存在于湖泊、海洋和土壤等普通环境中,是全球生态系统的重要组成部分。嗜极古菌主要具有嗜酸、嗜碱、嗜盐和嗜热等特征(Pikuta et al.,2007)。盐古菌生活在盐碱等极咸的环境中,其数量超过了该生境下细菌数量的20%~25%(Valentine,2007)。在热泉等生境下,嗜热古菌的生存温度最高可达45℃;超嗜热古菌的最适生长温度超过80℃;甲烷菌中的"*Methanopyrus kandleri*(Strain 116)"可以在122℃条件下繁殖,是目前生物体生长温度的最高纪录(Takai et al.,2008)。除了中温和高温环境,古菌在极地、海洋等低温环境中也同样存在,且丰度还很高(Purificación et al.,2001)。古菌在极端环境中的数量高达微生物生物量的40%,但能在实验室纯化培养的古菌物种却极少(Giovannoni et al.,2005)。

海洋中20%的微生物为古菌(DeLong et al.,2001)。在深水环境中,泉古菌为优势类群,包括高温泉古菌、中温泉古菌和低温泉古菌(Buckley et al.,1998)。大西洋和太平洋200m深海水的研究表明大多数的泉古菌门分布在150~200m的海水层(Delong et al.,1994)。土壤环境中分布的古菌主要为泉古菌和广古菌两大门类。红树林土壤的古菌群落中泉古菌门、广古菌门占比分别为80.4%和19.6%(Yan et al.,2006)。水稻土古菌研究较多的主要是氨氧化古菌和产甲烷古菌。对福建省福州市的水稻试验田测序表明:水稻田土壤具有丰富的氨氧化古菌基因资源,在根际土和表层土分布的氨氧化古菌的群落结构差别较大(俎千惠等,2014)。产甲烷古菌在我国不同纬度上的水稻土分布具有明显的空间分布格局,对雷州、鹰潭、桃源、古市、嘉兴、常熟、扬州、海伦8个地区的水稻土分析结果表明:测定嘉兴和扬州产甲烷古菌的丰度和香农指数(Shannon index)最高,常熟次之,海伦最少(俎千惠等,2014)。在我国9个典型水稻土微生物的检测中都发现含有产甲烷古菌,主要为Methanocellaceae(37.3%)、Methanobacteriaceae(22.1%)、Methanosaetaceae(17.2%),以及Methanosarcinaceae(9.8%)(Zu et al.,2016)。

稻田古菌群落的地理分布格局会受到气候条件、土壤理化性质、植被，以及区域尺度等各种环境因素的影响。

（1）气候条件

气候条件是影响土壤温度和水分的关键因素，同时直接或间接影响古菌微生物群落的构建和分布（Wan et al.，2002）。不同纬度的水稻土分析结果发现：年均温度和年均降雨量对氨氧化古菌和氨氧化细菌的分布影响很大，其中氨氧化古菌的丰度及多样性与年均温度显著正相关，与纬度显著负相关（Yao et al.，2011）。Methanocellaceae在年均温度26℃的海南岛水稻土产甲烷古菌中的占比为32.0%，而在年均温度15℃的扬州占比为13.0%（Nemergut et al.，2005）。不同古菌对土壤水热条件的适应程度不同，土壤水热条件的变化会导致古菌的繁殖生长速率形成差异，最终使得土壤中古菌群落结构的多样性发生变化。

典型稻土中，古菌群落的丰度和多样性差别较大（见图1.1.10），沈阳和建瓯两地的古菌群落物种总数显著高于除衢州和长汀以外的其他地区，海伦、长春、临安、衡阳和清新的样本间没有显著性差异，资溪的物种总数显著低于任何一个采样地区。从物种多样性指数计算结果看，沈阳的古菌多样性显著高于其他任何一个采样地区，海伦的古菌多样性显著高于除沈阳以外的各个地区，临安、衢州、建瓯、长汀、衡阳、清新和海口的样本之间没有显著性差异。原阳、封丘和资溪的样本间的古菌多样性没有显著性差异且都低于其他各个地区。整体看来，古菌群落多样性的分布是呈现出中温带地区较高、亚热带和热带地区次之、暖温带地区最低的态势。

（2）土壤理化性质

研究表明水稻土产甲烷古菌的丰度主要受土壤C和N含量影响，土壤pH则显著影响古菌α-多样性（Zu et al.，2016）。土壤的酸碱性对土壤所含的各种养分的运输和转化以及在土壤中存在的有效性影响较大（朱礼学，2001）。pH的变化对土壤古菌群落结构影响较大（Tripathi et al.，2013）。相关研究中也发现pH是影响水稻田土壤中氨氧化古菌的主要因素，而C∶N是次要因素（Yao et al.，2011）。

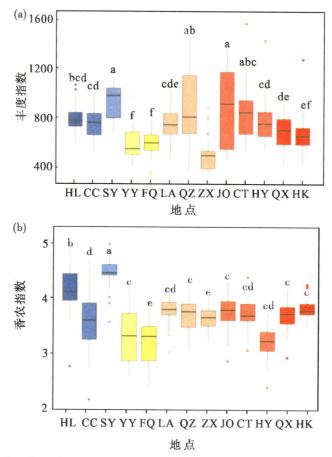

图1.1.10 中国典型稻田土壤样本的古菌群落丰度指数和香农指数。(a)产甲烷古菌丰度;(b)产甲烷古菌多样性

注:HL,海伦;CC,长春;SY,沈阳;YY,原阳;FQ,封丘;LA,临安;QZ,衢州;ZX,资溪;JO,建瓯;CT,长汀;HY,衡阳;QX,清新;HK,海口。

图中不同字母表示结果之间差异达到显著水平($P<0.05$);*,$P<0.01$。

通过对全国13个典型水稻古菌在可操作分类单元(operational taxonomic units,OTUs)水平的冗余分析(redundancy analysis,RDA)发现(见图1.1.11),土壤理化性质对古菌的分布产生明显不同的影响。其中,第一主坐标轴解释了63%的变异,第二主坐标解释了13%的变异,所有的环境因子解释了古菌群落76%的变异。同时发现,pH、总有机碳、阳离子交换量、硝态氮、可溶性总氮是主要的驱动因子。

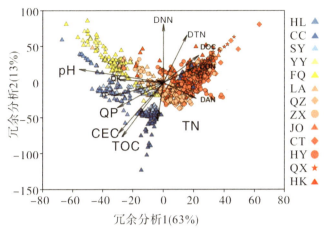

图1.1.11 中国典型稻田土壤样本的古菌群落的冗余分析

注：HL，海伦；CC，长春；SY，沈阳；YY，原阳；FQ，封丘；LA，临安；QZ，衢州；ZX，资溪；JO，建瓯；CT，长汀；HY，衡阳；QX，清新；HK，海口。

DNN，NO_3^--N，硝态氮；DTN，dissolved total nitrogen，溶解性总氮；DOC，dissolved organic carbon，溶解有机碳；DAN，NH_4^+-N，氨态氮；TN，total nitrogen，总氮；TOC，total organic carbon，总有机碳；CEC，cation exchange capacity，阳离子交换量；QP，available phosphorus，有效磷。

（3）植被

通过对6个品种水稻土的微生物测序发现，不同品种的水稻对氨氧化古菌和细菌的丰度和分布有明显的影响（宋亚娜等，2009）。植被类型对土壤微生物群落数量、生物活性、功能类群及代谢等方面有不同的促进或干扰抑制作用（郑华等，2004）。有研究指出5种植被类型下土壤中古菌群落主要为广古菌门（Euryarchaeota）和泉古菌门（Crenarchaeota）。其中，广古菌门（Euryarchaeota）的相对丰度在光板地中最高、白茅土壤中最低，泉古菌门（Crenarchaeota）在五类覆被中的相对丰度都较低，未分类的古菌门在5类土壤中的相对丰度在有植被覆盖的土壤中都超过50%（张玥，2016）。

在中国典型水稻种植区（见图1.1.12），主要分布的古菌门为广古菌门（Euryarachaeota，27.83%~72.75%）、奇古菌门（Thaumarchaeota，6.78%~46.76%）以及沃瑟古菌门（Woesearchaeota，0.81%~27.97%），总占比89.22%。广古菌门在长春、资溪和海口3个地区样本中的占比分别为35.96%、27.83%和37.19%。除了这3个地区外，每个采样地区的主要门类都是广古菌门，其中建瓯的样本中广古菌门占比达到72.75%。奇古菌门为长春地区的主要类群，占比达46.76%。

位于东北海伦、长春和沈阳地区的样本中,沃瑟古菌的占比依次为27.97%、15.92%和23.60%,都显著高于暖温带地区和亚热带和热带地区。

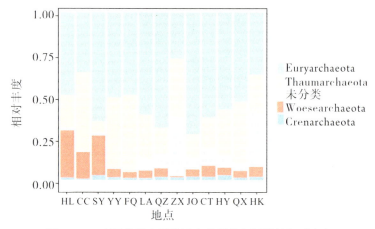

图1.1.12 中国典型水稻种区古菌群落各门类的相对丰度

注:HL,海伦;CC,长春;SY,沈阳;YY,原阳;FQ,封丘;LA,临安;QZ,衢州;ZX,资溪;JO,建瓯;CT,长汀;HY,衡阳;QX,清新;HK,海口。

DNN,NO_3^--N,硝态氮;DTN,dissolved total nitrogen,溶解性总氮;DOC,dissolved organic carbon,溶解有机碳;DAN,NH_4^+-N,氨态氮;TN,total nitrogen,总氮;TOC,total organic carbon,总有机碳;CEC,cation exchange capacity,阳离子交换量;QP,available phosphorus,有效磷。

(4)区域尺度

区域尺度下,旱地土壤古菌群落的丰度和多样性指数显著低于水稻田土壤,古菌群落β-多样性指数在各个地区差异不显著(Han et al.,2007)。氨氧化古菌和产甲烷古菌的丰度在空间尺度下的分布会随着距离产生变化(Zu et al.,2016)。泉古菌门(Crenarchaeota)主要分布在旱地水稻土壤类型,在褐土、棕壤、潮土、红壤4种不同的土壤类型中红壤古菌的群落组成明显区别于另外3类(曹鹏,2012)。在温带以及旱地土壤中Euryarchaeota Thermoplasmales这一古菌类群也广泛存在(Watanabe et al.,2010)。Euryarchaeota Methanosarcinales这一古菌分别在我国以及菲律宾的水稻土中广泛分布,主要属于广古菌门的Euryarchaeota Rice V在厌氧水稻土中分布(曹鹏,2012)。针对在不同距离尺度下的微生物分布现象,有关学者提出了土壤微生物群落空间分布的4种理论假设(见图1.1.13):①土壤微生物群落相似性不变[见图1.1.13(a)];②土壤微生物群落相似性随环境距离增大而减小[见

图1.1.13(b)];③土壤微生物群落相似性随着地理距离的增大而减小[见图1.1.13(c)];④土壤微生物群落相似性同时随地理距离和环境距离的增大而减小[见图1.1.13(d)](Martiny et al.,2006)。

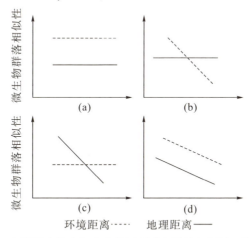

图1.1.13 土壤微生物空间分布格局形成和维持机制的4种理论假设

由北向南,水稻田区域尺度下古菌群落β-多样性指数随距离的变化关系(见图1.1.14)。回归分析结果,稻田古菌群落相似度,随着采样距离的增大而降低,拟合群落相似度指数与距离的关系,拟合方程分别为拟合方程的斜率和拟合优度均比较低,群落相似度指数随距离的变化幅度较小,趋势不明显。拟合方程斜率小于0,说明在区域尺度下,随着空间距离增大,稻田土壤古菌群落结构的差异度增大。

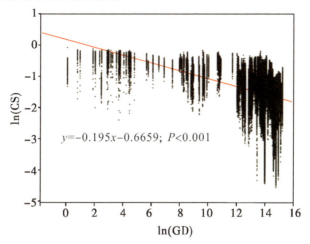

图1.1.14 区域尺度下稻田土壤古菌群落群落相似度的距离衰减关系

注:GD,地理距离,m;CS,群落相似性。

非度量多维尺度聚类图(nonmetric multidimensional scaling, NMDS)是基于样本中OTUs信息的布雷-柯蒂斯(Bray-Curtis)距离矩阵,表达各个样本之间的距离关系。加权距离排序(UniFrac NMDS)显示不同地点的稻田土壤中产甲烷古菌群落结构差异显著(见图1.1.15)。纬度相近的样本中群落距离越近。不同区域的物种聚类明显不同,中温带地区样本整体聚集在一起,海伦、长春和沈阳聚集在一起区别于长春,处于热带的海口并没有对亚温带地区的样本表现出太大差异。整体上来看,产甲烷古菌的分布随纬度有明显的地理分布格局,能推断出区域不同气候条件的差异可能是造成古菌不同分布的关键因素。

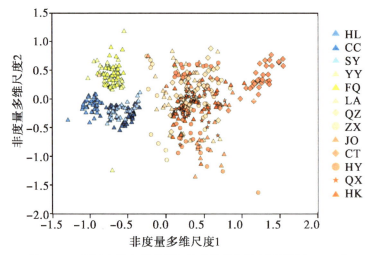

图1.1.15 稻田土壤古菌群落的非度量多维尺度聚类图(NMDS)

注:HL,海伦;CC,长春;SY,沈阳;YY,原阳;FQ,封丘;LA,临安;QZ,衢州;ZX,资溪;JO,建瓯;CT,长汀;HY,衡阳;QX,清新;HK,海口。

华北平原上麦田土壤根际和非根际古菌微生物的群落构建结果显示,古菌群落的构建为随机性过程主导、细菌、真菌群落构建有确定性主导(Fan et al., 2018)。在群落构建的过程中,环境因子尤其是土壤环境,例如温度、土壤pH、有机碳含量、氮、磷等将在很大程度上影响土壤中古菌的演替方向。通过构建产甲烷古菌的结构方程模型,分析多个因子在古菌发挥生态功能中的作用(见图1.1.16)。

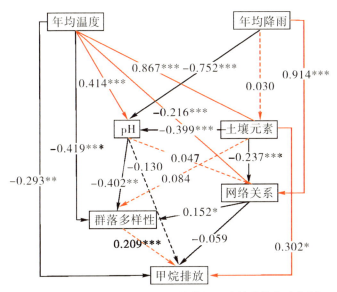

图1.1.16 产甲烷古菌多样性对甲烷排放影响的结构等式方程图

注：红色线代表正作用，黑色线代表负作用；线的粗细代表作用的强弱，实线代表显著，虚线代表不显著；*，$P<0.05$，**，$P<0.01$，***，$P<0.001$。

直接影响产甲烷古菌功能的主要因素包含了温度、pH、产甲烷古菌的多样性、网络关系，以及土壤的营养物质碳、氮、磷等。

目前，人们对水稻土古菌的研究主要集中在探究温室气体排放的生物机制过程，试图找到减少温室气体排放的生物途径，以减弱温室效应，对其他古菌的研究和认知比较薄弱。另外，虽然现在已经证明古菌不仅仅出现在极端环境中，在海洋、土壤等各个温和的环境也广泛分布，但绝大多数都不能在实验室中进行分离、纯化、培养，这极大地阻碍了人类对其的开发和利用，并探索古菌的新陈代谢特征。如何加大测序深度完善对古菌的认识，这将是未来的一个研究方向。

（高　群　杨云峰　梁玉婷）

1.2 麦田土壤微生物的分布格局及形成机制

小麦是重要的粮食作物，在我国的种植历史已逾5000年。我国小麦种植面积大，主要分布在华北、西北、东北等地区，2019年全国小麦播种面积为2400万公顷。然而，我国麦田土壤微生物在较大空间尺度下的分布规律、群落构建过程、共存网络关系尚不明晰，麦田微生物群落与土壤功能潜力是否存在耦联也不甚明确。因此，解析我国麦田土壤微生物的分布规律及其驱动机制、群落构建过程以及共存网络关系，有助于预测麦田生态系统地下生物群落的演变规律，为通过调控土壤微生物来提升麦田生产力提供科学依据。

1.2.1　大尺度麦田土壤微生物的地理分布及群落构建

大型动植物的地理分布研究启示我们，除了外界因素，比如气候因素、水文特征和土壤因素（统称环境选择）外，地理阻隔、生态漂变以及种群分化等生态过程也会影响土壤微生物群落的分布，这个生态过程被称作群落构建过程。当前，对微生物群落的关注点也已经从研究微生物群落分布规律转向探究影响微生物群落构建的过程（Stegen et al.，2012；Dini-Andreote et al.，2015）。微生物的群落构建过程主要包含确定性过程和随机性过程。确定性过程主要体现了环境的选择作用（包括土壤 pH、水分、养分、温度等），微生物倾向于出现在那些适合它们生存的生境中（Fierer et al.，2006；Chu et al.，2010）；而随机性过程则包括了随机漂变、历史因素和扩散限制等因素（Martiny et al.，2006；Ramette et al.，2007；Martiny et al.，2011），微生物的分布因此体现出不可预测性。一般认为，细菌的群落构建同时受到确定性过程和随机性过程的影响，但大尺度下两者如何影响土壤微生物还不清楚。目前，平均最近种间距离（mean nearest taxon distance，MNTD）、净最近种间亲缘关系指数（net nearest taxon index，NNTI）等方法成为研究微生物群落构建的有力工具（Stegen et al.，2012）。很多研究利用这些方法研究了时间序列上微生物群落构建过程（Stegen et al.，2012；Stegen et al.，2013；Dini-Andreote et al.，2015）。Tripathi 等（2018）基于大数据分析，研究了土壤细菌群落构建过程，发现确定性过程在极端酸性或碱性 pH 条件下占主导，而随机过程在中性 pH 条件中占主导。Feng 等（2019）发现环境条件的初始状态和变化程度共同决定了区域范围内不同生态过程对群落构建的相对贡献。然而目前，对于不同空间尺度下的微生物群落构建过程的研究还较少。与自然生态系统相比，农田生态系统中土壤微生物的生物地理分布和群落构建过程研究更是十分匮乏。Shi 等（2018）采集华北平原小麦地 243 份土壤样品，利用高通量测序与生物信息分析技术，并通过整合群落构建分析方法最近种间亲缘关系指数(β-nearest taxon index,βNTI)和空间尺度分析方法邻距法(principal coordinates of neighbor matrices,PCNM),解析了华北平原土壤细菌在不同空间尺度下的群落构建过程;同时我们还比较了自然生态系统(青藏高原)与农田生态系统(华北平原)土壤细菌的群落构建过程的异同。通过分析,我们发现华北平原麦田土壤细菌群落构建在空间距离大于900km时以确定性过程为主,而150~900km范围内以随机性过程为主(见图1.2.1);而青藏高原土壤细菌的群落构建在130~1200km范围内以确定性过程为主(见图1.2.2);表明了农田与自然生态系统土壤微生物的群落构建的尺度依赖性不同(Shi et al.,2018)。主要原因是:华北平原是高强度利用的农田生态系统,作物种植管理模式相似,环境差异较小;青藏高原地理隔离效应明显,生境变化快,因此在较小的空间范围下细菌群落构建就表现出较强的确定性过程。本书首次在不同空间尺度下研究了华北平原土壤微生物的群落构建模式,该结果为土壤微生物学角度评估区域尺度下我国农田土壤的农学及生态学效应提供了科学依据。

在明确了土壤微生物分布的驱动因素(如气候因素、土壤理化性质和地上植物群落)后,我们可以建立微生物多样性以及群落与环境要素的相互关系。根据这些关系,就能利用已知环境要素指标反推微生物多样性的高低以及群落组成的变化。进一步,在获得包含上述关系中所有气候及环境要素栅格数据的区域地图后,就可以建立微生物与环境要素的关系方程,对地图上的每一个栅格赋值微生物多样性数据以及群落数据。2002年,来自西澳大学的艾利斯·乔恩(Elith Jone)依据预测动植物分布的原理,提出了对微生物进行地理分布预测的设想。2018年,加州大学克鲁斯分校的研究人员利用全球土壤与气候数据,对青藏高原的土壤微生物多样性进行了一次动态预测(Ladau et al.,2018)。预测土壤微生物多样性以及群落的分布,不仅可以使我们节约大量的时间、人力以及物力,还能使我们快速地掌握微生物资源的分布状况,为后期筛选重要的菌种资源提供科学依据。然而,农田土壤微生物多样性的分布预测目前还较少。基于此,我们利用华北平原土壤微生物与外界环境之间的相互关系,预测了华北平原土壤微生物多样性和群落的分布图(Shi et al.,2019)。结果表明,华北平原细菌多样性在北部和中部地区较高,在南部地区偏低,这可能与华北平原南部土壤pH较低有关。在群落方面,华北平原北部和中部地区群落相似度较高,而南部地区差异较大。我们为后期宏观大尺度调控华北平原土壤微生物多样性和群落提供了科学依据。

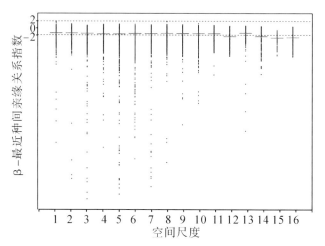

图1.2.1　华北平原土壤细菌的群落构建过程

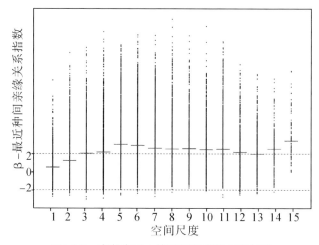

图1.2.2　青藏高原土壤细菌的群落构建过程

土壤微生物群落会受到时间和空间的共同影响。前人在较大空间尺度下探索土壤微生物群落的空间分布规律时,发现仅有小部分的空间变异能够被空间距离所解释,而那些大量未被解释的变异可能是由于采样时间的差异带来了微生物群落的变异(Tedersoo et al., 2014; Thompson et al., 2017; Delgado-Baquerizo et al., 2018)。然而,鲜有研究在大的空间尺度下对相同的点进行多时间采样。近年的荟萃分析整合了土壤微生物时间和空间分布的研究,表明在土壤微生物生物地理分布方面,微生物的时间变异是空间变异的补充(Hanson et al., 2012; Bahram et al., 2015; Averill et al.,

2019)。但是这些荟萃分析研究收集的数据集要么源于微生物空间变异的研究，要么源于微生物时间变异的研究，样地或生态系统的差异可能会影响结果的解读。因此，有必要在相同的样点多时间采样，同时探究微生物的空间和时间变异来判断时间和空间对微生物变异的相对贡献。基于此，我们在华北平原小麦主产区约878km大尺度范围内于夏季和冬季采集表层土壤样品来研究土壤细菌群落和真菌群落的时空分布规律，研究发现空间距离对微生物群落结构的影响远大于季节变化。由于环境变量如气候因子、土壤理化性质等会随着时间和空间而发生变化，我们利用方差分解和冗余分析来判断季节、空间距离、随时间快速变化的环境变量(土壤含水量、月均温、月均降雨量等)和缓慢变化的环境变量(pH、全碳、全氮等)对微生物群落结构时空变异的影响，发现土壤微生物群落的季节变异主要是通过影响快速变化的环境变量来驱动的(见图1.2.3)(Zhang et al.，2020)。该研究为很多单次采样的大尺度范围微生物空间分布的研究提供了实验支撑。

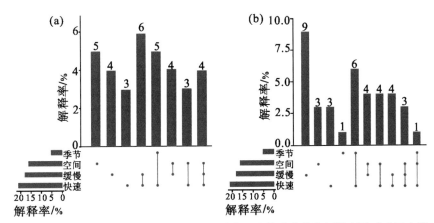

图1.2.3 季节、空间距离、缓慢变化的环境变量和快速变化的环境变量对麦田土壤细菌(a)和真菌群落(b)时空变异的解释率

1.2.2 大尺度麦田根际土壤微生物生物地理分布

根际是植物根系和土壤的交界面，蕴含了丰富的微生物类群，根际微生物对农作物的生长和健康都有重要的影响(Dennis et al.，2010)。根际细菌群落能快速分解根际分泌的低分子有机物质为无机盐(Bulgarelli et al.，2015；Edwards et al.，2015)，为植物生长提供所需的矿质元素，根际真菌群

落在抵抗病原菌、降解植物凋落物等方面发挥着重要的作用(Ehrmann et al.,2014;Wang et al.,2017)。控制实验研究结果表明,根际微域土壤中细菌群落组成显著区别于非根际土壤,并且细菌多样性由远根区到近根区呈现逐渐递减的趋势(Donn et al.,2015)。此外,Mendes等(2013)认为根际微域是非根际土壤的一个子集,根际土壤中微生物群落之间的相互关系相对简单。近年来,对于根际微生物的研究大多局限在温室或盆栽培养环境中,而对于大尺度典型农田生态系统中根际微生物群落空间分布特点及微生物之间相互关系的复杂性和稳定性的研究较少。

通过采集华北平原小麦根际与非根际各45份土壤样品,褚海燕课题组对华北平原大尺度典型农田生态系统中小麦根际土壤细菌、真菌群落进行了系统的研究,结果表明,根际细菌具有相对简单却更加高效的网络结构;并且,由于根际筛选的作用,离根越近细菌多样性逐渐降低(Fan et al.,2017);而真菌在根际中仍然保持较高的多样性(Zhang et al.,2017)。进一步发现:当代环境因素对垄间土壤微生物分布起主要作用,而地理空间距离(历史进化因素)对根际微生物群落分布有更大的贡献(见图1.2.4)。同时,通过共存关系网络分析手段对华北平原大尺度小麦根际古菌、细菌、真菌群落之间的相互关系的研究发现,根际微生物网络结构相对简单却更加稳定;微生物多样性作为影响网络特性的生物因素,对网络的大小和连接性都起到正反馈作用;网络中的关键核心菌群具有相对灵活的代谢特点,且根际环境中关键核心菌群受环境因子的扰动作用减弱(见图1.2.5)(Fan et al.,2018a)。此外,对华北平原小麦根际固氮菌群落构建过程及其驱动机制的研究发现,虽然确定性过程主导了固氮菌的群落构建,但随机性过程对固氮菌群落构建的贡献率在小麦根际中升高;在中性pH(6.5~7.5)下,固氮菌群落构建由随机性过程占主导,而在酸性pH(4.5~6.5)或碱性pH(7.5~8.5)下,确定性过程占主导(见图1.2.6)(Fan et al.,2018b)。

对大尺度麦田根际微生物分布的研究阐明了典型农田生态系统中小麦根际土壤细菌、真菌、古菌、固氮菌群落的空间分布模式及其群落构建过程,阐释了根际环境中相对简单且更加稳定的微生物群落,解析了影响微生物网络特性的生物与非生物影响因素,并从网络结构稳健性角度挖掘了核心微生物菌群及其扰动因素,从机制上解释了根际与非根际土壤中pH对固氮菌网络结构及群落构建过程的驱动机制,为重建稳定的微生物群落提供重要的科学参考。

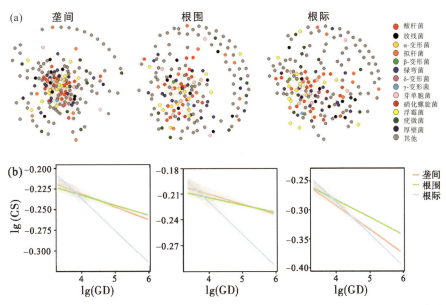

图1.2.4 根际细菌群落网络结构与细菌、真菌群落的空间分布。(a)根际细菌群落网络结构;(b)细菌、真菌群落的空间分布

注:GD,地理距离,m;CS,群落相似性。

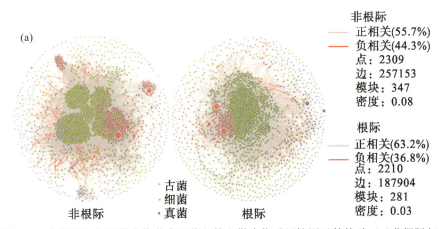

图1.2.5 非根际与根际微生物共存网络与核心微生物受环境因子的扰动。(a)非根际与根际微生物共存网络;(b)核心微生物与环境因子的相关性

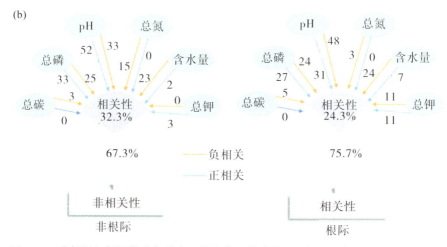

图1.2.5 非根际与根际微生物共存网络与核心微生物受环境因子的扰动(续图)。(a)非根际与根际微生物共存网络;(b)核心微生物与环境因子的相关性

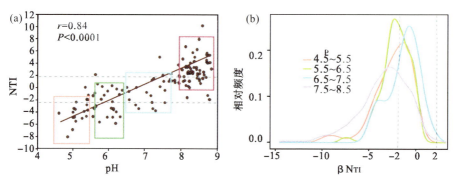

图1.2.6 净最近种间亲缘关系指数(NTI)与最近种间亲缘关系指数(βNTI)随pH梯度分布。(a)NTI随pH梯度分布;(b)βNTI随pH梯度分布

1.2.3 华北麦田土壤微生物分布与土壤功能潜力的耦合

土壤微生物共同生活在生态网络中,形成生态簇,彼此强烈共存。这些生态簇中的类群是重要的生态单元,具有共同的环境偏好,但不同类群在生态簇内和生态簇间的连通性水平可能不同(Faust et al.,2012)。简单地说,生态簇中大多数类群相关的网络连接数量非常少(如peripheral hubs),有些类群在生态簇内(如provincial hubs)或生态簇间(如connector hubs)高度相连,极少数兼具这二者性质的类群被称为kinless hubs。与其他类群不同,

kinless hubs 在生态网络的结构中至关重要,可以为其他类群创造生态位(Guimera et al., 2005)。在植物群落中,已有研究发现 kinless hubs 在能量和物质流动中发挥着重要作用,为陆地生态系统提供生产动力(Rey et al., 2016)。微生物 kinless hubs 可能拥有更加重要的功能属性,如碳循环、氮固定等养分循环过程。然而,目前关于微生物网络中 kinless hubs 的重要性却鲜有研究,微生物群落的核心类群如何影响土壤生态功能的研究未见报道。

Shi 等(2020)采集了华北平原麦田 243 个土壤样品,利用高通量测序、高通量定量 PCR 技术分别测定了土壤中的细菌、真菌群落以及与 C、N、S 和 P 循环相关的 71 个功能基因的丰度。生态网络分析显示,超过 90% 的功能基因与 2 个已鉴定的 kinless hubs 的相对丰度呈正相关关系,约 70% 的功能基因与 connector hubs 类群的相对丰度呈正相关关系。因此,特定菌群对土壤功能潜力的重要性可能与其在生态网络中的拓扑连通性有关。进一步地,通过结构方程模型验证了核心菌群对土壤功能基因的促进作用并揭示了其主控土壤因素(见图 1.2.7)(Shi et al., 2020)。这项研究表明,在微生物网络中被归类为核心节点的微生物类群的相对丰度与土壤功能潜力高度相关,这些核心菌群能够影响土壤的生态功能,对于大尺度下理解和管理(通过操纵微生物关键物种)农田生态系统具有重要意义。

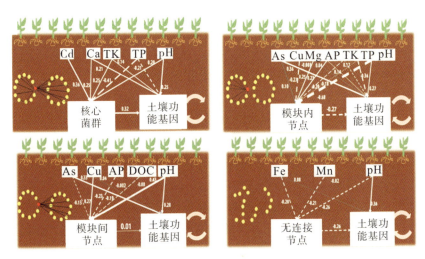

图 1.2.7　土壤微生物网络节点与土壤功能基因的耦合关系

(褚海燕　时　玉　范坤坤　张考萍　李玉涛)

1.3 黑土微生物的分布格局及形成机制

土壤微生物空间分布影响着农田土壤养分循环和土壤质量的区域差异。开展土壤微生物生物地理学研究,有助于揭示土壤微生物多样性维持稳定性的形成机制和挖掘土壤中有益的生物资源,对于揭示土壤物质循环的微生物过程,调控、维持和提升农田土壤质量具有重要的基础理论价值。项目组成员研究了采自东北黑土带上的农田土壤样品系统中细菌、真菌、古菌和氨氧化微生物群落结构的生物地理分布规律及其驱动因素。研究成果改变了以往认为土壤微生物是随机分布的传统观点,发现黑土土壤微生物的分布是有规律可循的。

1.3.1 黑土区概况

东北黑土是世界四大黑土带之一,是我国重要的土壤资源,在保障国家粮食生产和生态安全上占据着重要的战略地位。广义的东北黑土主要分布在黑龙江、吉林、辽宁省和内蒙古自治区境内,面积约为 $1030000km^2$,粮食年产量约占全国产量的 $1/5$,是国家重要的商品粮生产基地,粮食商品量、调出量均居全国首位。狭义的东北黑土是指典型的黑土,即土壤分类学上的Mollisols,主要分布在黑龙江省的哈尔滨郊区、双城、阿城、呼兰、巴彦、绥化、海伦、北安、克山、克东、拜泉、五大连池和吉林省的长春郊区、梨树、公主岭、德惠、九台和榆树等县市,即东北黑土带(black soil zone),长度南北距离大约900km,东西距离不等。此外,在三江平原腹地也有零星的典型黑土分布。东北典型黑土面积大约有750万公顷。

黑土区按地貌划分可分为岗坡地黑土、平地黑土和低平地黑土。黑土区气候特征属于半湿润温带大陆性季风气候,四季分明,冬季漫长寒冷,夏季高温多雨,雨热同季,有利于作物的生长和有机质的大量形成和积累。

黑土区原始植被为草原化草甸植物,俗称"五花草塘"。原始的黑土土壤有机质含量高,垦殖前有机质含量高的地块超过 $100g \cdot kg^{-1}$,土壤肥沃。但经过多年来高强度的开发利用,东北黑土农田土壤有机质下降严重,黑土质量退化明显。黑土退化的凸出表现在于黑土层厚度变薄和黑土有机质含量的不断下降,从而带来一系列土壤物理、化学和生物学性状的变化。总体而言,东北南部黑土由于开垦较早,利用时间长,土壤退化相比北部黑土严重。

对东北黑土区大尺度的研究发现,黑土带上农田土壤有机质、全氮、全磷和速效性养分(Zhang et al.,2007),以及土壤酶活性和微生物量(Liu et al.,2008)呈现"南低北高"的空间分布格局,但有关东北黑土微生物的分布规律尚缺乏系统研究。

1.3.2 黑土农田土壤样品的采集及土壤理化指标

2012年9月底在作物收获期,在东北黑土带上,按照地理纬度和有机质含量差异,从南至北采集26个耕层土壤样品。土壤一部分保存在−80℃的冰箱里用于分子生物学分析,另一部分室内风干后用于测定土壤理化指标(见表1-3-1)。

由表 1-3-1 可知,土壤 pH 的变化范围为 4.56~6.57,土壤 TC(total carbon,全碳)和 TN(total nitrogen,全氮)含量分别为 11.77~53.53g·kg^{-1} 和 0.99~4.25g·kg^{-1}。26 个采样点间距离变化范围在 24.50~740.99km。Pearson 相关性分析结果显示,土壤 pH 与采样点纬度间不存在相关关系,而 TC($r=0.655, P<0.001$)和 TN($r=0.554, P=0.003$)均与采样点纬度呈显著正相关关系,表现为土壤 TC 和 TN 含量均从低纬度到高纬度逐渐升高的分布规律,TC 与 TN 间存在显著的正相关关系($r=0.971, P<0.001$)。

表1-3-1　东北黑土带上采集的土壤样品信息及土壤性状指标

样点编号	位置	地理坐标	作物	pH	TC/(g·kg⁻¹)	TN/(g·kg⁻¹)	含水量/%	TP/(g·kg⁻¹)	速效K/(mg·kg⁻¹)	有效P/(mg·kg⁻¹)	NH_4^+-N/(mg·kg⁻¹)	NO_3^--N/(mg·kg⁻¹)
CT1	昌图1	42°50′N,124°07′E	玉米	5.68	14.04	1.17	22	0.90	10.69	52.00	10.24	12.16
CT2	昌图2	43°05′N,124°20′E	玉米	5.46	14.58	1.02	21	0.63	9.72	18.50	8.87	6.71
LS	梨树	43°20′N,124°28′E	玉米	6.02	11.77	0.99	25	0.65	9.06	17.00	8.98	11.66
GZL	公主岭	43°26′N,124°43′E	玉米	5.50	14.40	1.12	23	0.90	11.05	31.50	9.70	8.67
CC	长春	43°37′N,125°34′E	玉米	4.95	15.59	1.26	21	1.45	11.40	48.00	9.25	8.11
DH1	德惠1	44°12′N,125°33′E	玉米	4.79	17.45	1.44	22	0.74	11.05	40.50	9.74	13.07
DH2	德惠2	44°31′N,125°45′E	玉米	4.56	14.26	1.30	22	0.80	8.15	28.00	10.77	28.47
YS	榆树	44°53′N,126°14′E	玉米	5.27	20.03	1.74	22	0.81	12.78	18.50	8.75	9.01
FY	扶余	45°06′N,126°11′E	玉米	5.78	19.97	2.03	18	0.86	10.69	16.00	9.68	7.48
SC	双城	45°23′N,126°22′E	玉米	6.53	17.02	1.68	23	0.98	10.64	29.50	9.33	8.55
HRB	哈尔滨	45°41′N,126°38′E	大豆	6.57	26.36	1.69	23	1.40	15.99	66.50	9.61	7.53
HL1	呼兰	46°06′N,127°02′E	玉米	5.18	19.76	1.42	22	0.75	9.67	17.00	10.03	9.38
BY	巴彦	46°23′N,127°11′E	玉米	5.87	26.41	1.90	25	1.14	16.95	50.00	11.89	18.43

第1章　农田土壤微生物资源

续表

样点编号	位置	地理坐标	作物	pH	TC/(g·kg⁻¹)	TN/(g·kg⁻¹)	含水量/%	TP/(g·kg⁻¹)	速效K/(mg·kg⁻¹)	有效P/(mg·kg⁻¹)	NH₄⁺-N/(mg·kg⁻¹)	NO₃⁻-N/(mg·kg⁻¹)
SH	绥化	46°41′N,126°58′E	玉米	5.18	18.91	1.41	24	0.83	11.45	28.00	10.97	10.18
SL	绥棱	47°13′N,127°07′E	玉米	5.19	27.07	1.90	30	0.68	9.77	38.00	13.33	9.60
HL	海伦	47°27′N,126°55′E	玉米	5.42	29.97	2.12	27	1.15	10.69	25.00	10.84	6.45
BQ	拜泉	47°35′N,126°07′E	玉米	4.98	23.41	1.95	26	0.85	13.03	42.50	34.54	70.97
KD	克东	48°09′N,126°13′E	大豆	5.41	32.03	2.45	24	1.08	10.23	31.50	9.73	20.50
BA	北安	48°09′N,126°43′E	大豆	6.10	53.53	4.25	40	1.50	15.17	36.00	13.01	16.85
WC1	五大连池1	48°28′N,126°15′E	大豆	5.43	29.92	2.36	28	1.14	9.67	27.00	10.89	12.57
WC2	五大连池2	48°52′N,126°08′E	大豆	5.39	36.76	3.06	35	1.33	12.57	22.00	11.12	14.06
NH1	讷河1	48°41′N,124°59′E	玉米	5.35	24.78	1.93	28	0.93	7.89	27.50	10.35	9.94
NH2	讷河2	48°23′N,124°55′E	大豆	5.97	23.68	1.84	25	0.87	11.51	25.00	9.80	10.60
NJ1	嫩江1	49°08′N,125°37′E	玉米	5.53	31.71	2.50	28	1.30	10.39	42.50	9.91	13.11
NJ2	嫩江2	49°26′N,125°26′E	小麦	5.17	37.23	2.96	33	1.23	13.24	24.50	11.74	11.00
NJ3	嫩江3	49°07′N,125°13′E	大豆	5.32	20.63	1.64	26	0.96	12.22	42.00	10.00	9.46

41

1.3.3 黑土土壤细菌群落结构

随着高通量测序技术的发展,越来越多的研究表明土壤细菌并非随机分布的(Fierer et al.,2006;Ge et al.,2008;Lauber et al.,2009;Chu et al.,2010)。土壤中一些生物和非生物因素导致土壤细菌多样性和结构组成产生差异(Garbeva et al.,2004;Ramette et al.,2007;Green et al.,2008)。其中土壤pH常被证明是驱动土壤细菌群落结构组成、多样性分布的最主要土壤因子(Fierer et al.,2006;Baker et al.,2009;Lauber et al.,2009;Jones et al.,2009)。此外,地理空间距离(历史因素)也驱动着土壤细菌群落结构的变化(Lauber et al.,2009;Ge et al.,2008;Chu et al.,2010)。土壤细菌群落结构随地理空间距离的规律性变化,这说明土壤细菌群落结构具有明显的生物地理分布格局。东北黑土区土壤理化指标及气候指标均呈现出规律性的变化,预示着黑土带上土壤微生物可能也具有规律性的分布格局,为此本节首先介绍黑土农田细菌群落的分布规律及驱动因素。

1.3.3.1 细菌丰度

采用实时荧光定量PCR技术,利用引物357f/517r对黑土细菌16S rRNA基因进行测定发现,每克干土中该基因丰度在$1.02\times10^{9}\sim7.37\times10^{9}$基因拷贝数之间。发现细菌丰度与土壤全碳含量($r=0.839,P<0.0001$)和土壤pH($r=0.423,P=0.031$)呈高度正相关关系,但与全碳含量的相关更高。由此可见,黑土带上决定细菌数量多少的最主要土壤因子是土壤全碳含量,也就是土壤有机质含量;而土壤全碳含量随纬度的升高而增加,所以在东北黑土带上土壤细菌数量总体呈现出"南低北高"的变化趋势。

1.3.3.2 细菌群落组成

利用细菌通用引物27F/533R,采用454高通量测序技术对细菌16S rRNA基因V1~V3可变区进行群落结构解析。从26个样本中共获得355813条有效序列(9708~15892),均值为13685。表1-3-2显示黑土中存在种类丰富的细菌门类。其中,酸杆菌门(Acidobacteria)、放线菌门(Actinobacteria)、α-变形菌纲(Alphaproteobacteria)、β-变形菌纲(Betaproteobacteria)、δ-变形菌纲(Deltaproteobacteria)、拟杆菌门(Bacteroidetes)、绿弯菌门(Chloroflexi)、芽单胞菌门(Gemmatimonadetes)和浮霉菌门(Planctomycetes)是主要细菌类

群(相对丰度>5%)。这些细菌门的序列数占全部序列数的78%以上。γ-变形菌纲(Gammaproteobacteria)、疣微菌门(Verrucomicrobia)、硝化螺旋菌门(Nitrospirae)、厚壁菌门(Firmicutes)、装甲菌门(Armatimonadetes)、TM7、OD1、纤维杆菌门(Fibrobacteres)、蓝细菌(Cyanobacteria)、迷踪菌门(Elusimicrobia)、WS3、SM2F11、绿菌门(Chlorobi)和OP3丰度较低(相对丰度>1%),但在大多数的土壤样本中均可以被检测到。此外,还有12个痕量菌门零星分布在部分的土壤样本中。

表1-3-2 黑土农田中主要细菌门(变形菌门在纲水平上)的相对丰度(%)
按土壤pH梯度的分布情况

门 类	全 部	4.5<PH≤5.0	5.0<PH≤5.5	5.5<PH≤6.0	pH>6.0
Acidobacteria	24.11	26.18	23.80	21.53	24.94
Actinobacteria	6.04	5.44	6.65	6.49	5.58
Alphaproteobacteria	11.90	13.52	11.48	11.50	11.08
Betaproteobacteria	7.35	6.37	7.66	7.86	7.52
Deltaproteobacteria	7.16	8.52	6.58	8.16	5.38
Gammaproteobacteria	3.52	2.55	3.58	3.46	4.47
Bacteroidetes	5.60	4.29	5.28	7.18	5.65
Chloroflexi	5.18	3.74	5.06	4.80	7.13
Gemmatimonadetes	6.20	5.23	6.42	6.32	6.84
Planctomycetes	4.85	5.01	4.66	4.71	5.00
Bacteria*	3.46	3.33	2.90	3.06	4.54
Armatimonadetes	1.39	1.61	1.58	1.26	1.09
BD1-5	0.16	0.15	0.09	0.12	0.29
BRC1	0.07	0.07	0.08	0.07	0.07
OD1	1.21	1.85	1.22	0.72	1.05
OP11	0.16	0.23	0.16	0.08	0.16
OP3	0.16	0.13	0.17	0.12	0.21
TM7	1.34	2.79	0.96	0.94	0.68

续表

门 类	全 部	4.5＜PH≤5.0	5.0＜PH≤5.5	5.5＜PH≤6.0	pH＞6.0
WS3	0.32	0.07	0.38	0.40	0.44
Chlorobi	0.22	0.29	0.16	0.18	0.24
Cyanobacteria	0.64	1.69	0.32	0.29	0.27
Deinococcus-Thermus	0.01	0.01	0.01	0.01	0.01
Elusimicrobia	0.49	0.53	0.61	0.37	0.45
Fibrobacteres	1.11	1.48	1.32	0.94	0.68
Firmicutes	1.49	0.96	1.33	3.21	0.45
Fusobacteria	0.01	0.01	0.00	0.01	0.01
JL-ETNP-Z39	0.04	0.01	0.00	0.02	0.11
Kazan-3B-28	0.01	0.01	0.01	0.01	0.01
NPL-UPA2	0.04	0.01	0.03	0.04	0.08
Nitrospirae	2.01	0.97	1.93	2.23	2.91
SM2F11	0.28	0.40	0.25	0.18	0.30
Spirochaetes	0.01	0.00	0.01	0.01	0.00
TM6	0.04	0.03	0.06	0.03	0.03
Thermotogae	0.01	0.00	0.00	0.01	0.02
Verrucomicrobia	3.22	2.24	5.04	3.48	2.11
WCHB1-60	0.12	0.23	0.11	0.08	0.06

*表明序列是细菌,但没有划分到具体的分类单元。

相关性分析发现,黑土农田中有6个细菌类群的相对丰度受到土壤 pH 的影响。其中, Alphaprotecbacteria、Armatimonadates 和 Fibrobacteria 相对含量与土壤 pH 呈负相关关系,而 Gammaproteobacteria、Chloroflexi 和 Nitrospirae 与土壤 pH 呈正相关关系(见图 1.3.1)。研究发现 Acidobacteria 相对丰度与土壤 pH 不存在相关关系,这个结果与其他土壤环境的研究不同。黑土农田中酸杆菌以 Subgroup GP1、GP3、GP4 和 GP6 为主要成员,相关分析发现 GP1 和

GP3相对丰度与土壤pH显著负相关,而GP4和GP6与土壤pH显著正相关。

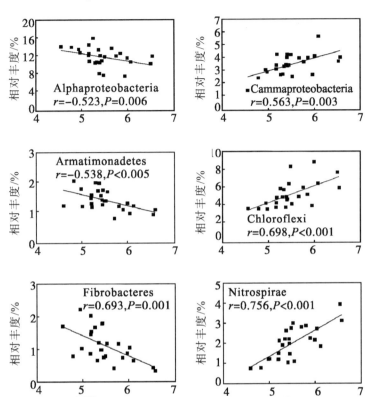

图1.3.1 黑土农田土壤细菌门相对丰度与土壤pH之间的关系

此外,还发现有4个细菌门的相对丰度受到TC和TN含量的影响,其中Actinobacteria和Verrucomicrobia与土壤TC和TN均呈显著正相关关系;Gammaproteobacteria的相对丰度与TC呈显著正相关关系,而与TN相关性不显著;而Deltaproteobacteria与土壤TC和TN含量呈显著负相关关系(见图1.3.2)。

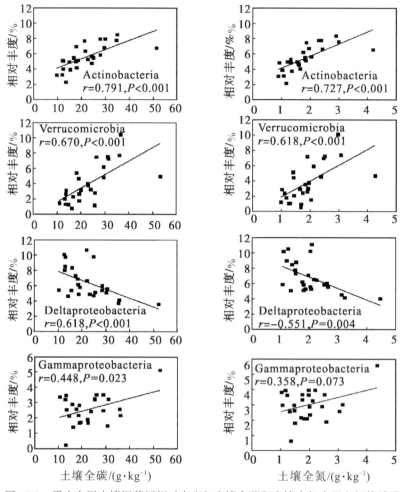

图1.3.2 黑土农田土壤细菌门相对丰度与土壤全碳和土壤全氮含量之间的关系

1.3.3.3 细菌α-多样性

按照97%的序列相似度作为OTUs划分标准,从所有土壤样本中共获得44265个OTUs,平均每个样本有3992个OTUs。这表明在东北黑土中细菌种类十分丰富。从每个单样本随机抽取9000条序列(最小测序深度)分析发现,黑土农田单个样本的OTUs数在2632~4000,系统发育多样性指数(phylogenetic diversity,PD)值在92~193。相关性分析表明,细菌α-多样性指数与土壤pH呈高度正相关关系,而与土壤TC和TN含量呈负相关关系,但这种相关性较弱(见图1.3.3),说明黑土农田细菌α-多样性变化主要受到土壤pH的影响。

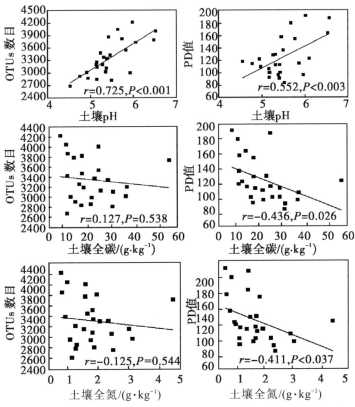

图1.3.3 黑土农田土壤细菌OTUs数目和PD值与土壤pH、土壤全碳、土壤全氮含量之间的关系

此外,将黑土细菌多样性与地理纬度进行回归分析发现,高纬度地区的黑土细菌多样性低,而低纬度地区细菌多样性相对较高(见图1.3.4),说明黑土农田细菌多样性具有纬度梯度多样性特征(latitudinal diversity gradient)。大型生物多样性的纬度梯度分布特征是常见的现象(Lomolino et al., 2006),而针对土壤微生物则较少发现(Fierer et al., 2006; Chu et al., 2010)。本书中发现的细菌多样性纬度梯度分布特征可能与黑土农田土壤理化性状呈地带性分布有关。如图1.3.4所示,细菌多样性与土壤全碳和全氮呈负相关关系,可以解释一部分细菌多样性纬度梯度分布特征,其他环境因素,如温度等也可能影响到细菌多样性纬度分布特征。

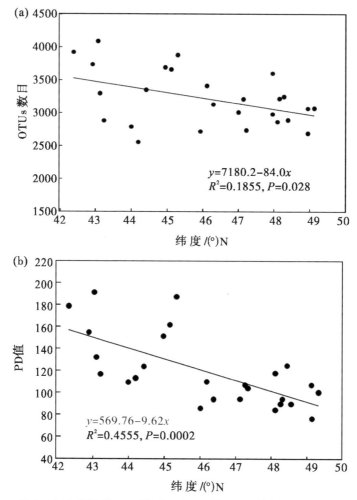

图 1.3.4 黑土农田土壤细菌 OTUs 数目(a)和 PD 值(b)与采样点地理纬度坐标间关系

1.3.3.4 细菌群落结构

对黑土细菌群落结构进行加权和非加权的 NMDS 分析,结果显示细菌群落结构主要受到土壤 pH 的影响(Mantel test: $r=0.429, P=0.001$),样点在 NMDS 的横轴坐标值与其土壤 pH 呈显著相关关系。此外,细菌群落结构同时也受到 TC 含量的影响(Mantel test: $r=0.271, P=0.012$),样点在 NMDS 的纵轴坐标值与其 TC 含量显著相关(见图 1.3.5)。

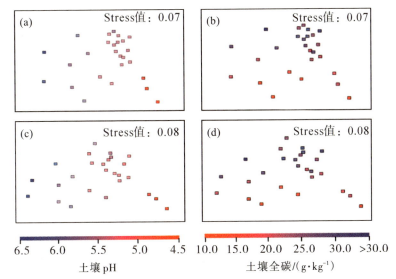

图1.3.5 黑土农田细菌群落结构按土壤pH[(a)&(b)]和土壤全碳含量[(c)&(d)]的NMDS非加权[(a)&(c)],以及加权[(b)&(d)]的分析图

注:Stress,土体应力。

此外,基于Bray-Curtis距离构建的聚类分析图谱显示,黑土区细菌群落结构主要分为4个类群,其中类群Ⅰ包括纬度范围在42°50′N~44°12′N的5个样本;类群Ⅱ包括3个土壤样本,其纬度分布在44°31′N~45°06′N的范围内;类群Ⅲ包括纬度范围在45°41′N~47°27′N的7个土壤样本;除双城样本外,类群Ⅳ包括纬度在47°35′N~49°26′N的11个土壤样本。聚类分析研究结果显示,黑土区细菌群落结构存在明显的地理分布格局,相邻地点间细菌群落结构的亲缘关系较近(见图1.3.6)。

基于细菌群落结构组成与环境因子间的方差分解分析(variation partition analysis,VPA)分析发现,土壤pH、全碳(TC)、全氮(TN)和含水量与细菌群落结构显著相关(BioEnv:$P<0.05$)。上述环境因子与地理距离共解释52.27%细菌群落结构变异,其中地理空间距离解释14.75%的细菌群落结构组成,而土壤因素解释37.52%的群落变异。在土壤因子中,土壤pH、土壤TC、TN和含水量分别解释15.31%、7.88%、7.43%和6.90%的变异度(见图1.3.7)。

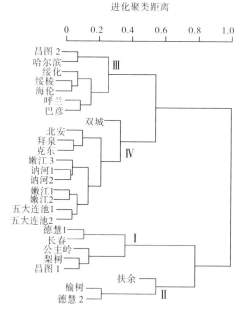

图 1.3.6　黑土农田细菌群落结构聚类分析

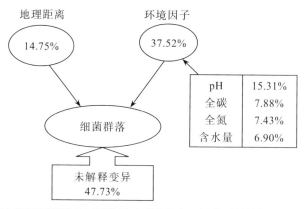

图 1.3.7　VPA 解析地理距离与环境因子对黑土农田细菌群落结构变化的相对贡献率

1.3.4　真菌群落结构

　　土壤真菌是土壤中的一个重要组成部分,在生态系统中起到重要的作用(Christensen,1989;Buée et al.,2009)。与土壤 pH 常被认为是决定土壤细菌群落结构分布的主要土壤因子不同(Fierer et al.,2006;Baker et al.,

2009；Lauber et al.，2009；Nicol et al.，2008；Davis et al.，2009；Jenkins et al.，2009；Jones et al.，2009；Chu et al.，2010；Shen et al.，2013），决定土壤真菌群落结构分布的因素因研究区域或环境的不同而存在差异，如 Peay et al. (2013)报道在森林生态系统真菌多样性与植物多样性高度相关，而 Shi 等 (2014)研究发现森林土壤真菌多样性与温度、海拔高度和植物多样性有关。在农田生态系统，Lauber 等(2008)发现不同土地利用方式下土壤真菌群落组成不受土壤 pH 影响，而与土壤营养有关。本节中，在揭示东北黑土农田细菌分布规律的基础上，对相同样本中真菌群落结构组成予以分析。

1.3.4.1 真菌的丰度

采用引物 ITS1/ITS2（White et al.，1990），利用荧光定量 PCR 对真菌核糖体 ITS1 基因进行定量分析发现，黑土农田真菌 ITS 基因丰度在每克干土 $1.33 \times 10^7 \sim 5.58 \times 10^7$ 基因拷贝之间，可见相同样本的真菌数量较细菌低 2 个数量级。相关性分析表明，黑土真菌丰度与土壤 TC 含量（$r=0.4541$，$P=0.0198$）和 TN（$r=0.4584$，$P=0.0185$）呈显著正相关关系，但与土壤 pH（$r=0.1686$，$P=0.4102$）相关性不显著。

1.3.4.2 真菌群落组成

采用 454 高通量测序技术对真菌群落结构研究发现，在门水平上，子囊菌门（Ascomycota）、担子菌门（Basidiomycota）和接合菌门（Zygomycota）丰度较高，为黑土中优势真菌。其中 Ascomycota 的相对丰度为 12.38%~47.55%，Basidiomycota 为 2.91%~59.97%，Zygomycota 为 3.78%~39.08%。壶菌门（Chytridiomycota）和球囊菌门（Glomeromycota）相对丰度较低，分别为 0.33%~8.70% 和 0.01%~1.03%。另外，还有 4.56%~66.18% 的真菌内转录间隔区（internal transcribed spacer，ITS）序列划分为未知序列。

在纲水平上，从黑土农田中检测出 23 个真菌纲。其中，银耳纲（Tremellomycetes）、座囊菌纲（Dothideomycetes）、伞菌纲（Agaricomycetes）、散囊菌纲（Eurotiomycetes）、锤舌菌纲（Leotiomycetes）、粪壳菌纲（Sordariomycetes）和壶菌纲（Chytridiomycetes）在所有土壤中均被检测出，这些真菌是黑土中的优势菌纲，占测序量的 67%。其他真菌纲，如 Blastocladiomycetes、Orbiliomycetes、Saccharomycetes、Orbiliomycetes 和 Pucciniomycetes，相对丰度低于 1%，但也在所有样品中检测到，其余真菌纲

丰度低,在土壤中零星分布(见图1.3.8)。

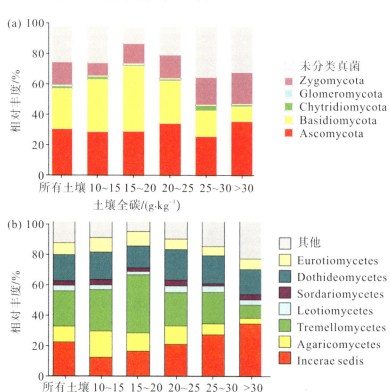

图1.3.8 黑土农田土壤真菌按土壤全碳含量在门(a)和纲(b)水平上的相对丰度分布

注：10~15，即 10g·kg⁻¹＜TC≤15g·kg⁻¹；15~20，即 15g·kg⁻¹＜TC≤20g·kg⁻¹；20~25，即 20g·kg⁻¹＜TC≤25g·kg⁻¹；25~30，即 25g·kg⁻¹＜TC≤30g·kg⁻¹。

在目水平上,从黑土样本中检测到超过70个目的真菌。其中Cystofilobasidiales和Mortierellales是主要的真菌目,平均丰度达到15.80%和14.96%。其他真菌,如Agaricales、Capnodiales、Eurotiales、Helotiales、Hypocreales、Pleosporales和Trechisporales也具有较高的丰度,为1.34%~6.44%。

在属的水平上,从黑土中检测到超过350个真菌属。其中 *Guehomyces*(耐冷酵母属)和 *Mortierella*(被孢霉属)是含量最高的属,其平均相对丰度分别为15.56%和13.61%。其他6个真菌属, *Pseudogymnoascus*、*Cryptococcus*、*Cladosporium*、*Phoma*、*Epicoccum*和 *Alternaria* 丰度也较高,为1.18%~3.52%。

黑土真菌在某些门、纲、目和属水平上的分布与土壤全碳含量关系密切。在门水平上,Basidiomycota和Zygomycota分布规律相反,分别与土壤全碳含量呈显著负相关和正相关关系[见图1.3.9(a)]。在纲、目和属水平上分别有4、3和3个分类单元真菌与土壤全碳含量呈显著的相关性[见图1.3.9(b)~(d)]。与细菌分布规律不同,土壤pH值对黑土真菌分布没有影响。

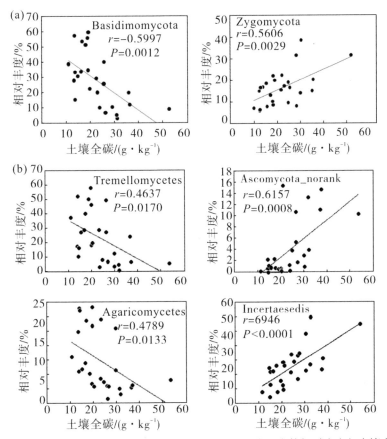

图1.3.9 黑土农田真菌在门(a)、纲(b)、目(c)和属(d)水平上的相对丰度与土壤全碳含量之间的关系

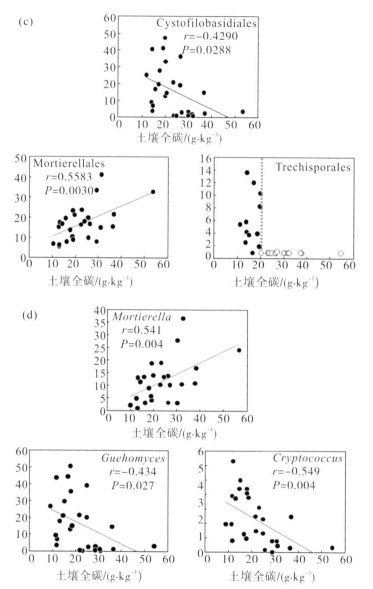

图1.3.9 黑土农田真菌在门(a)、纲(b)、目(c)和属(d)水平上的相对丰度与土壤全碳含量之间的关系(续图)

1.3.4.3 真菌α-多样性

黑土真菌多样性远小于细菌多样性。基于每个样本4500条序列分析表明,黑土真菌OTUs数目为297~468,PD值为107~201。真菌多样性指数与环境因子间Pearson相关性分析发现,真菌的PD值($r=-0.557,P=0.003$)和OTUs丰度($r=-0.515,P=0.007$)均存在明显的纬度梯度多样性变化,随纬度增加,真菌多样性呈显著降低的趋势(见图1.3.10)。此外,土壤TC含量与PD值($r=-0.435,P<0.026$)和OTUs丰度($r=-0.391,P=0.048$)显著负相关,而土壤pH($r=0.387,P=0.051$)和TN($r=-0.385,P=0.052$)与PD值分别呈正相关和负相关关系,但相关性不显著。除上述环境因子外,真菌多样性指数与其他环境因子间不存在相关关系。由此可见,决定黑土真菌α-多样性的最主要土壤因子是土壤全碳含量(见图1.3.11)。

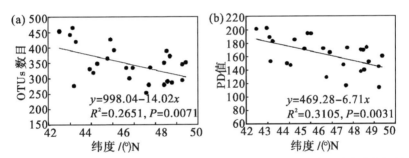

图1.3.10 黑土农田土壤真菌OTUs数目(a)和PD值(b)与采样点地理纬度坐标间关系

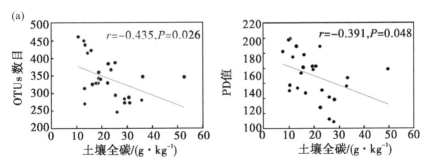

图1.3.11 黑土农田土壤真菌OTUs数目和PD值与土壤全碳含量(a)、全氮含量(b)及土壤pH(c)值之间的关系

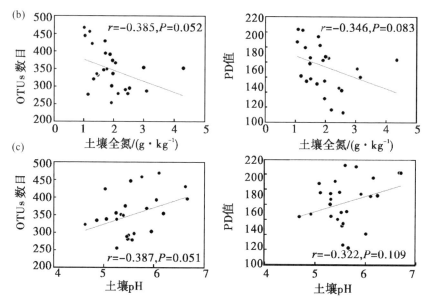

图1.3.11 黑土农田土壤真菌OTUs数目和PD值与土壤全碳含量(a)、全氮含量(b)及土壤pH(c)值之间的关系(续图)

1.3.4.4 真菌群落结构变化

不同样点黑土农田真菌群落结构存在差异。真菌群落结构不仅受到土壤全碳的影响[Mantel test(曼特尔检验):$r=0.494, P=0.001$],同时也受到土壤pH的制约(Mantel test:$r=0.226, P=0.006$)。对真菌群落结构进行NMDS分析发现,真菌群落结构主要受到土壤全碳含量的影响,样点在NMDS的横轴坐标值与土壤全碳含量显著相关。此外,基于样点NMDS的纵轴坐标值与pH显著相关的结果说明,真菌群落结构分异与土壤pH也有关,但全碳含量影响程度要高于土壤pH(见图1.3.12)。

此外,对所有样品进行聚类分析发现,我们的黑土可以划分为两大类,其中Group I 包含13个采集于东北南部的黑土,纬度范围为42°50′N~46°41′N,Group II 包含13个采集于东北北部的黑土样本,纬度范围为47°13′N~49°26′N(除了巴彦BY样本,其纬度为46°23′N)(见图1.3.13)。Group I 样本的土壤全碳含量较低,其大小为11.77g·kg^{-1}~20.03g·kg^{-1},而Group II 样本的土壤全碳含量则相对较高,大小为20.63g·kg^{-1}~55.53g·kg^{-1},说明土壤全碳含量为20g·kg^{-1}时,可能是影响黑土区真菌群落结构发生分异的分水岭。在聚类分析图谱中没有找到真菌群落结构组成与土壤pH之间的直接相关证据(见图1.3.13)。

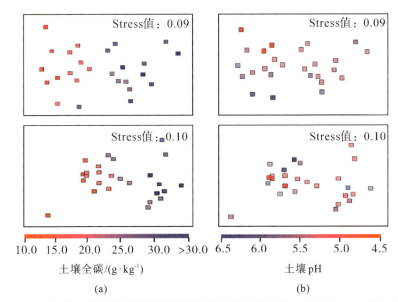

图1.3.12 黑土农田真菌群落结构按土壤全碳含量(a)和土壤pH(b)的NMDS非加权(a)和加权(b)分布图

注：Stree，土体应力。

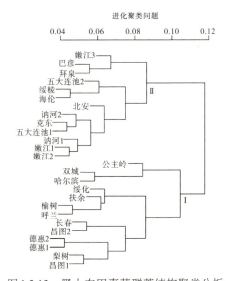

图1.3.13 黑土农田真菌群落结构聚类分析

将采样点的地理距离和环境因子与真菌群落结构变化进行VPA分析发现，地理距离解释20.04%的真菌群落结构组成，而环境因子解释34.66%的群落变异,其中土壤全碳(TC)、全氮(TN)、pH和含水量分别解释11.32%、10.49%、9.47%和3.38%的变异度。由此可见,东北黑土农田真菌群落结构也表现出明显的地理分布格局,其地理距离对真菌群落结构的影响高于对细菌群落结构的影响(20.04% vs 14.75%),表现出黑土微生物空间分布存在生物尺寸效应(body size effect),即尺寸大的微生物表现出更加明显的地理分布格局(见图1.3.14)。

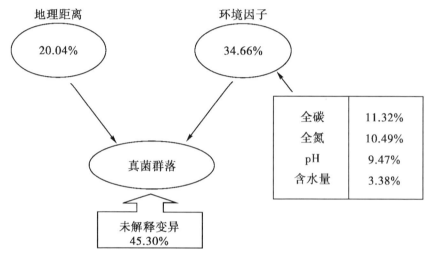

图1.3.14　VPA解析地理距离与环境因子对黑土农田真菌群落结构变化的相对贡献率

1.3.5　黑土古菌

古菌是除细菌和真核生物外的第三域生物(Woese et al.,1990)。最初古菌被发现广泛存在于极端环境(Woese et al.,1990;DeLong,1998),但随着分子生物学技术的发展,发现古菌在自然界各种环境中都存在(Ochsenreiter et al.,2003;Chaban et al.,2006;Oline et al.,2006;Ehrhardt et al.,2007;Auguet et al.,2008;Lliros et al.,2008;Youssef et al.,2012)。不同环境中古菌的组成存在差异,例如海洋沉积物中古菌主要由不可培养的 miscellaneous crenarchaeotal group (MCG)和 marine benthic group-D (MBG-D)组成(Lloyd et al.,2013),而在湖泊和湿地沉积物中主要由产甲烷的广古菌门(Euryarchaeota)组成。在旱地土壤中主要由奇古菌门(Thaumarchaeota)组成(Brochier-Armanet et al.,2008)。奇古菌门多数成员

参与氨氧化过程,也被称为氨氧化古菌(ammonia-oxidizing archaea,AOA)(Pester et al.,2011;Stahl et al.,2012)。

虽然古菌在土壤中广泛存在,但与细菌和真菌研究相比,有关古菌的生物地理分布格局的研究还较少。某些在点、区域和全球尺度的研究发现,古菌的分布受到多种多样的环境因素驱动,如pH(Nicol et al.,2008;Bengtson et al.,2012;Cao et al.,2012;Tripathi et al.,2013)、盐浓度(Auguet et al.,2010)、C:N比(Bates et al.,2011)、海拔高度(Singh et al.,2012)、气候和地表植被(Angel et al.,2010)和各种综合因素(Zheng et al.,2013)。本节中,在报道细菌、真菌在黑土带上分布格局的基础上,进一步对黑土农田古菌的分布规律进行揭示。

1.3.5.1 古菌的丰度

采用引物Arch519f(5′-CAGCCGCCGCGGTAA-3′)(Øvreås et al.,1997)和Arch915r(5′-GTGCTCCCCGCCAATTCCT-3′)(Stahl et al.,1991;Inceoglu et al.,2015)对不同有机质含量东北农田土壤的古菌数量测定发现,每克干土中古菌16S rRNA基因拷贝数在$4.04×10^7$~$26.18×10^7$。古菌与细菌的16S rRNA基因比值范围为0.032~0.085。古菌丰度与环境因子间的相关性分析结果显示,古菌丰度与土壤pH、土壤含水量,土壤速效钾(AK)、土壤全碳(TC)、土壤全氮(TN)和土壤全磷(TP)含量呈显著正相关关系(见图1.3.15)。

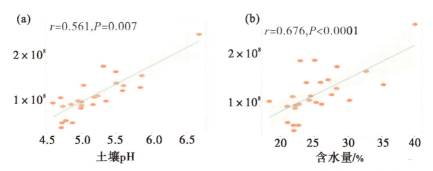

图1.3.15 古菌16S rRNA基因丰度与土壤pH(a)、含水量(b),速效钾(c)、全碳(d)、全氮(e)和全磷(f)含量之间的关系

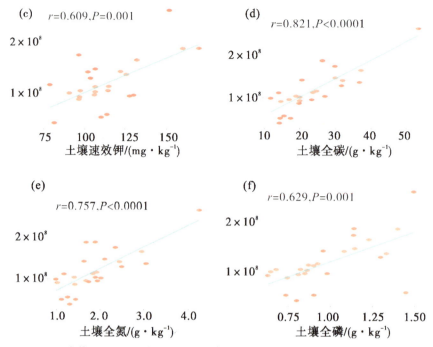

图1.3.15 古菌16S rRNA基因丰度与土壤pH(a)、含水量(b)、速效钾(c)、全碳(d)、全氮(e)和全磷(f)含量之间的关系(续图)

1.3.5.2 黑土农田古菌组成

利用引物Arch519f/Arch915r(Bai et al.,2017),采用Illumina Miseq高通量测序技术,对黑土农田古菌群落解析发现,在门水平上黑土农田古菌组成简单,主要由奇古菌门(Thaumarchaeota)组成,占到所有序列的94.15%(范围为85.44%~98.86%),其次是广古菌门(Euryarchaeota),范围为1.14%~13.29%,平均值为5.72%,而泉古菌门(Crenarchaeota)只在10个样品中检测到,相对丰度低于0.3%,属于黑土中稀少的古菌门。

在泉古菌门中检测到2个目,分别为Desulfurococcales和Thermoproteales。广古菌门中检测到10个目,其中Methanomassiliicoccales在所有的样品中被检测到,平均相对丰度为3.03%;其次是Methanobacteriales,平均相对丰度为2.04%;其他古菌目,如Archaeoglobales(相对丰度<0.01%)、Thermococcales(0.19%)、Euryarchaeota_norank(0.02%)、Halobacteriales(0.03%)、Methanocellales(0.01%)、Methanococcales(0.07%)、Methanomicrobiales(0.01%)

和 Methanosarcinales(0.33%)零星地在某些土壤样品中被检测到,其相对丰度非常低。与广古菌门不同,虽然奇古菌门数量非常高,但在这个门中只检测到 3 个古菌目,其中 Nitrososphaerales 是优势菌,其相对丰度为 58.52%~98.60%,平均丰度为 87.35%;其次是 Thaumarchaeota_norank,平均丰度为6.27%,而 Nitrosopumilales 只在 7 个土壤样品中被检测到,相对丰度非常低(见表 1-3-3)。

表 1-3-3 黑土农田古菌分类单元相对丰度范围及平均相对丰度

古菌门	古菌目	相对丰度范围/%	平均值/%
Crenarchaeota	Desulfurococcales	0.00~0.22	0.01
	Thermoproteales	0.00~2.53	0.12
Euryarchaeota	Archaeoglobales	0.00~0.11	0.01
	Euryarchaeota_norank	0.00~0.11	0.02
	Halobacteriales	0.00~0.35	0.03
	Methanobacteriales	0.24~5.50	2.04
	Methanocellales	0.00~0.16	0.01
	Methanococcales	0.00~0.28	0.07
	Methanomassiliicoccales	0.75~5.88	3.03
	Methanomicrobiales	0.00~0.07	0.01
	Methanosarcinales	0.00~2.56	0.33
	Thermococcales	0.00~1.91	0.19
Thaumarchaeota	Nitrosopumilales	0.00~7.81	0.54
	Nitrososphaerales	58.52~98.60	87.35
	Thaumarchaeota_norank	0.00~36.14	6.27

在属水平上,从泉古菌门、广古菌门和奇古菌门中分别检测到 2、19 和 4 个古菌属。其中,奇古菌门中的 *Nitrososphaera*(Group 1.1b)的相对丰度最高,范围为 58.31%~98.58%,平均为 87.23%。

采用高通量测序技术,从每个黑土农田样本中平均获得 25000 多条古菌序列,但相比细菌和真菌而言,黑土中古菌的组成是非常简单的。本研究中共获得了 185 个古菌 OTUs,其中 3、31 和 151 个 OTUs 分别隶属于泉古菌、奇古菌和广古菌(见图 1.3.16)。由此可见,虽然奇古菌门在黑土农田中数量最多,但其组成结构简单,黑土农田古菌的α-多样性主要是由广古菌门贡献的。值得注意的是,我们采集的是旱地黑土农田,但广古菌中的许多OTUs被划分为产甲烷古菌,而旱地黑土并非甲烷排放源,推测这些古菌在旱地黑土中生存但不活跃,相当于产甲烷古菌的"种子源"。在合适的条件下,如旱田改为水田种植,在厌氧条件下这些"种子源"会大量激发增殖起来。

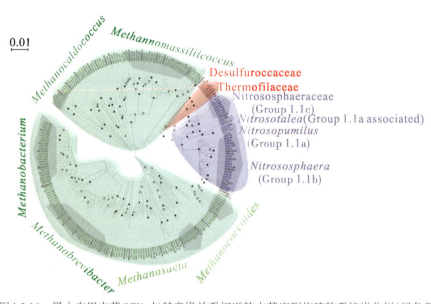

图1.3.16　黑土农田古菌OTUs与其亲缘关系相近的古菌序列构建的系统进化树(绿色部分属于广古菌门,蓝色部分属于奇古菌门,红色部分属于泉古菌门)

31个奇古菌OTUs与其同源序列构建的系统进化树如图1.3.17所示。其中有19、2、2和8个OTUs分别属于Group 1.1b、Group 1.1a associated、Group 1.1a和Group 1.1c。这4个古菌属所含序列数目分别占所有序列的87.23%、0.54%、6.27%和0.12%。Group 1.1b、Group 1.1a associated和Group 1.1a在分类上分别等同于氨氧化古菌 *Nitrososphaera*、*Nitrosotalea*和 *Nitrosopumilus*(Bomberg,2016)。由此可见,黑土中94%以上的古菌序列在分类上属于氨氧化古菌,推测其在土壤氮循环过程中可能起到重要的作用(见图1.3.17)。

在31个奇古菌OTUs中,有7个OTUs(OTUs1~6,OTU1120)是优势古菌,7个OTUs序列数占所有序列总和的75.3%,BLAST(basic local alignment search tool)比对显示这些序列与国际上已报道的古菌基因序列具有100%

的相似性,由此表明黑土农田中绝大多数古菌并非新的物种(见图1.3.17)。

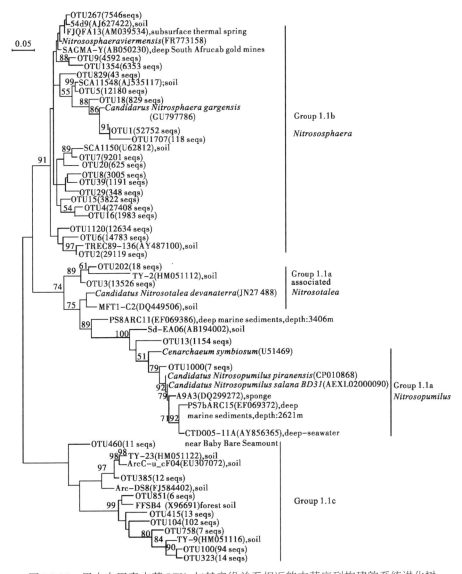

图1.3.17 黑土农田奇古菌OTUs与其亲缘关系相近的古菌序列构建的系统进化树

1.3.5.3 驱动黑土农田古菌α-多样性的因素

东北黑土农田古菌组成简单,古菌的OTUs数目与土壤pH没有呈现出显著的相关性[见图1.3.18(a)]。但针对奇古菌门和广古菌门单独分析发现,奇古菌门OTUs数目与土壤pH($r=-0.442, P=0.024$)呈显著负相关关系,而广古菌门OTUs数目与土壤pH($r=0.406, P=0.040$)呈显著正相关关系[见图1.3.18(b)&(c)]。可见这两类古菌与对土壤pH的响应是相反的。其他土壤因子与古菌α-多样性没有显著相关性。

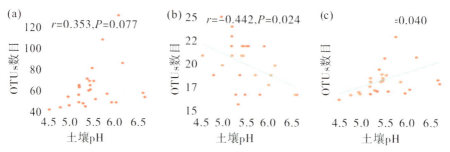

图1.3.18 黑土农田古菌(a)、奇古菌(b)和广古菌门(c)的OTUs数目与土壤pH的相关性

1.3.5.4 黑土古菌群落结构组成

不同样点间黑土古菌组成存在显著差异。CCA1和CCA2分别解释28.12%和17.28%的古菌群落结构变异。土壤pH是决定黑土古菌群落结构变化的最主要土壤因子,而纬度是在CCA2轴上驱动群落结构变化,也是驱动古菌群落结构分异的一个重要环境指标[见图1.3.19(a)]。

不同样点间地理距离和土壤因素与古菌群落结构进行方差分解分析(VPA)发现[见图1.3.19(b)],地理距离对古菌群落变异的解释度为19.01%,而土壤因素解释33.44%的群落变异,其中土壤pH对古菌变异度的贡献为20.89%,是影响古菌空间分布的最主要的土壤因子。

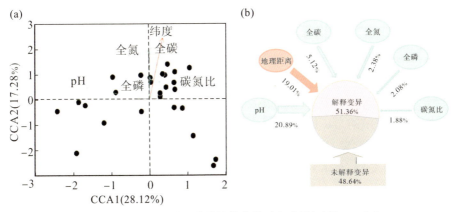

图1.3.19 黑土古菌群落结构的典范对应分析(a)和VPA(b)

1.3.6 黑土氨氧化细菌和氨氧化古菌

氨氧化过程也称为硝化过程,是土壤氮循环的重要环节之一(Kowalchuk et al.,2001)。土壤的氨氧化过程由2类重要的微生物——氨氧化细菌(AOB)和氨氧化古菌(AOA)来完成。在土壤中AOA和AOB是共同存在的,但这两类微生物对环境的响应存在差异(Valentine,2007;Erguder et al.,2009;Prosser et al.,2012;Ouyang et al.,2016)。针对特定地点的研究发现,影响土壤中AOA和AOB丰度和多样性的因子很复杂,没有一个单一土壤因素(土壤pH除外)可以解释AOA和AOB的丰度和多样性(Ouyang et al.,2016;He et al.,2007;Jia et al.,2009;Ke et al.,2013;Prosser et al.,2012)。高通量测序技术的普遍应用,为大尺度、多点位研究不同生态环境下的AOA和AOB提供了便利条件,这些研究包括森林土壤(Stempfhuber et al.,2014)、旱地土壤(Hu et al.,2013)、草地土壤(Gubry-Rangin et al.,2011;Hu et al.,2014)以及稻田土壤(Hu et al.,2015)。多数研究表明AOA和AOB存在明显的地理分布格局,但地理距离在解释AOA和AOB群落结构上结果不尽一致(Yao et al.,2013;Hu et al.,2013,2014,2015)。土壤pH常被揭示为驱动AOA和AOB生态位分异的一个重要土壤因子,也有其他研究表明AOA和AOB群落结构的变化是由多种土壤因子综合作用的结果(Prosser et al.,2012;Yao et al.,2013)。在本节上一部分报道了黑土农田古菌群落的地理分布格局和驱动因素,在此部分进一步揭示黑土农田AOA和AOB群落的分布规律。

1.3.6.1 黑土 AOA 和 AOB 的丰度

采用引物 Arch-amoAF/Arch-amoAR(Francis et al.,2005),对黑土农田土壤 AOA 数量测定发现,每克干土中 AOA 的氨单加氧酶基因(amoA)含量为 $2.51×10^6$~$3.88×10^7$。利用引物 amoA1F/amoA2R(Rotthauwe et al.,1997)定量分析发现,AOB 的 amoA 数量为 $2.92×10^4$~$2.19×10^6$。农田土壤中 AOA 含量要远高于 AOB 的含量,其比值变化范围为 3.11~91.04。基因数量与环境因子的相关性分析发现,AOA 数量与 TC 含量呈显著正相关关系,但与土壤 pH 不存在相关关系。然而,AOB 数量与土壤 pH 呈显著正相关关系,而与土壤全碳含量不存在相关关系(见图 1.3.20)。

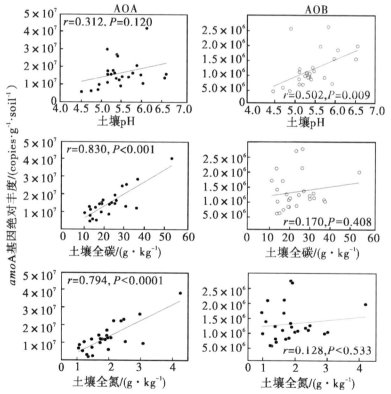

图 1.3.20 黑土农田土壤 AOA 和 AOB amoA 基因丰度与土壤 pH、全碳和全氮含量之间的关系

1.3.6.2 黑土AOA和AOB组成

我们共获得417205条AOA的amoA基因序列,其中78.48%的序列经过BLAST(basic local alignment search tool)对比鉴定为AOA序列,单个样本序列在4910到26206条之间,序列长度分布范围为376~704bp。AOA群落(cluster)中 *Nitrososphaera* 的含量最高,为86.22%(变化范围为39.44%~98.84%)。其次是 *Nitrosotalea*,平均含量为8.68%(变化范围为0.01%~50.80%)。*Nitrosophaera* sister类群和 *Nitrosopumilus* 分别占到3.12%和1.98%。基于Pester等(2012)的分类系统,发现有15、2、2和1个亚类分别属于 *Nitrososphaera*、*Nitrosophaera* cluster、*Nitrosopumilus* 和 *Nitrosotalea* 类群(见表1-3-4)。此外,研究发现AOA类群的不同亚类相对丰度与土壤pH、全碳、氮和土壤含水量呈显著正相关关系($P<0.01$),而与土壤C:N、TP、AP和AK、NH_4^+-N和NO_3^--N的($P<0.05$)的相关性小于pH、TC、TN和土壤含水量。

表1-3-4 黑土农田不同AOA分类单元相对丰度范围及平均相对丰度

类　群		相对丰度范围/%	平均相对丰度/%
Nitrosopumilus cluster	Cluster[a]	0.00~0.24	0.06
	Subcluster 1.1	0.00~0.07	0.01
	Subcluster 5.1	0.00~30.00	1.92
Nitrosophaera sister cluster	Subcluster 1.1	0.00~5.87	0.65
	Subcluster 2	0.15~10.75	2.47
Nitrososphaera cluster	Cluster[a]	7.59~64.74	41.80
	Subcluster 1.1	1.24~45.06	9.56
	Subcluster 2.1	0.00~0.43	0.10
	Subcluster 3.1	0.00~20.42	3.84
	Subcluster 3.2	0.00~1.84	0.19
	Subcluster 3.3	0.00~47.00	8.73
	Subcluster 4.1	0.00~16.23	1.39

续表

类 群		相对丰度范围/%	平均相对丰度/%
Nitrososphaera cluster	Subcluster 5.1	0.00~0.94	0.08
	Subcluster 6.1	0.00~1.21	0.20
	Subcluster 7	0.00~0.12	0.02
	Subcluster 7.1	0.00~0.86	0.12
	Subcluster 7.2	0.00~5.15	0.34
	Subcluster 8.1	0.00~4.06	0.94
	Subcluster 8.2	0.88~13.36	4.07
	Subcluster 9	0.30~34.27	11.83
	Subcluster 11	0.00~11.43	2.99
Nitrosotalea cluster	Subcluster 1.1	0.00~50.80	8.68
Other soil cluster[a]	Soil subcluster	0.00~0.04	0.01

[a] amoA 序列与 AOA 序列相似度大于 85%，但没有划分到稳定的分类单元（subcluster）上。

从 26 个样品中共获得 237622 条 AOB 的 *amoA* 基因序列，其中 82.89% 的序列经过 BLAST 对比发现隶属于 AOB 序列，单个样本序列数量为 4155~17671，序列长度范围为 425~692bp。AOB 群落中 *Nitrosospira* 的数量最高，平均值为 97.71%，而 *Nitrosomonas* 的数量仅为 2.28%。在 *Nitrosospira* 类群中共检测到 clusters 2、3a.1、3a.2、3b、9 和 10，其平均相对丰度分别为 48.19%、6.54%、27.56%、2.65%、8.42% 和 4.36%（见表 1-3-5）。此外，发现 cluster 3a.1（$r=0.795$，$P<0.0001$）和 cluster 3b（$r=0.428$，$P=0.003$）相对丰度与 pH 呈显著正相关，而 cluster 3a.2（$r=-0.475$，$P=0.001$）和 cluster 10 与 pH 呈显著负相关关系（$r=-0.636$，$P=0.001$）；土壤 TC、TN 和 TP 含量与 cluster 2 呈显著正相关关系，而与 cluster 3a.2 呈显著负相关关系；cluster 2 与土壤含水量和纬度呈显著正相关关系，而 cluster 3a.2 与纬度呈显著负相关关系，说明这两个类群与土壤理化因子呈相反的分布特征。

表1-3-5　黑土农田不同AOB分类单元相对丰度范围及平均相对丰度

类　群	相对丰度范围/%	平均相对丰度/%
Cluster 3a.1	0.02~21.83	6.54
Cluster 3b	0.00~14.65	2.65
Cluster 10	0.14~24.54	4.36
Cluster 2	24.48~77.73	48.19
Cluster 3a.2	6.85~55.61	27.56
Cluster 9	0.28~21.42	8.42
Nitrosomonas cluster	0.32~10.28	2.28
Other soil cluster	0.00~0.02	0.01

1.3.6.3　黑土 AOA 和 AOB 的 α-多样性

我们基于 85% 相似性对 AOA 与 AOB 群落 OTUs 数量及 PD 值分析发现，AOA 群落共获得 63 个 OTUs，不同地点变化范围为 21~34；而 AOB 群落共获得 16 个 OTUs，不同地点变化范围为 7~12。AOA 与 AOB 群落的 PD 值大小范围分别为 2.75~4.33 和 2.61~3.42。研究发现 AOA 多样性与土壤理化因子及纬度信息不存在任何相关关系，而 AOB 的 OTUs 数量与土壤 pH，土壤 TP 和 AK 含量显著正相关关系（$r=0.425 \sim 0.548$，$P<0.05$），PD 值与土壤 pH，土壤 TP、TC、TN、AK 含量和含水量呈显著正相关关系（$r=0.466 \sim 0.572$，$P<0.05$）。

图 1.3.21 和图 1.3.22 是我们获得的 AOA 和 AOB 代表性 OTUs 序列与其同源序列构建的系统进化树。由图 1.3.21 可知，56 个 AOA 的 OTUs 属于 *Nitrosospharea* cluster，3 个 OTUs 归为 *Nitrosotalea* cluster，4 个 OTUs 属于 *Nitrospumillus* cluster，没有 OTUs 划分到 *Nitrosocaldus* cluster。AOB *amoA* 基因有 13 个 OTUs 划分到 *Nitrosopira* cluster，其余 3 个 OTUs 属于 *Nitrosomonas* cluster（见图 1.3.22）。

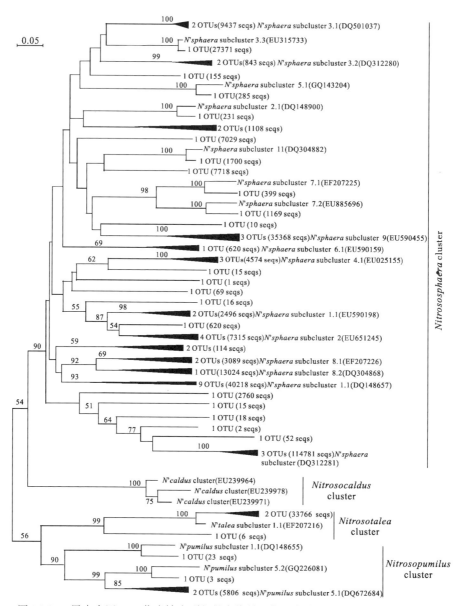

图1.3.21 黑土农田AOA代表性序列与其亲缘关系相近的参考序列构建的系统进化树

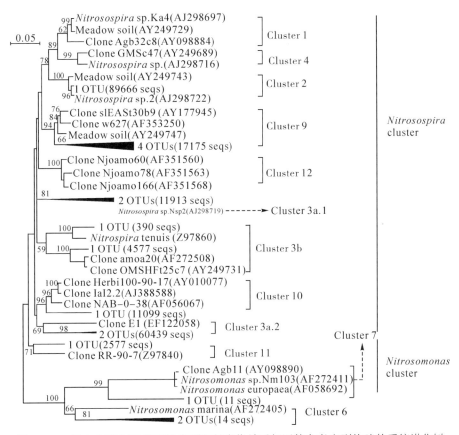

图1.3.22 黑土农田AOB代表性序列与其亲缘关系相近的参考序列构建的系统进化树

1.3.6.4 黑土农田AOA和AOB群落结构

NMDS分析图谱显示,AOA群落的NMDS1和NMDS2轴与土壤pH($r=-0.685, P<0.001$)呈显著负相关关系,而与TC含量呈显著正相关关系($r=0.226, P=0.006$)。而AOB群落的NMSD1与NMDS2轴均与土壤pH呈显著负相关关系($r=-0.587, P=0.002; r=-0.607, P=0.001$)(见图1.3.23)。此外,基于Mantel test分析结果显示,AOA群落主要受到纬度、土壤pH、土壤TC和TP含量的影响,而AOB群落则主要受到纬度,土壤pH,土壤TC、TN、TP含量和土壤含水量的影响。

CCA分析结果显示,AOA群落结构主要受到纬度的影响,其次为土壤pH、TP和TC含量。相比之下,AOB群落主要受到土壤pH的影响,其次为TP、TC、TN、含水量和纬度。此外,VPA分析结果显示纬度对AOA群落分异的解释率为17.01%,而土壤其他因子的总解释率为25.34%,其中,土壤pH单独解释率为16.08%,而剩余的52.90%为未解释量。相比之下,AOB群落的环境解释量为25.96%,其中土壤pH单独解释变异量的16.87%,而地理分割解释的变异度仅为5.18%,剩余44.79%的贡献度未被解释。该分析表明,AOA群落结构主要受到地理距离的影响,而土壤理化因子对AOB的贡献相对较大(见图1.3.24)。

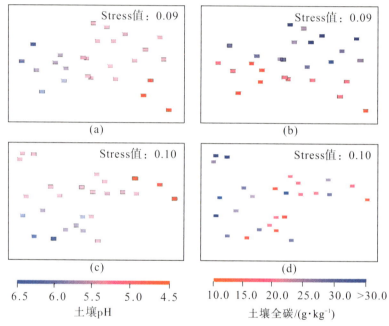

图1.3.23　黑土农田AOA[(a)&(b)]和AOB[(c)&(d)]群落结构按土壤pH[(a)&(c)]和土壤全碳含量[(b)&(d)]的NMDS分析图谱

注:Stress,土体应力。

东北黑土素以土壤肥力高、土壤质量好而著称,是我国重要的土壤资源,在保障国家粮食安全和生态安全上具有重要地位。黑土区气候四季分明,从南到北年平均气温逐渐下降。由于受气候、开垦年限和农田管理措施等影响,东北黑土农田土壤养分含量,特别是土壤有机质含量呈现规律性的"南低北高"分布趋势(Zhang et al.,2007)。鉴于土壤有机质是土壤微生物营养和能量的主要来源,同时土壤微生物活性受土壤养分有效性限制,因此东北黑土区是研究微生物群落结构演替规律及驱动因素的理想平台。已有的研究结果表明,不同生态系统中的土壤微生物受到生物和非生物因素的双重影响,群落结构组成及多样性分布特征存在较大差异。在这些影响因素中,土壤pH被普遍认为是制约土壤细菌群落结构变化的主要因素。值得指出的是,多数研究均是基于土壤pH差异较大的不同类型原始土壤进行的,而对于同一种土壤类型,土壤pH变化较小而其他土壤理化性质差异较大时,决定土壤微生物生物地理分布的因素是什么?是一个值得探讨的科学问题。为此,我们于2012年南起辽宁昌图,北至黑龙江讷河,采集了26个农田土壤样品,采用第二代高通量测序技术,对黑土区细菌、真菌、古菌和氨氧化细菌(AOB)和氨氧化古菌(AOA)微生物群落结构的地理分布规律及其驱动因素进行了综合分析。

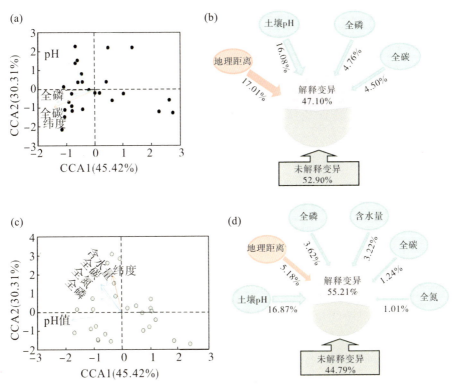

图1.3.24 黑土农田AOA(a)和AOB(c)群落结构的CCA分析图谱,环境因子对AOA(b)和AOB(d)群落结构相对贡献率的VPA分析图谱

利用特异性引物的荧光定量PCR技术,对细菌、真菌、古菌、AOA和AOB群落数量进行定量分析,结果显示细菌丰度与土壤TC含量($r=0.839$, $P<0.0001$)和土壤pH($r=0.423$, $P=0.031$)呈高度正相关关系,说明东北黑土区农

田土壤细菌数量主要受到全碳(有机质)含量的影响,其次是土壤pH。对真菌ITS基因进行定量分析发现,黑土农田真菌数量与土壤TC含量(r=0.4541,P=0.0198)和TN(r=0.4584,P=0.0185)呈显著正相关关系,但与土壤pH不存在相关关系,该结果与以往的研究报道相一致,真菌数量主要是受到土壤养分的影响(de Boer et al.,2005)。目前关于土壤古菌数量研究结果存在相悖的报道,如Bengston等(2012)研究发现不同pH的土壤中古菌数量占原核生物数量的0.02%~7.00%;而Cao等(2012)研究发现,古菌与细菌的比值范围在0.20%~9.26%。本研究中古菌与细菌数量的比值为0.032~0.085,占整个原核生物的3.11%~7.80%,说明不同土壤环境古菌与细菌数量比值变异较大。古菌数量与土壤pH(r=0.516,P=0.007)和土壤TC(r=0.821,P<0.0001)之间均存在高度的正相关关系。研究发现黑土农田中AOA数量显著高于AOB,这一结果与以往大部分的研究报道相一致(Leininger et al.,2006;He et al.,2007;Shen et al.,2012;Jiang et al.,2014)。发现AOA数量与TC含量显著正相关,但与土壤pH不存在相关关系,与之相反AOB含量与土壤pH显著正相关,而与土壤TC含量不存在相关关系,说明AOA群落与AOB群落存在不一致的生理特征。我们发现的AOA数量与TC含量呈显著正相关的结果与以往报道的AOA主要分布在贫营养环境的相悖(Hatzenpichler et al.,2008;Walker et al.,2010),说明黑土农田中一些与碳源利用相关的自养或者混合营养型的AOA类群数量会随TC含量的增加而呈增长的趋势(Hallam et al.,2006;Walker et al.,2010;Zhalnina et al.,2012)。

黑土农田土壤中Acidobacteria、Actinobacteria、Proteobacteria、Bacteroidetes、Chloroflexi、Gemmatimonadetes和Planctomycetes的相对丰度均高于5%,是黑土农田中主要的细菌类群。这些优势菌中Acidobacteria、Actinobacteria、Proteobacteria和Bacteroidetes在黑土中的相对数量分布与Lauber等(2009)和Chu等(2010)在美洲和北极地区土壤中的报道结果一致。然而,Chloroflexi、Gemmatimonadetes和Planctomycetes在黑土农田中的相对丰度是其在美洲和北极地区土壤中的5倍,这种差异的主要原因是美洲和北极地区的研究土壤是非农耕土壤,而本研究中的土壤是有长期耕作历史的农田土壤。这一发现也暗示着Chloroflexi、Gemmatimonadetes和Planctomycetes等细菌类群,易受到耕作方式的影响。

真菌Ascomycota和Basidiomycota在黑土农田土壤相对丰度最高,这与森林土壤中报道一致(Buée et al.,2009;Peay et al.,2013;Shi et al.,2014)。

不同的是黑土农田中 Chytridiomycota 均有分布且平均丰度大于 2%，而 Chytridiomycota 仅在森林土壤的部分处理中呈零星分布。在纲分类水平上，Tremellomycetes 和 Dothideomycetes 是农田土壤中的主要真菌类群，而 Agaricomycetes 则主要分布在森林土壤中（Buée et al., 2009；Peay et al., 2013；Shi et al., 2014）。此外，我们发现真菌的主要类群与土壤 TC 存在显著的相关关系，与 Rousk et al.(2010) 和 Shi et al.(2014) 报道的真菌类群主要受到土壤 pH 值和作物类型影响的研究结果相悖。产生这种差异主要是由于 Rousk et al.(2010) 研究中所选用的样点间土壤 pH 差异过大，而 Shi et al.(2014) 的研究主要是针对与植物关系密切的菌根真菌（mycorrhizal fungi），这类真菌在森林环境中广泛存在且与植物类型关系密切。

针对参与氮循环氨氧化过程微生物的研究发现，黑土农田中 AOA 主要包括 Nitrosopumilus、Nitrososphaera、Nitrosotalea 和 Nitrosocaldus 4 大类群，其中 Nitrososphaera 是黑土区农田土壤中参与氨氧化过程的主要微生物类群，这一研究结果与国外学者（Pester et al., 2012）和国内学者（Jiang et al., 2014；Hu et al., 2014, 2015）报道相一致。此外，我们发现 Nitrosospira 和 Nitrosomonas 是黑土农田中 AOB 的主要类群，其中 Nitrosospira 的含量最高，为 97.71%，而 Nitrosomonas 的含量仅为 2.28%，在 Nitrosospira 中检测到 clusters 2、3a.1、3a.2、3b、9 和 10 等类群。Hu et al.(2015) 对我国 11 个稻田系统中 AOB 群落结构的分析结果发现，Nitrosospira 和 Nitrosomonas 的相对丰度分别为 87.5% 和 12.5%，其中 Nitrosospira 在稻田中的数量显著低于旱地黑土农田土壤，而 Nitrosomonas 的数量则显著高于黑土农田土壤。另外，在水稻土中 cluster 11 是最主要的 AOB 类群，其次是 3a.1、3b、1、9、3a.2、4 和 2 类群，而我们发现 cluster 2 在黑土农田土壤中数量最高，其次是 clusters 3a.2、9、3a.1、10 和 3b。此外，Hu 等（2013）等研究发现 clusters 3a.1 和 3a.2 是我国其他地区农田土壤中最主要的 AOB 类群，与我们的结果也存在差异，说明东北黑土区中 AOB 群落组成既不同于我国水稻土壤，也不同于其他地域的旱地农田土壤。

奇古菌门（Thaumarchaeota）是黑土农田中古菌最主要类群，这一结果与 Tripathi et al.(2015) 和 Shi et al.(2016) 对土壤古菌报道结果相一致。不同的是黑土农田中 Thaumarchaeota group 1.1b 的相对丰度占整个古菌群落的 87.23%，但在 Tripathi et al.(2015) 的报道中其丰度仅占 48.7%，说明 Thaumarchaeota group 1.1b 是黑土农田土壤中参与氮循环最主要的 AOA 类群。根据 Bomberg(2016)的分类系统，Thaumarchaeota group 1.1b 隶属于 *Nitrososphaera* 类群，而本研究中发现 Thaumarchaeota group 1.1b 的相对丰度为 87.23% 与 AOA 群落中 *Nitrososphaera* 相对丰度为 89.34% 结果相吻合，说明黑土农田土壤中的大部分古菌均参与了氨氧化过程。

许多研究结果证实土壤 pH 是制约土壤细菌群落结构变化的主要因素（Fierer et al., 2006; Lauber et al., 2009; Rousk et al., 2010; Chu et al., 2010; Griffiths et al., 2011; Shen et al., 2013）。值得指出的是，上述研究多数是基于不同的土壤类型，而且土壤 pH 差异较大。尽管东北黑土农田土壤 pH 的差异在本研究中仅有 2.01 个单位，而土壤养分如 TC 和 TN 的差异远大于土壤 pH，我们仍发现土壤细菌群落结构分布主要受到土壤 pH 的影响，其次是土壤 TC 含量。而真菌群落结构主要受到 TC 含量的影响，其次是土壤 pH 的影响，说明黑土农田细菌和真菌具有不同的生理特征。这一研究结论与 Rousk 等（2010）的研究结果一致，农田土壤中细菌受土壤 pH 的影响远大于真菌群落。同时 Lauber 等（2008）的研究结果也证实，农田土壤中细菌和真菌群落结构分别受到土壤 pH 和土壤养分含量的影响。此外，古菌群落在横轴和纵轴上分别受到土壤 pH 和 TC 含量的影响，说明古菌与细菌群落类似，土壤 pH 是制约古菌群落的主要因子，其次是土壤 TC。然而，AOA 群落结构组成的 NMDS 分析图谱结果显示，AOA 群落的 NMDS1 和 NMDS2 轴与土壤 pH 显著负相关，而与 TC 含量显著正相关，而 AOB 群落的 NMSD1 和 NMDS2 轴与土壤 pH 均呈显著负相关关系，说明 AOA 和 AOB 群落结构均主要受到土壤 pH 的影响。

我们发现东北黑土农田土壤细菌、真菌、古菌、AOA 和 AOB 群落均在存在明显的地理空间分布格局，但不同微生物受到地理距离和环境因子的影响程度不尽相同。基于 VPA 分析结果显示，地理距离对细菌群落变化的解释率为 14.75%，环境因子为 37.52%，其中土壤 pH 的解释率最大，为 15.31%，其次是 TC，贡献为 7.88%，说明细菌群落虽存在空间分布规律，但土壤 pH 解释率高于地理距离。此外，地理距离对真菌群落的解释率为 20.04%，大于细菌群落的 14.75%，说明与细菌群落结构相比，真菌群落易受到地理距离的影响，真菌群落的空间分布规律存在着个体尺度效应（body size effect）。Wu 等（2013）的研究结果显示，真菌群落受到当代环境和历史进化因素的影响，存在着尺度效应，空间尺度范围在 1000~4000km 时，微生物主要受到地理距离的影响，而在 <1000km 的区域尺度内，微生物群落主要是受到当代环境因

子的影响。我们的采样点间距离为 740km，研究结果与 Wu 等（2013）一致，真菌群落主要是受到当代环境因素的影响。此外，目前关于古菌群落是否存在空间分布格局，仍存在争议。一些研究结果证明，古菌群落在空间尺度下不存在距离衰减关系（distance-decay pattern），不受到地理距离的影响（Liu et al.，2016；Ma et al.，2017；Zhang et al.，2018），而 Shi 等（2016）对我国青藏高原古菌分布的研究中发现，古菌群落在空间尺度下存在明显的距离衰减现象。本研究中发现古菌群落结构存在明显的空间分布格局，其地理距离对古菌群落结构的解释率为 19.00%，大于细菌群落的 14.75%，而近似于 AOA 群落 17.01% 的解释度。地理距离对古菌解释率与 AOA 群落相近，主要是因为古菌中占优势地位的 Thaumarchaeota group 1.1b 和 group 1.1a 隶属于 AOA 群落，使其在一定程度上具有类似 AOA 群落的分布规律。目前关于 AOA 和 AOB 群落结构的研究存在不同的结果，许多研究结果显示氨氧化微生物群落仅受到当代环境因子的影响（Shen et al.，2012；Zhalnina et al.，2012；Yao et al.，2013）。Hu et al.（2015）的研究结果显示，AOA 和 AOB 群落结构同时受到环境因子和地理距离的双重影响，而 Jiang 等（2014）的研究结果则显示 AOB 受到地理距离的影响显著高于 AOA 群落（AOB：20.3% vs AOA：12.4%）。然而，我们发现地理距离对 AOA 群落的解释率远大于 AOB 群落结构（AOA：17.01% vs AOB：5.18%），说明黑土农田中 AOA 较 AOB 群落存在更显著的地理空间分布格局。

综上所述，黑土农田细菌和真菌都表现出明显的地理分布格局，但真菌群落地理分布规律性体现得更明显，黑土微生物地理空间分布存在微生物尺度效应。发现黑土土壤细菌与真菌均具有相似的纬度梯度多样性，即微生物 α-多样性都呈现出高纬度土壤样品低而低纬度样品高的分布规律。在土壤因子调控微生物空间分布格局方面，揭示出黑土农田细菌群落结构组成、多样性及优势细菌门的相对丰度受土壤 pH 和土壤 TC 含量的双重影响，但土壤 pH 的作用更显著。发现土壤真菌数量与土壤有机质含量呈显著正相关关系，而与土壤 pH 无关；土壤 TC 含量还与土壤真菌一些分类单元的相对丰度呈显著正/负相关关系，TC 是驱动黑土农田土壤真菌群落地理分布格局的主要土壤因子。在黑土农田中检测到 3 个古菌门，其中奇古菌是最主要的古菌类群；黑土农田古菌组成简单，6 个 OTUs 是古菌的主要成员；古菌群落变化也存在地理空间分布格局，土壤 pH 是驱动古菌变化的最主要土壤因子。此外，采用定量 PCR 和高通量测序，针对氨单加氧酶基因（amoA）研究发现,东北黑土农田功能性微生物AOA和AOB丰度变化与其他农田土壤相似,*amoA*基因丰度均表现出AOA大于AOB。发现土壤TC含量和土壤pH分别是决定AOA和AOB数量的两个最主要的土壤因素。AOA和AOB不同分类单元在黑土带上的分布受到多种环境因子的影响,AOA的α-多样性指数变化不大,不受任何土壤因子的调控;而AOB的α-多样性指数与土壤pH、TP和AK含量呈显著正相关关系。AOA较AOB在黑土带上表现出更加明显地理分布格局,土壤pH是驱动两类氨氧化微生物最主要的土壤因子。

（王光华　刘俊杰）

第2章 草地土壤微生物资源

　　草地生态系统是陆地生态系统中最重要、分布最广的生态系统类型之一,在全球碳、氮循环和气候调节中发挥重要的作用(朴世龙等,2004)。近些年来,随着技术水平的提高和研究手段的进步,草地的土壤微生物,尤其是土壤微生物的空间分布格局机制和环境适应机制,被越来越多的学者关注。

2.1　草地土壤微生物的空间分布格局及其尺度依赖性

　　生物的分布格局反映了生物之间以及生物与环境之间的相互关系,是生态学研究的核心问题之一,同时也是生物地理学的基石(Green et al.,2006;Martiny et al.,2006)。土壤是微生物的"天然培养基"和"大本营",土壤微生物的多样性构成了地球生物多样性的大部分(Green et al.,2006),并在生态系统中发挥着重要的生态功能,包括参与地球化学物质循环、污染物降解等。然而,由于自然界中的微生物绝大多数不可培养,长期以来微生物的生物地理学发展十分缓慢,远远滞后于动植物的生物地理学研究。分子生物学技术的发展打破了以往微生物学研究中需要进行培养鉴定的限制,直接从基因水平上考查其多样性,使得微生物生物地理学的研究迅速发展起来。有众多证据表明,微生物多样性空间分布格局在本质上与动植物相似(Head et al.,1993;He,2008;Philippot et al.,2009;Pasternak et al.,2013),土壤微生物群落组成或多样性随现代环境变量(光照、降雨、温度、土壤pH和营养状况等)和历史进化因素(距离分隔、物理屏障、扩散历史和过去的环境异质性等)而在空间上呈规律性分布(Griffiths et al.,2011;Garcia-Pichel et al.,2013;Curd et al.,2018;Juyal et al.,2019)。

草地土壤微生物的空间分布,包括水平空间分布与垂直空间分布,成为近年来研究的热点。草地土壤微生物的水平分布研究范围涵盖了全球、洲际、国家到景观以及微观等不同的空间尺度。草地土壤微生物也似动植物多样性般沿垂直梯度呈一定的分布规律。土壤微生物群落的空间分布具有尺度依赖性,在一个尺度下微生物群落形成的驱动因素在另一个尺度下未必能发挥作用(Franklin et al.,2009)。土壤微生物群落空间分布的尺度依赖性体现在微观和宏观两个方面。微观方面表现在土壤团聚体、根际界面等微生物时空分布;宏观方面的土壤微生物空间分布主要表现在3000km到全球的大尺度,在10~3000km的中尺度,以及10km以下的小尺度(Martiny et al.,2006)。

2.1.1 水平空间分布

为了在微生物自身的微观空间尺度下理解其分布格局,在一项多尺度研究中,Franklin和Mills(2003)发现土壤理化性质在30cm到大于600m尺度下的微小变化有助于土壤微生物群落亚群的构成。细菌分布可能是高度异质化的,甚至在地块和田间尺度下看起来相对均匀的栖息地内也是如此。不同的微生物群落在空间上分布的差异可能是对土壤性质空间异质性的反映。不过,Regan等(2017)在小区尺度(plot scale)的研究结果表明,未施肥的草地在米尺度(meter scale)上,氮循环微生物功能基因的丰度尽管有差异,但氮循环过程保持相对稳定。

在区域尺度(regional scale)和景观尺度(landscape scale)上,微生物群落组成及其功能性状可能受到土壤类型、气候和降雨等因素的影响。例如,研究发现加拿大北方草原土壤微生物的分布与肥力呈正相关关系(Chagnon et al.,2018)。对美国新墨西哥州中部半干旱草原的研究发现,土壤真菌优势物种属于格孢腔菌目(Pleosporales),大约40%的土壤真菌OTUs之前未被发现[在美国国家生物技术信息中心(National Center of Biotechnology Information,NCBI)中使用BLAST比对,与现存序列相比其同源性不足97%],长期施氮能够影响真菌群落组成和多样性(Porras-Alfaro et al.,2011)。在巴西东北部不同管理牧草系统的研究发现土壤微生物群落的生物量、活性和分解代谢多样性存在差异(Cardozo et al.,2018)。

为确定区域尺度下土壤微生物的分布格局和形成机制,对我国横跨重庆市和湖北省的南方草地20个样点土壤微生物群落组成的研究发现,所有样点上变形菌门(Proteobacteria)、酸杆菌门(Acidobacteria)、拟杆菌门(Bacteroidetes)、泉古菌门(Crenarchaeota)、绿弯菌门(Chloroflexi)和放线菌门(Actinobacteria)为优势门类;类似地,不同pH梯度下的细菌组成也不同,以放线菌门、拟杆菌门、泉古菌门、绿弯菌门和放线菌门为主。我国南方草地植物的功能性状和土壤非生物特性(如土壤pH和无机氮)可能共同驱动土壤细菌的分布格局(Yang et al.,2018)。在中国天山南部的高寒草地,研究发现相距30~70km的4个不同采样点的细菌和真菌多样性、群落组成均存在显著差异,微生物功能结构的空间变化并不遵循分类学结构的变化,这是它们在空间上有不同的驱动因素造成的(Wang et al.,2018)。对青藏高原不同草原类型的研究发现高寒草甸固氮菌的多样性显著高于高寒草原和高寒荒漠,而后两类草地土壤固氮菌多样性的差异不显著。从地理格局上看,固氮菌的多样性也呈现出自南向北及自东南向西北递减的趋势。相比于土壤固氮菌,原核生物的多样性在不同样点间的差异较小;高寒荒漠多样性较低,但仅有一个采样点(见图2.1.1)。其结果还表明蓝细菌门(Cyanobacteria)(47.94%)和变形菌门(Proteobacteria)(45.20%)在青藏高原土壤固氮微生物群落中占主导地位(Che et al.,2018)。

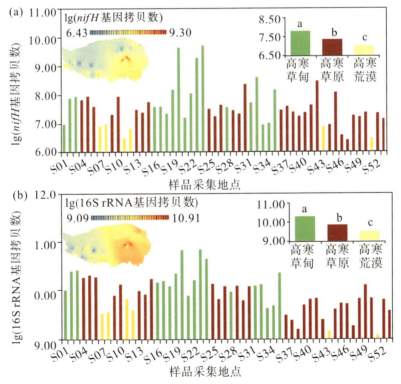

图2.1.1 青藏高原土壤氮循环固氮菌(a)及原核生物(b)香农指数分布格局[引自文献(Che et al.,2018),已获得 Science of the Total Environment 的版权许可]

针对中国内蒙古草原的草甸草原、典型草原和荒漠草原的草原细菌群落多样性的分析发现3种草原细菌群落多样性差异显著(见图2.1.2),酸杆菌门、放线菌门和变形菌门为细菌群落中数量最多的3个门类,约占细菌总数量的75%~81%,3种草地类型中草甸草原放线菌门相对数量最高(31.92%),显著高于典型草原(28.56%)和荒漠草原(26.23%)。研究结果表明土壤pH和降雨量是影响内蒙古草地细菌群落组成的主要影响因子(丁恺,2014)。同样,对中国内蒙古草原的草甸草原、典型草原和荒漠草原的研究发现,土壤真菌群落主要由子囊菌门(Ascomycota)、担子菌门(Basidiomycota)、接合菌门(Zygomycota)、壶菌门(Chytridiomycota)和球囊菌门(Glomeromycota)组成,其中子囊菌门为优势菌门(见图2.1.3)。干旱和半干旱草地未来向干旱气候的变化可能导致真菌群落向子囊菌为主的方向转移,且真菌的分布和群落结构主要受降雨影响(Wang et al.,2018)。内蒙古草地土壤微生物群落的变化被发现与降雨有关,此外还同植物群落和其他土壤属性(有机碳、总氮和pH)有关(Li et al.,2015)。Ding等(2015)在内蒙古3种草原类型研究中也发现土壤水分是控制硝化和反硝化基因丰度的主导因素,土壤pH显著影响固氮基因丰度。

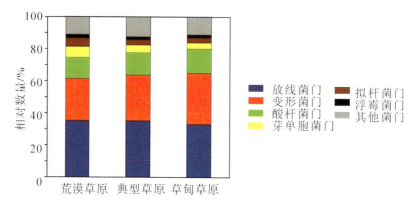

图2.1.2 内蒙古草原3种不同类型温带草原(荒漠草原、典型草原和草甸草原)细菌相对数量[引自文献(丁恺,2014),已获得中国科学院大学的版权许可]

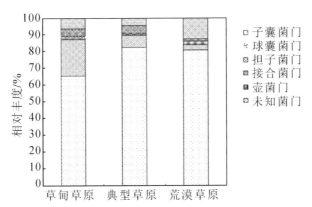

图 2.1.3 内蒙古 1200km 样地 3 种不同类型温带草原(草甸草原、典型草原和荒漠草原)真菌门序列的相对丰度[引自文献(Wang et al., 2018),已获得 *Journal of Soils and Sediments* 的版权许可]

Noronha 等(2017)对全球宏基因组(metagenome)根据不同生态系统类型(森林、草原、冻原、半干旱和沙漠)进行聚类,发现草地土壤微生物中与降解、蔗糖和淀粉代谢以及细胞壁生物合成相关的功能基因比例更高。草地土壤微生物中抗生素抗性基因(antibiotic resistance genes, ARGs)最为丰富。还发现在所有研究的土壤中都会共存有核心微生物群和功能潜力,但当地的环境条件会选择富集特定的功能群。在 25 个全球分布的草地地点的研究发现氮和磷输入的增加会导致土壤微生物群落的分类和功能特征发生可预测的变化,比如随着养分的增加,菌根真菌和产甲烷古菌的相对丰度降低,寡营养细菌类群的相对丰度降低(Leff et al., 2015)。Prober 等(2015)比较了来自四大洲 25 个温带草原地区 45 个小区的植物、细菌、古菌和真菌群落的多样性,发现细菌群落中相对丰度最高的门是酸杆菌门、拟杆菌门、放线菌门、变形菌门和疣微菌门(Verrucomicrobia),其中优势菌门(酸杆菌门和变形菌门)的相对丰度分别为 12%~37% 和 11%~27%。古菌优势菌门为泉古菌门和广古菌门(Euryarchaeota),但非洲的样品中检测到的古菌非常少。大部分地区真菌优势门类为子囊菌门,有些地点的优势门类为担子菌门或者接合菌门,并且,除北半球的样品外,大部分非洲和澳洲的样品在亚门水平上是聚合在一起的。即使在控制了环境因素后,植物 β-多样性与细菌和真菌群落的 β-多样性仍显著相关。因此,在全球范围内的温带草原上,植物多样性可以预测土壤微生物群落组成的模式。

2.1.2 垂直水平分布

土壤有机碳、氮、含水量等随土壤剖面深度呈现一定的规律变化(Brunn et al., 2014; Wang et al., 2017; Cardozo et al., 2018)。Sotomayor 和 Rice (1996)研究了培养过程中反硝化细菌在地下分布和活性的变化。反硝化细菌在高草草原的包气带呈层状分布,在地下水位界面的反硝化细菌数量最少,反硝化电位最低(Sotomayor et al., 1996)。在温带山地草原上的深度坡面研究发现土壤有机质(总有机碳和总氮)和微生物碳氮、有效氮等随土层深度的增加而显著降低,且互相之间呈正相关关系。土壤剖面深处的微生物群落不受碳和氮的影响,随着全饱和/不饱和脂肪酸比例在土壤剖面上的增加,整个草原层的组成发生了从真菌为主向细菌为主的转变(Gelsomino et al., 2013)。Jumpponen 等(2010)在高草草原按 $0<d\leqslant10cm$、$10cm<d\leqslant20cm$、$30cm<d\leqslant40cm$、$50cm<d\leqslant60cm$ 的深度(d)取土,获得了担子菌门、子囊菌门、未分类的真菌和球囊菌门的 14000 多个真菌序列,发现真菌群落丰度和多样性随着深度的增加而降低。深层剖面样品的物种丰度明显降低,但是最深层样品的物种丰度超过了最上层的 1/3。Jiao 等(2018)在超过 30 年的人工林林地,研究了土壤细菌、古菌和真菌沿垂直方向(土层深度 0~300cm)及水平(距离树木 30~90cm)剖面的变化,发现在土壤表层(0~80cm),细菌和真菌多样性随土层深度增加下降,而古菌多样性增加。随着人工林建植年限的增加,细菌群落的垂直空间变异减少,古菌和真菌群落的垂直变异增加。

大量的研究表明,动植物多样性沿海拔梯度呈一定的分布规律。近年来,众多草地土壤微生物沿海拔梯度的垂直分布研究逐一开展。在青藏高原高寒草地土壤中,自养微生物群落以自养细菌为主,属于根瘤菌目(Rhizobiales)、伯克氏菌目(Burkholderiales)和放线菌目(Actinomycetales)。自养微生物的 CO_2 固定潜力大,群落结构在不同海拔间差异显著,受土壤温度、含水量、养分和植物类型共同驱动。Guo 等(2015)还认为代谢多样性可能是微生物自养生物在恶劣环境中生存的关键策略。在青藏高原海拔 4400~4800m 高寒草甸的研究中发现,随海拔升高,土壤固碳微生物的多样性和丰度逐渐升高,海拔及其导致的土壤理化因子变化和季节均能够影响固碳微生物的结构多样性(Gao et al., 2018)。在海北高寒草甸生态系统研究站进行的 4 个海拔高度的研究发现微生物群落在大多数地点是不同的,尤其是应激基因、氮循环基因和碳循环基因存在明显差异。此外,高海拔地区冷休克基因(cold shock genes)较多。土壤pH、温度、铵态氮和植被多样性能解释微生物群落变化的81.4%,是影响土壤微生物群落的主要因素(Yang et al.,2014)。也有研究发现,青藏高原高寒草地生态系统中,土壤硝化微生物氨氧化细菌(AOB)可能对海拔改变引起的自然温度变化反应更为敏感(Zheng et al.,2014)。

Li等(2018)研究了青藏高原色季拉山海拔3105~4556m的3种植物共生的丛枝菌根真菌(arbuscular mycorrhizal fungi,AMF),发现随着海拔的升高,AMF的系统发育相关性总体呈上升趋势,且非生物筛选可能在沿海拔梯度构建共生AMF群落中发挥重要作用。在青藏高原高寒草甸,沿海拔梯度(3200~3800m)对植被完整的土壤块进行为期2年的相互易位移植试验发现无论易位与否,AMF孢子密度在低海拔时都显著高于高海拔。与短期易位相比,原始海拔对青藏高寒草甸AMF群落的形成具有更强的决定作用(Yang et al.,2016)。

草地土壤微生物生物地理学已经成为土壤生物学和微生物生态学的研究热点,并取得了重要的研究进展。目前,所有微生物生物地理分布的研究都还处于发现的层面,对草地土壤微生物生物地理学的研究也是如此。草地土壤微生物的空间分布包括水平空间分布与垂直空间分布大多呈现出一定的规律,且土壤微生物群落的空间分布具有尺度依赖性。

(周姝彤　崔骁勇)

2.2　微生物地理分布格局的机制

越来越多的研究表明,不仅动植物存在生物地理格局,而且微生物群落也存在着地理分布格局(O'Brien et al.,2016;Che et al.,2018;Meyer et al.,2018),并且表现出尺度依赖性。理解土壤微生物群落结构和多样性的复杂格局及其驱动机制,是当今微生物生态学研究的主要课题之一。自从1934年巴斯·贝金(Baas Becking)提出"everything is everywhere:but the environment selects"以来,土壤微生物群落分布格局的决定因素虽然一直存有争论,但越来越多的证据表明决定性过程和随机过程可能起重要作用。生态位理论认为,环境条件及物种间的相互作用(如竞争、捕食、共生、寄生)决定了群落中各物种的有无以及相对丰度,这些过程被称作决定性过程,包括环境因素与种间关系。Vellend(2010)提出影响植物群落构建的4个生态过程:选择、扩散、物种形成、漂变。之后有学者将其推广应用到微生物生物地理学领域,将漂移、扩散与突变划分为随机性过程(Hanson et al.,2012;Zhou et al.,2017)。

此外,也有学者将影响微生物群落地理分布的因素归纳为现代因素与历史因素(Hanson et al.,2012)。现代因素即当前环境对微生物群落地理分布的影响,属于决定性过程。历史因素指过去历史时期所发生的环境选择、漂移、基因突变等对当前微生物群落结构与多样性造成的影响,以及火山喷发、土壤发育、地质构造过程等地质活动,也包括先锋物种对后来者造成的影响等(Fukami et al.,2003;Hanson et al.,2012)。因此,历史因素既涵盖了决定性过程,又包括随机性过程。

2.2.1　决定性过程

决定性过程认为特定微生物种分布在特定的潜在生态位中,在极端情形下,可以通过适宜其生存的生态位成功预测微生物种(Tokeshi,1990)。决定性过程包括土壤pH、水分、有效养分、碳氮比和温度等环境因素,以及植被类型、植物多样性(Shi et al.,2018)等生物因素。

土壤微环境是微生物赖以生存的空间环境,为微生物生长提供必需的空气、水分和各种营养元素,其理化性质对生活在其中的微生物起着直接和间接的影响。许多研究证明土壤微生物群落的空间变化都与土壤理化性质有关(Rousk et al.,2010)。pH是土壤理化性质的重要指标之一,在不同研究尺度下,从小于1km尺度到区域乃至大陆尺度(de Vries et al.,2012),不管是土壤微生物群落的组成还是微生物群落的多样性,pH都是影响土壤微生物群落分布的重要环境因子(Li et al.,2018)。pH可以直接影响土壤微生物群落,或者通过改变其他环境因子(例如有效养分、有机碳、土壤湿度或植被类型等)间接影响土壤微生物群落,因为这些环境因子常常和pH协同变化(Rousk et al.,2010),例如低pH可以加速土壤中难溶性的Ca-P的溶解,提高了磷的有效性(Hinsinger et al.,1995)。许多研究发现,微生物在中性pH条件下的多样性最高(Fierer et al.,2006),pH升高或降低都会使微生物的多样性降低,这可能是因为土壤中大多数的微生物胞内pH都在中性加减

1范围之内(Madigan,1997)。与细菌不同,土壤真菌的空间分布与土壤pH相关性较小,这可能是由于真菌适应pH的范围比细菌更宽(Lauber et al.,2008;Rousk et al.,2010)。此外许多研究也发现pH是影响古菌分布最主要的因子(Shen et al.,2013;Singh et al.,2014)。

氮和磷是陆地生态系统中限制植物和微生物生长的两个主要限制元素(Vitousek et al.,1991;Elser et al.,2007)。许多研究发现,草地土壤碳、氮、磷等含量会影响土壤细菌和真菌分布(Hu et al.,2014;Chen et al.,2015;Chu et al.,2016;He et al.,2016;Zeng et al.,2016)。土壤中的有机碳主要来自植物凋落物的分解和根的分泌(Aneja et al.,2006;Frossard et al.,2013),为微生物的生长提供碳源和能量。在内蒙古草地,土壤细菌和真菌的生物量也随着总氮含量的增加而增大(Chen et al.,2015)。无论是在景观尺度还是全球尺度下,都发现在低碳氮比环境条件下,土壤中古菌的相对多度会增加(Nielsen et al.,2010;Bates et al.,2011)。除了碳氮之外,土壤中的磷也可能会影响土壤微生物的多样性,例如有研究发现,在青藏高原施加磷肥,会导致土壤中的真菌种类降低(He et al.,2016)。真菌可以通过菌丝传输氮和磷,从而增加了其在低氮或低磷环境中的优势度,当土壤中有效磷的量增加时,真菌的优势度降低。

植被类型和植物多样性也会影响土壤微生物的组成和多样性。青藏高原高寒草甸固氮菌的多样性显著高于高寒草原和高寒荒漠的(Che et al.,2018)。草地土壤细菌多样性随着植物多样性增加而增加(Spehn et al.,2000),微生物生物量(Spehn et al.,2000;Zak et al.,2003)和多样性(Weidner et al.,2015)随着植物多样性增加而升高。除了物种丰度,植物的功能群数量也会影响土壤微生物。土壤微生物主要是细菌和真菌,而它们受植物多样性和植物组成的影响可能不同。植物群落多样性越高,输入到土壤的有机碳数量、质量和时间越多样化(Lange et al.,2014),通过增加食物资源(根的分泌物和凋落物)多样性、微生境和环境条件,以及通过促进共生和病原微生物的宿主植物多样性,促进实现微生物多样性(Hooper et al.,2000;Wardle,2006;Millard et al.,2010;Eisenhauer et al.,2011)。

放牧作为草地主要的利用方式之一,牛羊取食会改变植物的地上、地下物质分配,践踏会影响土壤透气性,而粪尿归还(Zhong et al.,2015)则是直接向土壤中输入有机物,这些过程都会对草地土壤微生物产生一定的影响。

2.2.2 随机过程

随机过程认为物种存在于相同或重叠多的生态位中,但是由于它们的竞争能力是紧密平衡的(根据中性理论而得),因而不会彼此消除。在这种情况下,物种的相对丰度随着种群的偶然波动而漂移(Shi et al.,2018)。中性理论认为,物种的动态变化受到随机过程的影响,包括扩散、基因突变及生态漂变(物种相对丰度的随机变化)等(Hubbell,2001;Chase et al.,2011;Stegen et al.,2012)。生态漂移是指由于随机的出生率、死亡率、迁入与迁出率等造成群落内不同物种的丰度发生变化的过程(Vellend et al.,2014)。

在极端随机的场景中,细菌物种常常不在它们可能大量生存的地方,而那些存在的物种只是在偶然到来和持续存在之后才出现。Jackson等(2001)观察到,在饮用水生物膜形成的初始阶段,群落的特征是"不同种群的定殖和无序的群落结构"。这一现象已被更多的研究证实(Martiny et al.,2003),并应用于许多的生态系统。例如,在冰川前陆初级演替的早期阶段,土壤微生物群落多样性非常高,并且由能够使用许多不同资源的类群所主导(Sigler et al.,2002;Sigler et al.,2002)。这些发现被认为是弱竞争的证据,这意味着弱选择以及随机过程潜在的巨大影响。植物幼苗根系释放到土壤中有机质为环境提供了丰富的资源,降低了竞争压力,这导致在根际群落的初始建立过程中随机过程占优势(Badri et al.,2013)。研究者普遍认为当许多生物体能在一个给定环境中成功生长时,随机过程很可能主导了群落的初始阶段。

中性理论认为如果种群数量的统计随机性和扩散限制单独驱动种群动态,那么物种共生和环境无关的空间自相关(例如扩散)的随机模式应该是群落结构的主要特征(Caruso et al.,2011)。另外,地理距离也为生态漂移提供了条件,随机生存率、死亡率、基因突变等为本地物种的形成创造了条件,从而造成微生物群落差异随地理距离增大而增大的现象,但研究尺度也会影响随机过程的大小。例如,在小尺度(厘米到米)下,观察到微生物群落结构的空间自相关(Franklin et al.,2003),在距离大于700km的景观尺度下也是如此(Bru et al.,2011)。在局域尺度下,土壤微生物群落受环境选择与地理隔离较小,而漂移与同质性扩散是影响微生物群落空间分布的主要因素(Bahram et al.,2016)。在区域尺度下,距离小于130km的青藏高原地区微生物群落构建主要由随机过程驱动,而距离在130~1200km范围内微生物群落的分布则由环境决定性过程主导（Shi et al., 2018）。而唐立（2019）发现在青藏高原1000km范围内细菌和真菌群落的变化受决定性过程（环境因子）和随机过程（空间距离）的共同影响。

随机过程还包括过去干扰事件。历史时期形成的土壤异质性、物种关系、扩散障碍等，在种群中引起更剧烈的非选择性碰撞，导致物种不可预测地到达未知状态，这些都可能对现存微生物的分布格局产生强烈影响。

2.2.3 决定性过程和随机过程的共同作用

群落的βNTI常被用来区分微生物群落结构的不同生态过程（Zhou et al., 2017），当|βNTI|>2时，表示实验群落与零模型间存在显著差异，决定性过程是推动群落演替的主导因素；反之，|βNTI|<2时，实验群落与零模型间无显著差异，随机过程是推动群落演替的主导因素（Dini-Andreote et al., 2015）。从进化的角度来看，微生物群落主要是在自然选择背景下，通过扩散或多样化聚集起来的（Zhou et al., 2017）。确定性过程和随机过程在进化过程中此消彼长，最终达到一个动态平衡，共同决定微生物在土壤中的分布格局。

（张　彪　王艳芬）

2.3 草地土壤微生物的环境适应机制

草地土壤为微生物提供了固、液、气三相组成的高度异质环境。微生物在生态系统的物质循环、能量转换以及人类健康等方面都具有重要的作用，又和周围的各类环境因子相互影响、往复调控。草地土壤微生物如何适应这些环境条件的变化是土壤生物学和微生物生态学亟待回答的基础科学问题之一。

由于微生物具有体积小、世代周期短、种类繁多、个体数量大等特性，所以对微生物多样性的定量化描述及其对环境变化的适应性变化与机制研究一直是巨大的挑战。随着分子生物学和宏基因组学技术的发展，人们可以突破以往研究中需要对微生物进行培养鉴定等限制，可以直接从基因水平上考察其多样性,从而使草地土壤微生物环境适应机制的深入探究成为可能。

2.3.1 草地土壤微生物的分布特征与环境适应机制

草地土壤微生物的时空分布格局表现出明显的尺度效应。就时间尺度而言,跨度可以从天、季节到几十年乃至上千年。一方面,在短时间内(几分钟、几小时或者几天),草地土壤微生物对于脉冲式的环境因子可以快速做出响应。例如,在受到重金属汞胁迫时,汞离子可以抑制微生物的代谢,使蛋白质变性,进而抑制细胞分裂或使细胞膜破裂,改变酶的特异性和破坏细胞功能(陈静等,2018);另一方面,微生物也能对环境胁迫产生适应机制,例如外生菌根真菌能通过分泌有机酸将重金属离子螯合沉淀从而对汞胁迫产生适应性(彭剑涛,2010)。在较长的时间尺度下(季节性或者成百上千年),土壤微生物可能会受到环境因子的综合作用而发生群落演替,例如长时间的土壤温度、湿度及植物生长变化能引发养分供应改变,从而驱动微生物发生适应性的变化(Bardgett et al.,2014)。

就空间尺度而言,Martiny等(2006)定义了大尺度、中尺度和小尺度。在3000km到全球的大尺度范围内,环境因子的作用可能会被空间距离掩盖掉;在10~3000km的中尺度范围内,土壤微生物会对空间距离和环境因子共同做出响应;而在10km以下的小尺度范围内,空间距离的作用几乎没有体现,但土壤微生物会对环境因子的变化形成相应的适应机制(贺纪正等,2008)。

微生物能否对不同程度的环境变化快速做出响应,与其群落的稳定性具有密切的关系。微生物群落的抗性(抵抗环境干扰)和弹性(从干扰中恢复)决定了其稳定性,而微生物的功能冗余特性是维持稳定性的重要因素(Bissett et al.,2013)。此外,干扰的来源和频率也是微生物群落响应和适应的关键因素。例如,在污染经常发生的地方,微生物可能发展出相应的适应机制,增强对该种污染物的抵抗性和弹性,从而提高系统的稳定性,使其有能力适应更多或是更高程度的环境因子干扰。

2.3.2 草地土壤微生物的环境适应理论

环境胁迫的发生可能会引起微生物一系列的生理变化。例如,细胞膜的重要组分磷脂脂肪酸(phosphor lipid fatty acid,PLFA)中,饱和脂肪酸和单不饱和脂肪酸(sat∶mono)、反式脂肪酸和顺式单烯酸(*trans*∶*Cis*)、环丙基脂肪酸和单烯酸前体(cy∶pre)的比值都可以作为微生物应对环境压力的特征值,而PLFA的组分及数量在不同的微生物细胞状态下会展现出较大差异(姚晓东等,2016)。

有学者采用竞争者-压力耐受者-杂生者理论(competitive-stress tolerator-ruderals,C-S-R)来解释土壤微生物对环境变化的响应、适应机制(Grime et al.,2012)。C-S-R理论是一种权衡理论,它考虑了微生物具有以下能力:①在营养物质丰富的环境中快速利用可获得资源的能力(即竞争者);②面对频繁扰动的环境,能够重新恢复或者建立微生物群落的能力(即杂生者);③在不利的环境条件下忍受或坚持的能力(即压力耐受者)(Ho et al.,2013)。C-S-R理论基于微生物在不利条件下的容忍和生存特征来进行分类。事实上,很多微生物(例如甲烷氧化菌)在面对不利条件时会恢复到可逆的代谢不活跃的状态(即休眠状态);而处于休眠状态的微生物群体在土壤环境中占有很大的比重,对于生态系统的进化、群体抗性以及维持生物多样性和稳定性都具有重要的意义(Lennon et al.,2011)。

此外,还有学者用富营养型-贫营养型连续变化理论(copiotrophy-oligotrophy continuum)来解释土壤微生物在受到环境变化时的响应、适应机制(Andrews et al.,1986)。富营养型-贫营养型连续变化理论是基于微生物获取资源的生理特征形成的一个双向变化理论,预测富营养型微生物会在资源丰富的环境中占据微生物群落的优势地位,而贫营养型微生物则与之相反,在底物贫乏的环境中数量增加(Koch,2001;Senechkin et al.,2010)。因此,表征底物丰富程度的土壤理化性质(尤其是生物可利用碳氮的含量)可以用来推断环境中占优势的微生物的生存策略。当然,不能仅凭微生物的生存策略来解释土壤微生物群落的组成变化。例如,能够溶解可吸附性磷酸盐的微生物的生存策略很可能被误解,因为它们对于碳含量的急剧增多可能并不会快速响应,而在磷受限的环境中则具有较突出的竞争优势(Cleveland et al.,2007)。

2.3.3 草地土壤微生物的环境适应变化与机制

草地土壤微生物受到植物、土壤和多种环境因子的共同影响。图2.3.1

展示了草地土壤微生物与其所处环境的复杂关系。土壤性质(土壤温度、水分、有机质、酸碱度和含盐量)、植被特征(植被类型、多样性和根际分泌物)和人类活动(放牧、施肥和刈割)等因素的变化都有可能对草地土壤微生物群落产生影响。草地土壤微生物能否通过表型重塑、数量变化或者进化适应等对环境条件的变化做出快速的适应性变化?在诸多干扰因子的作用下,草地土壤微生物将如何适应?地下微生物的变化是否会影响到地上生物的重组和生态系统的功能?本节将针对这些问题进行讨论。

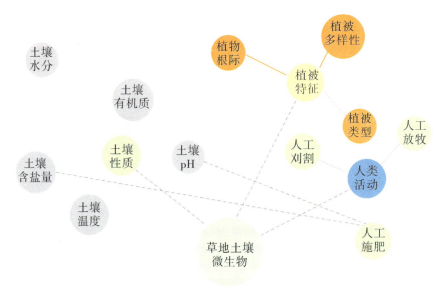

图 2.3.1　草地土壤微生物影响因素
[引自文献(赵轻舟等,2018),已获得《生态科学》的版权许可]

2.3.3.1　草地土壤微生物对土壤环境的适应机制

土壤为微生物提供能量交换、生长代谢的场所,具有较高的异质性。草地土壤微生物是如何响应土壤环境的变化?是耐受抵抗还是弹性调控?对于不同的土壤环境,草地土壤微生物有着不同的适应性变化(见表 2-3-1)。

第2章　草地土壤微生物资源

表2-3-1　草地土壤微生物对土壤性质的适应性变化［修订自文献（赵轻舟等，2018）］

影响因素	适应性变化		研究方法	参考文献
土壤温度	季节轮替作用下,草地土壤微生物群落多样性随着不同时期土壤温度变化展现出较大差异	在冬季和春季,微生物碳、氮利用效率在土壤增温下提高	两步酸水解法、氯仿熏蒸浸提法	（Belay-Tedla et al.,2009）
		在夏季及初秋,土壤微生物的碳利用在增温下削弱	钾熏蒸提取法	（Liu et al.,2010）
	土壤微生物的群落结构及关键的功能基因在增温条件下显示出差异	土壤微生物的群落组成及结构在增温条件下被改变,与反硝化、产甲烷及氨化作用相关的基因在增温条件下被抑制	基因芯片	（Yu et al.,2018）
土壤水分	土壤中细菌与真菌群落受土壤水分的影响存在差异	细菌的生长率在频繁的干燥湿润过程中降低	亮氨酸标记法	（Bapiri et al.,2010）
		真菌的生长率并没有受到土壤水分的显著影响,表现出更强的适应性	麦角固醇标记法	（Bapiri et al.,2010）
	由于受其他气候环境与人类活动影响的限制,土壤微生物群落不一定在群落水平上表现出对土壤水分的响应	草地土壤的总体细菌群落多样性不变,但干燥季下有部分细菌群落的多样性随水分减少而降低	变性梯度凝胶电泳	（Griffiths et al.,2003）
		土壤微生物物种多样性、均匀度及细菌和真菌群落组成没有表现出对季风季节降雨变化的响应	磷脂脂肪酸法/焦磷酸测序	（Steenwerth et al.,2005；Mchugh et al.,2014）

93

续表

影响因素	适应性变化		研究方法	参考文献
土壤有机质	当植物对碳输入的贡献有限时,土壤微生物主要受到土壤有机碳的影响	土壤丛枝菌根相对丰度随着土壤有机碳的升高而升高	焦磷酸测序/荧光定量聚合酶链反应	(Hu et al.,2013)
土壤pH	草地土壤微生物的活性受到土壤 pH 的影响,进而改变了其代谢功能	大部分土壤细菌的生长率随着酸碱度降低而降低;而真菌的生长率随着酸碱度降低而升高	醋酸盐－麦角固醇标记法测真菌,亮氨酸－胸腺嘧啶标记法测细菌	(Rousk et al.,2009)
	草地土壤微生物群落结构不受土壤 pH 的显著影响	土壤微生物群落结构在酸碱度及多种干扰因子的共同影响下差异并不显著	磷脂脂肪酸法	(Chen et al.,2015)
	草地土壤微生物多样性由于土壤 pH 变化而产生显著差异	土壤微生物的系统发育多样性与土壤 pH 显著相关,随着酸碱度的升高而线性增加	高通量测序	(Cho et al.,2018)
土壤含盐量	土壤微生物功能多样性对含盐量较为敏感,而群落多样性及结构可能更多受其他生态环境条件调控	土壤微生物功能多样性在土壤含盐量增加时降低	唯一碳源利用法	(郭丽娜,2012)
		微生物遗传多样性在土壤含盐量改变时并没有发生显著变化	变性梯度凝胶电泳	(郭丽娜,2012)

(1)草地土壤微生物对土壤温度的适应变化与机制

全球气候变化是21世纪最受关注的环境议题之一,暖化可能会深刻影响到陆地系统,包括土壤微生物的群落结构和多样性。研究表明,青藏高原土壤原核微生物的群落结构受土壤温度的显著影响(Li et al., 2016; Che et al., 2018)。土壤温度的上升导致了某些具有适应性的微生物选择性生长,与原先的土壤微生物群落结构显著不同。例如,土壤变暖显著地降低了富营养菌(如β-变形菌)的相对丰度而增加了贫营养菌(如放线菌)的相对丰度,土壤微生物的核糖核酸(ribonucleic acid,RNA)活性种群在土壤温度升高的情况下会降低(Che et al., 2018)(见图2.3.2)。

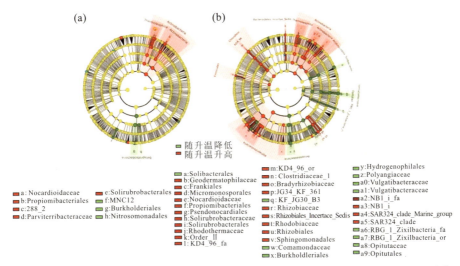

图2.3.2 基于线性判别分析效应大小(linear discriminant analysis effect size, LefSe)分析的土壤总原核生物(a)和活性原核生物(b)对土壤温度上升的丰度响应[引自文献(Che et al., 2018),已获得 *Geoderma* 的版权许可]

伴随着温度变化时间的不同,微生物的响应、适应过程可能表现出不同的特性。例如,孟凡栋等(2018)通过跨海拔的双向土壤移栽实验来模拟土壤的增温和降温过程,发现移栽3年后土壤微生物的群落组成更接近新环境的微生物群落组成,但随着移栽时间的延长,9年后的土壤微生物群落回落到趋向移栽前的状态。该研究表明微生物在温度变化初期响应显著;但随着增温或者降温时间的延长,微生物群落可能对温度变化逐渐适应,回落到原始状态。这与现有的大多数增温研究普遍发现的微生物呼吸变化规律相符合,即增温初期微生物呼吸显著增加,但随着增温时间的延长土壤呼吸的温度敏感性(temperature coefficient Q10)降低(Luo et al.,2001)。土壤呼吸对于增温的适应性(Q10)降低可能由升温过程中底物的耗竭引起(Dalias et al.,2001;Eliasson et al.,2005;Hartley et al.,2007;von Luetzow et al.,2009),但有研究表明土壤中活性碳的含量在升温与对照处理之间没有显著差异(Giardina et al.,2000),微生物基于基因芯片(geochip)的功能丰度在升温后大幅升高(Zhou et al.,2012),表明了Q10的降低可能不是因为底物耗竭,而有可能是因为土壤微生物的适应反应。研究还发现增温会增强参与营养循环过程的基因的丰度,其中包括硝化、反硝化、氮固定、氮矿化等(Turner et al.,2010;Veraart et al.,2011;Gundale et al.,2012;Bai et al.,2013)。

从分子水平来看,微生物对温度变化敏感,温度升高会导致细胞酶钝化,蛋白质发生热变性;温度降低会减少或停止微生物的代谢作用,当温度低于冰点时就可以使原生质内的水分结成冰晶,导致细胞死亡。耐热菌细胞膜的磷脂双分子层中有很多结构特殊的复合类脂(Fukushima et al.,1976;Wijeyaratne et al.,1986;Doronina et al.,2014),随着温度的升高,复合类脂中烷基链彼此间隔扩大,而极性部分作为膜的双层结构则保持整齐状态——液晶态(Melchior,1982)。耐热菌的细胞膜通过调节磷脂组分而维持膜的液晶态,获得更高的熔点。耐热菌的细胞膜可以通过增加磷脂酰烷基链的长度,增加异构化支链的比率,或是增加脂肪酸饱和度来维持膜的液晶态。相对应地,耐冷菌可以通过相容性溶质的累积,维持细胞内外渗透压的平衡,且不妨碍细胞正常代谢,从而起到低温保护的作用(马挺等,2002)。

(2)草地土壤微生物对土壤水分的适应变化与机制

水分是影响土壤微生物群落的重要影响因素(Bao et al.,2016;Fang et al.,2018),对土壤微生物的生长、活动起着关键作用(Parr et al.,1981)。水分可以作为土壤环境里的资源、溶剂及传播介质,多方面影响土壤微生物群落。土壤微生物群落由于受其他条件(如气候环境与人类活动)的限制,可能并不一定在群落整体水平上表现出对土壤水分的显著响应。针对加利福尼亚中部海岸线土壤的研究发现,相较于农业土壤,草地土壤在经过降雨再湿润后,微生物总体物种多样性、丰富性和均匀度均没有显著变化(Steenwerth et al.,2005)。通过对亚利桑那受季风影响的半干旱草地的研究也发现细菌和真菌群落并没有表现出对季风季节降雨变化的明显响应

（Mchugh et al.,2014）。

微生物对于水分的适应机制是个复杂的过程。一方面,为了干燥土壤中保持水分,微生物通过积累溶质(渗透物质)来降低它们自身的内部溶解势。微生物会优先积累那些不会影响细胞代谢的有机分子(相容性物质),如脯氨酸、甜菜碱、海藻糖、谷氨酸等。而对于无机离子,比如在高浓度时对细胞有害的钾离子,为微生物只会在它们不再合成或者吸收相容性物质之后才会利用。细菌通常被认为依赖于含氮的渗透物来降低内部溶解势,如脯氨酸和甜菜碱;而真菌则使用多元醇和简单的碳水化合物,如甘油、赤藓醇和甘露醇。在水分发生变化的情况下,微生物展现出不同的渗透物质积累策略:高水分下不积累渗透物质,水分逐渐减少时生产并开始积累渗透物,水分持续减少的情况下在细胞质中维持高水平的渗透物。另一方面,微生物在恶劣条件下通过生产胞外聚合物改善其周围的微环境。这些胞外聚合物的主要成分是多糖,它们的作用类似于海绵,可以延迟干旱带来的损伤,即使在干旱的土壤中仍能保持水分。如果干旱是通过破坏扩散和限制基质供应来降低微生物活性的话,那么合成胞外聚合物则是一种有效应对干旱的策略(Schimel,2018)。

（3）草地土壤微生物对土壤有机质的适应变化与机制

土壤碳源是影响土壤微生物群落动态的重要因素(Zhou et al.,2017;Mehnaz et al.,2018)。土壤有机质是土壤中含碳有机物质的总称,它是所有动植物和微生物残体及各个阶段微生物分解和合成的有机物质的混合物,组成和结构十分复杂。当植物对碳输入的贡献有限时,土壤有机碳成为微生物生长的主要碳源(Hu et al.,2014)。针对中国北方草地的研究发现,相对于气候、植被因素,土壤有机碳对土壤微生物多样性的影响更加显著(Hu et al.,2014)。真菌和细菌生物量均随土壤有机碳的增加而增加,但真菌:细菌比例随着土壤有机碳的变化表现不一(Allison et al.,2005;Hu et al.,2014;Khan et al.,2016;Jiang et al.,2018)。

土壤微生物与土壤有机质具有强烈的交相互作用用:微生物能降解土壤有机质并利用所产生的相对分子质量低的化合物,如脂类、蛋白质和碳水化合物等,同化成微生物生物量;同时在微生物的不同生理阶段,其代谢产物或者残留物包括胞外酶、胞外多聚物、渗透物质和冷冻保护剂等,也能对土壤有机质的形成做出贡献(Schimel et al.,2007)。不同微生物对于代谢产物的分配和释放模式不同,且释放出来的不同类化合物在土壤中的生态功能也是不同的（Sutherland，2001；Schimel et al.，2003；Jiao et al.，2010；Liang et al.，2011）。此外，微生物在外界胁迫下，通过调控自身的代谢产物来调节碳利用效率和碳周转，压力胁迫下的微生物在维持生理功能方面有更高的营养需求，需要吸收并同化更多底物作为微生物生物量。微生物的碳周转过程除了受到自身生理过程的影响外，还会受到环境因素的限制，例如土壤中黏土矿物吸附、水分状态等因素都会影响微生物群落的碳周转过程和分配速率（Schimel et al.，2012；邵帅等，2017）。

（4）草地土壤微生物对土壤pH的适应变化与机制

土壤pH作为反映土壤酸碱性与盐渍化程度的重要指标，对土壤微生物群落的组成与代谢有着重要的影响（Yang et al.，2018）。在草地生态系统中，土壤pH的变化会直接影响土壤微生物的生长与活性。土壤中大部分细菌的生长率随着酸碱度降低而降低；而真菌的生长率随着酸碱度降低而升高，于是土壤中真菌的比重（真菌∶细菌）会随着酸碱度的降低而大幅升高（Baath，1998；Pennanen et al.，1998；Arao，1999；Rousk et al.，2009）。Yang等（2018）在我国南方湖北省、重庆市选择20个典型的草地研究区域背景下细菌群落组成和结构的潜在控制因子，发现无论是细菌群落的分类结构还是系统发育结构都同土壤pH、养分可利用性和植被群落显著相关，且细菌丰度在土壤pH6.8时达到最大（见图2.3.3）。

微生物体内环境的酸化会破坏细胞质内生物大分子的结构，所以其胞内环境酸碱度一般接近中性。微生物的耐酸/耐碱机制主要在于维持细胞膜的稳定性，有效地控制质子进入及泵出、钠离子/氢离子反向载体、脱氧核糖核苷酸（deoxyribonucleic acid，DNA）及蛋白质的修复和一定的胞内缓冲作用（华洋林等，2004；张月明等，2017）。许多微生物依赖细胞膜的流动性和选择透过性来维持细胞内外的酸碱度梯度，并通过改变细胞膜内不饱和脂肪酸和环丙烷脂肪酸的比例起到一定的耐酸/耐碱作用（Mangold et al.，2013）。另外，胞内缓冲作用可以应对小幅度的酸碱度变化，如果外部酸碱度进一步降低，则合成分子伴侣，可防止胞内蛋白质的变性或帮助变性蛋白质进行再折叠（Feng et al.，2015；周丹丹等，2017）。

第2章 草地土壤微生物资源

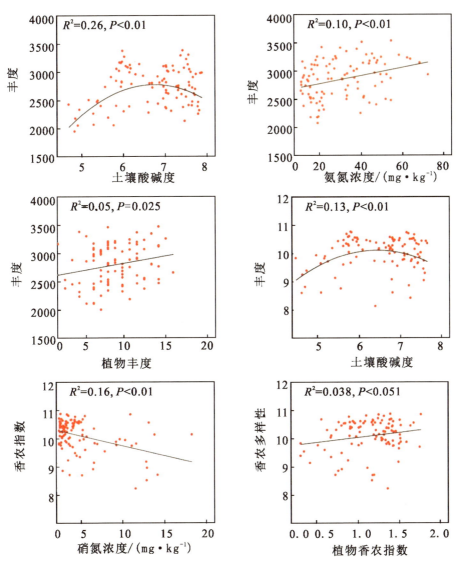

图 2.3.3 细菌种系型丰度和香农指数与土壤pH、土壤无机氮和植物多样性间的相关性关系[引自文献(Yang et al.,2018),已获得 *Applied Soil Ecology* 的版权许可]

(5)草地土壤微生物对土壤含盐量的适应变化与机制

土壤含盐量对草地土壤物理、化学性质有重要影响,从而影响土壤微生物群落的结构与功能(Bischoff et al.,2018;Mukhtar et al.,2018)。例如,在夏季使用高盐碱含量的地下水进行灌溉时土壤电导率和碱化度会增高;而冬季低盐度降雨的淋溶作用又降低了土壤电导率,并随着可溶性盐从土壤

99

剖面中浸出而增加了土壤的碱化度（Wong et al.，2008）。这就导致了土壤团聚体的分散，从而增加了微生物获取有机碳的可能性（Bethune et al.，2002）。

为了适应高浓度的盐环境，微生物进化出了一系列的适应机制。例如，嗜盐菌细胞壁不含肽聚糖而富含酸性氨基酸的糖蛋白，如谷氨酸、天门冬氨酸等带有负电荷的氨基酸。在高盐浓度的溶液里面，钠离子会结合在嗜盐菌的表面，屏蔽掉这些氨基酸所带的负电荷。又如，在细胞膜上进化出与视觉中的视紫红质相类似的蛋白质，这些蛋白质被称为细菌视紫红质（bacteriorhodopsin，BR）。细菌视紫红质有光驱动质子泵功能，随着质子累积在膜的外表面，质子驱动力增加，直到膜两侧的质子差可以驱动膜上的三磷酸腺苷（adenosine triphosphate，ATP）酶时，可以开始合成ATP。因此，微生物可以利用光能进行低速生长，适应能量不足的环境。另外，微生物也可以通过细胞质来保持胞内渗透压平衡，如细胞中聚集无机盐离子钾离子和相容性物质等（吴洋，2013）。

2.3.3.2　草地土壤微生物对植被变化的适应机制

植被作为土壤微生物营养物质与能量的重要来源，对微生物群落有着重要影响。表2-3-2总结了草地土壤微生物对地上植被的适应机制。

表2-3-2　草地土壤微生物对植被特征的适应性变化［修订自文献（赵轻舟等，2018）］

影响因素	适应性变化	研究方法	参考文献
植被类型	土壤微生物的生物量、组成和与碳、氮循环相关的功能都随着优势植物物种类型的改变产生显著差异	磷脂脂肪酸法、红外线气体分析仪	（Massaccesi et al.，2015）
	草地土壤微生物群落结构由于不同程度的植物物种入侵发生变化	高通量测序	（Gornish et al.，2016）
	草地土壤微生物的呼吸、生物量、代谢活性因植物的空间分布发生变化	底层诱发呼吸法	（Steinauer et al.，2017）
植物多样性	草地土壤细菌和真菌的β-多样性因植物多样性的增加而显著增加	高通量测序	（Prober et al.，2015）
	草地土壤微生物功能类群因植物功能类群的不同表现出差异	底层诱发呼吸法	（Strecker et al.，2015）

续表

影响因素	适应性变化	研究方法	参考文献
植物根际	根际土壤微生物群落结构由于不同植被类型覆盖存在差异	高通量测序	(Aleklett et al.，2015)
	土壤微生物生物量、微生物呼吸强度、特定微生物的数量和根系土壤 pH 呈现显著正相关关系	培养计数法、氯仿熏蒸浸提法、碱吸收法	(王海斌等，2016)

Waid 等(1999)指出,土壤微生物之所以会受植被的影响而发生改变,主要是植物凋落物及根系分泌物的特性不同。不同植物的凋落物和根系分泌物的物理、化学性状不一样,在分解过程中释放的有机物、无机物有很大的差异,土壤微生物对这些物质的敏感性不一,进而使其群落结构和功能及多样性发生了改变。植物类型的改变和土壤微生物之间的作用可能是相互的。于兴军等(2005)研究了紫茎泽兰重度入侵地土壤和轻度入侵地土壤的细菌群落特征,发现土壤细菌群落结构在样地间的变化与本地植物的生长表现出明显的相关性,暗示着土壤细菌群落的改变可能是紫茎泽兰入侵过程的一个重要组成部分。土壤微生物群落可能在外来植物和本地植物之间起到了重要的"桥梁"作用,即外来植物可以通过改变重度入侵地土壤微生物群落结构阻碍本地植物的生长和更新。草地植被的多样性同样能影响土壤微生物的多样性及群落结构。例如,基于全球范围草地的研究表明,植物多样性与土壤微生物的β-多样性存在显著相关性(Prober et al.,2015)。地下部相互作用(植物根系之间以及根系与土壤微生物之间)是调控地上部分植物生长的一个重要因素。地下土壤生物对地上植物的反馈作用主要是通过影响植物根系和根际生境而实现,因此根际微环境的变化同样会引起土壤微生物变化。Kowalchuk 等(2002)通过植物对土壤微生物的影响研究表明,植物组成和群落结构能够明显地改变植物根际土壤微生物的群落结构和多样性。

植物根际可通过根系分泌物向土壤释放有机和无机物质,形成特定的微生态环境,为微生物提供能源物质与代谢场所,使不同植物根际微生物群落多样性和结构产生差异(何亚婷等,2010;Thion et al.,2016;Schoeps et al.,2018)。根系分泌物主要分为 3 类:①渗出物,即从根细胞中扩散出来的低分子有机物质;②分泌物,即高分子黏胶物质;③分解物,即植物残体(含根系)的分解产物。根系分泌物的种类和数量与植被的种类及生长期有关(高子勤等,1998)。Darrah等(1991)模拟了可溶性碳同根际微生物量的水平和垂直分布,发现根际微生物的分布与沿根的可溶性碳的分布距离相关,微生物量的积累依赖于根系分泌物的释放,根际微生物的种类和数量会随着根系分泌物的不同而发生变化。根际土壤中的细菌和真菌数量普遍高于非根际土壤,且群落组成和总体功能基因数量在根际和非根际土壤之间差异显著(Smalla et al.,2001;Baudoin et al.,2003;Nie et al.,2014;Pascual et al.,2018)。

2.3.3.3 草地土壤微生物对人类活动的适应机制

人类对草地的管理利用对土壤环境产生了巨大影响。施肥、放牧、刈割等人类活动影响土壤性质和植被特征,也使草地土壤微生物发生改变。表2-3-3归纳了草地土壤微生物对人类活动的适应机制。

(1)草地土壤微生物对施肥的适应变化与机制

施肥作为人类土地管理的重要方式,可以使草地土壤有机碳与总氮含量升高,土壤理化性质得到改善,进而使草地土壤微生物群落发生适应性的变化(Sainju et al.,2008)。同时,施肥提高了草地土壤有机质:施肥引起氮输入后土壤可利用氮增加,增强植物的碳同化作用,地上植物生长加快,大量凋落物形成有机质进入草地土壤。此外,由于更多的氮素易于为植物获取,所以通过根系分配进入到地下的碳减少。由此可见,氮输入可能引起土壤中有机质增加或减少的变化趋势。但通常情况下,高氮含量引起的地上植物对土壤有机碳输入的增加可补偿由高氮引起的地下碳含量分配的减少,最终使得土壤中的有机质表现为增加(Seghers et al.,2003)。

针对内蒙古退化干旱草地的研究发现,土壤细菌和真菌的群落结构随着施加粪肥而产生显著变化。此外,某些特定的微生物的丰度却因不同类型的肥料施加而产生差异,比如说硝化螺菌属和部分革兰阴性菌的相对丰度随着施加氮肥而增加,变形菌门(Proteobacteria)、纤毛亚门(Ciliophora)随着施加粪肥而增加,壶菌门(Chytridiomycota)和部分丛枝菌根真菌随着施加磷肥而增加(Yao et al.,2018)。长期施肥还可改变与氮循环相关的特定微生物种群,如硝化、反硝化细菌(Ramirez et al.,2010;Du et al.,2014)、氨氧化古菌(AOA)(Chu et al.,2007;Shen et al.,2008)。一个长达6年的内蒙古野外实验探究了长期施加氮肥和磷肥对土壤氨氧化细菌和氨氧化古菌的

第2章　草地土壤微生物资源

表2-3-3　草地土壤微生物对人为干扰的适应性变化［修订自文献（赵轻舟等，2018）］

影响因素		适应性变化	研究方法	参考文献
施 肥	草地土壤微生物的活性在短期与长期施肥作用下的响应不同	草地土壤微生物活性在施加氮肥35d内无明显变化	碱性捕集器测定土壤呼吸	（Knoblauch et al.，2017）
		草地土壤微生物活性在长期施加氮肥（至少10年）后降低	Solvita凝胶系统测定土壤呼吸	（Ward et al.，2017）
	草地土壤微生物群落结构因肥料种类产生变化	草地土壤真菌群落结构在施用普通有机肥和生物有机肥后差异显著	高通量测序	（Sekiguchi et al.，2007）
	草地土壤微生物功能结构因施肥产生显著变化	草地土壤微生物中碳、氮循环相关功能基因的多样性及丰度因长期施肥而显著增高	焦磷酸测序、基因芯片杂交	（Ding et al.，2018）
放 牧	草地土壤微生物的群落组成因放牧改变了土壤输入营养物质的质量和数量而受到影响	土壤微生物的微生物量在短期放牧后增加	氯仿熏蒸法	（Sankaran et al.，2004）
		土壤微生物群落结构和碳代谢多样性在长期放牧后发生显著变化	磷脂脂肪酸法、唯一碳源利用法	（Xue et al.，2018）
	草地土壤的微生物群落由于放牧强度的不同显示出明显差异	草地土壤的细菌多样性和均匀度在低放牧和中放牧强度下更高，在高放牧强度和无放牧处理下较低	变性梯度凝胶电泳	（Zhou et al.，2010）
		氨氧化细菌（AOB）的丰度和群落结构因放牧产生显著差异	变性梯度凝胶电泳、克隆文库	（Zhou et al.，2008）
刈 割	刈割通过对草地地上植被收割引起草地输入营养的改变，从而影响草地土壤微生物多样性	土壤微生物生物量由于刈割而增加，且在不同植物种间存在差异	传统培养计数法	（朱瑞芬等，2012）
		丛枝菌根真菌的含量因刈割显著增加，而细菌并无显著变化	磷脂脂肪酸法	（Denef et al.，2009）

影响。研究者发现施加氮肥会显著改变土壤氨氧化细菌的群落结构并使其丰度增加，而氨氧化古菌对于施肥的响应却不如氨氧化细菌明显，这表明土壤中的氨氧化过程可能主要是受到氨氧化细菌的控制（Chen et al.，2014）。基于宏基因组分析所得的数据表明草地土壤微生物的功能特征在施加无机肥后变化不一。基于全球25个草地的研究分析表明，施加氮肥和磷肥2~4

103

年后,土壤总体功能基因的多样性和组成与施肥前产生了显著差异(Leff et al.,2015)。另一个基于荷兰草场长达54年的研究表明,施加无机肥后土壤微生物的总体功能组成没有发生显著性差异,这可能与土壤微生物的功能冗余有关,即在环境条件变化的情况下,虽然群落组成发生了变化,但其总体功能特征可以保持稳定(Pan et al.,2014)。

(2)草地土壤微生物对放牧的适应变化与机制

放牧是草地土壤利用的主要方式之一,主要通过动物的采食、践踏和排泄粪便三种形式影响草地,进而改变土壤微生物群落组成(Sankaran et al.,2004;Zhou et al.,2017)。放牧对草地土壤的影响可分为短期和长期效应,不同放牧时间尺度下微生物群落变化差异较大。在短期尺度下,放牧的刺激增加了植物分泌物以及食草动物的粪尿排泄(周小奇,2007),输入的粪尿可增加微生物的呼吸、矿化作用与微生物量(Hatch et al.,2000);在长期尺度下,放牧通过改变植物群落组成与净初级生产力影响对土壤碳的输入,进而通过改变土壤性质来影响微生物群落组成(Xue et al.,2018)。放牧强度的不同也造成微生物群落的差异。对内蒙古自治区不同放牧梯度下的草原的研究发现,轻度和中度放牧草场的土壤细菌多样性显著高于围封样地和重度放牧。

(3)草地土壤微生物对刈割的适应变化与机制

刈割是人类对天然草地最传统的利用方式。刈割通过对草地地上植被进行收割,使得植物的光能固定受到了限制,减少了有机质的积累;并且由于植物间不同的耐刈割性,引发不同物种间生物量、种群密度等植被特征发生变化(郭继勋等,1997)。在地表聚集的大量凋落物为微生物提供充足碳源(郭继勋等,1997),但刈割会减少凋落物的积累。此外,刈割可促进根系分泌,较多的根系分泌物可增强土壤微生物的氮转化能力。

多数研究表明,土壤真菌的群落结构会由于刈割而与原先的土壤群落产生显著差异(Li et al.,2017)。这是由于真菌能生产更多的解聚酶将聚合物分解为单体,然后再将单体催化成氨(Wu,2011)。腐生真菌对多酚类化合物的矿化或活化是氮循环的关键性步骤。除此之外,很多菌根真菌也能产生几丁质酶和多酚氧化酶或木质素过氧化物酶来降解多聚有机氮(Talbot et al.,2010)。而土壤细菌对于刈割的响应却并不一致。部分研究表明,土壤细菌的群落结构会由于刈割而产生改变(Adair et al.,2013;Chen et al.,2014)。但许多研究表明,土壤细菌的群落结构在同等的刈割程度下的响应不如真菌敏感（Yu et al.,2013；Du et al.,2014）。例如,对内蒙古草地的研究发现,中度刈割可以增强真菌群落的丰度和多样性,但是重度刈割又会使得真菌丰度和多样性显著降低;但是不同程度的刈割对于细菌群落的影响却很小（Li et al.,2017）。

刈割通过改变土壤关键功能微生物的丰度,能影响土壤气体的排放。在潮湿气候类型的草原,刈割之后往往伴随着施肥,在这样一个湿润的情况下,加快了土壤微生物的碳、氮循环,随之而来的便是草地土壤一氧化二氮的大量释放（Patra et al.,2006;Keil et al.,2015）。而在半干旱草原,刈割会对植物多样性产生抑制作用,然后通过移除地表的干草进而降低土壤碳氮的输入。研究表明在内蒙古草原这样一个半干旱的环境,刈割会显著降低土壤湿度、总碳、总氮等,而这些影响因素进一步引起氨氧化细菌（AOB）和氨氧化古菌（AOA）的丰度,最后降低土壤氧化亚氮的释放（Zhong et al.,2018）。

土壤微生物作为草地生态系统的重要组成部分,其结构、多样性及对环境因子的适应机制对草地生态系统的功能至关重要。目前,国内外学者针对草地土壤微生物对土壤性质、植被特征和人类活动等的响应已开展了一系列研究,然而,在广度和深度方面还需加强,有些研究结果还需要更多的研究实例加以支撑,部分结论并不统一。

利用分子生态学、宏基因组学技术对土壤微生物群落进行分析日渐普遍,未来应更注重对功能基因的挖掘,结合微生物生理学、稳定同位素探针等方法对草地土壤微生物对环境因子的适应机制进行全面的探究与认识。

（杨　洁　余志晟　薛　凯）

第3章　森林土壤微生物资源

森林是以乔木为主体,乔、灌、草多种类植物和动物以及微生物群体共生,与其相应的水、土、气资源共同处于同一空间范围的自然资源综合体。森林不仅为人类的生产生活提供木材及林副产品等物质资源,还具有净化空气、调节气候、涵养水源、防风固沙等生态功能与效益;它不仅影响生物圈中各种生物的生存和发展,还维持和调控地球生态环境的平衡。森林资源是林地及其所生长的森林有机体的总称。森林资源既是人类享受美好生活和生态福祉的保障和支持,也是实现人类与自然和谐发展的纽带,按其物质形态可分为:森林生物资源、森林土地资源以及森林环境资源。其中,森林生物资源包括森林、林木以及森林为依托生存的动物、植物、微生物等资源。

森林生态系统是陆地生态系统的主体,占有地球60%以上的生物量。森林的结构复杂,生物多样性极其丰富,全球50%以上生物物种生活在森林之中。我国地域广阔,自然气候条件复杂,森林类型多样,具有明显的地带性分布特征。全国绝大部分森林资源集中分布于东北、西南等边远山区,而广大的西北地区森林资源贫乏。我国自然植被水平分布随热量的递减由南向北植被类型是热带雨林、季雨林、常绿阔叶林、落叶与常绿阔叶林、落叶阔叶林、针阔混交林。根据2015年发布的第八次全国森林资源清查结果,全国森林面积为2.08亿公顷,森林覆盖率21.63%,森林蓄积151.37亿立方米。森林覆盖率超过40%的有福建(65.95%)、江西(60.01%)、浙江(59.07%)、广西(56.51%)、海南(55.38%)、广东(51.26%)、云南(50.03%)、湖南(47.77%)、黑龙江(43.16%)、陕西(41.42%)、吉林(40.38%)等11个省份,超过20%的有重庆、湖北、辽宁、贵州、北京、四川、安徽、河北、河南、内蒙古等10个省份,超过10%的有山西、山东、江苏、西藏、宁夏、甘肃、上海等7个省份,而青海

（5.63%）、新疆（4.24%）森林覆盖率最低（中国林业统计年鉴，2015）。森林是陆地生态系统中主要的碳汇的储存地，而土壤微生物是生物地球化学循环的主要驱动者。因此，森林生态系统中土壤微生物群落组成的地带性空间分布规律是目前地下生态学研究的热点问题。

在陆地生态系统尺度下，近些年的流行观点认为，土壤微生物群落具有明显的地域特征，而且这种生物地理性格局（biogeographical patterns）具有可预测性。森林土壤里微生物种群丰富、数量巨大，其在凋落物分解、营养元素循环、土壤结构改良、地力恢复和维持等森林生态过程中扮演着重要的角色。我国虽然森林类型非常丰富，但森林质量总体不高，森林木材生产及生态系统服务功能仍有较大的提高空间。目前，我国森林土壤微生物的数据库尚未建立，限制了充分发挥微生物在提升森林生产和生态功能的作用。与大型植物和动物呈现明显的地带性和区域分布变异规律不同，土壤微生物特定地理分布格局的研究，受分类类群定义、种属特征辨识力以及空间尺度等因素的限制，充分考虑其深度（基本分类单元足够细化）和广度（特定空间内样品量足够大）对于人类保护、开发和利用微生物资源具有重要意义。现在有越来越多的证据表明，土壤微生物群落组成环境变量而在空间上呈规律性分布，这些环境变量包括土壤和植被类型、空间距离、土壤 pH 等。解析微生物群落组成的空间分布及其驱动因子，可明确森林生态系统区域土壤微生物多样性、丰度和特异性，揭示塑造与维持微生物多样性的源动力，并通过预判特殊生境减损、构造珍稀物种保护区等方式，来降低物种灭绝的风险。同时，对土壤微生物群落组成和分布格局的全面系统调查将有利于剖析微生物世界的认知边界，建立新的研究假设，对关联微生物种群和特定生态功能提供有力的保障。

本章拟从水平、垂直和演替三个方面揭示土壤微生物在我国典型森林系统中的分布规律，探讨土壤微生物生物量、结构组成和多样性、群落特征的空间分布格局，解析不同环境生态驱动因子对土壤微生物组成和分布格局的影响，阐明土壤微生物群落组成和分布格局的主控因子，丰富土壤微生物生态学的理论基础。

3.1　中国典型森林土壤微生物水平分布特征与形成机制

土壤微生物是驱动生物地球化学循环的引擎,土壤中任何重要的生态过程如凋落物分解、有机质矿化、生物固氮等都取决于微生物群落的结构和功能。土壤微生物多样性是指微生物群落在时间和空间尺度下的物种丰度、多度、功能特征的分布情况。全球变化包括气候变暖、氮沉降加剧、森林类型转变,以及人类不合理的森林经营措施均会对森林生态系统土壤微生物群落多样性产生巨大的影响。森林土壤中微生物扮演着各种角色,包括生产者、消费者、分解者、共生体和病原体等,这些角色与森林生态系统土壤的养分可利用性、碳、氮循环等生态过程和功能紧密相关。因此,预测森林生态系统功能碳平衡对在全球变化的响应主要取决于不同时空尺度下森林土壤中微生物多样性的分布特征、形成机制及其对环境变化的响应。

虽然森林土壤环境复杂,微生物类群的生境偏好也不尽相同,但是在洲际水平上细菌的优势门类的分布呈现趋同性。不同森林类型土壤中的优势类群主要由酸杆菌门、放线菌门、变形菌门、拟杆菌门、厚壁菌门五个优势门类组成(Lauber et al.,2009)。而全球尺度的研究结果显示除以上五个优势门类外,浮霉菌门和绿弯菌门也是森林、灌丛、草地土壤中的主要门类(Delgado-Baquerizo et al.,2018)。相较于细菌,真菌物种库的门类较少,在全球水平上子囊菌门、担子菌门、接合菌门、壶菌门是主要门类,几乎涵盖了陆地生态系统中95%的真菌类型(Tedersoo et al.,2014)。由于森林环境的空间异质性很强,所以土壤微生物的物种组成不论是在大尺度下还是小尺度下都差异明显。在全球尺度下,北方森林的变形菌门的相对丰度最高,温带森林的酸杆菌门含量最高,而热带和亚热带森林的放线菌门最丰富(Delgado-Baquerizo et al.,2018)。同样,北方森林土壤中的外生真菌含量丰富,而内生菌根、腐生真菌和植物病原体在热带森林中丰度更高(Tedersoo et al.,2012)。

而小尺度下(<10m)土壤微生物的群落结构和多样性与微环境水平上的生态位分化有关。这些微环境主要包括"凋落物环境""根际环境"等。由树种多样性形成的凋落物的质量和数量的多样性会对微生物群落的定殖具有选择性。凋落物的分解初期主要由随机过程占主导(Žifčáková et al.,2017),根据生态位偏好,活性有机碳库会有利于富养微生物如β-变形菌、拟杆菌、根瘤菌和黄单胞菌的富集。随着凋落物分解的进行,腐生真菌如担子

菌门的丰度会升高,进而会促进分解真菌菌丝的足杆菌属、假单胞菌属细菌的大量繁殖(Brabcová et al.,2016)。在分解的后期,大型真菌以及丝状真菌会大量繁殖促进木质素等顽固碳库的分解。在这种贫瘠环境中寡养微生物(伯克氏菌属、苯杆菌属)会大量富集。此外,由于分解后期的凋落物的化学计量比失衡,特别是碳氮比(C∶N)升高,固氮微生物如根瘤菌会富集为真菌提供丰富的氮源,而真菌通过分解木质素为细菌提供碳源,从而形成互利共生的关系(Gessner et al.,2010)。而根际环境中由于根分泌物的特异性,相较于非根际土壤,根际土壤环境对微生物群落尤其对真菌具有强烈的选择作用。研究表明绝大部分北方森林和温带森林的树种的根际环境中富集外生菌根,只有极少部分树种存在内生真菌。外生真菌的菌丝会延伸至土壤中为宿主提供所需养分,而宿主通过细根或菌丝分泌活性有机碳会有利于富养细菌如变形菌门细菌的增长,而抑制酸杆菌门类的富集(Colin et al.,2017)。因此,在根际环境中,细菌与真菌之间强烈的共生关系或拮抗作用会影响微生物群落的构建。最近全球尺度的研究表明表层土壤中细菌的抗生素抗性基因与真菌丰度极显著正相关,证实了这样的猜想(Bahram et al.,2018)。

生物多样性随纬度的变化规律及形成机制一直是生态学领域的研究热点。大量研究表明动植物的多样性从热带到寒带呈现梯度降低的规律而物种的分布宽度随纬度逐渐增大。与动植物不一致,由于微生物的微小性和多样性的特点,微生物的多样性随纬度的变化特征在很长一段时间内难以确定。近年来由于高通量测序技术的发展,研究成本降低了,这使探讨宏观生态学理论对微生物的适应性的科学问题得以实现。虽然有大量证据表明微生物如动植物一样,物种组成的相似度存在明显的“距离-衰减”特征或“种-面积”关系,但是到目前为止并没有全球尺度的可靠的证据表明陆地生态系统中微生物从极地到热带地区,物种多样性呈现梯度增加的特征(Hillebrand et al.,2004)。基于高通量生化技术,过去十几年的研究结果显示,土壤微生物的多样性随纬度增加呈现抛物线(Xia et al.,2016)、降低(Zhou et al.,2016;Liu et al.,2020)、增加(Tedersoo et al.,2010)甚至无规律变化(Fierer et al.,2006)的特征。而这些不一致的结论主要与研究尺度和研究的微生物类群的差异有关。虽然微生物物种库的丰度随纬度变化的结果不统一,但是某些特殊门类或是功能类群却也被证实存在经典的多样性纬度梯度变化规律。例如,Andam 等(2016)发现在北美纬度带土壤中链霉菌的多样性服从经典的多样性纬度梯度变化规律,而且纬度高的地区链霉菌的物种进化多样性更低。同样,全球尺度研究结果显示,与热带森林相比,温带森林外生真菌更丰富(Tedersoo et al.,2012;2014),物种丰度与纬度负相关。值得一提的是,最近全球尺度的7560个土壤样品的研究结果显示,细菌物种丰度的峰值出现在热带森林与温带森林的交汇处,而真菌物种丰度随纬度增加呈现明显的下降趋势(Bahram et al.,2018)。与以往研究仅关注细菌或是真菌,或者特殊类群不同的是,Bahram 等(2018)在研究时同时关注了细菌和真菌,证实在全球尺度下土壤细菌和真菌多样性和功能的地理分布特征和形成机制存在很大的差异。

尽管在不同空间尺度下森林土壤微生物群落组成和多样性变化特征存在不一致性,但在大尺度下,解释土壤微生物群落结构和多样性的主导环境因子有很大程度上的共性。基于焦磷酸测序技术,Lauber 等(2009)发现土壤 pH 是美洲土壤细菌群落结构和多样性最重要的解释因子。而这一结论在后续的基于洲际尺度或是全球尺度的研究中进一步得到验证。如 Bahram 等(2018)发现全球表层土壤中,细菌的群落结构和多样性最好的解释变量是土壤 pH,且由于该研究的土壤 pH<8,结果显示土壤 pH 与细菌的物种丰度,生物量,以及部分优势门的相对丰度呈显著正相关。然而,当环境 pH 的变化范围为 2~12 时,细菌的丰度明显随 pH 的变化呈现单峰变化特征,且细菌丰度在 pH 为中性和年均温为 10℃附近达到峰值(Thompson et al.,2017)。除此之外,在某些特殊生态系统如草地生态系统中,由于环境胁迫,干旱所引起的有机碳的变化比土壤 pH 的变化更能反映全球干旱生态系统中微生物的多样性地理分布特征。相较于细菌,解释大尺度下真菌的多样性的最优环境因子并不一致。Zhou 等(2016)发现,年均温比土壤 pH 能更好预测北美森林土壤中细菌、真菌、固氮菌的丰度的纬度变化,而这一结论最近在南半球的研究中也得以证实(Delgado-Baquerizo et al.,2018)。但是,当研究尺度拓展到全球时,地理距离和年降雨量才是真菌全球多样性分布的最优解释变量(Tedersoo et al.,2014)。然而,仅仅考虑表层土壤时,土壤 C∶N 比其他的环境因子更能解释全球尺度下土壤真菌的功能基因和细菌 CAZyme 基因的丰度变化(Bahram et al.,2018)。

相较于大尺度,森林土壤微生物的群落结构和多样性在小尺度下的主要驱动因子存在很大不确定性。从研究现状看,土壤 pH、植物多样性、土壤C∶N、土壤有机碳、土壤含水率、季节性变化等被认为是局域尺度下土壤微生物群落结构和多样性最关键的环境因子。植被的多样性与土壤理化性质有着直接紧密的联系,植被多样性通常会通过多样性的凋落物输入和根系分泌物来改变土壤理化性质尤其是土壤养分和pH,从而影响微生物的多样性。归根到底,局域尺度下微生物多样性反映的是地上植被与地下生态系统相互作用的结果(Bardgett et al.,2014)。如Landesman等(2014)综合美国东部12片林地发现,森林土壤中细菌群落结构主要是由土壤pH所决定,且造成土壤pH地理差异的主要因子是树种的特异性(虽然该研究并没有指明到底是树种的物种多样性还是功能多样性造成土壤pH的空间异质性)。此外,绝大部分的研究仅关注植被丰度,植物功能属性的作用往往被忽略,而这样的结果可能就忽视了地上与地下的潜在且重要的联系。如Tedersoo等(2013)发现以往研究中往往被忽视的树种的表型多样性能够解释74%的真菌多样性的变异;而这样的结论最近在中国的纬度森林土壤的真菌的研究中进一步被证实(Yang et al.,2018)。除此之外,由于环境因子在时空尺度下的自相关,只有通过控制实验能更好地明确目标环境因子(pH或者温度)对微生物多样性的直接作用(Rousk et al.,2010)。

大量的研究表明,与大型动植物一致,在不同时空尺度下土壤微生物群落的构建是随机过程(扩散、出生、死亡、突变)和决定性过程(环境过滤、生物间的相互作用)综合作用的结果(Martiny et al.,2006; Hanson et al.,2012; Nemergut et al.,2013)。相对于草原和农田生态系统,由于森林环境复杂多变的特点,决定性过程特别是环境过滤对森林土壤微生物群落的构建往往占主导(Landesman et al.,2014)。但是,在森林地上演替的过程中,地下微生物随机过程和决定性过程在群落构建的过程中处于波动状态。从研究现状看干扰强度、地上植被演替、季节变异等会对决定性/随机过程的平衡产生很大的影响。例如,Ferrenberg等(2013)发现森林火灾产生的大量有机质会促进随机过程在短期内对细菌群落的构建,但是随着演替进行,环境过滤的作用就会增强。同样,当结构复杂的生态系统(热带雨林)向简单的生态系统(农业用地或人工林)的转变会导致土壤环境的同质化(生态位过程减弱)(Rodrigues et al.,2013)。这种变化的结果是区域微生物库的同质化,损失了大量的稀有物种,严重损害生态系统结构和功能的完整性(Gossner et al.,2016)。但是也有证据表明干扰后生态系统演替到一定时间点时,季节变异会比干扰残留的效应对土壤微生物群落的构建影响更大(Lauber et al.,2013)。由此可见,森林生态系统土壤微生物群落的构建是一个复杂、动态变化的过程,明确干扰在时空尺度下对微生物随机过程和生态位过程的调节可以很好地指导森林管理甚至预测土壤微生物对全球变化的响应。

3.1.1 森林土壤微生物多样性纬度变化特征及其机制

中国东部森林覆盖度高,森林植被类型丰富。森林覆盖南北跨度约35°,年平均温度为−5.8~22.4℃,降雨量为468~1811mm,在强烈的季风气候和东高西低的地势特征的条件下形成了一条完整而且连续的水热梯度驱动下的森林样带。在北半球,中国东部森林样带是除北美森林样带外仅有的涵盖了寒温带针叶林到热带雨林、季雨林等不同类型的森林生态系统。丰富的森林类型和多样的生境条件为探讨森林生态系统对全球变化的响应和适应机制及地上生物和地下生物间的耦合关系提供了得天独厚的条件。依据此样带开展的研究主要集中在地上生态系统的功能和过程,而关于土壤微生物的多样性和功能代谢对环境梯度变化的响应的研究虽然有所报道(Niu et al.,2018;Wang et al.,2018),但仍然比较匮乏。因此,我们依据中国东部森林样带,尝试揭示局域尺度和洲际尺度下土壤微生物的多样性特征和群落的构建机制,为预测土壤生态系统的结构和功能对全球变化的响应和反馈机制提供证据。

基于中国森林生态系统野外定位站研究网络,选取野外实验站所在区域的典型森林类型,在100~150m²样方内采集多点的表层土壤组成一个混合样品,从南到北距离跨度4200km,获取144个土壤样品。记录或测试的环境因子总共28个,其中地理因子有经纬度、海拔;气候因子有年均温、年均降雨量;土壤理化因子有常规养分指标、化学计量比等;植被覆盖度和净初级生产力通过美国国家航空航天局(NASA)官网(http://neo.sci.gsfc.nasa.gov/)获得。土壤微生物指标包括微生物碳氮、微生物生物量、细菌、真菌群落组成及多样性(高通量测序)。

3.1.1.1 中国东部森林土壤细菌和真菌纬度变化特征

144 个土壤样品共获得 8524641（59198±6789）条细菌和 2254640922（32229±8994）条真菌的高质量序列。细菌和真菌的抽平深度分别是 25000 和 6000，在 97% 的可信度水平上平均得到 5299 个细菌和 1222 个真菌分类单元（OTUs）。在此基础上，利用 FUNGuild 对真菌功能类型进行预测，7122 个 OTUs（占总 OTUs 的 61.8%）能够与某一营养类型匹配成功。基于"可信"和"非常可信"的匹配结果，38%、27%、13% 的真菌类型属于腐生真菌、共生菌、病原菌。与北美森林土壤微生物的纬度多样性特征不一致（Zhou et al.，2016），中国东部森林土壤细菌和真菌多样性随纬度变化特征不一致，细菌多样性随纬度呈现单峰变化特征且在北纬 35°附近达到峰值，而真菌随纬度呈现经典的梯度衰减规律（见图 3.1.1(a)）。此外，细菌的物种丰度在亚热带地区最高，而真菌丰度在热带地区最高在温带最低[见图 3.1.1(b)]。相比较而言，细菌和真菌在门分类水平上的纬度多样性特征差异更大。细菌绝大部分门类呈现单峰变化，而迷踪菌门（Elusimicrobia）和芽单胞菌门（Gemmatimonadetes）的丰度与纬度负相关，WPS-2 丰度与纬度正相关。同样，真菌门类如担子菌门（Basidiomycota）与纬度正相关，子囊菌门（Ascomycota）与纬度负相关，而接合菌门与纬度变化无规律可言。

在真菌功能类群水平看，植物病原真菌和外生菌根真菌分别是病原营养型（68%）和共生营养型（81%）真菌中最主要的物种[见图 3.1.2(a)]。病原真菌和腐生真菌丰度与纬度负相关而外生菌根真菌与纬度正相关[见图 3.1.2(b)]。植物病原真菌、动物病原体和内生真菌在热带和亚热带森林土壤中更丰富，而外生菌根真菌在温带森林土壤中更丰富[见图 3.1.2(b)]。这是因为腐生菌和病原体依赖于植物的凋落物输入和生长状况，所以热带地区多样性的植物能够提供多样的生态环境有利于腐生菌和病原真菌的生长；而外生菌根真菌能与植物形成共生关系。因此，与寄生和腐生真菌相比，外生真菌更容易在极端气候下生存。

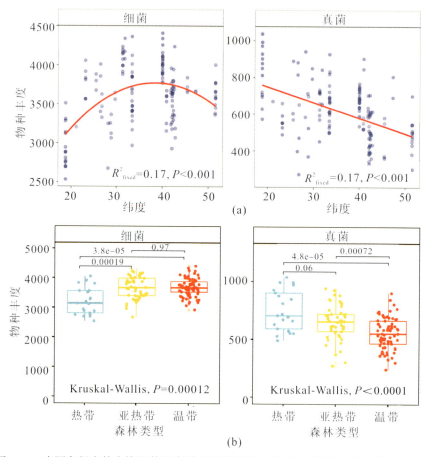

图3.1.1 中国东部森林土壤细菌和真菌丰度随纬度(a)和森林类型(b)的变化特征。不同生态系统类型微生物丰度的差异使用Kruskal-Wallis检验,结果呈显著性差异($P<0.05$)。依据R^2和AIC选择最优回归模型,阴影区域表示95%的可信度区间[修订自文献(Liu et al., 2020)]

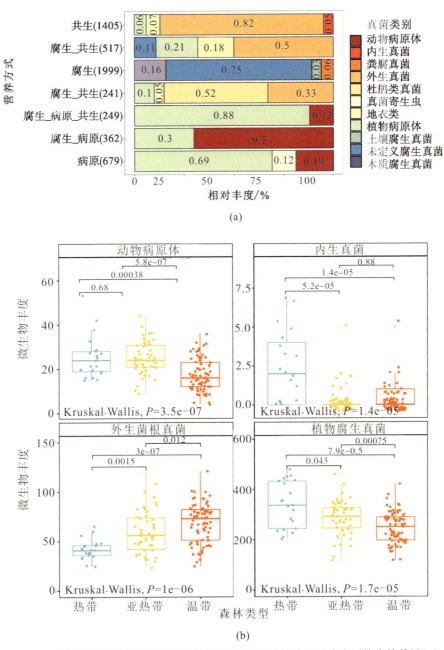

图3.1.2 中国东部森林土壤功能真菌的组成(a)及其丰度在不同生态系统中的差异(b)。不同生态系统类型功能真菌丰度的差异使用Kruskal-Wallis检验,结果呈显著性差异($P<0.05$)[修订自文献(Liu et al.,2020)]

3.1.1.2　细菌和真菌多样性的纬度变化的形成机制

对于细菌和真菌不一致的纬度多样性变化特征,首先用随机森林(random forest)模型对环境进行筛选,发现土壤pH和年均温分别是细菌和真菌多样性最重要的环境因子,这表明洲际尺度下细菌多样性主要由土壤理化性质所决定而真菌多样性主要由气候因子所决定。温度代谢理论表明:物种丰度的对数与绝对温度的倒数呈线性关系(Brown et al.,2004)。基于此,对细菌和真菌及功能真菌的物种丰度进行拟合,发现温度代谢理论能很好地解释真菌总的丰度[见图3.1.3(b)]、植物病原真菌[见图3.1.3(c)]、病原真菌[见图3.1.3(d)]、腐生真菌[见图3.1.3(e)]丰度的纬度变化,但不能预测细菌[见图3.1.3(a)]及共生真菌[见图3.1.3(f)]丰度的纬度变化。由于北美森林样带和中国东部森林样带都在北半球,且纬度范围和森林覆盖类型相似,关于这两个纬度带的地上物种多样性的变化特征及形成机制一直是研究热点。虽然有研究表明温度代谢理论能很好地解释这两个纬度带的植被多样性,且Zhou等(2016)发现温度代谢理论能很好地解释细菌、真菌及固氮菌的纬度多样性,但并不能解释中国东部森林土壤细菌的多样性。由此表明了中国东部森林的地形因子较北美森林更为复杂,也表明土壤微生物多样性的形成机制较地上植被更为复杂。

结构方程模型结果显示纬度、年均温、年降雨量、地上净初级生产力、化学计量比、铵态氮、硝态氮、pH的直接或间接作用是细菌[见图3.1.4(a)]和真菌[见图3.1.4(b)]多样性的最好环境因子组合,且分别能解释51%和40%的细菌和真菌的多样性的纬度变化特征。从环境因子的作用大小看,土壤pH[见图3.1.4(c)]和年均温[见图3.1.4(d)]分别是细菌和真菌多样性最重要的环境因子。相关研究表明,土壤pH与降雨量呈显著负相关关系,降雨量高的地方通常会导致较高的土壤湿度和植物生产力,进而形成较低的土壤pH。地球上最干旱的地区通常分布在30°~40°的纬度范围内,因此解释了细菌多样性在北纬35°达到峰值的原因。此外,北纬35°是中国南北气候的分界线,同时又是亚热带常绿阔叶林和温带落叶阔叶林的分界线。在这一过渡区域,物种多样性通常比其他区域更高,因此有利于形成多样性的底物,从而有利于生态位偏好不同的细菌来繁殖。土壤的化学计量比是除pH外对细菌多样性变化的重要解释因子。这是因为细菌通常通过分解和矿化有机质来获得能量,此时有机质的化学计量比如N∶P、C∶N在森林土壤细菌多样性的形成中起着重要的作用。

第3章 森林土壤微生物资源

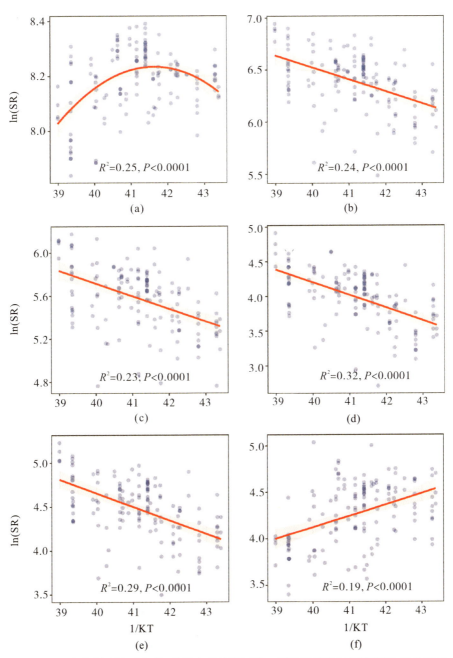

图3.1.3 温度代谢理论对细菌、真菌丰度的适用性。横轴表示绝对温度倒数,纵轴表示微生物丰度取对数。(a)细菌;(b)真菌;(c)植物病原真菌;(d)病原真菌;(e)腐生真菌;(f)共生真菌。依据R^2和AIC选择最优回归模型,阴影区域表示95%的可信度区间[修订自文献(Liu et al., 2020)]

注:SR,物种丰度。

模型的逻辑结构显示细菌和真菌纬度多样性的形成机制有很大的不同。气候主要通过影响土壤 pH、矿化氮、N∶P 来决定细菌多样性的纬度变化,而气候主要是通过年均温的直接作用和对地上初级生产力的作用来影响真菌多样性的纬度变化,这表明气候变化主要通过间接作用改变细菌多样性,而通过直接作用来影响真菌多样性。这样的结果与最近长期增温结合研究者发现温度升高更容易导致真菌的物种周转(Guo et al., 2018)。因此,可以预测未来气候变化中真菌多样性可能比细菌多样性对气候变化更加敏感,且未来气候变暖可能会通过增加地上初级生产力而有利于腐生真菌和寄生病原体的滋生,而不利于外生真菌的生存。

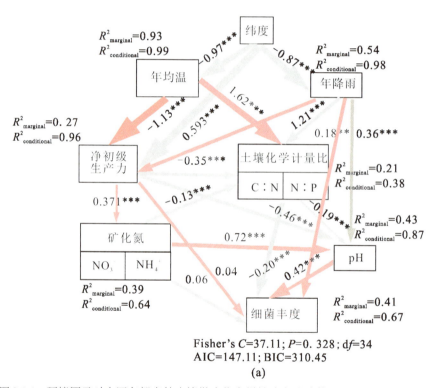

图 3.1.4　环境因子对中国东部森林土壤微生物多样性分布影响的 PiecewiseSEM 拟合结果。(a) & (b) 分别表示细菌和真菌的丰度的逻辑结构拟合结果;(c) & (d) 分别表示环境因子对真菌纬度多样性变化的标准总效应 [修订自文献 (Liu et al., 2020),已获得 *Journal of Soils and Sediments* 的版权许可]

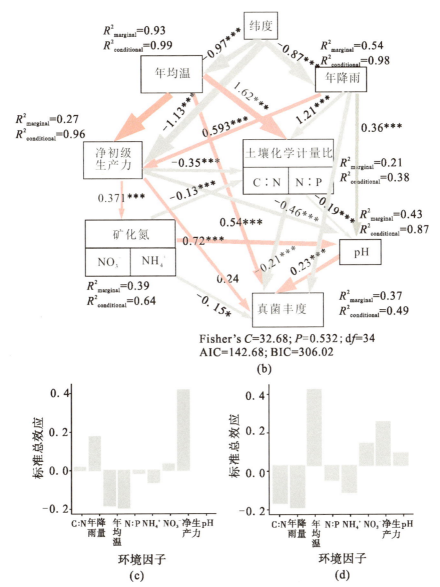

图3.1.4 环境因子对中国东部森林土壤微生物多样性分布影响的PiecewiseSEM拟合结果(续图)。(a) & (b)分别表示细菌和真菌的丰度的逻辑结构拟合结果;(c) & (d)分别表示环境因子对真菌纬度多样性变化的标准总效应[修订自文献(Liu et al., 2020),已获得 *Journal of Soils and Sediments* 的版权许可]

注:conditional 和 marginal 解释量分别表示不去除和去除取样点作为随机因子后模型或者两两环境因子之间的解释量。(a) & (b)中的每条通路上数值表示相关性大小,R^2表示解释率显著性水平为:*, $P<0.05$;**, $P<0.01$;***, $P<0.001$。用颜色区分变量之间的正相关(红色)和负(灰色)相关。

3.1.2 林分尺度下土壤微生物多样性的构建机制

在湖南会同森林生态定位站采用嵌套采样的方式分别在夏季和冬季采集了成熟常绿阔叶林和25年林龄的杉木成熟人工林0~10cm表层矿质土壤，利用高通量测序的方法研究了林分尺度水平上森林土壤微生物群落的构建机制及其对森林类型转变的响应。研究样地具体情况详文见文献（Liu et al., 2018）。

3.1.2.1 土壤微生物α-多样性

在生物学分析时，对细菌（30000 reads）和真菌（20000 reads）的抽平深度分别进行了统一，发现常绿阔叶林向杉木人工林转变对土壤微生物的物种丰度和香农-威纳多样性指数没有明显的影响，但是显著改变了微生物群落结构。主要表现在：森林转变显著增加了优势细菌，如浮霉菌门（Planctomycetes）、绿弯菌门（Chloroflexi）的相对丰度，但降低了稀有细菌，如TM6、螺旋体菌门（Saccharibacteria）、装甲菌门（Armatimonadetes）的相对丰度；而对真菌正好相反，降低了优势真菌，如锤舌菌纲（Eurotiomycetes）、球囊菌纲（Glomeromycetes）的相对丰度。细菌和真菌群落结构不一致的变化正好反映了天然林向人工林转变所导致的土壤环境同质化的后果。最新研究表明全球陆地生态系统中存在广泛分布的优势细菌，相对于稀有门类，优势门类能够广泛分布，是因为其较强的生态适应性和恢复力稳定性。森林转变破坏了独特的生境后会不利于稀有细菌的繁殖；而真菌正好相反，树种类型对菌根真菌具有很强的选择性，这就是物种丰富的常绿阔叶林向人工纯林转变会显著减少内生真菌如球囊菌门的丰度（见图3.1.5）的原因。

第3章 森林土壤微生物资源

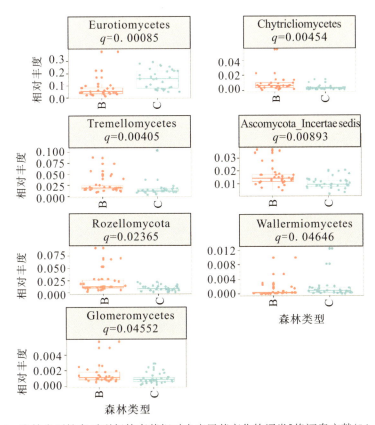

图3.1.5 森林类型转变后引起的真菌相对丰度显著变化的门类[修订自文献(Liu et al., 2018)]

注：两种森林类型物种丰度的差异使用Kruskal-Wallis检验进行筛选，使用FDR对P值进行校正。"B"和"C"代表阔叶林和杉木林。

3.1.2.2 土壤微生物β-多样性

亚热带森林土壤中，不同样点之间微生物群落的相似度随地理距离呈现明显的衰减特征，与动植物地理分布的生态学特征一致。局域尺度下常绿阔叶向杉木人工纯林转变明显改变了微生物的β-多样性，且这种影响具有季节变化特征，具体表现为森林转变在夏季降低了细菌和真菌的β-多样性[见图3.1.6(a)&(c)]，但是在冬季增加了细菌和真菌的β-多样性[见图3.1.6(b)&(d)]。

121

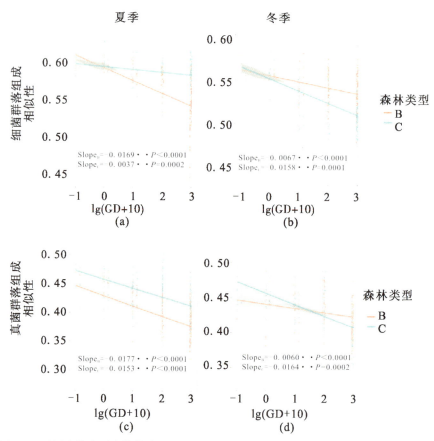

图 3.1.6 不同森林类型土壤微生物群落相似性随距离的变化特征。(a)和(b)代表夏季和冬季细菌的 β-多样性,(c)和(d)代表夏季和冬季真菌的 β-多样性[修订自文献(Liu et al.,2018)]

注:"B"和"C"代表阔叶林和杉木林。横轴代表样点之间的地理距离(GD)取对数,纵轴代表样点之间的 Unweight-Unifrac 距离,Slope 是回归系数代表 β-多样性。依据 R^2 和 AIC 选择最优回归模型,阴影区域表示 95% 的可信度区间。

森林转变诱导的土壤微生物的季节变化,主要表现为对次丰富的门类如固氮菌或硝化菌的影响。同一种林型不同季节的样品合并进行冗余分析,发现解释常绿阔叶林土壤中细菌 β-多样性季节变化最重要的环境因子是土壤含水量和全碳含量,而解释其真菌季节性变化最重要的因子是 pH、有效磷和硝态氮。而杉木人工林中,硝态氮和铵态氮对细菌 β-多样性的解释作用最大,Mg^{2+} 和 NH_4^+-N 对真菌季节性变异的解释作用最强。由此可见,季节性变异对微生物群落构建的影响可能存在三个不同的机制。首先,季节变化所带来的土壤温湿度的变化会显著影响森林土壤特别是阔叶林细菌群落的构建(见表3-1-1)。其次,季节性变化会导致植物凋落物和根系分泌物格局差异明显。最后,在冬季,温度降低会明显降低微生物的代谢活性,再加上杉木凋落物较高的C∶N更不利于凋落物的分解,这也是有效氮在杉木人工林土壤中制约细菌和真菌群落的构建最重要的环境因子(见表3.1.1)。

表3-1-1 冗余分析揭示影响微生物多样性季节变化的环境因子

森林类型	微生物群落	环境变量	R^2	R^2总和	调整后R^2	F	P
阔叶林	细 菌	含水量	0.209	0.209	0.195	14.85	0.001
		全碳	0.076	0.285	0.259	5.85	0.001
		硝态氮	0.037	0.323	0.285	2.97	0.010
		有效磷	0.032	0.355	0.306	2.65	0.017
		Na^+	0.026	0.381	0.321	2.19	0.042
		K^+	0.026	0.407	0.338	2.25	0.045
	真 菌	pH	0.062	0.062	0.046	3.82	0.002
		有效磷	0.058	0.120	0.089	3.77	0.002
		硝态氮	0.053	0.173	0.129	3.59	0.002
		Na^+	0.031	0.204	0.147	2.18	0.019
杉木林	细 菌	硝态氮	0.116	0.116	0.101	7.51	0.001
		全碳	0.037	0.154	0.123	2.46	0.042
		铵态氮	0.032	0.186	0.142	2.19	0.046
	真 菌	Mg^{2+}	0.101	0.101	0.085	6.48	0.001
		铵态氮	0.081	0.182	0.153	5.66	0.001
		含水量	0.040	0.222	0.181	2.91	0.009

3.1.2.3 决定性过程和随机过程对土壤微生物群落的构建

偏 mantel 分析的结果显示,局域尺度下森林土壤微生物的群落构建是随机过程和决定性过程共同作用的结果。相比于杉木人工林,阔叶林土壤中的生态位过程明显比扩散限制对微生物群落的构建作用更强,这表明阔叶林土壤中环境异质性更强。相较于细菌群落,扩散限制对真菌群落的构建贡献更大,表明细菌和真菌群落的构建机制存在很大的差异,而这样的结论在洲际尺度的表层土壤中得以印证(Powell et al.,2015)。在此基础上利用"零模型"对随机过程和决定性过程的相对贡献进行定量,发现森林转变明显增加了随机过程的作用,且季节变异比森林转变对微生物群落β-多样的季节变化的贡献更大(见图3.1.7)。此外,"零模型"结果显示在夏季阔叶林土壤细菌和真菌比较高是因为其决定性过程相对贡献更高,而冬季杉木人工林土壤中细菌和真菌β-多样性更高分别与他们的生物竞争和扩散限制作用增强有关。这是因为在冬季时,杉木凋落物质量较低,不易分解,可能会导致凋落物养分归还障碍,会加剧微生物群落之间的竞争,而冬季温度更低,真菌分解顽固性碳库的能力继续减弱,从而加剧了微生物群落对养分的竞争,进而导致杉木人工林冬季微生物β-多样性较高。更重要的是季节变化增加了决定性过程对细菌群落构建的作用,但降低了决定性过程对真菌的作用(见图3.1.7),且这种现象并没有随林型发生变化。这是因为森林土壤中细菌和真菌在资源利用上存在互利共生或是拮抗作用。基于宏基因组和宏代谢组研究表明,针叶林土壤中,真菌在夏季会主要分解顽固性碳库,而细菌在冬季会替代真菌的角色(Žifčáková et al.,2017),所以细菌和真菌之间的相互作用可能会影响微生物群落的地理分布(Bahram et al.,2018)。因此,在亚热带森林土壤中,森林土壤中细菌和真菌之间可能存在以底物为基础的相互作用机制。在夏季时,多样性的底物会对真菌形成强烈的环境过滤(selection),而真菌分解产生的活性碳库有利于细菌群落的繁殖,这就是夏季真菌决定性过程较强而细菌随机过程较强的原因。当冬季温度降低后真菌的代谢强度降低,可利用的碳源减少会加剧真菌之间对资源的竞争,所以冬季森林土壤中细菌的环境过滤作用会加强。

第3章 森林土壤微生物资源

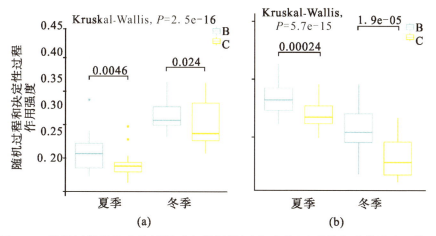

图 3.1.7 随机过程和生态位过程对土壤细菌(a)和真菌(b)群落构建的影响。基于 Unweight-Unifrac 距离,利用 null-model 定量随机过程和生态位过程对微生物群落构建的相对重要性,秩和检验验证组间差异[修订自文献(Liu et al.,2018)]

(刘圣恩　王清奎)

3.2 森林土壤微生物的垂直空间分布格局

在山地森林生态系统中,由于海拔梯度,在较小的地理范围内,气候变化和生境差异较大,因此,作为生物地理学研究的重要组成部分,生物群落沿海拔的垂直分布模式一直以来都是生态学的研究热点之一。一项针对鸟类多样性沿海拔变化趋势的研究表明,温度和水分是影响鸟类多样性海拔变化的主要因子,在湿润的山地生态系统,鸟类多样性呈现随海拔升高而降低的变化趋势,而在干燥的山地生态系统,其多样性变化趋势则是中部膨胀(McCain,2009)。另一项针对小型哺乳动物沿海拔梯度多样性变化的研究表明,α-多样性的最高值出现在高海拔地区(McCain,2005)。郝占庆等(2002)在我国长白山地区发现不同林层的乔木、灌木和草本植物,其丰度及多样性随海拔上升均表现出明显的线性下降趋势。Bryant 等(2008)在安第斯山脉开展的研究表明被子植物丰度和系统发育多样性沿海拔呈现降低变化趋势。概括而言,大型生物多样性沿海拔分布模式主要有以下四种类型:下降(decreasing)、低海拔平台(low-elevation plateau)后下降、低海拔平台中部膨胀(low-elevation plateau with a mid-peak)后下降、中部膨胀(midpeak)

125

（陈领等，2005；McCain et al.，2010）。

相比于动植物等大型生物，森林土壤微生物多样性及其群落组成沿海拔垂直分布格局的相关研究启动较晚，近10年才有少数研究关注，目前尚缺乏深入系统研究，且驱动机制不明确，主要存在以下几方面问题。首先，目前已有相关报道所采用的研究方法各异，包括纯培养方法、孢子计数法（Shi et al.，2014）、磷脂脂肪酸分析（phospholipid fatty acid analysis，PLFA）（Xu et al.，2014），以及近年发展起来的"二代"测序手段（Bryant et al.，2008），导致研究结论难以比较。其次，大多数研究集中在微生物α-多样性与β-多样性沿海拔变化趋势，而较少关注特定微生物类群丰度沿海拔分布规律，而优势微生物类群的相对丰度与生态功能是紧密相关的。最后，以往研究大多是单点数据，且研究结论不一致，部分研究认为微生物多样性随海拔上升而下降（Bryant et al.，2008），还有些研究认为多样性呈现中部膨胀模式（凸型变化趋势）（Singh et al.，2012a），另有一些研究表明随海拔变化，微生物多样性没有呈现特定的变化趋势（Bahram et al.，2012a；Fierer et al.，2012；Roy et al.，2013；Singh et al.，2013；Tedersoo et al.，2014），缺乏在大尺度下比较不同气候带海拔梯度格局的地域分异。在不同气候带，温度和降雨随海拔梯度的变化是不一致的，例如，在温带与半干旱地区，降雨多随海拔增加而增加，但是在热带地区，降雨随海拔升高可能存在上升、下降、中部膨胀等模式，甚至沿海拔的降雨差异不显著（McCain et al.，2010）。此外，不同气候带土壤类型也存在差异（盛浩等，2015），这都将导致生物多样性的海拔梯度格局在不同地域发生分异。我国幅员辽阔，生境多样，蕴含着丰富的森林资源，本节我们将介绍我国东部不同气候带（包括温带、暖温带、北亚热带、中亚热带和南亚热带）典型森林生态系统土壤微生物多样性和群落组成的海拔梯度格局及其地域分异规律，并对可能的驱动机制进行讨论。

3.2.1 中国不同气候带森林土壤微生物多样性海拔梯度格局

吉林省长白山国家级自然保护区（41°23′N~42°36′N，126°55′E~129°00′E）位于吉林省安图县、抚松县与长白县境内，是我国温带地区典型山地森林生态系统，属温带大陆性季风气候，年均温-7~3℃，年均降雨量为759~1340mm。该保护区北坡沿海拔梯度具有典型的植被垂直谱带特征，由下至上主要有五个自然植被类型，分别为阔叶-红松林（740~1100m）、红松-云冷杉林(1100~1500m)、岳桦-云冷杉林(1500~1800m)、岳桦林(1800~2100m)、苔原带(2100~2294m)。土壤类型分别为暗棕色森林土、棕色针叶林土、棕色森林土与山地生草森林土。基于Illumin Miseq平台的高通量测序研究表明,在长白山北坡,土壤细菌物种丰度和遗传多样性沿海拔具有显著差异,呈先上升后下降再上升的变化趋势,即在岳桦林中土壤细菌多样性较低(Shen et al.,2013)。土壤真菌多样性沿海拔梯度呈凹形变化,这与地上植被的变化趋势是不一致的。在长白山地区,地上植被,包括乔木、灌木和草本,其多样性均随海拔升高而降低(见图3.2.1)(Shen et al.,2014),表明大型动植物的海拔梯度格局与土壤微生物存在很大差异。土壤细菌和真菌α-多样性均主要受土壤pH驱动($P<0.05$)(Shen et al.,2013;2014)。

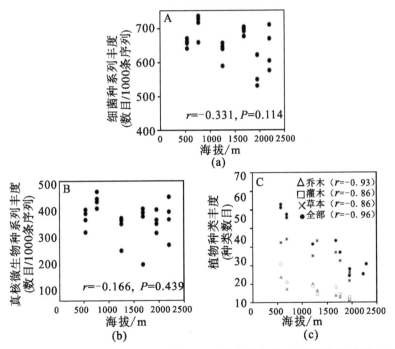

图3.2.1 长白山土壤微生物细菌物种丰度。(a)真菌物种丰度;(b)植被物种丰度;(c)随海拔梯度变化趋势[修订自文献(Shen et al.,2014)]

北京松山国家级自然保护区(40°29′9″N~40°33′35″N,115°43′44″E~115°50′22″E),位于北京市西北部延庆区境,是典型的暖温带森林生态系统,属暖温带大陆性半湿润季风气候,年均温8.5℃,年均降雨量为1772mm。保护区内沿海拔梯度,分布有阔叶林(740~810m)、针阔混交林(~870m)、针叶林(~970m)和高山草甸(~1350m)。土壤类型分别为山地褐土、山地棕壤和山地草甸土。基于Illumin Miseq平台的高通量测序研究表明,细菌多样性阔叶林和草甸高于针叶林和针阔混交林,呈现出凹形变化趋势;真菌多样性则相反,在针叶林中最高,在阔叶林中最低(Liu et al.,2019)。这与植被的分布也是不一致的。有研究表明,在北京松山自然保护区,乔木层和草本层的丰度和多样性随海拔的升高逐渐降低;而灌木层丰度和多样性呈比较明显的单峰曲线变化趋势(苏日等,2013)。

湖北神农架自然保护区(31°15′N~31°57′N,109°59′E~110°58′E)位于湖北省西北部,属北亚热带季风气候区,为亚热带气候向温带气候过渡区域。保护区内的典型植被垂直谱带包括常绿阔叶林(~1050m),落叶阔叶林(~1750m),针叶林(~2550m)和亚高山灌丛(~2750m)。细菌α-多样性沿海拔梯度呈单相递减,与海拔呈显著负相关(见图3.2.2)(Zhang et al.,2015)。这与植被多样性的海拔梯度格局一致。这与在温带(长白山)和暖温带(松山)的研究结果不吻合,在温带和暖温带地区,通常是植被多样性随海拔升高单相递减,而土壤细菌多样性多呈中海拔较低的趋势。地上植被多样性和土壤pH是武夷山土壤细菌多样性的主要驱动因子($P<0.05$)(Zhang et al.,2015)。

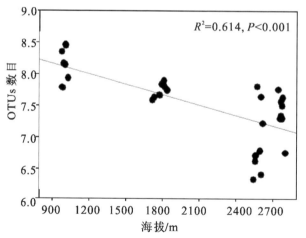

图3.2.2 神农架土壤微生物细菌物种丰度随海拔梯度变化趋势[修订自文献(Zhang et al.,2015)]

江西武夷山国家级自然保护区(27°48′11″N~28°00′35″N,117°39′30″E~117°55′47″E)位于江西省铅山县,地处武夷山脉北段西北坡,主峰黄岗山海拔2160m。该地区属典型中亚热带季风气候,年均气温14.2℃,年均降雨量为2583mm。西北坡沿海拔梯度由下至上主要有六个自然植被带,分别为常绿阔叶林(1280~1300m)、常绿落叶阔叶混交林(1466~1510m)、针阔叶混交林(1770~1813m)、温性针叶林(1750~1950m)、中山苔藓矮曲林(1950~2050m)、中山灌丛草甸(>2050m)。土壤类型主要包括山地黄壤、山地黄棕壤、和山地草甸土。基于Illumin Miseq平台的高通量测序研究表明,武夷山西北坡土壤细菌和真菌多样性随海拔梯度均呈现出先下降后上升的凹形变化趋势,这与植被的单相递减变化趋势是不一致的(郭英荣等,2015)土壤细菌和真菌α-多样性与土壤碳氮比、水分和微生物生物量碳(microbial biomass carbon,MBC)呈负相关($P<0.05$),而土壤pH、NO_3^--N则与之呈正相关关系($P<0.05$)。武夷山的东南坡位于福建省西北部,沿海拔植被带依次为常绿阔叶林(200~1000m)、针叶林(1000~1750m)、亚高山矮林(1750~1900m)和高山草甸(1900~2058m)。基于磷脂脂肪酸分析(PLFA)和Biolog-Ecoplate方法分别评估武夷山东南坡土壤微生物物种多样性和功能多样性的研究表明,土壤微生物物种多样性和功能多样性均随海拔呈现单相递减的趋势(吴则焰等,2013;2014),武夷山东南坡和西北坡的土壤微生物多样性可能存在不同的海拔梯度格局,这种差异有可能是气候因素造成的,例如冬季武夷山西北坡处于冬季风的迎风坡,气温低于东南坡,而夏季东南坡处于东南季风的迎风坡,多雨且气温较低。这提示我们在研究土壤微生物海拔梯度格局时,坡向、坡度等地理因素也非常重要。此外,研究方法的差异,也有可能是导致东半坡和西北坡研究结论不一致的主要原因。

鼎湖山国家级自然保护区(23°09′21″N~23°11′30″N,112°30′39″E~112°33′41″E),位于广东省肇庆市,属南亚热带季风湿润气候,年均温度20.9℃,年降雨量1956mm。鼎湖山山体坡度较大,多在35°~45°,最高峰为鸡笼山,海拔1000.3m。土壤主要有赤红壤、黄壤及山地灌丛草甸土等。鼎湖山保护区从山麓到山顶已没有连续成片的自然林分布,植物的垂直分布带已不易分辨,但植被类型的分布仍表现出一定的规律性,从下至上包括溪边林(21~33m)、沟谷雨林(108~164m)、针阔叶混交林(123~150m)、季风常绿阔叶林(257~313m)、山地常绿阔叶林(570~710m)与山地灌丛(>936m)。与武夷山的研究结果类似,总体来讲,细菌和真菌α-多样性随海拔升高呈现先降低后升高的变化趋势,即在位于中海拔的针阔混交林与季风常绿阔叶林的α-多样性较低,位于山顶的山地灌丛土壤微生物多样性较低。细菌和真菌α-多样性均与土壤碳氮比呈显著负相关关系($P<0.05$),而与土壤pH呈显著正相关关系($P<$

0.05），此外，细菌α-多样性还受到土壤铵态氮的影响，与铵态氮呈负相关关系（$P<0.05$）。由于鼎湖山不同植被群落在海拔梯度上存在交错分布，所以很难比较土壤微生物多样性与植被多样性海拔梯度格局是否一致。

综合我国不同气候带土壤微生物α-多样性的海拔梯度格局研究，细菌与真菌多样性沿海拔变化规律不尽相同，且在不同气候带存在一定的地域分异。在温带长白山地区，细菌多样性沿海拔变化趋势总体呈现上升-下降-上升趋势，在暖温带、中亚热带和南亚热带呈先下降再上升的凹形变化趋势，而在北亚热带则呈现单相递减。真菌α-多样性随海拔梯度的变化在不同气候带基本一致，表现出先降低后升高的凹形变化趋势。通常，人们认为植被的多样性随着海拔升高呈现逐渐递减的趋势，而土壤微生物应表现出类似的海拔梯度格局，即位于山顶的生境土壤微生物多样性最低，有研究也证明了这一推测（Bryant et al.，2008；Bahram et al.，2012b）。就我国山地森林生态系统土壤微生物多样性而言，除了北亚热带神农架（Zhang et al.，2015），我们发现位于山顶的高山草甸或灌丛，其α-多样性基本处于中等甚至偏高的水平，这与之前的预期并不相同。土壤微生物与大型生物（动植物）多样性沿海拔变化格局的这种差异之前也有报道讨论过（Bryant et al.，2008），证明其驱动因素是不一样的。之前国外诸多研究认为土壤pH是土壤细菌和真菌α-多样性沿海拔变化的主要驱动因子（Bryant et al.，2008；Singh et al.，2012a；Rousk et al.，2010）。我国不同气候带森林土壤微生物多样性也主要与土壤pH有关，即细菌α-多样性主要受到土壤pH的影响（Fierer et al.，2006；Singh et al.，2012b；Shen et al.，2013），且当pH越接近中性时，细菌群落丰度与均一性越高，因为较低或较高的pH对于大部分微生物而言并不是理想的生存环境，所以可能出现仅有少数微生物可适应该生境的现象。此外，在不同气候带土壤微生物大多与土壤C∶N呈现负相关关系，这可能是由于较低的C∶N往往指示一种较好的土壤养分状态，当养分条件比较好的时候（低C∶N、高NO_3^--N），微生物之间对于养分的竞争下降，环境对微生物的选择压力也降低，促进了微生物丰度和多样性的上升。此外，土壤真菌α-多样性还受土壤有机质的影响（Zinger et al.，2011）。

3.2.2 中国不同气候带森林土壤微生物总体群落组成海拔梯度格局及其驱动因子

基于Bray-Curties距离的非度量多位尺度分析(nonmetric multidimensional scaling,NMDS)显示,温带(吉林长白山)森林土壤微生物群落整体群落组成沿海拔变化格局差异显著(细菌,$F=9.401$,$P<0.01$;真菌,$F=4.101$,$P<0.01$),且各植被类型两两相比,土壤细菌微生物群落整体差异均显著。在NMDS排序图上,苔原带相距其他林型较远,表明苔原带土壤微生物群落结构与其他植被类型下的微生物群落差异较大(见图3.2.3)(Yao et al.,2017)。其他各林型之间微生物群落结构差异也较为明显($P<0.01$)。基于矩阵的多重线性回归(multiple regression of distance matrices,MRM)和偏典范对应分析(partial canonical correspondence analysis,partial CCA)发现,长白山细菌和真菌的总体群落组成均受地上植被的影响最大($P<0.01$),此外,还与土壤碳氮比、硝态氮含量、pH和底物诱导呼吸(substrate-induced respiration,SIR)有关(Shen et al.,2013;2014;Yao et al.,2017)。植被对长白山土壤微生物群落结构变异的贡献非常显著,在不同林型下土壤细菌群落结构的研究中,发现含阔叶树种的林型(包括阔叶红松林和次生阔叶林),其林下土壤微生物群落更为相似,而两个针叶林型(常绿针叶林和落叶针叶林)的土壤细菌群落组成更为相似(Li et al.,2014)。

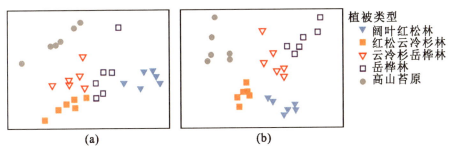

图3.2.3 长白山细菌(a)和真菌(b)群落结构随海拔梯度变异的NMDS排序图[修订自文献(Yao et al.,2017)]

暖温带(北京松山)土壤微生物的总体群落组成研究也表明,位于林线之上的草甸与林线以下的郁闭森林土壤样品差异最显著($P<0.05$),在NMDS排序图上明显分开(见图3.2.4)。针叶林和阔叶林的群落结构也存在显著差异($P<0.05$)。Mantel test相关分析发现,细菌和真菌群落结构主要

受土壤水分和养分影响，包括有机碳含量（soil organic carbon，SOC）、总氮、硝态氮等。此外，细菌群落结构还受土壤pH影响（Liu et al.，2019）。

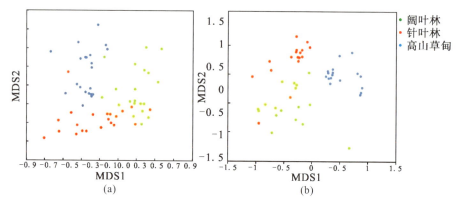

图3.2.4　松山细菌(a)和真菌(b)群落结构随海拔梯度变异的NMDS排序图
［修订自文献（Liu et al.，2019）］

北亚热带（湖北神农架）土壤细菌总体群落组成的NMDS排序表明（见图3.2.5(a)）(Zhang et al.，2015)，不同植被类型下土壤细菌群落结构存在明显差异（$P<0.05$）。常绿阔叶林样本之间的相似性（β-多样性）最低，因此总体上，细菌β-多样性沿海拔梯度呈显著正相关（见图3.2.5(b)）(Zhang et al.，2015)。神农架地区土壤细菌群落结构主要受土壤pH、速效氮和土壤水分影响。

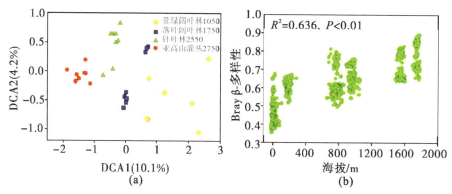

图3.2.5　神农架细菌群落结构随海拔梯度变异的NMDS排序图(a)及β-多样性海拔梯度格局(b)[修订自文献(Zhang et al.，2015)]

中亚热带（江西武夷山）土壤微生物总体群落组成沿海拔梯度呈现显著差异（细菌：$F=20.62$，$P<0.01$；真菌：$F=9.09$，$P<0.01$）。尽管各植被类型间的土壤总体群落组成均差异显著（$P<0.01$），但沿着NMDS排序图的横轴仍

第3章 森林土壤微生物资源

可分为三大组,即海拔较低的常绿阔叶林和常绿-落叶阔叶混交林更为相似;中间海拔的针叶林和针阔混交林更为相似;而海拔较高的矮曲林和高山草甸土壤微生物群落更为相似。同样的,植被类型对武夷山土壤微生物群落组成的变异贡献最大,此外细菌群落结构还主要受土壤pH、硝态氮与土壤含水量影响(对细菌群落结构变异的解释度分别为3.22%、1.52%和1.26%);真菌群落结构主要与土壤总碳、水分和基础呼吸相关。

与中亚热带的研究结果类似,南亚热带(广东鼎湖山)森林土壤微生物总体群落组成在不同海拔植被类型下也呈现显著差异(细菌:F=917.473,P<0.01;真菌:F=83.252,P<0.01),且各植被类型之间差异均显著(P<0.05)。但NMDS排序表明,位于海拔较高的两个植被类型,山地常绿阔叶林和山地灌丛细菌群落组成的相似性较高;而其他几个低海拔林型更为相似。通过MRM和partial CCA分析,植被仍是解释鼎湖山土壤细菌和真菌群落结构变异的主要因素。此外,细菌群落结构还主要受土壤pH、碳氮比、硝态氮和土壤含水量的影响;真菌群落则主要与土壤pH、TC有关。

综合以上不同气候带的研究结果,我们发现在沿海拔梯度分布的不同植被类型下,土壤微生物群落结构存在显著差异,这表明就山地森林生态系统而言,地上植被类型对塑造地下微生物群落结构有着显著作用。已有研究表明,在陆地生态系统当中,土壤微生物与地上植被间的关系十分紧密(van der Heijden et al.,2008;Bardgett et al.,2008)。地上植物可以以根系分泌物或者凋落物返还的形式向土壤中输入不同量和不同形式的养分,进而影响土壤微生物群落的结构与组成(Myers et al.,2001),并且多数真菌可以与植物形成共生关系(Smith et al.,2010),所以有研究认为真菌的分布模式应受地上植物影响较大(Berg et al.,2009;Peay et al.,2013)。目前,也有少数研究比较了地上-地下生物群落组成的生态关联,结果表明在森林生态系统,真菌群落组成与地上植被群落组成呈显著正相关关系(Peay et al.,2013)。在长白山温带森林生态系统的研究还表明,地上植被生物量的组成差异也是微生物群落组成差异的重要影响因素(Li et al.,2015)。尽管任意两种植被类型下,其土壤微生物群落结构均显著不同,我们仍发现,总体而言,位于林线以上的苔原、高山草甸或灌丛,与林线以下的郁闭森林相比,存在的差异更明显,由此表明林线以上的开放生境具有独特的微生物群落结构组成。这在不同气候带都得到了证实。林线以上主要植被类型为草本和低矮的小灌木,草本植物的地上生产力较大且生长周期较短,可以迅速

133

向土壤中以凋落物形式输入有机质。地下根系密集、发达,集中在土壤表层,为土壤微生物提供了充分的能源物质(根系分泌物和细根)。此外,光照时间和强度也是导致森林土壤微生物群落结构间存在较大差异的原因。通过环境因子和土壤微生物群落的相关分析发现,在海拔梯度上,细菌群落结构主要受土壤pH、水分和速效养分(例如硝态氮)的影响,而真菌群落结构更多受土壤有机碳影响,在个别地域受土壤pH影响。

3.2.3　中国不同气候带优势微生物类群相对丰度海拔梯度格局

目前,针对土壤微生物海拔梯度格局的研究,大多关注土壤微生物α-多样性和β-多样性沿山坡的垂直变化趋势,对于特定土壤微生物类群相对丰度的海拔分布趋势关注较少。每个微生物类群都有其特定的营养策略和生态功能,例如变形菌(Proteobacteria)对易降解碳代谢活性较高(Fierer et al.,2007),而酸杆菌(Acidobacteria)通常存在于难降解碳丰富的土壤中(Llado et al.,2016)。因此,了解特定微生物类群沿海拔梯度的分布规律,对于我们理解土壤微生物的生态功能具有重要意义。然而,在目前大多数报道中,对主要微生物类群相对丰度的海拔分布格局仅有一些描述性的叙述,缺乏机制性的阐释。例如在日本富士山的研究表明,变形菌(Proteobacteria)和酸杆菌(Acidobacteria)相对丰度随海拔升高而降低,而放线菌(Actinobacteria)、绿弯菌(Chloroflexi)和芽单胞菌门(Gemmatimonadetes)则相反(Singh et al.,2012a,b)。在秘鲁安第斯山脉的研究表明,子囊菌门(Ascomycota)Leotiomycetes纲的相对丰度随海拔升高而增加(Meier et al.,2010)。对于这些特定微生物类群的海拔分布格局,目前认为土壤pH可能是主要的驱动因子(Singh et al.,2012a;2012b)。

综合我国不同气候带主要微生物类群相对丰富的海拔分布格局,我们提出采用"寡营养-富营养"生态位理论解释特定微生物相对丰度沿海拔的变化趋势。该理论认为富营养微生物类群多与可溶性碳库及较高的净碳矿化速率相关,而寡营养类群则在低可利用性有机碳比例较高的土壤中占有优势(Fierer et al.,2007)。表3-2-1对富营养型细菌与寡营养型细菌所具备的生态属性进行了简要总结(Fierer et al.,2007)。在"寡营养-富营养"生态位理论框架下,通常把变形菌门,尤其是α-变形菌和β-变形菌(Smit et al.,2001; Hashimoto et al.,2009; Chinnadurai et al.,2014)和厚壁菌门

（Cleveland et al.，2007；Nemergut et al.，2010；Francioli et al.，2016）划分为富营养微生物类群，而酸杆菌门（Smit et al.，2001；Fierer et al.，2012）、芽单胞菌门（Fierer et al.，2012）、疣微菌门（Janssen et al.，1997；2002；Jones et al.，2009；Bergmann et al.，2011）和绿弯菌门（Phung et al.，2004；Feng et al.，2012）常被划分为寡营养微生物类群。通过研究我国不同气候带典型森林生态系统土壤微生物的相对丰度，我们发现当地上植被含有较多针叶树种时，可将其定义为相对的寡营养生境，以酸杆菌为代表的寡营养微生物相对丰度比其他植被类型高。反之，若植被群落中阔叶树种占优势，可定义为相对的富营养生境，以变形菌为代表的富营养微生物相对丰度较高。

表 3-2-1　富营养型细菌与寡营养型细菌所具备的生态属性[修订自文献(Fierer et al.，2007)]

特 点	富营养型	寡营养型
生长速率（μ_{max}）	养分无限制情况下，高生长速率（μ_{max}）[1]，高 K_s（达到最高生长速率一半时的底物浓度）	低生长率，高养分情况下，会被富营养类群抑制，低 K_s
生产率（$Y_{X/s}$）[1]	低 $Y_{X/s}$，将底物转化为细胞生物量效率低	高 $Y_{X/s}$，可充分将底物转化为细胞生物量
生长条件	高 S_{min}^1，要求有充足的可利用底物以维持细胞的生存发育	低 S_{min}^1，底物受限制时细胞依然可以生存
底物利用方式	对于底物的亲和性较低，底物有限时，生长处于劣势[2]	对底物的亲和性较高（a_A），可充分利用多种底物[2]
对于底物添加的响应	新鲜底物添加后，滞后时间短暂，大部分酶为微生物本身具有，非诱导产生	新鲜底物添加后，滞后时间长，多数酶为诱导产生，而非本身就产生
群落大小的时间变率	高；底物利用能力受养分多寡影响，种群周转率高，平均代时短	低；底物供应相对稳定（且偏低），种群周转率慢，代时长
可培养程度	高；可在养分充足的培养基中生存良好，短时间培养即有可见的增殖群落	低；可见的增殖群落需较长时间，最好是通过低养分培养基分离培养
细胞化学与形态特征	因为胞内核酸与蛋白质含量高，所以 C:N 和 C/P 较低，球形细胞的表面积与体积比低	条形或者丝状细胞有着高表面积与体积比[3]，有菌柄[4]，胞内储存养分能力高[5]

135

续表

特　点	富营养型	寡营养型
rRNA 拷贝数	高（＞5）[6]	低（＜2）[6]
对环境压力的容忍程度	对环境压力敏感，生活在非最优环境下常产生孢子	环境胁迫下，个体细胞依然可以维持生存能力

注：富营养与寡营养类型的划分在某种程度上与 Pianka（1970）提出的 r- 与 K-策略者的划分是一致的。K_s 为底物饱和常数，$Y_{X/s}$ 为生长效率，a_A 是对底物亲和力，μ_{max} 是最大生长速率。上标数字来源：1. Kova'rova'-Kovar et al.（1998）；2. Button（1993）；3. Matin（1979）；4. Poindexter（1979）；5. Hirsch et al.（1979）；6. Klappenbach et al.（2000）。

以温带典型森林生态系统为例，在长白山北坡各植被类型土壤中的优势细菌门包括变形菌门（Proteobacteria，43.31%）、酸杆菌门（Acidobacteria，26.12%）、放线菌门（Actinobacteria，11.58%）、浮霉菌门（Planctomycetes，4.05%）、疣微菌门（Verrucomicrobia，2.86%）、拟杆菌门（Bacteroidetes，2.70%）、绿弯菌门（Chloroflexi，2.37%）、厚壁菌门（Firmicutes，0.85%）和芽单胞菌门（Gemmatimonadetes，0.76%）。暗针叶林带（KP-SF）土壤中，Acidobacteria 相对丰度显著高于其他植被类型（$P<0.01$），沿海拔呈现凸型（中部膨胀）变化趋势[见图 3.2.6（a）]，Gemmatimonadetes 也具有类似的变化趋势[见图 3.2.6（c）]。Proteobacteria 的相对丰度在阔叶红松林（BL-KP）中最高，而在岳桦–云冷杉（SF-BE）中最低，沿海拔呈现出凹形的变化趋势[见图3.2.6（b）]，即中海拔梯度的植被类型下其丰度较低，但差异不显著。P/A 值常用作指示土壤养分状态的一个因子（Smit et al.，2001），结果表明，暗针叶林带中的变形菌/酸杆菌门比值（1.195~1.378）相对于其他植被类型较低（1.727~2.739），表明其代表一种相对寡营养生境。这种趋势在亚热带地区的三个森林生态系统中也可以观察到。在北亚热带神农架，P/A 值在中海拔的针叶林中较低；在中亚热带武夷山，P/A 值在针阔混交林与针叶林（南方铁杉）中较其他植被类型低（0.884~0.972）；南亚热带鼎湖山的 P/A 值在针阔混交林（0.851）中较低，表明以上含针叶树种较多的植被类型中，土壤养分较低，属于相对的寡营养生境。

传统的"寡营养–富营养"微生物生态学理论是基于细菌主要类群提出的，那么在真菌中是否也存在类似的营养策略？在我国不同气候带山地森林生态系统中，真菌优势门包括担子菌门（Basidiomycota）、子囊菌门

（Ascomycota)和接合菌门(Zygomycota)。我们重点考察了这几个真菌门沿海拔梯度的分布格局,还是以温带森林生态系统为例,发现 Basidiomycota 相对丰度在暗针叶林带中丰度显著高于其他植被类型,沿海拔呈现凸型(中部膨胀)的变化趋势[见图 3.2.6(e)],而 Ascomycota 在阔叶红松林和苔原带的相对丰度显著高于其他植被类型,沿海拔呈现出凹形的变化趋势[见图 3.2.6(f)]。这表明,Basidiomycota 从生态策略上可被划分为寡营养微生物,而 Ascomycota 更倾向于被划分为富营养微生物。除了在遗传分类水平上的比较,还分析了真菌两大功能类群,菌根真菌(ectomycorrhiza, ECM)和腐生真菌的相对丰度沿海拔变化趋势。总体来说,腐生真菌与菌根真菌在生态系统所起的生态学作用有所差异,菌根真菌具有寡营养特性,在仅有少量凋落物、腐殖质的深层土壤中其丰度较高(Lindahl et al.,2007; McGuire et al.,2013)。与之相反,腐生菌呈现出富营养的生态位趋势,因其可以更为有效地利用新鲜的、养分充足的凋落物(Lindahl et al.,2007; Crowther et al.,2012)并在高养分生境中增殖,比如森林土壤的表层(Lindahl et al.,2007; Lievens et al.,2015)。我们发现,菌根真菌菌根真菌[见图 3.2.7(a)]和腐生真菌[见图 3.2.7(b)]的相对丰度沿海拔变化趋势分别与 Basidiomycota 和 Ascomycota 的变化趋势相接近。其原因可能为,通过文献比对所得到的菌根真菌共有 41 种,其中 Basidiomycota 为 27 种,占全部 ECM 序列的 98.03%,Ascomycota 仅为 14 种。而比对得到的 16 种腐生真菌中,有 13 种为 Ascomycota(占全部腐生真菌序列的 15.65%),2 种为 Basidiomycota(11.90%)和 1 种 Zygomycota(接合菌门,74.85%)。Zygomycota 在腐生真菌中的占比较大,表明了其富营养策略倾向。菌根真菌在暗针叶林带中的相对丰度显著高于其他植被类型($P < 0.01$),而腐生真菌相对丰度在红松云冷杉林处较低,而在阔叶红松林和苔原带处的相对丰度较高。在暖温带(北京松山),我们同样发现 Ascomycota 在针叶林中相对丰度较低;在亚热带的武夷山和鼎湖山地区的规律也十分相似,在针叶林或针阔混交林中,Ascomycota 和 Zygomycota 相对丰度较低,而 Basidiomycota 在群落中占优势,暗示了 Ascomycota 和 Zygomycota 的富营养策略倾向和 Basidiomycota 的寡营养策略倾向。

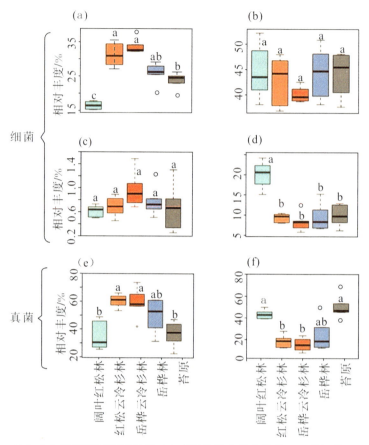

图3.2.6 长白山主要细菌和真菌门相对丰度海拔梯度分布趋势。(a)酸杆菌门;(b)变形菌门;(c)芽单胞菌门;(d)放线菌门;(e)担子菌门;(f)子囊菌门[修订自文献(Yao et al., 2017)]

注:图中不同字母表示结果间呈显著性差异($P<0.05$)。

由于同一门内不同纲的微生物可能具有不同甚至相反的生境偏好与生化特性,我们进一步将"寡营养-富营养"微生物生态学理论扩展到细菌纲的水平。变形菌门和酸杆菌门是森林土壤中比例最高的两大微生物类群,并具有广泛的代谢多样性,我们进一步在纲的水平上,探讨其不同纲的营养策略是否一致。研究表明,在温带森林生态系统(长白山),酸杆菌门下共检测得到16个纲,其中Gp1约占酸杆菌门总序列数47.73%、Gp2(16.84%)、Gp3(25.27%)、Gp4(1.79%)、Gp5(0.54%)、Gp6(2.46%)、Gp7(1.14%)、Gp10(0.042%)、Gp11(0.15%)、Gp12(0.075%)、Gp13(0.077%)、Gp15(0.092%)、

Gp16(3.48%)、Gp17(0.097%)、Gp22(0.0048%)、Gp25(0.0239%),但这些

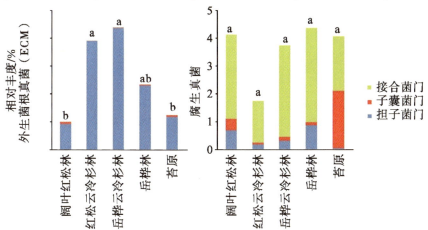

图3.2.7 长白山菌根菌(a)和腐生真菌(b)相对丰度海拔梯度分布趋势[修订自文献(Yao et al.,2017)]

酸杆菌纲的相对丰度沿海拔变化趋势并不一致。Gp1、Gp2、Gp3、Gp15的相对丰度在两个针叶林中(阔叶红松林和红松云冷杉林)高于其他植被类型,沿海拔呈现凸型的变化趋势[见图3.2.8(e)、(f)、(i)、(j)];表现出与寡营养菌一致的分布趋势。与之相反,Gp4、Gp6、Gp7、Gp16的相对丰度在阔叶树种较多的植被类型与苔原带处较高,沿海拔呈现凹形的变化趋势[见图3.2.8(g)、(h)、(k)、(l)],与富营养菌分布趋势一致。α-变形菌[见图3.2.8(c)]与β-变形菌[见图3.2.8(d)]是长白山土壤变形菌门中丰度最高的两个纲,其中α-变形菌约占变形菌门序列数的81.66%,而β-变形菌约占变形菌门序列数的6.28%,且这两类变形菌的相对丰度在位于中海拔梯度的暗针叶林带的丰度均低于其他植被类型,与富营养菌的分布趋势一致。而γ- 和δ-变形菌在针叶林中相对丰度较高,表现出与寡营养菌一致的分布格局。

各个纲的海拔梯度格局,在不同气候带略有不同。在北亚热带神农架,α-变形菌在针叶林中较低,而β-变形菌在针叶林中丰度较高(Zhang et al.,2015)。在中亚热带和南亚热带地区(武夷山和鼎湖山),δ-变形菌的则呈现出与α-变形菌、β-变形菌的规律相接近。实际上,β-、γ- 和δ-变形菌的营养型划分仍不明确。δ-变形菌是变形菌中含有未知类群(undescribed lineages)最多的一个纲(Spain et al.,2009),所以其各种属的营养策略依然存在很大未知。β-、γ-变形菌内各种属的代谢多样性更为丰富,因此较难在

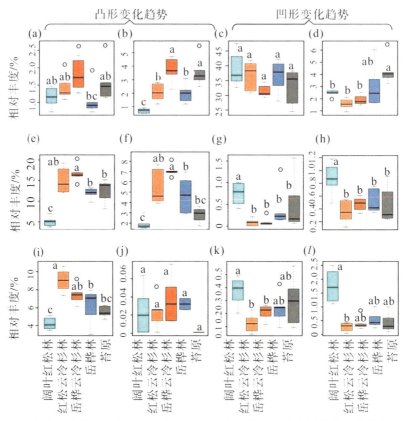

图 3.2.8 长白山土壤酸杆菌与变形菌不同纲微生物的相对丰度沿海拔变化趋势。(a)δ-变形菌;(b)γ-变形菌;(c)α-变形菌;(d)β-变形菌;(e)Gp1;(f)Gp2;(g)Gp4;(h)Gp6;(i)Gp3;(j)Gp15;(k)Gp7;(l)Gp16[修订自文献(Yao et al.,2017)]

注:图中不同字母表示结果间呈显著性差异($P<0.05$)。

整个纲的水平上界定其营养型(Morrissey et al., 2016)。对于 Acidobacteria 而言,中亚热带武夷山土壤酸杆菌不同纲沿海拔变化趋势与长白山类似,Gp1、Gp2、Gp3 与 Gp13 的相对丰度在针叶林土壤中丰度较高,Gp4、Gp5、Gp6 与 Gp7 则表现出相反的趋势;南亚热带鼎湖山土壤酸杆菌各个纲沿海拔变化趋势则与长白山、武夷山不同,Gp3 在中海拔梯度的针阔混交林和季风常绿阔叶林丰度较低,为凹形变化趋势,Gp5 沿海拔变化趋势也略呈凹形趋势,Gp1、Gp2、Gp13 与酸杆菌门水平的变化一致,Gp6 的相对丰度随海拔上升而降低。其原因可能为,鼎湖山土壤 pH 较低,酸杆菌各个纲的相对丰度除了与土壤养分状态有关,可能还受土壤 pH 的影响。但总体而言,Gp1、Gp2 呈

第3章　森林土壤微生物资源

现出与酸杆菌门相一致的变化规律,可划分为寡营养微生物类群,而Gp4、Gp6、Gp7与酸杆菌门趋势相反,与富营养微生物的分布格局一致。

我们的研究结果表明,针叶林或者针叶树种占优势的林型可大致代表寡营养生境,其微生物群落组成中多以富营养类型微生物为主;而阔叶林和阔叶树种占优势的林型可代表富营养生境,对应寡营养微生物占优势的微生物群落。那么,具体是哪些土壤因子驱动了微生物群落多样性与相对丰度沿海拔梯度变化的产生,又有哪些理化指标可以用来作为指示土壤养分状态的指示因子?我们发现,富营养型微生物常与较高水平的土壤含水率、土壤全氮、硝态氮与底物诱导呼吸(substrate-induced respiration,SIR)呈正相关关系,而寡营养型微生物常与较高水平的土壤C:N、铵态氮呈正相关关系,表明以上理化因子可以作为预测土壤养分状态以及土壤中寡营养-富营养型微生物相对丰度的因子。对于氮限制生态系统而言,土壤C:N作为一类反应土壤养分状态的指标被广泛认可(Benninghoff,1984),比如在本研究中的温带长白山森林生态系统。土壤C:N可以反映出微生物利用的底物质量的优劣,且被认为是决定微生物群落结构的重要因子(Rousk et al.,2010)。底物诱导呼吸是通过向土壤中添加葡萄糖以测定土壤中微生物活性与微生物量的一种研究方法。富营养微生物、寡营养微生物可分别对应r-、K-生活型微生物(Fierer et al.,2007),r-、K-生活型微生物分别表示了微生物对于环境的适应能力以及对于生境中养分等的利用程度,r-生活型微生物往往被称为开拓者,意味当生境中养分充足,而且该生境中微生物个体较少,对于养分的争夺弱,有益于r-生活型微生物的生存;相反K-生活型微生物可以良好适应养分相对贫瘠的生境,外界带来的扰动对其影响有限。属于r-生活型微生物可以在添加高浓度的葡萄糖后迅速将其利用并增殖,因此SIR可以代表土壤中此类快速生长的微生物所占生物量的比例。土壤中的速效氮,即铵态氮和硝态氮,对于植物与微生物而言均为十分重要的有效氮源。在氮循环过程当中,微生物首先将有机氮矿化为铵态氮,再通过硝化作用将铵态氮转变为硝态氮(Levy-Booth et al.,2014)。在氮限制生态系统当中(比如温带长白山针叶林),植物与微生物对铵态氮的吸收会影响硝化作用的发生,因此有必要维持铵态氮在此类生态系统中的含量。硝化速率随可利用氮总量的增加而增加,硝态氮进而在土壤无机氮库中占据优势,如温带长白山的阔叶红松林,因此硝态氮代表了一种相对富营养的生境。土壤含水量对于微生物的生长与其他生理活动有着重要作用,并可以促使微

141

生物更易获得养分(Schmidt et al.,2004),导致富营养微生物类群的相对丰度也随之增加。

通常位于高海拔地区的生境,如山顶的苔原带或山地灌丛,因其常年低温、生长季短以及环境恶劣等特点,常被认为是寡营养生境。但从我国不同气候带森林生态系统的研究来看,与这一假设不符。例如,长白山苔原带、松山的高山草甸、神农架的高山灌丛和武夷山的草甸,均可被划分为富营养生境,因其具有较高水平的硝态氮浓度、底物诱导呼吸速率、较低的土壤碳氮比和较高丰度的富营养微生物类群。其他研究也证明,高山苔原带或灌丛地区有着较高的土壤养分(SjÖGersten et al.,2003;Bowman et al.,1993;Frangi et al.,2005;Ding et al.,2015)并且碳氮周转也较快(Shen et al.,2016)。这为微生物生长提供充足碳源和养分,所以土壤中富营养微生物占优势。另一重要原因可能是,在典型山地生态系统的高海拔植被类型均以草本植物为主,相比于乔木或灌木,草本植物的根系密集分布在土壤表层,植物地下生物量占有较大的比重(根冠比为6.6)(Jackson et al.,1996),其分泌物以及死亡的细根可以为土壤中的微生物提供较好的养分,所以该植被类型土壤具有相对高的养分状态。南亚热带鼎湖山的山地灌草丛与其他区域不同,其植被类型以低矮的灌木和稀疏的草丛为主,且土壤层较薄,因地上植被成分单一导致凋落物少,地上生物量也较其他植被类型低(任海等,1999),土壤中的可被认为是寡营养型微生物的Acidobacteria丰度高于其他植被类型,而具有富营养型特征的α-变形菌的相对丰度较其他植被类型偏低。土壤中较高的C:N和低浓度的铵态氮表明了鼎湖山地区山地灌草丛的寡营养生境特点。

在本节中,我们厘清了我国东部地区不同气候带典型森林生态系统土壤微生物α-多样性、群落组成和优势微生物类群相对丰度的海拔梯度格局,发现土壤微生物α-多样性的海拔梯度格局与植被多样性海拔趋势并不一致,细菌α-多样性在不同气候带具有不同规律,真菌α-多样性沿海拔大多呈凹形变化趋势,中间海拔较低;在不同气候带我们均发现,植被类型对微生物群落组成变异的贡献最大,林线以上的苔原带、草甸或山地灌草丛与林线以下的郁闭森林生态系统存在明显差异,土壤碳氮比、pH是驱动细菌、真菌群落组成的共性土壤因子,细菌群落机构组成还受土壤硝态氮浓度的影响,土壤含水量对亚热带土壤真菌群落组成有较大影响;当地上植被以针叶树种为主时,例如长白山地区的红松-云冷杉林与岳桦-云冷杉林、神农架的针叶林、武夷山地区的针阔混交林与南方铁杉针叶林,可定义为寡营养生境,林下土壤具有低呼吸、低硝态氮和较高的土壤碳氮比,土壤中含有较高丰度的寡营养类群微生物,如细菌中的酸杆菌门和真菌中的担子菌门。而地上植被以阔叶树种为主时,如长白山地区的阔叶-红松林和岳桦林、松山和神农架的常绿阔叶林、武夷山地区的常绿落叶-阔叶混交林和矮曲林、鼎湖山地区的沟谷雨林,可认为是相对的富营养生境,林下土壤具有高呼吸速率、高硝态氮含量与低土壤碳氮的特征,土壤中多含有较高丰度的富营养类群微生物,如细菌中的变形菌门和真菌中的子囊菌门。

本节仅描述了我国东部地区典型山地森林生态系统土壤微生物的海拔梯度格局,而在我国西部,也蕴藏着丰富的森林资源,例如西北地区的祁连山、贺兰山等、西南云贵川及藏东南地区的天然森林等。西部地区降雨较东部地区少,其土壤微生物海拔梯度格局及其驱动机制是否与东部地区一致尚未可知。一方面,基于磷脂脂肪酸分析方法分析贺兰山土壤微生物多样性海拔梯度格局发现,在林线以下,微生物多样性沿海拔升高逐渐增加(刘秉儒等,2013)。在东部地区,则并未发现这种变化规律。另一方面,尽管我们获得了大量观测数据,但还需要进一步从不同角度挖掘数据,深入探讨微生物海拔梯度格局及其地域分异规律。例如,探讨不同海拔不同植被类型下土壤微生物群落构建机制(Stegen et al.,2013;Graham et al.,2017)及其地域分异规律;采用分子网络分析微生物种间关系及其沿海拔梯度的变化,探讨微生物群落网络相互作用与生态功能之间的关系等(Deng et al.,2012)。实际上,我们已经开始在这些方面进行有益探索(Liu et al.,2019)。

(李　慧　姚　飞)

3.3　森林土壤微生物对植被演替的响应规律

近年来,由于受到自然干扰和人类活动的影响(例如,暴风雨、火山喷发、火烧或者森林砍伐),森林生态系统的破坏日益严重(Swanson et al.,2011;Ulery et al.,2017),导致很多森林生态系统处于一系列的演替阶段(即森林次生演替)。因此,森林演替是当前生态学研究最主要、最热门的课题之一,也是有效经营生态系统的重要因素。森林演替对森林生态系统的可持续性管理非常重要,与陆地生态系统过程紧密相关(Anderson-Teixeira et al.,2013)。迄今为止,森林演替研究已取得很大的进展,但这些还仍然局限于森林地上部分物种更替以及地上植被的特性研究上,包括优势树种及植物群落组成研究(Bruelheide et al.,2011)、地上植被结构及养分利用策略(Yan et al.,2006;Yan et al.,2013)、地上植物的生物多样性和生物量的研究(Lasky et al.,2014)。群落的演替是一个动态过程,在这个过程中,群落物种和结构会逐步发生变化。每个演替阶段具有特定的植物群落、土壤特性以及微生物群落结构(Uriarte et al.,2015;Yarwood et al.,2017)。因此,在不同的森林演替阶段下变化的土壤微生物群落结构反映了植物群落以及土壤特性更广泛的变化,进而反映了生态系统结构和功能的变化。然而,在森林演替过程中,土壤微生物群落结构、植物群落以及土壤物理化学性质之间的关系还需要进一步探究。

土壤微生物是地上–地下生态系统过程重要的连接者,驱动了生物地球化学循环,包括土壤碳、氮循环;反过来,土壤有机碳以及营养物质影响了微生物群落的构建(Schimel et al.,2012)。土壤微生物群落结构受很多生物以及非生物因素的影响(Fierer et al.,2006;Jeanbille et al.,2016)。总结关于生物以及非生物因素对土壤微生物群落结构影响的研究,6个主要的机制解释了微生物群落结构的变化:①气候条件(气候变化直接影响了微生物的生活策略和生理活性);另外,通过影响土壤特性(如温度、湿度)间接改变了微生物的群落结构(Evans et al.,2014);②地理隔离(微生物群落构建依赖于水平以及垂直尺度的地理距离,Livermore et al.,2015);③生物因素(植物群落多样性以及群落组成影响了微生物群落结构)(Li et al.,2015);④土壤物理和化学特征(土壤湿度、pH影响了微生物类群的相对丰度)(Hartman et al.,2008);⑤营养的数量(基于土壤有机碳、氮营养的含量,微生物可分为富营养菌、寡营养菌)(Fierer et al.,2007);⑥营养的质量(不同利用特性的营养,如营养的可利用性导致多样的微生物类群的定殖,形成了高的微生物多样性以及不同的微生物群落组成)(Zhou et al.,2002;Goldfarb et al.,2011)。总之,改变的微生物群落结构反映了生物与栖息环境的相互关系(Harris,2003;Hansel et al.,2008)。

由于土壤微生物调控了来源于生物(例如植物、微生物)和非生物(例如矿物)源的营养,预期土壤微生物群落结构、植物群落以及土壤物理化学性质之间具有紧密的联系。土壤原核生物通过利用以及转化土壤有机质中植物衍生的生物量和微生物衍生的生物量,调控植物对土壤营养的利用效率

（McGuire et al.，2010）。植物群落组成差异导致根系分泌物、地上凋落物以及其他生物残体的变化，改变了输入到土壤中碳的数量以及质量，进而影响了土壤有机质的数量和质量；由于微生物利用土壤有机质进行生长代谢，变化的土壤有机质也会影响微生物群落结构（Helgason et al.，2014；Castle et al.，2016）。因此，在森林次生演替过程中，我们预测随着植物群落、土壤化学性质的变化，微生物群落结构也随之改变。传统上，基于土壤有机质的可利用性，微生物群落可划分为两个功能类群：寡营养菌（低的土壤有机质可利用性，即利用低的土壤有机质含量或者高的抗性土壤有机质）和富营养菌（高的土壤有机质可利用性，即利用高的土壤有机质含量或者高的易分解土壤有机质（Fierer et al.，2007；Goldfarb et al.，2011）。基于土壤有机质的可利用性来划分微生物的功能类群比较普遍，然而，目前的野外以及实验室研究提供很少的证据探究森林次生演替过程中土壤有机质组分如何驱动微生物群落的构建。

根际是植被和土壤进行物质交换、能量流通极为频繁的重要场所，也是生物化学活性最强的区域，根系通过分泌各类有机物质和吸收土壤营养元素来影响土壤性质（Hinsinger et al.，2009；Kuzyakov，2002），因此根际在全球营养循环的相互作用中具有重要作用（Toberman et al.，2011）。已有研究表明，微生物通过对地上凋落物的分解、利用，促进土壤有机质的积累，但越来越多的证据表明，根系分泌物及根系凋落物亦可影响土壤有机质的积累及分解（Clemmensen et al.，2015）。根系分泌物和沉积物向土壤中输入的活性碳（Koranda et al.，2011；Meier et al.，2017），激发土壤中相对稳定化合物的分解与转换（Huo et al.，2017；Kuzyakov，2010），从而增加微生物生物量（Malik et al.，2015），影响微生物群落结构和酶活性（Welc et al.，2014），进而改变SOM储量（Liang et al.，2012；Miltner et al.，2009）。由于植物通过根际汲取养分，同时，根际又是微生物的丰度及活性较高的区域，所以根际微生物的酶活性和生物量对植物生长很重要（Ma et al.，2018）。因此，根际微生物可以作为森林进化过程的主要贡献者，然而由于在森林演替下，微生物群落、酶活性和环境因子数据的稀缺，其森林演替的潜在机制仍然是不确定的。本节我们以温带长白山和亚热带天童山两个典型的森林演替为例，利用高通量基因测序技术、中红外光谱技术和土壤酶活性来探讨森林演替过程中微生物群落结构的变化及其与土壤有机质特征之间的相互关系，并对演替过程中微生物群落构建的可能机制进行讨论。

3.3.1 温带长白山森林次生演替对土壤微生物群落结构的影响

研究地点在长白山国家自然保护区,位于中国东北吉林省($42°20′N\sim$ $42°24′N$, $127°55′E\sim128°06′E$,海拔780~920m)。长白山国家自然保护区属于季风性温带大陆山地气候,春季风大干燥,夏季短暂温凉,秋季多雾凉爽,冬季漫长寒冷。该地点年均降雨量大约700mm,主要集中于每年的7~9月份(490~500mm);年均温为2.9℃,最冷的月份一般在1月份(平均温度 $-$ 16.5℃),最热的月份一般在8月份(平均温度20.5℃)。长白山分布着100多座火山,最近一次喷发时间是1702年。根据联合国世界土壤图图例单元(FAO/Unesco)的土壤标准分类,该区域主要的土壤类型为淋溶土(alfisol);根据中国土壤系统分类为山地暗棕壤。该区域的土壤主要由火山碎屑和玄武岩风化而形成,土壤质地较粗,结构疏松,排水良好,土层中厚。我们取样区域的森林类型主要是针阔混交林。但受火山喷发、森林砍伐的影响,同一区域出现不同林龄的森林类型,最小的幼龄林为20年左右,最老的成熟林超过300年。基于取样地点的调查以及文献资料(Li et al., 2015),根据林龄我们选取了5个森林演替阶段:20年($42°20′19″N$, $127°54′43″E$, ~922m)、80年($42°21′26″N$, $127°58′59″E$, ~869m)、120年($42°21′09″N$, $127°56′54″E$, ~887m)、200年($42°21′13″N$, $128°05′41″E$, ~784m)和≥300年($42°21′04″N$, $127°59′16″E$, ~801m)。在5个森林次生演替阶段,地上植物物种从20年到300年改变较大,从先锋树种(如白桦、山杨)发展到后期演替树种(如红松),从树种变化上,我们把此区域的5个林龄看作一个次生森林演替序列。20年阶段的森林树种主要是白桦、山杨;80年阶段的树种主要是水曲柳、蒙古栎、紫椴和色木槭,还伴随着白桦、山杨及少量的红松;120年阶段的树种主要是红松、水曲柳、蒙古栎、紫椴和色木槭,白桦和山杨大量死亡甚至消失;200年和300年阶段的树种主要是红松,伴随着水曲柳、蒙古栎、紫椴和色木槭。各个森林次生演替阶段的林下冠层的灌木以及草本植物相似,主要有东北山梅花、毛榛、珍珠梅、刺五加、五味子和紫丁香等。

3.3.1.1 森林次生演替对土壤原核生物群落α–多样性的影响

森林演替影响了矿质层土壤原核生物群落α–多样性,包括物种丰度、香农多样性指数以及系统发育多样性(见图3.3.1)。我们的结果显示不同森林次生演替阶段的原核生物群落多样性在土壤有机质层没有发生变化,可能是有机质层土壤更多的可利用有机质导致多种微生物的定殖。然而,矿质层土壤原核生物群落多样性随着森林次生演替呈现显著的下降,与以前的研究相似。例如,在一个火烧恢复森林(Ferrenberg et al.,2013)、一个盐沼演替序列(Dini-Andreote et al.,2014)和一个冰川退化系统(Jangid et al.,2013)中,细菌群落多样性在生态系统演替过程中逐渐降低。随机和确定性过程(Caruso et al.,2011;Nemergut et al.,2016)可能共同解释了森林次生演替过程中逐渐降低的土壤原核生物系统发育多样性。伴随着一个随机的森林退化事件,例如森林砍伐、风倒或者森林火烧,土壤微生物迅速定殖,导致森林次生演替前期更高的土壤微生物群落多样性。随着森林次生演替发展,确定性过程结合森林次生演替中逐渐变化的植被(植被群落组成、生物量)以及土壤环境条件(如土壤资源差异)导致微生物群落以其特定的生态位进行构建,因此微生物群落多样性下降(Mitri et al.,2016)。我们的结果显示森林次生演替后期充足的土壤可利用氮[如硝态氮以及NH(酰胺Ⅱ组分]与低的原核生物群落多样性紧密相关,证实了以上解释。

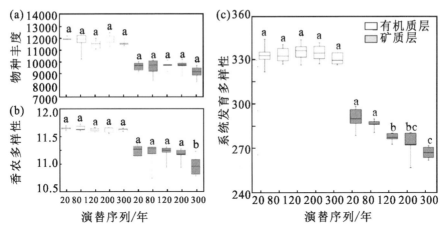

图3.3.1 森林次生演替过程中土壤原核生物群落α-多样性变化[修订自文献(Shao et al.,2019)]

注:白色和灰色箱式图分别代表土壤有机质层和矿物质层。不同字母代表森林次生演替过程中土壤原核生物群落α-多样性变化存在显著性差异($P<0.05$)。

3.3.1.2 森林次生演替对土壤原核生物群落组成的影响

我们的研究发现不同森林次生演替阶段下的土壤原核生物群落组成和

功能具有较大的差异。具体来说,非度量多维尺度分析(nonmetric multidimensional scaling,NMDS,基于Bray-Curtis距离)显示了森林次生演替过程中土壤原核生物群落组成的变化[见图3.3.2(a)]。另外,基于Unifrac距离,森林次生演替过程中土壤原核生物群落功能的差异逐渐变大,即随着森林次生演替阶段的进行,有机质层土壤原核生物群落差异(表征群落功能)从演替前期的0.16显著变化到演替后期的0.18,矿质层土壤原核生物群落差异从演替前期的0.18显著变化到演替后期的0.29[见图3.3.2(b)&(c)]。土壤pH与原核生物群落组成显著相关,我们的结果与以前的一些研究一致,表明pH决定了土壤微生物群落的组成(Fierer et al.,2006;Rousk et al.,2010)。然而,相对于pH对土壤原核生物群落组成的影响,我们发现土壤有机质特性(数量和质量)与原核生物群落组成的相关性更强。在森林次生演替过程中,森林由以阔叶林(即白桦、山杨)占主导的植被类型转变为以针叶林(红松)占主导的植被类型。不同森林次生演替阶段植物群落差异影响了土壤有机质的数量和质量,植物群落的影响主要归因于凋落物以及根系分泌物输入差异。以前的研究已经阐述了植物群落组成(Li et al.,2015)以及土壤环境(如温度、pH、营养等)(Freedman et al.,2015;Yarwood et al.,2017)导致生态系统演替过程中土壤微生物群落结构的变化。我们的结果证实了这些发现,指出改变的土壤有机质数量(有机碳含量)和质量(脂肪族碳组分、芳香族碳组分以及多糖组分)是导致森林次生演替过程中原核生物群落组成变化的主要驱动因素。

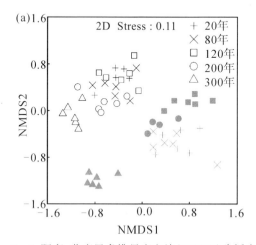

图3.3.2 基于Bray-Curtis距离,非度量多维尺度方法(NMDS)分析森林次生演替过程中原核生物群落组成间的差异(a);基于加权Unifrac距离,有机质层(b)和矿质层(c)下不同森林次生演替阶段的土壤原核生物群落功能差异[修订自文献(Shao et al.,2019)]

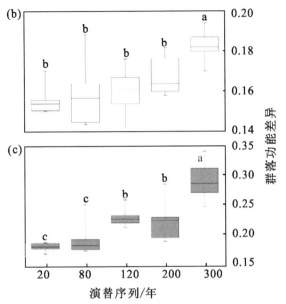

图 3.3.2 基于 Bray-Curtis 距离,非度量多维尺度方法(NMDS)分析森林次生演替过程中原核生物群落组成间的差异(a);基于加权 Unifrac 距离,有机质层(b)和矿质层(c)下不同森林次生演替阶段的土壤原核生物群落功能差异(续图)[修订自文献(Shao et al.,2019)]

注:白色和灰色符号分别表示土壤有机质层和矿物质层。不同字母表示结果间呈显著性差异($P<0.05$)。Stress:土体应力。

3.3.1.3 森林次生演替对土壤原核生物门类群相对丰度的影响

通过分析森林次生演替过程中土壤原核生物门类群的相对丰度,5个细菌门类群(变形菌门、拟杆菌门、酸杆菌门、放线菌门和疣微菌门)和1个古菌门类群(泉古菌门)在此森林土壤系统中占优势。变形菌门(25.46%)、拟杆菌门(16.33%)、酸杆菌门(18.36%)、放线菌门(6.92%)和疣微菌门(7.64%)贡献了77%的细菌门类群相对丰度;另外,泉古菌门(2.31%)贡献了92%的古菌门类群相对丰度。在不同森林次生演替阶段,这些土壤原核生物门类群的相对丰度具有较大差异(见图3.3.3)。在土壤有机质层,森林次生演替过程中的酸杆菌门、放线菌门和泉古菌门的相对丰度呈线性变化,而疣微菌门的相对丰度呈曲线变化。酸杆菌门随着森林次生演替逐渐下降;放线菌门在演替前期(20年)最低,在演替后期(300年)最高;泉古菌门随着森林次生演替逐渐上升。疣微菌门随着森林次生演替(从20年到200年)逐渐增加,随后300年演替阶段疣微菌门下降到演替前期(80年)水平。在土壤矿质层,森林次生演替过程中大多数原核生物门类群的相对丰度呈现曲线变化,如变形菌门、酸杆菌门、疣微菌和泉古菌门;只有小部分呈线性变化,如放线菌门。变形菌门随着森林次生演替(从20年到200年)逐渐增加,随后300年演替阶段下降到演替前期(20年)水平;酸杆菌门在120年和200年演替阶段最高,在300年演替阶段最低;疣微菌门随着森林次生演替(从20年到120年)逐渐下降,随后逐渐上升,在演替后期(300年)与演替前期(20年)的相对丰度相似;泉古菌门在演替后期(300年)最高。另外,放线菌门在演替后期(300年)显著高于其他4个森林次生演替阶段。

我们的研究发现土壤原核生物优势门类群的相对丰度与土壤有机质数量和质量之间具有较强的相关关系,暗示了土壤有机质数量和质量是影响森林次生演替过程中原核生物门类群变化的主要因素。土壤营养(碳基质、氮)可利用性以及多样性变化影响了特定微生物类群的形成和丰度。基于对土壤有机质的利用策略,微生物群落可分为两个主要类群:富营养菌(偏爱高营养可利用性)和寡营养菌(适于低营养可利用性)(Fierer et al., 2007;Dumbrell et al., 2010;Roller et al., 2015)。具体而言,森林次生演替后期(300年)酸杆菌门的相对丰度显著低于演替前期(20年);与此相反,演替后期放线菌门的相对丰度显著高于演替前期。演替前期和演替后期酸杆菌门以及放线菌门之间的转变与土壤有机质特性的变化紧密相关,即土壤有机质从演替前期低的可利用性转变到演替后期高的可利用性。基于微生物类群的寡营养型策略、富营养型策略,以及酸杆菌门(负相关)、放线菌门(正相关)的相对丰度与土壤有机碳含量的相关性,表明酸杆菌门和放线菌门分别归类于寡营养菌和富营养菌(Zhang et al., 2016;Ding et al., 2017)。更广泛地说,这些结果暗示了土壤有机质组分调控了生态系统次生演替过程中富营养菌和寡营养菌间的转换。

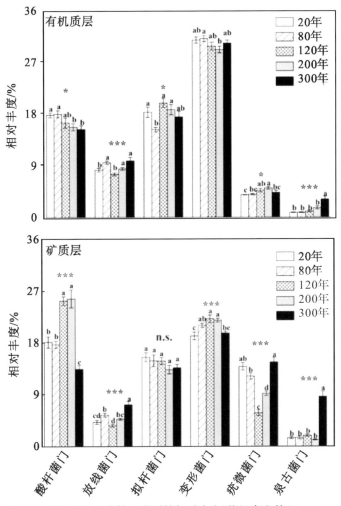

图 3.3.3 森林次生演替过程中优势门类群的相对丰度[修订自文献(Shao et al.,2019)]

注：不同字母表示结果之间差异达到显著水平($P<0.05$);*,$P<0.05$;***,$P<0.01$;n.s.表示结果间无显著性差异($P>0.05$)。

我们的研究有助于解决 Green 等(2008)提出的建议：进一步评估微生物群落功能多样性(基于微生物群落营养利用策略和营养循环将分类群与功能性状联系起来)能更好地帮助我们理解微生物在土壤有机质周转、转变过程中的作用。酸杆菌门的相对丰度与土壤有机质多糖组分的相对丰度呈正相关，表明寡营养型的酸杆菌门能利用土壤多糖组分，特别是微生物合成的多糖(作为难分解的或者复杂的土壤有机质组分)(Guggenberger et al.,

1994；Kiem et al.,2003）。一般认为土壤芳香族碳组分是化学稳定性以及难分解的土壤有机质组分，然而我们的结果显示富营养型的放线菌门能利用芳香族组分，与以前 Evans 等（1977）的研究一致。酸杆菌门、放线菌门与土壤有机质碳组分的相关性结果指出，化学难分解性的土壤有机质组分并不代表其生物难分解性；更广泛地，这些研究支持了 Jeanbille 等（2016）提出的想法：细菌门类群的资源偏爱与土壤有机质化学特性相关。另外，*Candidatus nitrososphaera*（泉古菌门的优势属）与土壤硝态氮含量显著正相关，表明泉古菌门在生态系统氮循环中具有重要作用（Auguet et al.,2010）。综上所述，关于酸杆菌门、放线菌门以及 *Candidatus nitrososphaera* 的研究阐释了土壤微生物类群与土壤有机质特性间的强相关性，此研究也证实了 Lladó 等（2017）的发现。另外，特定的微生物类群与土壤有机质特性（即土壤有机碳含量以及土壤有机质化学组分）间的紧密联系表明这些微生物类群在土壤有机质周转中的重要作用，构建了土壤微生物群落结构与生态系统功能的联系。

3.3.1.4　土壤有机质特征与微生物群落结构间的相互关系

基于土壤有机质的可利用性，微生物群落可划分为两个功能类群：寡营养菌（低的土壤有机质可利用性，即低的土壤有机质含量或者高的抗性土壤有机质）和富营养菌（高的土壤有机质可利用性，即高的土壤有机质含量或者高的易分解土壤有机质）（Fierer et al.,2007）。部分研究提及不同化学结构特性的土壤碳组分对微生物类群的影响（Goldfarb et al.,2011；Zeglin et al.,2016），或者进一步探究微生物功能类群与土壤有机质特性之间的联系。我们的结果证实了以前的研究（Banning et al.,2011；Castle et al.,2016；Zhou et al.,2017），资源异质性（即土壤有机质数量以及质量）驱动了森林次生演替过程中寡-富营养型微生物群落的重构建（见图 3.3.4）。①当土壤有机质富足时（如表层土壤），没有碳基质和其他营养的限制，富营养型微生物容易利用易分解的碳源。在这种情境下，土壤有机质质量（即土壤有机质碳组分）驱动了微生物群落结构的构建（Mau et al.,2015）。②当土壤有机质处于富足与贫瘠之间时，对于某些微生物类群来说，可利用的土壤有机质有限，而一些其他的微生物类群并不受影响（Caruso et al.,2011；Rivett et al.,2016）。富营养型微生物利用易分解的土壤有机质，而寡营养型微生物利用多样的、难分解的土壤有机质（Ding et al.,2015）。在这种情境下，土壤有机质数量和质量共同驱动了微生物群落的构建。③另外,当土壤有机质贫瘠时(如下层土壤),微生物群落以寡营养型类群为主,利用受限的土壤有机质以及多样的有机质组分。在这种情境下,土壤有机质数量驱动了微生物群落的构建(Roller et al.,2015)。土壤有机质特征与微生物群落重新构建之间的紧密联系表明评估土壤有机质的数量和质量(如红外光谱技术)能为架构土壤微生物结构和功能的联系提供重要参考。

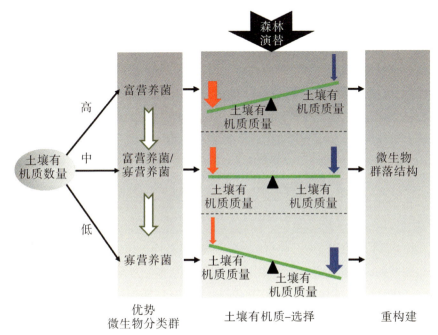

图 3.3.4 概念框架描述了土壤有机质数量和质量驱动了森林次生演替过程中微生物群落的重构建。左侧部分显示在不同的土壤有机质浓度(即土壤有机质数量)下占优势的微生物类群。森林演替导致的土壤有机质数量和质量的变化(中间部分)导致了微生物群落结构的重构建(右侧部分)[修订自文献(Shao et al.,2019)]

注:箭头的宽度表示土壤有机质数量(蓝色箭头)和质量(红色箭头)对微生物群落结构影响的相对程度。

3.3.2 亚热带天童山森林演替对土壤微生物群落结构及酶活性的影响

研究区域位于浙江省鄞州市天童国家森林公园内,距宁波市区28km,地处29°48′N,121°47′E。土壤类型主要为山地黄红壤。天童山属于典型的亚热带季风气候，全年温暖湿润，年平均温度16.2℃，年平均降雨量为1374.7mm，因受梅雨锋系和台风的影响，年内降雨有两个高峰，分别在5、6月和7、8月。

选取保存完好的浙江天童山天然林两组典型的演替序列样带，演替一序列自低至高依次为灌木群落，次生常绿阔叶幼年林木荷群落以及成熟常绿阔叶林栲树林(29°48.234′N，121°47.298′E，海拔163~194m)；演替二序列自低至高依次为灌木群落、次生常绿阔叶幼年林木荷群落、成熟常绿阔叶林米槠林(29°48.499′N，121°47.745′E，海拔163~194m)。两个演替序列互为重复。演替初期主要树种为石栎、木荷、山鸡椒、苦槠、擦木等，演替中期主要以木荷为主，演替后期主要以栲树和米槠为主。在研究区典型的演替序列样带，每个演替阶段布置3个重复(20m×20m的样方)。在每个样方中选择5个取样点，收集用直径为10cm的土钻钻取0~15cm和15~30cm矿质土壤层原状土壤(此天然林无O层土)，5个取样点混为一个样品。采用抖动法将收集的土壤分为根际土和非根际土。同时收集根与未分解的凋落物，并与土壤采集样地一一对应。

3.3.2.1 森林演替对土壤微生物群落结构的影响

在0~15cm土层中，土壤有机碳、总氮、可溶性碳、速效氮以及含水量的变化规律为：演替后期＞演替中期＞演替初期，根际处理显著高于非根际处理($P<0.05$)。在15~30cm土层中，根际处理的土壤有机碳、总氮、可溶性碳以及含水量的变化规律为：演替后期＞演替中期＞演替初期。在非根际处理中，土壤有机碳、总氮、速效氮含量占比均无显著性差异。所有处理的土壤pH均为酸性(pH 4.17~4.52)，根际土壤低于非根际土壤pH，0~15cm土层的pH低于15~30cm土层土壤的pH。

由土壤微生物群落结构的主成分分析发现，主成分1轴和主成分2轴分别占总解释量的44.3%和25.6%(见图3.3.5)，森林演替对主成分1轴的影响较大，土壤层次和根际对主成分2轴的影响较大。分析表明，不同演替、根际和非根际的土壤微生物群落形成很好的聚类。在根际土壤中，总磷脂脂肪酸、细菌和革兰阳性菌和革兰阴性菌的生物量表现为：演替后期＞演替中期＞演替前期($P=0.01$)；而在非根际土壤中，总磷脂脂肪酸、细菌和革兰阳性菌和革兰阴性菌的生物量表现为：演替后期＞演替中期＞演替前期($P=0.07$)(见图3.3.6)。研究表明，不同演替阶段的主要优势物种具有不同质量的凋落物及根系,进而会影响地上植被向地下土壤中碳及营养物质的输入,从而影响土壤中的微生物生物量(Shao et al.,2017)。在我们的研究中,演替后期的主要优势物种是栲树和米槠,其凋落物的碳氮含量、根系的氮含量高于演替中期的优势物种(木荷)及演替前期的优势物种(灌木)(Yan et al.,2006),且演替后期主要优势物种叶片寿命较短,其凋落物的降解速率较快(Yan et al.,2009),因此地上植被向地下土壤碳和营养输入量表现为演替后期＞演替中期＞演替前期。这就更好地诠释了总磷脂脂肪酸、细菌和革兰阳性菌和革兰阴性菌的生物量变化(演替后期＞演替中期＞演替前期)的原因。然而,在根际和非根际土壤中,真菌生物量虽然随着演替逐渐增加,但是差异不显著(P＞0.05)。因此,我们认为,微生物总生物量的变化可能受某些功能群的生态位的影响,而不是通过功能群体之间的相互竞争的影响而实现。根据对于微生物群落结构的混合模型统计分析,根际和土壤层次有显著的相互作用关系。

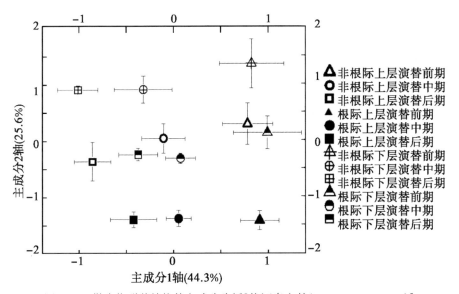

图3.3.5 微生物群落结构的主成分分析[修订自文献(Zheng et al.,2019)]

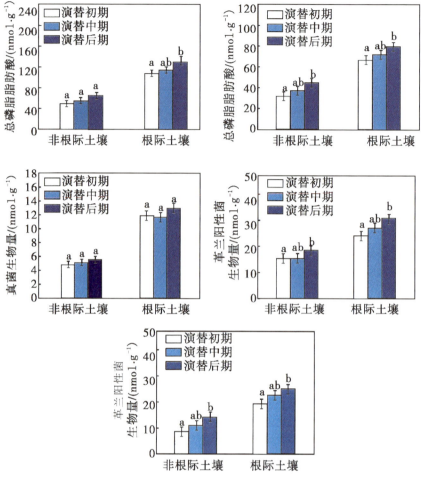

图3.3.6 天童山不同演替阶段微生物群落结构[修订自文献(Zheng et al.,2019)]
注:不同字母表示结果之间差异达到显著水平($P<0.05$)。

3.3.2.2 森林演替、微生物生物量、胞外酶活性及土壤因子之间的关系

根际0~15cm土层土壤中碳和氮转化相关的胞外酶的活性和非根际土壤中与氮转化相关的降解酶活性在演替中期和后期显著高于演替初期($P<0.05$),而非根际土壤的与碳转化相关酶的活性在演替后期高于演替早期和中期。在15~30cm土层中,胞外酶活性在3个演替阶段并没有显著差异($P>0.05$)(见图3.3.7)。0~15cm土层土壤的胞外酶活性显著高于15~30cm土层土壤($P<0.05$)。根据碳和氮转化相关的酶活性的统计学分析,根际和土壤

层次之间有显著相互作用关系($P<0.001$)。研究表明,在低碳和营养元素环境条件下,微生物只利用仅有的能量进行自身的合成和代谢而不会消耗能量去分泌胞外酶;而在碳及营养元素丰富的环境条件下,微生物不仅可以维持自身的合成和代谢,还可以分配一定的能量去分泌更多的胞外酶(Burns et al.,2013;Castle et al.,2017)。另有研究表明,微生物生物量与土壤营养的有效性呈显著正相关。这是基于胞外酶活性的"进化经济学"理论而提出的该理论强调的是胞外酶的产生策略即最小化消耗细胞自身碳和营养元素,以获取最大化的利益(Allison et al.,2010)。因此,微生物胞外酶活性在演替后期要显著高于演替前期和中期。

我们将土壤因子(土壤有机碳、总氮、含水量和pH)和生态因素(演替、根际和层次)对土壤微生物群落做冗余分析,结果表明,在生态因素分组中,根际和演替对土壤微生物群落的贡献率高;在土壤因子分组中,土壤有机碳、总氮和含水量是影响土壤微生物群落结构较强的土壤因子。我们对其中贡献率较高的影响因子,即微生物总的生物量及胞外酶活性,进行了结构方程模型的分析($\chi^2=2.513$;$df=3$;$P=0.473$)(见图3.3.8),结果表明,森林演替显著影响土壤有机碳,土壤有机碳又显著影响微生物生物量,而微生物物量又显

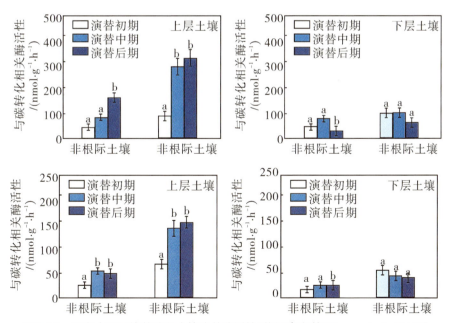

图3.3.7 天童山不同演替阶段土壤胞外酶活性[修订自文献(Zheng et al.,2019)]

著影响胞外酶的活性。由于胞外酶是降解土壤有机质的关键因素,微生物群落通过调节生态系统过程(例如碳和氮降解)来影响胞外酶活性,进而影响土壤碳降解(Trivedi et al.,2016)和氮循环的调节(Balser et al.,2005)。因此,我们推测微生物胞外酶调控的土壤有机质降解可能会影响地上植物的生长,促进森林演替的进程。

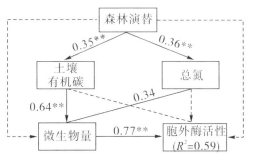

图3.3.8 结构方程模型揭示天童山森林演替下,土壤有机碳、总氮、微生物生物量及胞外酶活性的因果关系[修订自文献(Zheng et al.,2019)]

注:箭头数值是解释度;*、**、***表示差异显著性水平分别为$P<0.05$、$P<0.01$和$P<0.001$。

3.3.2.3 根际效应在森林演替中的意义

在0~15cm土层中,根际土壤的总磷脂脂肪酸、细菌和革兰阳性菌、革兰阴性菌及真菌的生物量显著高于非根际土壤。在0~15cm及15~30cm土层中根际胞外酶活性(与碳转化相关及与氮转化相关酶的活性)显著高于非根际土壤。碳转化相关的胞外酶活性的根际效应(根际与非根际酶活性的差值)在森林演替后期显著高于演替的初级阶段($P<0.05$);氮转化相关的胞外酶活性的根际效应在演替后期($P<0.05$)显著高于演替初期和中期阶段(见图3.3.9)。根际效应对胞外酶活性的影响及对总的生物量的影响呈线性相关(见图3.3.9)。根际土壤的碳及营养元素的有效性较高,且根际又是能量快速交换的场所,由演替初期到后期,其优势物种的根系向地下输入的碳及营养元素增多,演替后期根际微生物的量及活性变化更为明显(Philippot et al.,2013)。因此,根际效应随着森林演替影响越来越显著。研究发现,细根生物量在演替初期高于其在演替中期与后期,但是细根的碳及氮的含量在演替后期高于其在演替前期及中期(Liu et al.,2019)。这表明根际是通过细根碳和氮的含量而不是细根生物量来影响不同演替阶段土壤有机碳及总氮、微生物群落结构及胞外酶活性。

我们对天童山森林演替平台下,土壤因子、微生物群落结构及胞外酶活性的关系提出了一个简单的概念模型(见图3.3.10)。通过数据分析,我们发现森林演替显著影响土壤有机碳,土壤有机碳显著影响微生物生物量,微生物生物量显著影响微生物胞外酶活性。微生物胞外酶促进有机质的分解,因而加速了植物的生长,进而影响森林演替。

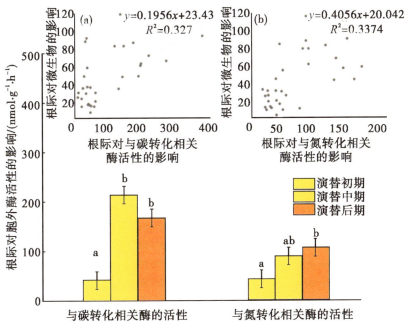

图3.3.9 根际效应(根际与非根际差值)对不同演替阶段酶活性的影响。根际效应对与碳转化胞外酶活性(a),与氮转化胞外酶活性(b)的影响和根际效应对微生物量的影响呈线性相关[修订自文献(Zheng et al.,2019)]

注:不同字母表示结果间呈显著性差异($P<0.05$)。

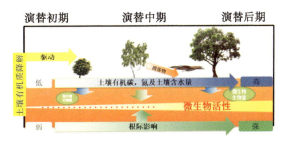

图3.3.10 概念模型:森林演替通过影响土壤因子而影响微生物生物量,进而显著影响微生物胞外酶活性,我们推测微生物胞外酶活性通过对土壤有机质的调控进而影响森林演替[修订自文献(Zheng et al.,2019)]

在本节中,我们选取两个典型森林演替序列,研究了土壤微生物群落丰度与有机质质量、数量的关系,以及微生物群落结构与微生物胞外酶活性的根际效应对森林演替的响应规律。我们的研究阐述了温带长白山森林次生演替过程中土壤原核生物群落差异,将其归因于演替过程中土壤有机质数量、质量差异,揭示了环境变化引起的植物–土壤–微生物之间的相互作用;微生物分类群寡营养菌与富营养菌间的功能转换与土壤有机质数量、质量的变化同时发生;改变的土壤微生物群落结构表征了微生物参与的生物地球化学循环的生态功能差异,从而阐明了微生物对环境变化的响应以及微生物在生态系统中的作用。另外,我们研究了亚热带天童山森林演替不同阶段的主要优势物种通过其凋落物的不同降解速率及根系碳氮的输入影响土壤有机碳和氮,而土壤有机碳及氮的变化影响土壤微生物群落结构,进而影响微生物酶的活性,并揭示了环境因子显著影响微生物群落结构,我们推测微生物胞外酶活性通过调控土壤有机质的积累或分解,进而驱动森林演替的进程。综上,微生物群落结构以及与其相关的土壤有机质可能会反映一系列的自然以及人为环境变化。

本节一方面描述了典型演替序列下,微生物群落与土壤有机质数量、质量的关系;另一方面,研究了微生物群落结构与微生物胞外酶的关系。未来,我们将对目前所获取的大量数据进行更深入的分析,从多角度进一步深层次地挖掘数据。例如,采用微生物网络数据分析,揭示不同演替阶段微生物群落网络相互作用与生态功能之间的关系;对于长白山森林演替,我们将会对生物标识物磷脂脂肪酸及氨基糖进行深入分析,探究微生物不同功能群落及微生物残体变化之间的关系,进一步研究在森林演替不同阶段微生物对土壤有机质的调控。对于亚热带天童山森林演替,采用对特定生物标识物氨基糖及中性糖的分析,对微生物对植物源活性碳的转化能力与微生物死亡残体对土壤有机质的贡献关系进行更深入的研究,并着重关注根际效应在整个贡献过程中的作用。

(鲍雪莲 邵鹏帅 郑甜甜 梁 超)

第4章 土壤微生物群落演变及环境驱动力解析

土壤中微生物数量大、种类多,是最丰富的"菌种资源库"。土壤中几乎所有物质转化都是在微生物调控下进行的,微生物组成和多样性的变化即其群落演变对土壤的生态功能有直接影响(Jing et al.,2015;Delgado-Baquerizo et al.,2016)。陆地植物的分布有明显的地域性,土壤类型也呈现地带性分布。研究表明植被类型和土壤类型可以影响微生物群落的组成和多样性,因而土壤微生物很可能随土壤和植被类型不同而存在地域性差异。另外,多种生物和非生物因素均可影响土壤微生物群落演变,不同地区和气候类型下陆地生态系统的自然变异和所受的人为干扰不同,因而可能会导致土壤微生物群落的地理空间分异。基于培养方法的研究发现了土壤微生物的特定生理类群具有地方特异性(Cho et al.,2000;Ramette et al.,2007),但由于环境中微生物绝大多数尚不可培养,所以这些结果并不能很好地反映完整的微生物类群。

土壤 pH 是土壤细菌群落演变的关键因子(Fierer et al.,2006;Chu et al.,2010)。Lauber 等(2009)在利用高通量测序对南北美洲不同生态系统下土壤细菌群落的研究中发现,土壤细菌群落组成、多样性有较大的空间变异,细菌空间变异主要是由土壤 pH 驱动的,而与其他的土壤环境因子没有显著相关关系。Chu 等(2010)研究大尺度下北极土壤细菌生物地理分布,发现北极土壤细菌的多样性和空间变异程度并不比低纬度的生态系统低,细菌群落组成与多样性主要由当代环境条件(土壤 pH)而非历史因素驱动的。Griffiths 等(2011)采集了英国的 1000 份土壤样本,发现细菌多样性程度与土壤 pH 密切相关,同时发现土壤细菌群落和地上植物群落之间也存在着极为密切的关联。Hartman 等(2008)发现土壤细菌的组成、多样性及空间分布与土壤pH、土地利用、土地恢复状态有关,而与土壤养分含量相关性较小。与土壤细菌相比,土壤真菌多样性与其空间分布与土壤pH相关性较小,这可能是因为真菌比细菌有更宽的最适生长酸碱度范围。此外,一个综合111个实验调查的研究结果表明盐度是控制微生物群落组成的驱动因子(Lozupone et al.,2007),而Jiang等(2006)发现微生物的组成在湖水中与盐度相关,但在沉积物的垂直分布中不受盐度的影响,这意味着微生物的分布格局与驱动因子可能与生态系统类型相关。不同的微生物门类(细菌、古菌、真菌和原生动物等)空间散布距离和在新环境的定殖能力也各不相同(Martiny et al.,2006;Fuhrman,2009),由此导致微生物群落组成在不同生境的空间变异。

随着微生物地理学研究的发展,微生物随机分布格局的假说(Whitfield,2005),例如,种-面积关系和距离-衰减关系(Horner-Devine et al.,2004b),基本被排除了。问题转而变为:是什么机制造成和维持了微生物分布格局模式?而这方面的知识也许更为重要。因为只有这样,相关研究才能从对现象的描述发展到揭示现象的本质和机制,并用来指导人们对生态系统的管理和功能调控(Martiny et al.,2006)。已有研究综合考虑当代环境因子和历史进化因素(用空间距离表征)对当前微生物分布格局的作用,并通过一定的多元统计技术定量表征其对群落变异的相对贡献比例,但其结论仍存在着很大的争论(Ramette et al.,2007;Ge et al.,2008;Zhou et al.,2008)。同时,历史进化因素与群落结构的相关性与采样的空间尺度相关,如在一个2~2000m的巢式取样点中,发现当空间距离<240m时,群落距离与空间距离显著相关(King et al.,2010)。在空间距离>1000km的随机取样试验中,发现在空间距离<200km的尺度下群落距离与空间距离呈显著相关(Griffiths et al.,2011);而在空间距离<5500km的跨大陆尺度下未检测到两者的相关性(Chu et al.,2010)。

除了对微生物类群分布格局的关注,还有少数报道分析了微生物功能基因的空间分布模式。其中关注较多的是有关氮素循环的功能基因,已有报道分别在样地尺度和区域尺度采用实时定量聚合酶链式反应技术勾画氮循环相关基因的空间分布格局,提出环境因子是导致功能基因空间分布异质性的主要原因(Enwall et al.,2010;Philippot et al.,2009b;Bru et al.,2011)。Zhou等(2008)采用基因芯片技术高通量分析了森林生态系统微生物种群和功能基因的空间分布模式,结果表明微生物基因-面积关系符合幂法则定律,但显著低于动物和植物的空间周转。

　　然而到目前为止,绝大多数关于土壤微生物生物地理格局的研究仅仅关注了单一的生境类型或者某一种分类单元的微生物。地球上重要生物群区类型内部土壤微生物的广域分布情况尚不清楚。Zheng等(2013)分析了中国东部农田土壤中古菌的生物地理格局及其驱动因素,发现土壤古菌的多样性格局受到随机过程和确定性过程的综合影响,其中随机过程的影响要大于确定性过程。在区域尺度下,不同土地利用方式下的土壤微生物群落具有明显的差异,而土壤水分条件则是决定土壤微生物群落组成的重要因素(Drenovsky et al.,2010)。通过对来自美洲地区98个土壤样品的分析,Fierer和Jackson(2006)发现,土壤细菌群落的多样性在不同的生态系统之间具有很大的差异,而这种差异在很大程度上源于土壤pH不同。土壤微生物的不同类群对于相同环境因子的响应是不同的,除了细菌之外的其他微生物类群是否也会有相同的规律还不得而知。

　　目前已有的研究中技术手段灵敏度及对微生物物种的定义并不相同,如末端限制性片段长度多态性技术(Griffiths et al.,2011)和克隆文库(Ge et al.,2008),导致获得的结论不同。有研究表明,当操作分类单元(OTUs)的定义标准从95%的序列相似性增加到99%时,物种在空间上的周转率亦随之显著增加(Horner-Devine et al.,2004b),较粗略的物种划分标准会导致可观测到的微生物的空间分布格局减弱甚至消失。此外,土壤类型、耕作模式等也影响着微生物的群落结构,其作用机制也各不相同(Young et al.,2000)。由于自然环境高度的变异性,所以需要大量数据来计算统计上的显著性(Fuhrman,2009)。因此,亟待全面地研究不同生态系统和空间尺度下微生物群落的组成,比较其驱动因子的异同,进而上升到空间分布格局的维持机制。

　　土壤微生物的空间分布的核心问题和难点是将特定的微生物与复杂的功能直接联系起来,最终实现人为管理调控生态功能服务。尽管目前还存在着诸多挑战,如微生物的功能冗余、相同的基因具有不同的功能等,但已经发展出一些分析和预测模型如局部相似性分析来建立微生物种或门之间以及微生物与环境之间相互关系以及系统进化的生态网络,用来找出在群落中起关键作用的可操作分类单元。通过环境参数来预测微生物的群落组成,进而将预测的微生物与其功能联系起来。技术手段(高通量测序、基因芯片等)和分析方法的发展,使得我们有可能将复杂的群落结构与其功能耦合,找到起核心作用的微生物种属和环境驱动因子;验证并外推先前的理论,预测在管理措施及全球变化背景下微生物的群落变化及可能产生的生态过程效应,而目前的相关研究只是冰山一角。目前大多数研究未能比较自然变异和人为干扰下土壤微生物分布规律的异同,也未能在不同空间尺度下研究微生物的空间分布。因此,当代环境条件和历史因素如何驱动土壤微生物的空间分布,存在巨大的未知。

最近二十年以来,我们对于生物与生物之间、生物与环境之间的相互作用对陆地生态系统结构和功能影响方面的研究已经有了长足的进步。在该过程中,人们越来越意识到必须将生态系统的地上和地下部分进行综合研究:植物作为生产者为地下分解者提供光合产物,同时也能为根际生物(如根寄生生物、病原体以及共生者)提供资源。反过来,土壤生物通过分解有机质为植物提供有效养分来控制植物生长和群落组成。根际微生物及其捕食者影响着植物和分解者间的能量和养分流动。因此,未来的研究中必须考虑到地上和地下两个亚系统之间的相互作用在调控群落结构和生态系统功能方面的重要作用(van der Putten et al.,2001;Bardgett et al.,2003;Wardle et al.,2004)。

输入分解者系统的不同有机质对土壤生物影响不同(Swift et al.,1979)。同时,食物网中不同的生物分别受上行效应(资源的质和量)和下行效应(捕食者调节)的控制,由此导致不同土壤生物对资源的输入做出不同的响应(de Ruiter et al.,1995;Moore et al.,2003;Bardgett et al.,2010)。不同的植物在向土壤输入资源的质和量上存在非常大的差异,因此植物对土壤生物区系及其控制的生态过程有着重要的影响。例如,草原植物具有特定的根际微生物群落(Bardgett et al.,1999),这也进一步解释了为什么不同草原物种下会出现不同多度的土壤微生物和捕食微生物的土壤动物(Griffiths et al.,1992;Bezemer et al.,2010)。

土壤生物区系在受地上群落影响的同时,又反馈作用于地上群落,影响其组成和功能。地下生物能够通过多种途径响应植物群落(Bardgett et al.,2010)。例如,根际寄生生物、病原菌以及植食生物可以直接获取植物组织内的能量和养分,降低根的吸收能力进而影响植物的生长(Bever et al.,1997)。同时,根际共生生物(如菌根真菌)又能够增加植物获取养分的能力进而提高植物生产力(Smith et al.,1997)。腐屑食物网生物可以释放植物残体和微生物体内的养分到土壤中,进而增加植物生产力(Setälä et al.,

164

1991;Moore et al.,2003)。

目前,几乎所有地球表面都受到人类活动的干扰(Vitousek et al.,1997),包括外来物种入侵、温室气体浓度升高、氮富集、土地利用方式改变以及生物多样性的急剧丧失等的全球变化驱动因子对生态系统的结构和功能产生了深远的影响(Melillo et al.,2003)。人们对于生态系统对全球变化响应的机制需要进一步结合地上和地下生物区系的联系来解释。因为除少数的人为活动能够直接影响土壤生物区系外(Wall et al.,2000),大部分全球变化因子通过改变地上植物群落组成、碳的分配格局以及植物向地下输入资源的质和量来间接影响土壤生物区系及其控制的生态系统过程。同时,地下生物区系的改变又反馈于地上植物群落的组成(Virginia et al.,1992)。

植物-土壤-土壤微生物系统通过能量流动和养分循环而连接。土壤环境中的有效态碳、氮的计量化学特征(如可溶性碳/无机氮比率)既受微生物控制的碳氮耦合循环的影响(Bardgett et al.,2010),反过来又对植物-微生物间的关系产生反馈。研究发现,在不同的生态系统中可溶性碳和硝态氮浓度存在广泛的负相关关系(Taylor et al.,2010;Weyhenmeyer et al.,2010),其原因是微生物转化硝态氮时需要可溶性碳作为能源,环境中可溶性碳/硝态氮比率高时,微生物受氮素限制,其利用可溶性碳同化和转化硝态氮,进一步降低环境中硝态氮的含量;与此相反,可溶性碳/硝态氮比率低时,微生物受碳源限制,会降低对环境氮素的转化,导致环境中硝态氮积累,这种环境中有效态资源比率对碳氮的转化具有明显的控制效应(Taylor et al.,2010)。有效态资源比率对碳、氮循环耦合的影响在自然生态系统中广泛存在,但是我们对该过程中地上-地下生物群落的相应变化及其原因却仍然不清楚。

虽然地球上的生态系统类型复杂多样,土壤和土壤微生物生物量中的碳氮磷计量比值在不同的生态系统之间维持在相对狭小且稳定的范围之内(Cleveland et al.,2007)。即便这样,土壤和土壤微生物的元素化学计量比值在不同的生物群区之间也存在较大的差别,而且随着气候梯度变化也存在较明显的变化趋势(McGroddy et al.,2004)。相对于土壤和土壤微生物而言,陆生植物的碳氮磷计量比值范围更广(Reiners,1986):在木质化器官中碳磷比可能高达1100,氮磷比高达50,而在代谢器官中这些比值则要低得多。虽然目前已有一些关于土壤、土壤微生物和植物三者在大尺度下变化趋势的研究,为我们了解生态系统不同组分的碳氮磷生态化学计量关系的区域分异特征提供了帮助。然而,我们对于其化学计量特征在大尺度下的对应关系还知之甚少。这无疑限制了我们使用生态化学计量特征作为一种理解地上和地下生物群落构建及其演变的能力。

在生态系统尺度下,包括土壤微生物群落结构、微生物元素计量关系、植物凋落物分解速率等在内的诸多土壤微生物群落特征都会因为植物体元素计量特征的改变而改变(Hobbie et al.,2006;Martiny et al.,2006)。与此同时,不同植物之间对养分元素氮和磷的相对需求也存在较大的差异(Gusewell,2004)。养分需求决定植物在种间竞争中的优劣地位,进而影响群落中的物种组成。越来越多的证据表明,植物可以通过多种途径调控其所在土壤中的养分可利用性,其中一种重要的途径就是与那些能够产生酶进行有机质分解的土壤微生物相互作用,从而影响养分的释放(Richardson et al.,2009;Bezemer et al.,2010;Eisenhauer et al.,2010)。植物体的元素化学计量特征与土壤养分的元素化学计量特征存在着非常复杂的作用关系。理论上认为,如果植物相对于土壤的元素化学计量比值的变化更高,则预示着存在正向的养分反馈,最终结果导致植物物种之间通过养分而发生相互排斥(Bever,2003;Levine et al.,2006);反之,如果相对于土壤而言植物的化学计量特征变化更低的话,则会促进不同物种的共存(Diez et al.,2010)。在植物-微生物反馈作用的框架下探讨植物-土壤元素化学计量关系的变化将为预测植物竞争状况(Elgersma et al.,2012)及群落构建(Schnitzer et al.,2011)有着重要的帮助作用。然而,目前这方面的实证研究还非常缺乏。

植物主要通过凋落物和根系分泌物为土壤微生物提供碳源。因此,凋落物分解和根际过程是植物-土壤-土壤微生物三者作用最为活跃的环节。到目前为止,对植物、微生物、根际土壤的生态化学计量特征的相互关系仍不是很清楚。在根际环境中,土壤与植物之间的养分循环是由微生物及其所产生的酶介导的。因此,从理论上预测,植物、微生物、微生物生产的酶以及土壤的化学计量特征应该是紧密耦合在一起的。植物凋落物的化学计量特征与参与凋落物分解的微生物的化学计量特征紧密相关,这表明微生物体内的化学计量特征受到其分解底物生态化学计量特征的影响(Fanin et al.,2013)。不仅如此,植物还能够通过根部其他生理或者生长特性影响土壤微生物的群落结构和活性,这些途径包括:通过根的生长改变土壤的物理

第 4 章　土壤微生物群落演变及环境驱动力解析

环境、通过根部水分吸收和叶片的蒸腾改变土壤水分条件,以及通过养分吸收改变土壤养分条件、通过根部的分泌改变基质有效性等(Zak et al.,2003; Johnson et al.,2004;Bird et al.,2011)。根际环境中生态化学计量关系的深入探讨将为理解土壤微生物微域尺度的分布格局提供新的理论框架。

氮和磷是绝大多数陆地生态系统中初级生产力形成的限制性元素。两者对于不同生态过程的限制性的相对作用取决于特定生态系统中两种元素的相对供应情况。对生态系统限制性元素的研究不仅能够直接服务于生态系统管理措施的选择,还对生物保护具有积极的作用(Wassen et al.,2005)。凋落物分解的养分限制情况以及凋落物分解过程的养分动态将直接反馈于土壤对于植物的养分供给(Elser et al., 1999)和生态系统的碳平衡(Bragazza et al.,2006)。植物凋落物的氮磷比可以作为表征凋落物分解是否受到氮或者磷限制的重要指标(Güsewell,2004)。然而,凋落物氮磷比的这种表征作用由于植物–微生物–土壤三者之间的相互作用而变得复杂。一方面,不同的土壤微生物类群参与了凋落物分解的过程;另一方面,这些微生物不仅仅依靠凋落物获取能量和养分,还依靠外界的土壤环境;再者,分解速率不仅受限于氮或者磷的可利用性,还受到含碳化合物不稳定性的影响。因此,以凋落物分解为突破口,以生态化学计量特征为主线,探讨凋落物分解过程中微生物群落结构、活性、元素含量的变化,对于加深理解土壤微生物群落结构的生态化学计量调控机制将具有重要的帮助作用。

植物、土壤、土壤微生物是生态系统不可分割的重要组分,它们相互之间时刻发生着紧密的相互作用,而生态化学计量特征是联系不同亚系统的重要线索。对于地上–地下相互作用关系的了解及其作用机制的揭示,不仅是重要的生态学理论问题,还对生产实践具有重要的指导意义。多种地上和地下生态系统过程都受到不同组分生态化学计量特征的影响。因此,本章以生态化学计量特征为切入点,深入探讨不同生态系统组分化学计量特征的改变对土壤微生物群落多尺度时空演变的影响,以期推动土壤微生物生态学的发展。

4.1　土壤化学计量特征与土壤微生物群落演变

土壤为土壤微生物提供了赖以生存的物理、化学环境,其理化性质对土壤微生物个体的生长发育繁殖、种群动态、群落组成与结构有着重要影响。

4.1.1 生态化学计量学概述

生态化学计量学是化学计量学在生态学中的应用。化学计量学主要研究物质转换和化学反应中物质质量间的关系问题(Sherman et al.,1999)。1862年,李比希提出最小养分定律,一般认为这是化学计量学理论应用于生态学的开端。该定律认为相对于生物体生长对养分的需求量来说,生物体的生长将受到环境中供应量最少的那种养分的限制,这说明组成生物体的元素间的平衡对生物体的生长十分重要。此后,Lotka(1925)将化学计量学的理论应用于食物网营养流动的研究中,并定量阐述了生物之间的相互作用关系。生态学的许多基础理论,如Redfield比例(Redfield,1958)、最佳取食理论(Belovsky,1978)、资源比理论(Tilman,1982)以及养分利用效率(Vitousek,1982)等,都是在Lotka理论的基础之上发展而来的,因此有学者认为Lotka的理论是生态化学计量学萌芽的标志(Elser et al.,2000b)。生态化学计量学中最著名的就是上面提到的Redfield比例。Redfield(1958;1963)的研究指出当养分不受限制时,海洋中浮游生物的碳氮磷三种元素的摩尔比为106∶16∶1,碳、氮、磷三种元素之间呈现恒定的比例关系,这一比例关系则被称为Redfield ratio。

生态化学计量学最初主要受到海洋生态学家的关注,早期的研究主要是在水生生态系统中开展的。最早进行陆地生态系统生态化学计量学研究的科学家是沃克(T. W. Walker)和亚当斯(A. F. R. Adams),他们于1958年和1959年发表在《土壤科学》(Soil Science)杂志上的两篇文章对草原土壤中的有机质进行了研究,并指出氮是大部分陆地生态系统的限制性元素(Walker et al.,1958;1959)。中国的生态化学计量学研究起步于21世纪初,Zhang等(2003;2004)在国内较早开展了生态化学计量学的相关研究,他们在内蒙古草原所获得的研究结果表明不同物种对氮添加的响应不一致。由此可见,陆地生态系统的复杂程度更甚于水生生态系统,轻易地判断一个生态系统受某种元素的制约是不妥当的。

在过去的三十多年里,生态化学计量学的研究范畴得到了极大的拓展。目前,该研究领域仍在不断地纳新,科学家们正在将新的生境、新的有机体以及新的研究方法等不断地引进该研究领域,不断地为其注入新鲜的血液。现在只要一考虑到营养元素及养分限制等问题,具有生态学研究背景的人就会想到生态化学计量学,由于生态化学计量学研究领域的多样性以及大量的产出,人们已经无法通过任何一个综述类型的文章去囊括其所有的研究成果了(Hessen et al.,2013)。

4.1.2　土壤的化学计量特征及其驱动因素

　　与海洋生态系统相比,陆地生态系统具有更为多变的生境、生物区系和环境因子,所以更加复杂。然而,在所有的陆地生态系统中,土壤是最为复杂多变的。土地利用方式的改变、人为干扰等因素的扰动,以及冰期、气候等地区间的差异等,使得土壤中的养分循环具有一定的空间异质性,而土壤的相对不可移动性保持又进一步促进了这种空间异质性(Jenny,1941)。此外,植物枯落物的凋落、土壤中水分的流动、植物与大气之间的相互作用等使得养分在陆地生态系统中不断地进行再分配,而这些作用方式在海洋生态系统中都是不会发生的(McGroddy et al.,2004)。与水生生态系统相比,元素在土壤中的渗透和扩散速率也缓慢得多,这使得陆生动植物对土壤的反馈作用更多地被限制在表层土壤中(Tian et al.,2010)。

　　土壤碳氮比是认识土壤有机质来源的一个重要指标,该比值可用于判断土壤中有机质的分解程度及其对土壤肥力的潜在贡献(Swift et al.,1979;Paul,2007)。高的碳氮比(>25,质量比)说明有机质正在累积,其累积速率大于分解速率;碳氮比为12~16说明有机质已经被微生物很好地分解。耕作土壤的碳氮比一般为10~12,而底层土的碳氮比通常小于10(Rayment et al.,1992)。土壤谭林比也可以表征有机质的来源、性质、分解状况及其对土壤肥力的潜在贡献(Paul,2007);凋落物的氮磷比是其可分解性的一个决定性因素并且可以用来判断养分限制状况及哪种养分限制了其分解(Güesewell et al.,2006)。一个综合了世界范围内2800个观察值的研究指出,凋落物的分解速率主要受其氮含量的控制,因为氮会影响微生物的活性(Manzoni et al.,2008),具有较高氮磷比的凋落物将易于分解从而有利于养分的循环和接下来植物对养分的吸收(Lovelock et al.,2007;Ratnam et al.,2008)。类似于凋落物的氮磷比,土壤碳磷比也具有同样的判别作用,然而一些土壤的氮磷比很容易受到施肥等人为因素的影响(Penuelas et al.,2012)。土壤中的磷主要来源于岩石的风化作用,陆地生态系统在其形成的过程中同时形成了较为固定的土壤磷含量,而土壤中的磷即使发生了很少量的损失也将很难获得补充。随着时间的推移,土壤将会由氮限制逐渐转变为磷限制,而土壤氮磷比也会发生相应的改变。高纬度地区的幼龄土壤从土壤母质中风化释放磷的能力要强于低纬度地区的老化土壤,所以低纬度地区的土壤更容易出现磷匮乏,这也常常被用来解释在全球范围内所观察到的叶片和凋落物中氮磷比随着纬度的降低或者年平均温度和年平均降雨量的增加而增大的现象(McGroddy et al.,2004;Reich et al.,2004;Yuan et al.,2009)。此外,Walker和Adams(1958a)对磷在土壤中的垂直分布情况进行了研究,并发现沿着土壤剖面向下磷含量逐渐降低,但是降低的速率远小于碳和氮,这一结果预示着不同土层土壤的氮磷比以及碳磷比是不同的。

众所周知,土壤具有高度的结构复杂性、空间异质性和生物多样性,但是却有研究表明在大的区域尺度下土壤中的碳氮磷计量比例具有较为稳定的特征,其比值通常在一定的范围之内波动(Chadwick et al.,1999;Cleveland et al.,2007)。例如,Cleveland和Liptzin(2007)的研究发现,在全世界范围内,虽然土壤中碳、氮、磷元素含量的变化范围很大,土壤总碳和总氮的变化范围分别为1108~39083mmol·kg^{-1}和21~1300mmol·kg^{-1}。它们三者之间具有显著的正相关关系,而且土壤中碳氮磷的生态化学计量学比值也被限制在一个很窄的范围内,其中碳氮比为2~30,氮磷比为1~77。平均来看,全球土壤碳氮磷比值为186:13:1(摩尔比),这类似于海洋生态系统中的化学计量比例。还有一些研究给出在不同的植被类型和不同的纬度条件下,虽然植物体内的元素比值存在显著差异(McGroddy et al.,2004;Reich et al.,2004),但是森林土壤与草原土壤营养元素的生态化学计量学比值较为相近,并没有显著差异。然而,也有研究指出不同的植被类型下土壤的碳氮磷比例并不相同。例如,Bui和Henderson(2013)对澳大利亚主要的植被类型下的土壤碳氮磷计量特征进行了研究,发现不同植被类型下土壤的氮磷比和碳磷比都具有较大的变异性。由于草原经常发生火烧,所以相对于其他植被类型下的土壤来说,草原下土壤的氮磷比和碳磷比以及土壤氮含量都非常低,而灌木林等下的土壤由于土壤的磷含量较低,所以具有较高的土壤氮磷比和碳磷比,这也反映出该植被类型下的凋落物是不容易降解的。因此,他们认为不同植被类型下的土壤中并不存在统一的化学计量比例。受前人土壤生态化学计量学研究的启发,Tian等(2010)将中国不同生态系统中不同土层的土壤综合起来进行研究,也没有发现被限制在一定范围内的土壤碳氮磷化学计量比例;但是具有丰富有机质含量且土壤生物与环境之间作用最为强烈的表层土壤具有相对恒定的碳氮磷比例(134:9:1)。其中,最稳定的碳氮比值为14.4,相对稳定的碳磷比和氮磷比分别为136和9.3。此外,土壤有机质中碳氮磷的生态化学计量学研究也取得了一定进展(Kirkby et al.,2011;2013)。土壤中的氮磷有效性可能会通过限制生态系统初级生产力和腐殖化效率,进而影响到腐殖质的形成(Himes,1998)。Kirkby等(2011)对比研究了澳大利亚和全球土壤有机质中的碳氮磷化学计量比例,发现有机质中稳定成分的碳氮磷比例是恒定的;Himes(1998)认为只有土壤有机质中的腐殖质才具有恒定的元素比值,并给出了腐殖质中碳氮磷硫四种元素的比例为10000:833:200:143。

土壤碳氮磷的生态化学计量学关系也会受到气候因素、土壤发育、人为干扰等因素的影响,进而发生一定的改变。气候因素会对土壤生态化学计量学比值产生显著的影响,这也导致了土壤碳氮磷计量比例在空间上的变异。例如,热带和亚热带生态系统,高的年均温和高的降雨量会造成土壤磷的淋溶损失,而同时这些地区高的初级生产力又使得碳和氮的含量相对较高,这就导致了较高的碳磷比和氮磷比;相比之下,对于年均温和降雨量都较低的温带沙漠生态系统来说,干旱低温的气候条件使其初级生产力低下,进而导致土壤中碳氮含量相对较低,而同时由于土壤磷的淋溶损失很小,所以相对于土壤碳氮来说,土壤磷的含量则相对较高,这就导致了较低的碳磷比和氮磷比(Tian et al. 2010)。Tian等(2010)对中国2384个样点的土壤进行综合研究后发现,尽管土壤碳氮含量在空间上的变异很大,然而不同气候带的土壤碳氮比则相对稳定,不同气候带的土壤碳磷比和氮磷比却存在显著的差异,这些元素比值的差异也反映了气候因素对土壤元素平衡的重要影响。我们利用中国北方草地东西3000km样带57个样点的土壤样品,分析了土壤碳氮磷化学计量特征的变化规律,发现草地土壤的化学计量特征随地区气候的干旱程度并不是统一呈现线性的变化规律,如:土壤碳氮比先是随干旱程度加剧而降低,在干旱指数超过0.8以后,又随干旱程度的加剧而增加(Wang et al.,2020)。

土壤生态化学计量学比值也会受到土壤发育阶段的影响。土壤碳氮磷化学计量比例会随着土壤的发育而改变,这将会导致土壤限制性营养元素的变化。例如,Tian等(2010)发现随着土壤风化作用时间的延长,土壤碳氮比显著增加,而风化作用最为强烈、风化程度最高的土壤具有最高的碳磷比和氮磷比,这一结果也证明了高度风化的土壤中磷匮乏这一结论,所以表层土壤的碳氮比、碳磷比、氮磷比可以作为土壤发育过程中衡量其养分状况的一个很好的指标。此外,土壤生态化学计量学比值还会受到人类活动的影响。例如,放牧会对内蒙古草原土壤碳氮磷化学计量比例产生显著影响,而且这一影响同时会受到土壤水分可利用性的调控。在放牧条件下,土壤碳磷比和氮磷比与年平均降雨量之间呈显著负相关关系,且放牧增加了草甸草原表层土壤的碳磷比,但是降低了荒漠化草原表层土壤的碳磷比,长期放牧有可能导致荒漠化草原氮和磷的共同限制以及草甸草原的氮限制(Bai et al.,2012)。

土壤化学计量特征的变化不仅表现在空间尺度下,还存在于时间尺度下。Yang 等(2014)认为,最近几十年中国草原经历着二氧化碳浓度升高、氮沉降、气候变暖和降雨格局改变等一系列的环境变化,所以中国草原很适合被用于研究各种因素影响下表层土壤碳氮磷化学计量比例的时间动态。他们于2001—2005 年进行了一次中国北方地区的表层土壤调查,并获取了327个地点的土壤,同时利用 1979—1989 年的中国土壤普查数据进行了一次对比研究,这是首次在大的区域尺度下对土壤碳氮磷化学计量比例的时间动态所进行的研究。他们的研究结果表明,对比 20 世纪 80 年代和 21 世纪 00年代,草原生态系统表层土壤的碳氮比没有发生显著的变化,这说明在经历了长时间的环境变化之后,草原生态系统碳、氮循环仍然紧密地耦合在一起,也同时说明了中国草原土壤有机质的质量和数量都没有发生显著性改变,这对于维持草原生态系统的功能具有一定的作用。但是,在相同的时间尺度下,土壤氮磷比显著增加了,这说明中国草原土壤的氮限制可能在得到逐步缓解。

4.1.3 土壤全量元素化学计量特征与土壤微生物群落

土壤化学计量特征是陆地生态系统土壤有机质分解和养分循环过程的重要驱动力,土壤微生物在上述两个过程中扮演着重要角色(Zechmeister-Boltenstern et al.,2015)。因此,土壤化学计量特征的改变对于土壤微生物群落演变具有重要影响。然而,目前关于土壤碳氮磷含量及其化学计量特征如何调控土壤微生物的多样性及群落组成方面的研究还比较少。全球气候变化和人类的生态系统管理措施都会改变生态系统中土壤的化学计量特征(Penuelas et al.,2012),明确土壤化学计量特征对土壤微生物群落演变的驱动作用和机制有助于深入理解环境变化对生态系统功能的影响以及制定合理的生态系统管理和保护政策。

　　土壤微生物通过有机质的分解和矿化过程获取能量满足自身生长需求
(Hooper et al.,2000；Wardle,2006)，这就决定了土壤有机质的化学计量特
征会影响土壤微生物的群落组成和多样性。根据生态化学计量学里面的生
长率假说(Sterner et al.,2002)，生长相对较快的生物(如细菌)对磷元素的
需求量更高，以满足快速生长过程中核糖体、三磷酸腺苷、脱氧核糖核酸和
核糖核酸等含磷量较高的细胞内物质的合成之需(Penuelas et al.,2009)，这
类生物自身通常具有较低的碳磷比。由于微生物群落的生长状况可以在一
定程度上表征其多样性，土壤中磷的状况将会驱动微生物的多样性。对于
一些微生物群落，碳元素和氮元素可以分别通过光合作用和固氮作用而相
对容易地从大气中获得，而磷元素的可利用性则取决于土壤的母质(McGill
et al.,1981)。由于磷元素在驱动微生物生长中的重要作用，磷含量较高而
碳磷比较低的土壤，可能有相对较高的土壤微生物多样性。相反，低磷土壤
和碳磷比较高的土壤可能由更为强烈的竞争排斥作用而导致土壤的微生物
多样性较低(Tilman,1982；Waldrop et al.,2006；Wardle,2006)。

　　一项在苏格兰地区开展的研究，利用来自半天然草地、耕作草地、改良
草地、森林、沼泽地、高沼地等6种不同的生态系统类型179个取样点的数
据，分析了土壤资源质量和化学计量特征在陆地生态系统土壤细菌多样性
和群落组成方面的调控作用(Delgado-Baquerizo et al.,2017)。在土壤碳氮
磷含量和计量特征之外，该项研究还测度了土地利用状况、气候(年均温和
年均降雨量)、土壤空间异质性、微生物生物量、植物根系、土壤理化性状(酸
碱度等)，这使得他们能够评测资源质量和化学计量特征与其他已知的环境
驱动力在影响区域细菌多样性和群落组成方面的相对重要性。他们的研究
结果显示：土壤细菌的多样性与土壤全碳含量以及碳磷比、氮磷比和碳氮比
呈显著的负相关关系，与土壤全磷含量呈显著的正相关关系，与土壤全氮含
量无相关关系。他们构建了结构方程模型用以分析多种因素对土壤细菌多
样性的影响，发现该模型可以解释细菌群落多样性57%的变异，其中土壤全
磷(正作用)、有机质含量(副作用)和土地利用强度(正作用)是土壤细菌群
落区域变异的最重要的驱动力。土地利用强度对土壤细菌多样性没有直接
作用，而是通过改变土壤全磷含量、有机质含量以及土壤pH等间接影响土
壤细菌的多样性。土壤空间异质性、微生物生物量和植物根系对土壤细菌
多样性均无显著作用。

173

土壤的碳氮磷含量和计量特征不仅仅改变了土壤细菌的多样性,对细菌的群落组成也有重要影响。绿弯菌门和拟杆菌门的相对丰度随着碳磷比、氮磷比和碳氮比的增加而降低;而α-变形菌门、酸杆菌门、浮霉菌门、螺旋体门的相对丰度随着上述计量特征的增加而增加。土壤全碳和全磷含量在影响细菌不同类群丰度的变化方面起着至关重要的作用。

这项研究为土壤资源化学计量特征影响土壤微生物群落演变提供了直接证据,土壤化学计量特征的改变不仅仅能够改变土壤微生物的多样性,还会改变微生物群落组成结构。土壤细菌群落通常在具有下列特征的生态系统中具有较高的多样性:土壤磷含量较高、有机质含量相对较低以及较低的碳氮比、氮磷比和碳磷比。较低的土壤磷含量通常会因为竞争排除而导致土壤细菌多样性降低;相反,较低的化学计量比例即较高的土壤资源质量在理论上则能够通过提高生态位分化而带来更高的细菌多样性(Hooper et al.,2000)。

4.1.4　土壤有效态元素化学计量特征与土壤微生物群落

土壤微生物群落的演变不仅受到土壤全量资源化学计量特征的调控,还受有效态资源的化学计量特征的影响。地上和地下生物区系紧密相连,它们之间的关联影响着生态系统对土壤养分资源的响应(Wardle et al., 2004;Tylianakis et al.,2008)。植物-土壤-微生物系统通过能量流动和养分循环连接起来。土壤环境中的有效态碳、氮的计量化学特征(如可溶性碳/无机氮比率)既受微生物控制的碳氮耦合循环的影响(Bardgett et al., 2010),又会反馈作用于植物-微生物间的关系。

在不同的生态系统中,可溶性有机碳和硝态氮浓度普遍存在负相关关系(Taylor et al.,2010;Weyhenmeyer et al.,2010),这是因为微生物转化硝态氮时需要可溶性碳作为能源。环境中可溶性有机碳与硝态氮的化学计量比高时,微生物受氮素限制,其利用可溶性碳来同化和转化硝态氮,进一步降低环境中硝态氮的含量。相反,环境中可溶性有机碳与硝态氮化学计量比较低的情况下,微生物受碳源限制,会降低对环境氮素的转化,导致环境中硝态氮积累。由此可见,环境中有效态资源比率对碳氮的转化具有明显的控制效应(Taylor et al.,2010)。有效态资源比率对碳氮循耦合环影响的在自然生态系统中广泛存在,但是大部分氮素添加实验中,并没有发现可溶性有机碳与硝态氮化学计量比的这种负相关关系（Aber et al., 1998; Liu et al., 2010）。

为了探讨土壤有效态元素的化学计量特征对土壤微生物群落演变的影响，我们在内蒙古草原依托氮沉降实验平台开展了研究工作。氮素富集会导致土壤理化环境的改变（如酸化）（Guo et al., 2010），导致钙和镁的流失以及活化结合态的铝，导致生态系统钙、镁的缺乏和铝的毒害（Aber et al., 1998）。同时，氮素富集能够改变微生物的群落结构和功能，并降低土壤微生物生物量，特别是真菌的生物量。氮素的富集既可以直接通过含氮化合物的毒害影响微生物，也可以通过改变土壤理化性质、植物组成及碳的分配而间接影响土壤微生物（Treseder, 2008）。例如，氮素添加引起的植物生物量和组成的改变能够影响植物地下碳的分配，进而改变微生物的可利用碳源。这项研究主要回答以下科学问题：①氮素富集将如何改变土壤有效态资源的化学计量学特征，特别是土壤可溶性有机碳与硝态氮化学计量比间的相关关系；②这种土壤有效态资源比率的改变将如何影响植物、土壤、土壤微生物的关联关系。

我们的研究结果显示：土壤的无机氮浓度随氮素添加显著升高。氮素添加降低了土壤 pH。土壤可溶性碳浓度随氮素添加显著增加，但只在 1.6mol $N \cdot m^{-2} \cdot a^{-1}$ 时明显升高。氮素添加抑制了微生物呼吸，但是只有最高梯度的氮添加才表现出显著的差异。氮素添加抑制了微生物生物量碳，微生物总脂肪酸甲酯总量以及细菌、真菌、内生真菌的脂肪酸甲酯总量以及真菌/细菌比例（Wei et al., 2013）。

结构方程模型解释了土壤 pH、无机氮和可溶性有机碳 82%、64% 和 78% 的变异，植物群落组成和多样性 3% 和 39% 的变异，微生物群落组成和呼吸 57% 和 22% 的变异。土壤 pH 与植物多样性存在正相关关系，同时土壤 pH 与微生物群落组成、微生物呼吸也存在显著的正相关关系（见图 4.1.1）。在氮素添加梯度上，可溶性有机碳与无机氮以及氨态氮、硝态氮浓度呈显著的正相关关系；而微生物生物量碳和可溶性有机碳呈显著的负相关关系。

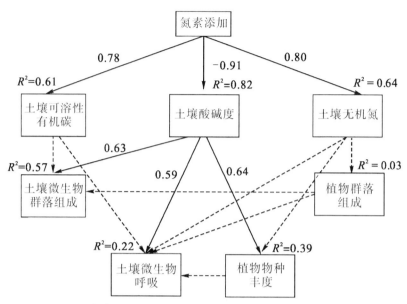

图 4.1.1 氮素添加对植物-土壤微生物系统影响的结构方程模型

在氮素富集状态下,微生物由碳源限制转为土壤酸化的限制,并导致其主导的碳、氮循环的解耦,改变自然界广泛由于碳氮耦合循环而产生的可溶性有机碳与无机氮的负相关。微生物碳源限制的解除进一步导致了植物对微生物上行控制效应的消失(Taylor et al., 2010; Weyhenmeyer et al., 2010)。Taylor 和 Townsend(2010)研究发现,在自然生态系统中存在广泛的可溶性有机碳和无机氮的负相关关系;但是,我们在内蒙古草原氮素富集情况下却发现,土壤可溶性有机碳和无机氮呈正相关关系。微生物介导的可溶性有机碳和无机氮的耦合循环是自然界可溶性有机碳和无机氮浓度间呈负相关关系的原因,例如可溶性有机碳与无机氮比值高的时候微生物受氮素的限制,导致其利用碳源更多同化和转化无机氮,限制环境中的无机氮的累积;与此相反,可溶性有机碳与无机氮比值低时,微生物受碳源的限制,限制其对无机氮的利用和转化,导致环境中的无机氮浓度进一步积累。可溶性有机碳和无机氮间的负相关关系在湖泊、河流、土壤以及近海生态系统中已经得到广泛的验证(Taylor et al., 2010; Weyhenmeyer et al., 2010)。但是以上的生态系统绝大部分并未处于明显的氮素富集状态,我们在氮素添加实验发现的可溶性有机碳与无机氮的正相关关系说明:在氮素富集或饱和的状态下,微生物的限制因素发生改变,进一步导致土壤中可溶性有机碳和无机氮循环的解耦。结构方程模型显示,微生物的结构和功能(呼吸)在氮素富集后受到酸化的限制(Högberg et al.,2006；Guo et al.,2010）。氮素富集后引起土壤酸化在陆地生态系统中已经被广泛证实,酸化对土壤微生物的限制可能通过钙、镁的限制或者铝毒发生（Aber et al.,1998；Lucas et al.,2011）。我们的研究进一步拓展了有效态资源比率理论在干扰（氮素富集）状态下的响应及其机制。

土壤微生物主要受到能量（碳源）的限制（Wardle et al.,2004）。因此,植物通过提供光合产物而对土壤生物产生上行控制效应。之前的研究已经发现,在内蒙古典型草原植物生物量、物种组成和多样性对土壤微生物群落结构和功能都有显著的影响（Chen et al.,2009；Jiang et al.,2011）。但在我们的研究中,通过结构方程模型分析植物组成和多样性对微生物的群落结构和功能均不存在显著的相关关系。微生物在氮素富集后不再受碳源限制,可能成为这一现象的重要解释。

氮素添加降低了细菌、真菌的磷脂脂肪酸含量以及微生物的呼吸速率。土壤酸化能够解释土壤微生物群落组成57%的变异。类似于植物群落,土壤酸化后同样能够导致土壤微生物受钙、镁缺乏的限制或者铝毒的胁迫（Lucas et al.,2011）。土壤有效态氮素的富集同时能够使植物减少对获取氮素系统的碳投入,例如减少地下生物量以及对共生真菌的碳分配。作为大部分植物获取氮、磷等营养元素共生生物,内生真菌在氮素富集的状态下对植物的贡献下降,导致植物向其分配碳减少,这是氮素添加后内生真菌急剧下降的原因之一（Treseder,2004）。而细菌更多地通过土壤有机质（包括可溶性碳）获取碳源,所以氮素添加后更多的是通过酸化等因素抑制,之前的研究也发现相对于其他微生物类群,细菌对低浓度的氮素添加无明显的响应（Treseder,2008）。

生源要素的生态化学计量关系能够成为连接生物地球化学与食物网结构和功能的重要桥梁,是生态系统功能的核心。生态化学计量使得从细胞代谢到生态系统结构再到养分循环等不同生物学组织层次的过程联系起来。因此,有助于建立生态系统不同组分之间的耦联关系。土壤是土壤微生物赖以生存的环境,因而其化学计量特征的改变将通过影响微生物的代谢过程和微生物不同物种和类群之间的竞争过程而影响土壤微生物群落的演变。本节明确了土壤碳氮磷元素的全量化学计量比例及有效态的化学计量比例均可以影响土壤微生物群落的结构和组成,而土壤微生物群落的演变将对生态系统的元素循环过程产生深远影响。

（吕晓涛　王晓光　魏存争）

4.2 凋落物化学计量特征与土壤微生物群落演变

凋落物分解是陆地生态系统物质循环和能量转换的主要途径,分解的快慢及养分释放的多少,决定了土壤中有效养分的供应状况(Cadisch et al.,1997;Bardgett et al.,2010)。土壤微生物是凋落物分解过程中最直接的调控者(Schimel et al.,2004),研究凋落物分解过程中土壤细菌和真菌群落组成及多样性的变化是充分理解微生物生态功能的基础(van Der Heijden et al.,2007)。而微生物在凋落物分解过程中对不同化学计量特征凋落物的响应,是理解凋落物分解过程及其与微生物相互作用的关键(Mooshammer et al.,2014)。

4.2.1 凋落物化学计量特征对全球变化的响应

20世纪中叶以来,矿物燃料燃烧、含氮肥料的大量生产和使用以及畜牧业发展等原因,使得大气氮沉降迅速增加(Galloway et al.,2008;Gruber et al.,2008)。由于北方温带草原地区普遍受到氮素限制(LeBauer et al.,2008),所以氮沉降增加能够直接增加土壤中植物可利用氮素的含量,提高植物对氮素的利用率(Kobe et al.,2005;Lü et al.,2012)。同时,氮沉降还增加了与氮相关的胞外酶活性(Carreiro et al.,2000),降低了氮素的重吸收效率,进而提高了凋落物中的氮素含量(Lü et al.,2013)。凋落物磷含量与土壤磷素供应状况呈显著相关关系,氮添加刺激了植物初级生产力的提高,提高了植物对磷的需求(Fujita et al.,2010),当土壤中磷素供应充足时,凋落物中的磷含量也会提高(Menge et al.,2007);而当土壤磷素供应不足时,凋落物中磷素的相对含量可能不变或者降低(Perring et al.,2008)。同时,氮添加能够显著改变地上植物群落的丰度和多样性(Bai et al.,2010;Zhang et al.,2014),地上植被群落的物种组成变化,特别是优势物种的转变,也会导致地上凋落物化学计量特征的显著变化。

对锡林郭勒长期模拟氮沉降实验平台不同氮添加处理中(0~50g N·m^{-2}·a^{-1})混合凋落物(群落水平)和单一物种凋落物(羊草)化学计量特征的研究发现,随着氮添加含量的升高,不同处理中凋落物氮、磷含量都显著提高,而碳含量无明显变化(见图4.2.1)。因此,凋落物碳氮比、氮磷比显著降低。在我们的试验区域内,植物生长并不受磷素限制,同时磷酸酶活性的增加及磷素重吸收效率的降低(Lü et al.,2013),可能导致了凋落物氮、磷之间的耦合关系。微生物分解者的碳氮比远远低于凋落物的碳氮比。因此,凋落物氮含量越高,碳氮比越低就越有利于微生物的生长繁殖,从而促进凋落物的分解(Cleveland et al.,2007)。磷素是微生物核酸合成和能量转换过程中必不可缺的元素,凋落物中磷含量的增加和碳氮比的降低导致磷素对微生物生长的限制作用降低,从而增加了凋落物的分解效率(Chen et al.,2014; Kominoski et al.,2015)。在氮沉降背景下,凋落物的化学计量特征出现了显著的变化。而关于不同化学计量比值的凋落物分解对土壤微生物群落的影响,以及氮沉降背景下土壤微生物群落的响应对地上凋落物分解产生怎样的反馈作用,目前还不清楚。

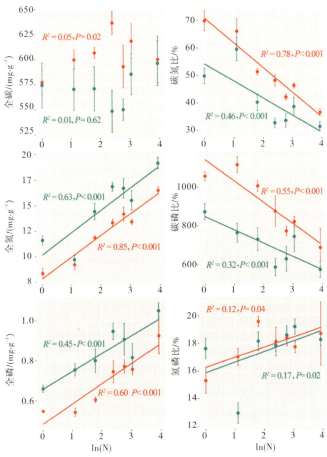

图4.2.1 混合物种和单一物种凋落物化学计量特征与氮添加浓度之间的关系

注:N,氮添加浓度。

4.2.2 土壤微生物群落对凋落物化学计量特征的响应

生态化学计量理论作为研究陆地生态系统功能的有力工具,能够将微生物与凋落物分解过程联系起来(Sterner et al.,2002)。与微生物相比,凋落物有着范围更大也更加多变的碳氮磷比,全球范围内植物叶片凋落物平均的碳氮磷比为1183(±70):19(±0.5):1(Yuan et al.,2009),而微生物平均的碳氮磷比为19(±1.8):2.7(±0.2):1(Xu et al.,2012)。微生物群落通常通过四种方式应对凋落物化学计量特征的变化。第一,微生物能够通过调节自身元素储存量和群落结构两种非自稳态行为调整其自身化学计量特征以减少与可利用资源之间的化学计量差异(Scott et al.,2012;Fanin et al.,2013)。第二,微生物可以通过调节特定的胞外酶来最大限度地利用受限的底物资源(Sinsabaugh et al.,2008;2009)。第三,微生物可以调节其元素利用效率。当微生物不能调节其自身的元素含量时,就会充分吸收可利用的底物,然后再释放出超过自身需求的元素(Sinsabaugh et al.,2013)。第四,固氮菌和腐生真菌能够增加外源氮和磷等资源的可利用性,进而减轻氮、磷等养分元素的限制(Schimel et al.,2007)。

土壤微生物群落对凋落物化学计量特征的响应,既包括物种组成上的变化,又包括物种相对丰度的变化(Nannipieri et al.,2003)。群落内的α-多样性和群落间的β-多样性都能够反映微生物的群落组成。较高的微生物多样性通常伴随着更加多样的生态功能,使微生物群落对复杂底物有更高的利用效率(Loreau,2001;Hättenschwiler et al.,2011)。除群落水平上的变化外,特定的物种也会对凋落物化学计量特征有不同的响应。土壤中的细菌和真菌在生长策略、竞争力,以及如何使用资源方面存在很大差异。真菌具有较高的碳利用效率,能够分解木质素等难以降解的底物,对资源的需求较低(McGuire et al.,2010)。细菌通常具有较快的繁殖速率,有更高的氮、磷等养分元素含量,更偏好氮、磷元素含量高的底物(Kaiser et al.,2014)。

为了研究土壤微生物群落对不同化学计量特征的凋落物分解的响应,利用锡林郭勒氮沉降实验平台采集的混合凋落物(群落水平)和单一物种凋落物(羊草)进行了室内模拟分解试验。对分解4个月后不同处理中的土壤微生物进行了高通量测序,研究其多样性及物种组成。结果表明,凋落物物种组成和化学计量变化对细菌群落α-多样性和β-多样性都无显著影响。一般认为细菌对底物的敏感性要高于真菌，因为细菌更容易利用易分解的底物，并且具有更快的生长和繁殖效率。我们的研究表明，在凋落物分解初期，凋落物化学计量特征的变化对细菌群落没有产生明显的调控作用。

凋落物化学计量特征的变化对真菌群落的α-多样性产生了显著影响，其中真菌群落的香农多样性指数随凋落物氮、磷含量的增加而逐渐升高(见图4.2.2)。作为微生物生长繁殖必不可缺的营养物质，凋落物碳氮比、碳磷比越低，对微生物生长的限制作用越小，越有利于真菌群落维持较高的多样性。与单一凋落物相比，混合凋落物分解同时提高了真菌群落的β-多样性。因为混合物种凋落物增加了分解底物的异质性，所以具有不同化学计量特征和物理形态的混合凋落物为分解者提供了更加复杂多样的分解环境，进而提高了真菌群落的β-多样性(Hooper et al.,2000;Pei et al.,2017)。真菌在生态系统过程中发挥着重要作用，我们的研究表明凋落物化学计量特征的改变能够通过上行效应显著影响真菌群落，进而对凋落物分解过程和陆地生态系统的生物地球化学循环过程产生影响。因此，未来全球变化条件下，应重点关注凋落物化学计量特征引起的真菌群落的变化对土壤生态系统功能的影响机制(Schneider et al.,2012)。

生态系统中大部分氮素都是凋落物分解和硝化作用等氮循环过程提供的(Likens,2013)。凋落物中氮含量的升高能够提高土壤氮库及与之相关的氮转化效率和有效性(Wieder et al.,2013)。氮素有效性的提高能够提高土壤中与硝化作用相关的细菌丰度，并加快硝化反应效率。然而，我们发现亚硝化单胞菌的相对丰度随凋落物氮处理浓度的升高而降低(见图4.2.3)。亚硝化细菌作为化能自养型微生物，对铵态氮等底物养分的利用效率低于异养型微生物(Gerards et al.,1998)。凋落物氮含量的提高，促进了腐生真菌等异养型微生物的生长，加强了对底物利用的优势，可能抑制了亚硝化单胞菌等氨氧化细菌的生长。亚硝化细菌能将NH_4^+氧化成NO_2^-，是硝化反应的第一阶段，其相对丰度降低，表明凋落物化学计量特征对细菌群落的调节作用能够影响细菌介导的生物地球化学循环过程。

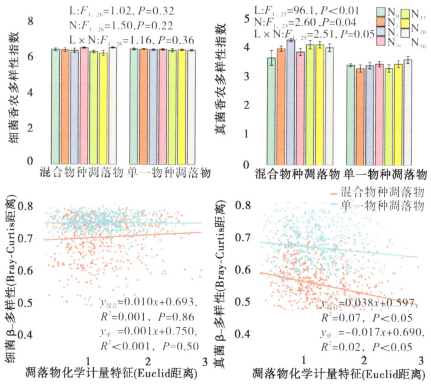

图 4.2.2 凋落物分解对细菌和真菌群落 α-多样性和 β-多样性的影响

注：L，凋落物类型；N，氮添加浓度。

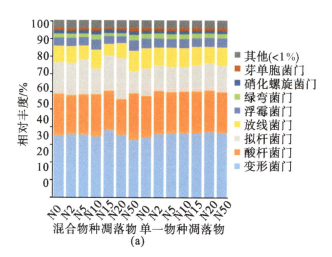

图 4.2.3 凋落物分解对土壤主要细菌门(a)、真菌纲(b)、亚硝化单胞菌目(c)和格孢腔菌目(d)相对丰度的影响

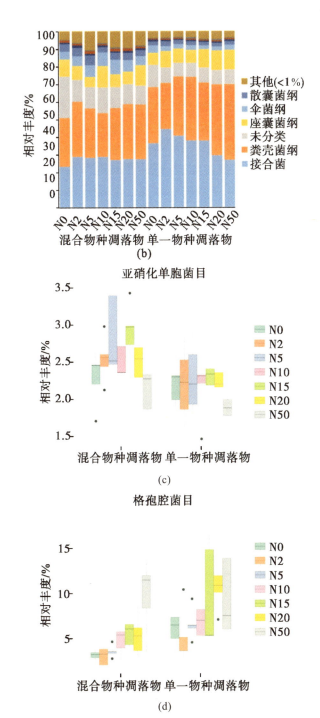

图 4.2.3 凋落物分解对土壤主要细菌门(a)、真菌纲(b)、亚硝化单胞菌目(c)和格孢腔菌目(d)相对丰度的影响(续图)

腐生真菌菌丝的生长范围较大(Strickland et al.,2010),并且能够促进养分在底物中的转移(Schimel et al.,2007)。我们发现,凋落物分解后,腐生真菌孢腔菌目的相对丰度随凋落物氮、磷含量的增加而显著升高(Zhang et al.,2009)。一般认为,能够分解复杂底物的真菌在氮、磷含量较低的凋落物分解过程中起到了重要作用。我们的研究表明,真菌在氮、磷含量较高的凋落物分解过程中可能也起到了重要作用。越来越多的研究表明,分解者群落能够适应自身环境内的凋落物,在物种组成和群落结构上对特定凋落物产生特异性的响应,从而使凋落物在本地土壤中比在其他土壤中分解得更快,即产生凋落物分解的主场效应(home-field advantage,HFA)(Ayres et al.,2009)。我们的研究表明,氮沉降能够增强凋落物分解的主场效应,促进凋落物在本地土壤中的分解(Li et al.,2017)。真菌群落以及某些特定功能细菌的变化表明,在氮沉降背景下,微生物群落特别是真菌群落对不同底物产生的特异性响应,可能在凋落物分解初期的主场效应中起到了重要作用(Li et al.,2019)。

（李英滨　李　琪）

4.3　全球变化因子与土壤微生物群落演变

土壤微生物是地球上多样性最高的生物类群,在驱动碳、氮循环等多种生态系统过程中发挥着至关重要的作用。受研究技术的限制和群落结构的复杂性等影响,土壤微生物生态学研究还处于技术推动的描述性阶段,理论研究还很缺乏。鉴于此,我们利用分子生物学技术尤其是新一代测序技术,从理论层面上系统地研究了全球变化背景下我国北方草地微生物多样性的维持机制。研究主要包括以下3个方面:①鉴定出了哪些环境变化对土壤微生物群落具有较大的影响;②分析了造成这些影响的物理化学机制;③从生态学过程的角度解析了造成这些影响的生态学机制,并提出了对未来的研究展望。

4.3.1　环境变化对土壤微生物群落的相对影响

我们系统地比较了土壤细菌群落的分类学多样性和组成对各种环境变

第4章　土壤微生物群落演变及环境驱动力解析

化(氮沉降、去除植物功能群、模拟放牧、磷素添加/氮沉降、增雨、增温,以及它们之间的一些组合,一共16种环境变化)的响应。首先,发现与其他环境变化相比,氮沉降及其与其他因素的结合都具有更大的影响(Zhang et al.,2016)。其次,系统地比较了各种氮循环微生物功能群(固氮、矿化、硝化和反硝化)对这16种环境变化的响应。对于每一种微生物功能群,比较了其对不同的环境变化的相对敏感性,发现不同的功能群对不同的环境变化敏感。总体而言,所有功能群都对氮沉降敏感。同时,对于每一种环境变化,比较了不同功能群之间的相对敏感性,发现不同的环境变化主要影响不同的功能群。总体而言,氨氧化细菌最敏感,是各种环境变化的指示微生物(Zhang et al. 2013a)。van Dorst等(2014)与Eo和Park(2016)进一步在其他的生态系统中验证了该发现的普适性。综合已经完成的研究,我们发现氮沉降的影响最大,降雨量增加、气候变暖、植物多样性丧失也有一定影响,而植物生物量收割和磷素添加的影响较小(Zhang et al.,2013b,2013c;2014a,2014b;Zhang et al.,2017a,2017b)。

4.3.2　环境变化影响土壤微生物群落的物理化学机制

我们发现氮沉降主要通过降低土壤pH来影响土壤细菌群落(Zhang et al.,2011;2012;2013c;2014),降雨量增加刺激了反硝化作用并提高了土壤pH,因此降雨量增加可以缓冲氮沉降对土壤pH的降低,部分抵消氮沉降对细菌群落的副作用(Zhang et al.,2014)。Cai等(2016)进一步在其他生态系统中验证了该发现的普适性。

明确土壤微生物对气候变暖的反馈方向和机制是预测整个生态系统反应的关键。然而,土壤有机质成分复杂、大部分分解缓慢、微生物种类繁多等因素导致很难判别土壤微生物对气候变暖的反馈方向和机制。我们对内蒙古典型草原上一个长期模拟增雨、增温实验的土壤微生物群落进行了针对所有微生物基因组的高通量测序,发现增雨、增温有利于微生物的生存,增雨、增温促进了微生物对氮和硫两种元素的吸收和同化代谢,增加了群落的生物量和复杂性,增强了植物群落与微生物群落之间的紧密关系,因而同时刺激了土壤微生物对土壤中难分解有机质的分解代谢。结合宏基因组证据与土壤物理化学指标,我们发现气候变暖将会刺激典型草原土壤微生物群落分解土壤有机质,这就提供了土壤微生物对气候变化产生正反馈的最直接证据。除非降雨量与气温能够同时增加,否则典型草原将会成为气候变暖的碳源(Zhang et al.,2017)。

一般认为,植物多样性的丧失主要通过碳源多样性的减少来减少土壤微生物多样性。但是该假设的支持证据并不多,其生态学机制也不清楚。我们在内蒙古草原上完成了一个长期的植物功能群去除实验,设置了4个功能群多样性梯度(0、1、2、3),用宏基因组技术测量了微生物的分类学和功能基因多样性,结果发现实验处理没有影响分类学多样性,但是降低了基因多样性;同时发现基因多样性的降低主要是植物生产力降低导致的,而非植物功能群本身的丧失造成的。植物的生产力降低导致供给微生物的新鲜易被分解的碳源减少,因此加强了生态筛选过程的选择压力,有利于负责能量生产等相关功能的基因,同时不利于很多其他功能的基因。我们在这项研究中发现,地上与地下群落之间最关键的链接是碳源量影响微生物功能基因多样性,而非植物多样性影响微生物分类学多样性(Zhang et al.,2017)。

通过对多种环境变化的研究,我们发现氮沉降主要是通过降低土壤pH来起作用,而由于降雨量增加能够提高土壤pH,所以可以抵消氮沉降的部分酸化效果;降雨量增加和气候变暖直接刺激了土壤微生物的合成代谢。植物多样性丧失降低了生态系统的净初级生产力,减少了微生物的碳源供给量,从而降低了微生物功能多样性。

4.3.3 环境变化对土壤微生物群落影响的生态学过程

在整个大陆尺度下,土壤pH是影响细菌多样性的最重要的生态因子。陆地生态系统是海洋起源的,因而原始的土壤是呈偏弱碱性的,长期的生物地球化学过程使得有些生态系统逐渐酸化。现有研究仅仅认识到了长期土壤酸化影响细菌群落的生态过滤作用,忽略了进化适应过程的潜在作用。理论上来说,生物与环境之间的关系有两个方面:一方面,环境变化会过滤掉不适应的物种;另一方面,生物会通过进化过程来适应环境变化,或者别的地方适应这种环境的物种会迁移过来。因此,有3种潜在的机制类型:①生态过滤和进化适应两种过程都不起作用;②仅仅生态过滤起作用;③进化适应抵消了生态过滤的部分作用效果。我们发明了一套理论分析方法,用来比较自然界长期酸化土壤样品与人工快速酸化实验样品的细菌多样性的差别。人为酸化实验发生在较小的时间尺度下,主要是生态过滤过程起作用；长期土壤酸化发生在较大的时间尺度下，应该是生态过滤和进化适应共同起作用。我们推测了两种过程在两种时间尺度下的7种理论上的组合情况，并预测了每种情况对应的多样性模式；根据观察到的微生物多样性变化模式，即可反推机制。研究发现：3种机制都在起作用；不同的微生物类群是由不同类型的机制驱动的，第三种是最主要的类型；整个细菌域作为一个群体是由第三种机制驱动的（Zhang et al.，2015）。Li等（2016）认为，该研究激发了土壤学家对土壤酸化降低微生物多样性的机制上的重新思考。

多种人类活动引起的环境变化导致土壤微生物功能多样性快速丧失，但是我们对能够有效抵消或缓解多样性丧失的生态学过程和机制知之甚少。尽管中度干扰和充分的有效资源量能够促进高等生物的多样性，我们尚不清楚这些因素及其共同作用是否对微生物功能多样性的维持同样起作用。为了回答这个问题，我们在内蒙古典型草原上设置了一个长达5年的实验，操控了刈割、氮素添加、磷素添加以及它们的多种同步处理（Zhang et al.，2018）。氮素添加使得土壤pH下降了0.6，并且使得细菌群落的总量下降了19.5%，因此造成了干扰。磷素添加显著地降低了土壤碳氮磷水资源的生态位维度。在所有具有中度干扰效果的氮素添加处理中，资源生态位维度与微生物基因丰度之间有显著的正相关关系（$P < 0.01$）。实际上，主要是由于真菌丰度提高，微生物基因丰度增加了。与之相反，在其他低干扰处理中，基因丰度与资源生态位维度之间没有相关关系。总而言之，在中度干扰和充足的资源生态位维度同时存在时，微生物功能多样性最大，这个结果意味着这两个因素需要同时调控才能有效地维持较高的多样性。

与传统的确定性观点不同，我们发现了随机性变化（如随机灭亡）的重要性，这意味着仅仅恢复土壤物理化学条件并不能导致微生物群落的完全恢复；与朴实的适应性观点不同，我们发现了生态过滤的主导作用，这意味着微生物群落并不能完全快速地适应环境变化。这些发现证明了保护土壤微生物多样性的必要性。为了有效保护，应该重点从土壤酸化和碳源供给量着手，在干扰情况下需要注意保持足够的生态位维度，而物种的随机灭亡则意味着应该重视重新引种的作用。

揭示确定性过程（如种间竞争和环境过滤）和随机性过程（如物种扩散和生态漂变）在维持生物多样性中的相对重要性是生态学研究的一个核心问题。基于在内蒙古典型草原上的一个长期模拟氮沉降实验，我们提出了一种计算方法，成功地分离了氮沉降引起的群落组成变异的确定性成分和随机性成分,并且计算了两者的相对重要性(百分比)。简单地说,对于每种处理,随机性变化=(处理之间的平均组成变异)−(对照之间的平均组成变异);确定性变化=(对照与处理之间的平均组成变异)−(对照之间的平均组成变异)。这种方法的前提条件是不同重复之间的群落组成变异主要是由随机性过程造成的。该方法成功地应用于植物、细菌和氨氧化古菌群落中。总体而言,随着氮添加速率的增加,随机性变化的重要性会降低。在植物和细菌群落中,这种降低是非线性的,在某些群落添加速率会出现小幅度的增加。在植物群落中,随机性变化的重要性总是小于0.5;在氨氧化古菌群落中,随机性变化的重要性总是大于0.5。结果证明氮沉降通过调节随机过程的相对重要性来改变生物多样性,因此需要根据不同的氮沉降速率和群落属性采取不同的多样性保护策略(Zhang et al.,2011)。该方法是区分随机性和确定性作用的最简洁又合理的方法。同时,利用该方法,证明了在驱动30年的草原植物群落自然动态过程中,随机过程对稀有种比对常见种更重要(Zhang et al.,2016)。

我们将这种计算方法进一步应用到典型草原上的16种不同的环境变化处理(植物多样性丧失、生物量收割、氮沉降、磷素添加、增雨、增温及其共同作用),发现这些环境变化主要通过调节随机性变化而非确定性变化来影响土壤微生物群落。土壤微生物多样性非常高,现有的技术不能够绝对准确地测量微生物多样性,只是一个抽样过程,因此计算出来的这种随机性变化的重要性可能是取样过程而非真正的生态学随机过程造成的。我们进一步利用多种不同的方法,包括基于全基因组的宏基因组技术,排除了随机取样过程的影响。同时,用其他研究者发明的随机模拟方法证明了自己发明的计算方法的正确性。传统观点认为,确定性过程在维持土壤微生物多样性过程中起了主导作用,因此该研究结果对传统观点提出了直接的挑战。需要注意的是,该研究结果强调环境变化主要调节了随机性变化,这种调节包括促进和抑制两种情况。如果是抑制,意味着随机性过程的重要性降低了,而确定性过程的重要性增加了(Zhang et al.,2016)。这项研究的科学发现将会激发人们重新思考当代生态学理论在全球变化背景下的预测能力。

现有的随机模拟方法是通过判断真实群落与模拟产生的随机群落之间是否有差别,从而推测确定性过程是否在起作用。与此不同,我们发明的方法可有效分解实验处理因素造成的生物群落结构改变的确定性成分和随机性成分;该方法步骤简单,不仅适用于植物群落,而且适用于土壤微生物群落。该方法的应用将会促进我们对环境变化影响群落结构的机制性的理解。

《科学》(*Science*)杂志在2005年提出了125个重大科学问题,其中第13个就是"什么决定了物种的多样性?"也就是生物多样性的维持机制。实际上,土壤微生物多样性研究远远落后于高等生物多样性研究,其多样性维持理论还极其缺乏。我们在研究微生物物种多样性的同时,更加关注其功能基因多样性。基于高通量测序的宏基因组技术是解决这一问题的有效手段。氮肥施用、水分管理及种植模式是常用且关键的农田管理方式,因此我们应重点研究它们对土壤微生物的影响,以揭示其作用机制,并且提出合理的微生物多样性调控措施。

(张西美　王正文)

4.4　区域尺度下土壤微生物群落的演变规律

生物地理学是研究生物(包括种群、群落等不同层次)的地理分布格局及其成因的科学,是生物学与地理学的交叉学科。生物的地理分布格局反映了生物之间以及生物与环境之间的相互关系,它与尺度一起被认为是生态学研究的核心问题,同时也是生物地理学的基石(Ganderton et al.,2005;Lomolino et al.,2006)。在何地有何种生物? 为何这些生物生活在那里? 在不同时间和空间尺度下生物又是如何分布的? 对这些问题的研究有助于深刻理解地球上生物多样性产生和维持的机制(如选择、漂变、扩散、突变),这也是亟待解决的前沿科学问题之一(Hanson et al.,2012)。

长期以来,人们主要聚焦于地上大型生物(动物和植物)的空间格局研究,提出了许多解释这种空间分布格局形成和维持机制的假说和理论,推动了生物地理学的发展,如动植物多样性随纬度和海拔增加不断降低或成单峰模式等(Drakare,2006)。相对于大型生物而言,微生物(古菌、细菌和真菌)的生物地理学的研究却十分薄弱(Martiny et al.,2006),甚至对微生物是否存在一定的地理分布格局都存在广泛争论(Finlay,2002),许多适用于大型生物的传统生物地理学理论也未能在微生物中得到很好的验证(Prosser et al.,2007)。

微生物生物地理学研究的滞后有两方面的主要原因。客观上,虽然土壤微生物是生态系统的关键组成部分,具有极其重要的生态功能,但由于微生物本身具有体型小、世代周期短、种类繁多、个体数量大等生物学特性,微生物多样性的定量化描述从来都是一个巨大的挑战(Curtis et al.,2002)。另外,人们普遍认为微生物地理分布格局与大型生物相比有着本质的区别,即呈一种全球性的随机分布(Finlay,2002;O'Malley,2007),从而不自觉地将微生物从生物地理学研究中排除出去。然而,不同的微生物类群确实具有明显的生物地理格局,甚至在某一生境内部,微生物多样性也能够在几微米或几千公里的地点间变化(Fierer,2008)。如果微生物地理学不存在,那么微生物群落也不会呈现时空异质性,人们则可以通过某一位置单一样点的研究来预测全球微生物多样性的格局。

　　21世纪以来,随着高通量测序、基因芯片等技术的突破,人们可以打破以往微生物学研究中需要对其进行培养鉴定的限制,直接从基因水平上考查其多样性,使对微生物空间分布格局及其成因的研究重新成为可能。土壤微生物的空间分布规律及其驱动机制已经成为国际上土壤学、微生物学、地理学和生态学等多学科交叉研究的热点(Green et al.,2006;Martiny et al.,2006;Ramette et al.,2007)。一些研究表明,微生物在全球呈现与大型生物相似的限制性分布模式,提供了微生物多样性空间分布格局与动植物相似的有关证据(Cho et al.,2000;Zhou et al.,2002)。但是,当前对于微生物多样性空间格局的理解还十分有限(Ward et al.,1998;Horner-Devine et al.,2004a;Fierer et al.,2006;Bardgett et al.,2014),甚至对于驱动微生物多样性空间分异的主要因素还存在较大争议(Lauber et al.,2009)。此外,尽管土壤微生物群落的组成、多样性和个体丰度受某些环境因子影响,并表现出一定的空间分布格局,但在很大程度上这些证据只排除了土壤微生物随机分布的假说,人们对驱动土壤微生物群落空间分布格局的内在机制并不清楚(Hanson et al.,2012)。事实上,这方面的知识也许更为重要,因为只有对微生物多样性空间格局机制和过程有了理解,相关的研究才有可能从对现象的描述发展到对其本质的揭示,从而指导人们对生态系统进行管理和功能调控(Martiny et al.,2006)。

　　传统的生物地理学理论与研究框架已经发展了相关的理论用于解释大型生物空间分布格局的形成机制,如强调历史进化因素(如距离分隔、物理屏障、扩散历史和过去的环境异质性等)和当代环境因子(如光照、降雨、温度、土壤pH和营养状况等)的相对作用。在此基础上,一些学者很自然地提出可能适用于微生物生物地理分布格局的研究框架,即评价当代环境条件和历史进化因素的相对贡献(Martiny et al.,2006;Lomolino et al.,2006;Ramette et al.,2007)。Martiny 等(2006)在这个研究框架的基础上,提出了微生物生物地理分布的四个假设。

假设1:土壤微生物在空间上随机分布,微生物群落组成和多样性变化不受这两类因素的影响。

假设2:土壤微生物群落变化只受历史进化因素的影响,这些历史偶然事件的影响造成了土壤微生物群落组成和多样性的差异,并且这种差异一直持续到现在。

假设3:土壤微生物群落变化只反映了当代环境因子的变化,不同的环境异质性维持了不同的土壤微生物群落组成和多样性。微生物强大的扩散能力,抹去了历史事件的影响。

假设4:与大型生物类似,土壤微生物群落组成和多样性的变化是当代环境因子和历史事件共同作用的结果。

4.4.1 当代环境因素和历史因素对微生物空间分布的影响

绝大多数研究证明,土壤微生物群落组成、个体丰度和多样性随某种环境因子(如植被、土壤 pH、空间距离)在空间上呈某种规律性分布。早在 1934 年,Baas Becking(1934)就提出"Everything is everywhere,but the environment selects",指出微生物无处不在,是当代环境条件选择了微生物的空间分布。这一假说排除了空间距离对微生物的影响,推测相似的环境条件下具有相似的微生物群落,得到很多研究的支持。一些学者发现土壤 pH 是驱动土壤细菌生物地理分布最重要的环境因子(Fierer et al.,2006;Lauber et al.,2009;Chu et al.,2010);Lauber 等(2009)在对南北美洲不同生态系统下土壤细菌群落的研究中发现,土壤细菌群落组成、多样性有较大的空间变异,细菌空间变异主要是由土壤 pH 驱动的,而与其他的土壤环境因子没有显著相关。Chu 等(2010)研究了大尺度下北极土壤细菌生物地理分布,发现北极土壤细菌的多样性和空间变异程度并不比低纬度的生态系统低,细菌群落组成与多样性主要由当代环境条件(土壤 pH)而不是历史因素驱动的。Griffiths 等(2011)采集了英国的1000份土壤样本,发现细菌多样性程度与土壤 pH 密切相关,同时也发现土壤细菌群落和地上植物群落之间存在着极为密切的关联。但是,其他学者发现,气候、土壤养分、盐度和植被群落特征等环境条件也会显著影响微生物群落组成和空间分布(Wardle et al.,2004;Lozupone et al.,2007;Liu et al.,2010;Talbot et al.,2014;Tedersoo et al.,2014;Prober et al.,2015)。一个综合了 111 个实验调查的结果表明,盐度是控制微生物群落组成的驱动因子(Lozupone et al.,2007);而 Jiang 等(2007)发现,微生物的组成在湖水中与盐度相关,但在沉积物的垂直分布中不受盐度的影响,这意味着微生物的分布格局与驱动因子可能与生态系统类型相关。目前,对于究竟何种当代环境因素起决定性作用尚不明确。

只考虑环境的决定性作用并不完全准确,因为历史因素(如扩散限制)也可能是驱动微生物多样性空间格局的另一重要因子,可导致微生物显著的地方性分布。早前一些学者认为,微生物由于个体小、数量大而具有无限制的全球扩散能力(Finlay et al.,1999;2002)。但实际上,在不同尺度下,地理隔离引起的扩散限制对自然条件下的微生物也普遍存在(Horner-Devine et al.,2004;Fierer,2008),特别在区域或更大尺度下,扩散很可能成为微生物群落空间聚集的关键限制性因子和微生物进化的重要驱动力(Hubbell,2001;Lauber et al.,2008;Talbot et al.,2014)。这个假说从一些距离-衰减关系的研究中得到了很好的验证(Cho et al.,2000;Papke et al.,2003;Whitaker et al.,2003)。有研究表明,微生物群落的空间分布由扩散限制而非当代环境条件决定。也有研究报道,当代环境条件和历史因素共同决定微生物的生物地理分布(Ge et al.,2008;Xiong et al.,2012;Wang et al.,2013),但是这两种因素对微生物群落空间变异的相对贡献率仍存在很大争论(Zhou et al.,2008;Ranjard et al.,2013;Garcia-Pichel et al.,2013)。

综上可见,究竟是当代环境因素还是历史因素,或者是两者共同作用决定土壤微生物群落多样性的地理空间分异,尚不清楚,亟须通过进一步研究进行验证。

环境因素和历史因素的相对重要性可能与所选择的尺度和生态系统类型有关,这可能也是造成以往研究结果差异性的主要原因(Ricklefs,2004)。在较小的局域尺度下(厘米到米),土壤生物的空间格局通常由土壤碳和养分有效性等一些土壤理化性质的变化决定(Wardle,2002),而在区域、大洲或更大尺度下,降雨或温度等气候因子可能会比土壤理化参数发挥更重要的作用(Bardgett et al.,2014)。许多重要生态过程的发现也依赖于所研究的尺度大小,随着采样空间距离的增大,与土壤和植被等环境因素相比,地理因素如扩散限制的作用也会更为明显,从而成为驱动微生物多样性空间分异的最关键因子(Martiny et al.,2006)。Talbot 等(2014)对北美洲土壤真菌群落的调查发现,其群落距离与空间地理距离呈显著负相关关系,并且大多数土壤真菌表现出与动植物相似的地方性分布特征,证实了在大尺度下扩散限制对真菌群落结构起到的决定性作用。同时,微生物多样性空间分布的驱动因素与采样区域的生境或生态系统类型也相关联,其群落组成和多样性在不同的生态系统之间具有很大的差异(Fierer et al.,2006)。例如,在干旱和极端干旱区域,水分是影响养分循环和植物群落多样性和生产力的关键限制性因子,水分的缺乏直接影响输入到地下、可被土壤微生物利用的植物凋落物的数量和质量,因而成为驱动微生物生物多样性格局的重要环境因子。在国内,绝大多数关于土壤微生物生物地理格局的研究仅仅关注了小尺度下单一的生境类型或者某一种分类单元的微生物,尚未从区域或更大尺度下,在不同生态系统类型中对土壤微生物群落的空间分布特征开展深入研究,而这对于揭示微生物多样性的分布格局及其驱动因素至关重要。

如何将地球上复杂的微生物多样性与生态系统功能直接联系起来,实现其生态服务功能的人为调控与管理是微生物空间分布研究的核心问题和终极目标。然而,微生物功能与其大尺度下的生物地理格局之间是如何联系的,这种联系在不同的地理区域之间有何不同,尚不清楚。由于技术方法的限制,仅仅极少数学者对微生物功能基因的空间分布模式进行了研究,如已有报道采用功能基因的定量聚合酶链式反应(polymerase chain reaction,PCR)技术描述氮循环相关基因的空间分布,提出环境因子是导致氮循环功能基因空间分布异质性的主要原因(Philippot et al.,2009b;Enwall et al.,2010;Bru et al.,2011)。Zhou 等(2008)采用基因芯片技术分析了森林生态系统微生物功能基因多样性的空间格局,结果表明,在小尺度下微生物功能基因也符合种-面积定律,微生物功能群的空间周转显著低于动物和植物,但还不确定在较大尺度下是否存在这样的规律。然而,仅有的这些研究大多只是在小尺度下或者对土壤微生物某一功能基因类群(如氮循环)进行研究,而在区域或更大尺度下,对参与重要生态过程的不同微生物功能基因类群的空间分异、微生物基因与群落结构关系的研究仍然缺乏。

4.4.2 我国北方草地土壤微生物研究现状

草地是我国最大的陆地生态系统,在防风固沙、涵养水分、保持水土、净化空气等方面具有非常重要的作用。我国草地生态系统尤其是温带草地生态系统大部分位于生态脆弱带上,占据着特殊的生态地理位置。作为草地生态系统的重要组成成分,土壤微生物有着不可替代的地位与作用,但是长期以来对我国北方草原土壤微生物的研究多集中在地上部分,而对地下微生物群落结构和多样性研究比较有限。

我国北方草原土壤微生物的研究手段多停留在传统方法上,应用分子生物学手段对草原土壤微生物群落的研究还十分有限。此外,北方草原微生物研究多集中于以野外实验平台为依托的局域尺度,多以某一点的长期样地设计实验的人为干扰为主,如放牧、刈割、施肥等不同处理条件下的土壤微生物群落结构和多样性研究,其研究内容也多只是涉及不同生物和非生物因素作用下的微生物生物量变化或者生物酶活性变化等,而缺乏在较大尺度下采用分子生态学技术对不同草地生态类型的微生物群落分布规律的研究。究其原因,一方面是研究手段的限制。环境中绝大多数微生物具有不可培养性,这在很大程度上限制了传统微生物学对非培养微生物的深入研究。另一方面,由于微生物本身具有体型小、世代周期短、种类繁多、个体数量大等特殊的生物学特性,人们很难对其进行定量化的描述(Curtis et al.,2002)。现代分子生物学技术和新一代测序技术的快速发展,使人们可以打破以往微生物学研究中需要对其进行培养鉴定的限制,直接从基因水平上考察其多样性,这就使得人们在区域尺度下对微生物多样性空间分布规律及其成因的深入研究成为可能。在内蒙古半干旱草原区域,不同生境间的细菌群落结构差别不大,在同一生境内或不同生境之间,土壤质地对群落相似性的影响要远大于植被类型和水分条件的影响。土壤质地和盐度是半干旱环境中影响细菌群落的重要环境变量,某些细菌门的相对丰度与土壤性质密切相关(Kim et al.,2012)。在较大的空间尺度下有哪些环境变量驱动土壤微生物群落的空间分异,这种空间分异形成和维持的机制是与扩散、迁移等历史因素有关还是与当代的环境气候变化和人类干扰因素有关仍然鲜为人知。

4.4.3 北方草地土壤微生物α-多样性的区域尺度演变规律

陆地样带调查是国际地圈−生物圈计划中全球变化研究的重要手段和热点。在国际地圈−生物圈计划的陆地样带中,中国东北温带森林−草原样带是一条以降雨为主要梯度的重要样带(张新时等,1995)。在我们的研究中,我们主要关注中国东北温带森林−草原样带的草地生态系统区域,同时将原有中国东北温带森林−草原样带向西延伸至甘肃、新疆境内,覆盖中国北方高寒草原、干旱和半干旱区域的荒漠草原和典型草原类型。我们在研究中所设计的干旱、半干旱草地样带,西起83°27′E,向东至123°28′E,纬度范围为39°51′N~50°30′N,东西长度3000余千米。

沿样带由西向东,气候、土壤与植被呈现明显的地带性变化趋势。取样区域的多年年均降雨量为34~436mm,多年年均温为−4.66~9.38℃,海拔为530~3062m。在样带西端的新疆高寒草原地区,年均降雨量在260mm以上,土壤类型主要为高山草甸土;在新疆东部、甘肃和内蒙古西部的荒漠和荒漠草原地区,年均降雨量低于100mm,土壤类型主要为沙土和灰漠土;而在样带东端的地区,年均降雨量达到400mm,土壤类型主要黑钙土。由于东西降雨量的显著差异,植被类型也呈现明显的地带性分布。在新疆高寒草原区域(42.89°N~43.21°N,83.47°E~85.22°E),植物群落中主要以紫花针茅(*Stipa purpurea*)和黑花苔草(*Carex melantha*)为主。在荒漠和荒漠草原区域(39.86°N~43.85°N,87.38°E~114.09°E),主要以荒漠沙生植物为主,包括沙生针茅(*Stipa glareosa*)、无芒隐子草(*Cleistogenes songorica*)、蒙古葱(*Allium mongolicum*)、红砂(*Reaumuria songarica*)、白刺(*Nitraria tangutorum* Bor.)、锦鸡儿(*Caragana* spp.)等。在内蒙古典型草原区(43.98°N~50.05°N,114.83°E~120.48°E),主要以草原旱生植物为主,包括大针茅(*Stipa grandis*)、羊草(*Leymus chinenses*)、克氏针茅(*Stipa krylovii*)、糙隐子草(*Cleistogenes squarrosa*)、冰草(*Agropyron cristatum*)、洽草(*Koeleria cristata*)、星毛委陵菜(*Potentilla acaulis*)、小叶锦鸡儿(*Caragana microphylla*)等。

在样点水平上,我们研究了细菌多样性的空间分布特征,并结合气候(温度和降雨)、土壤pH、含水量、总氮含量、总有机碳含量、总磷含量)与植被(物种多样性、地上生物量)等环境因素与空间地理因素(地理距离),分析土壤细菌多样性空间分布的主要驱动因素(Wang et al.,2015)。研究主要解决以下3个方面的问题。①沿样带地理与环境梯度,细菌群落多样性是如何变化的？②环境异质性和地理距离是否共同影响细菌多样性和群落组成的空间变化？③如果当代环境因素和地理距离（历史因素）都对其有影响，两者对形成细菌空间格局相对贡献是多少？

我们用干燥度指数综合反映年均降雨量与年均温沿着样带的变化情况。在荒漠区，干燥度指数<0.1；在荒漠草原区，干燥度指数介于0.1和0.3之间；在典型草原区，干燥度指数介于0.3和0.53之间。干燥度指数、土壤总有机碳含量、土壤总氮含量、植物物种丰度与地上净生产力沿着样带从西至东呈增加的趋势，土壤pH呈下降趋势，越干旱的地区土壤pH越高。土壤pH变化范围为6.35~9.24，土壤总有机碳含量、土壤总氮含量和土壤总磷含量的变化范围分别为0.05%~4.46%、0.0~0.38%和0.01%~0.08%，群落植物物种丰度与地上净初级生产力的变化范围分别为0~23种/m²和0~287g·m⁻²·a⁻¹。年均降雨量与年均温呈显著负相关关系。植物物种丰度与地上净生产力显著正相关（$r=0.812, P<0.01$），土壤总有机碳含量与土壤总氮含量也呈显著正相关关系（$r=0.991, P<0.01$）。

在所有调查的土壤样品中共得到了14649589条高质量的序列，平均每个样本的序列数为384823条（173260~596386条）。按照97%的序列相似性，将这些序列共分类成31248个可操作分类单元（OTUs），每个样品选择相同的序列深度173260条进行随机重采样，用于后续比较分析。

在细菌门的水平上，主要优势细菌类群有放线菌门、酸杆菌门、拟杆菌门、α-变形菌门、δ-变形菌门、浮霉菌门（相对丰度>5%），这些优势类群占全部细菌序列的70%。其他类群包括蓝细菌门、硝化螺旋菌门、衣原体门和绿菌门也普遍存于大多数土壤样品中，但是丰度相对较低。此外，还发现了18个稀有类群。

基于OTUs的丰度、系统发育多样性和香农-维纳多样性指数评估了细菌的α-多样性。细菌OTUs的丰度沿样带梯度发生明显变化（从4752到8518）。在所有检测的环境变量中，干燥度指数与细菌OTUs丰度（$r=0.601, P<0.001$），系统发育多样性（$r=0.523, P<0.001$），香农-维纳多样性指数（$r=0.301, P=0.027$）相关性最高。土壤有机碳含量、土壤全氮含量、土壤氮磷比和植物物种丰度与细菌α-多样性也有相关性。土壤pH和其他环境变量如海拔、土壤全磷含量，土壤碳氮比和土壤含水量呈弱相关或不相关。在越干旱的地区（干燥度指数<0.1），细菌的多样性越低，随着干燥度指数的增加，细菌多样性急剧增长。但是，当干燥度指数进一步增加并超过某一阈值后，

细菌多样性没有显著变化(见图4.4.1)。与细菌不同,古菌OTUs丰度与干燥度指数呈高度负相关关系($r=-0.740, P<0.001$),与土壤pH呈显著正相关关系($r=0.491, P=0.001$),在越干旱的土壤中,丰度越高(见图4.4.2)。

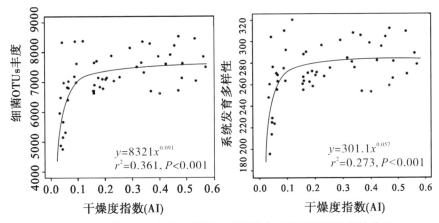

图4.4.1 细菌OTUs丰度、系统发育多样性与干燥度指数的相关关系

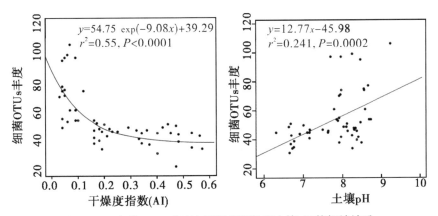

图4.4.2 古菌OTUs丰度与干燥度指数和土壤pH的相关关系

非度量多维尺度排序方法分析表明,细菌群落随干燥度和土壤pH的变化显著不同。蒙特尔检测结果进一步表明,细菌群落与干燥度和土壤pH最为相关($r=0.669$和$r=0.480, P=0.001$)。此外,细菌群落组成与其他环境因子,如土壤碳氮比、土壤全氮含量、土壤总有机碳含量、土壤全磷含量、土壤含水量和海拔等,虽然也有相关性,但是这些因子的组合并不能显著提高相关性。消除趋势的对应分析的结果也表明,细菌群落结构随干燥度梯度发生明显变化。典范对应分析的结果也证明了干燥度是影响细菌群落最重要

的环境因子。

群落相似性与地理距离呈负相关关系(蒙特尔检测结果:$r=-0.773$,$P<0.001$),与环境距离也呈显著负相关关系(蒙特尔检测结果:$r=-0.579$,$P<0.001$;见图4.4.3)。因此,环境因子与地理距离都是细菌群落结构的决定性因素。我们通过Bioenv程序筛选出影响微生物群落聚集最显著的环境变量组合,并用方差分解分析计算环境因子和地理距离对细菌群落结构的相对贡献,结果表明所筛选的6个环境因子,即干燥度、土壤全磷含量、土壤pH、土壤总有机碳含量、土壤碳氮比和海拔高度,分别能够解释细菌群落空间变异的5.63%、5.33%、5.12%、3.10%、2.53%和2.35%,环境变量共同解释了24.06%的群落空间变异。根据成对地理距离矩阵,我们筛选出影响细菌群落的空间向量组合,用方差分解分析计算得出地理距离的贡献率为36.02%。

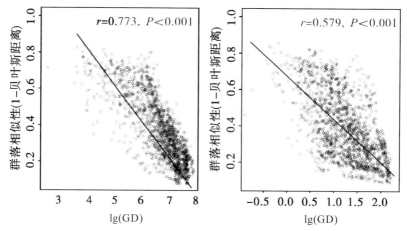

图4.4.3 细菌群落距离与环境距离和地理距离的相关关系

注:GD,地理距离,km。

通过聚类分析我们发现,细菌群落被聚类成5个大类群。第一大类群由8个取样点组成,位于新疆和甘肃地区,经度范围为87°23′E~97°16′E,这一区域的干燥度指数都小于0.1。第二大类群仅仅由一个取样点组成,此样点是特殊的雅丹地貌。第三大类群由6个取样点组成,位于甘肃和内蒙古西部荒漠地区,经度范围为99°52′E~103°45′E,这一区域更为干旱,其干燥度指数小于0.05。第四大类群由18个取样点组成,位于内蒙古中部,经度范围为104°53′E~113°28′E,这一区域的干燥度指数大于0.1而小于0.3。第五大类群由21个取样点组成,位于内蒙古东北部,经度范围为114°05′E~120°21′E。这一区域的干燥度指数大于0.3而小于0.53。整体上,空间距离相近的取样点有着相似的细菌群落。

细菌优势类群相对丰度沿样带干燥度梯度发生显著变化。α-变形菌门、β-变形菌门、γ-变形菌门和拟杆菌门与干燥度指数呈非线性关系,在干旱的地区,这些类群的相对丰度先随干燥度的增加而下降,后来随干燥度的增加而丰度增加。酸杆菌门和浮霉菌门相对丰度在干旱地区随干燥度指数的增加而增加,但是随着干燥度指数的进一步增加丰度却不再变化。放线菌门和绿弯菌门与干燥度指数呈显著负相关关系($r=-0.845$和$r=-0.510$,P<0.0001),而δ-变形菌门和疣微菌门呈显著正相关关系($r=0.850$和$r=0.901$,P<0.0001)。土壤pH除了与放线菌门($r=0.729$,P<0.0001)、厚壁菌门($r=0.419$,$P=0.002$)和绿弯菌门相对丰度($r=0.652$,P<0.0001)呈正相关关系外,与大多数优势类群相对丰度都呈负相关关系。

可以看出,沿着这条大尺度的连续样带,存在明显的空间降雨与温度梯度。干燥度指数与年均降雨量呈高度正相关关系($r=0.996$,P<0.01),与年均温呈高度负相关关系($r=-0.942$,P<0.01)。干燥度指数与其他土壤理化参数,如土壤pH、土壤全氮含量、土壤总有机碳含量等也有显著相关关系,并且显著影响地上植物群落组成、净生产力和生物量分配(Luo et al.,2013;Wang et al.,2014),以上表明干燥度是关键的气候因子,反映了样带土壤水分获得性的变化。

近年来,不少研究表明,水分获得性与大型生物物种丰度、多样性和丰度呈正相关关系(Hawkins et al.,2003)。然而值得注意的是,我们发现细菌多样性和丰度特征并未完全遵从这样的规律。尽管干旱地区的细菌多样性与相对湿润地区相比非常低,但是在极端干旱地区的细菌多样性存在较大的变异。这可能说明在较干旱的区域,土壤微生物相对于地上大型生物可能更易被小概率的降雨事件激活。事实上,我们的数据明显表明,植被多样性与地上净生产力沿干燥梯度显著增加,这暗示植物的物种丰度格局与土壤细菌并不完全相同,可能存在不同的控制机制,土壤微生物对胁迫环境的耐受性可能比大型生物更高。

很多关于土壤细菌生物地理格局的研究发现,土壤pH是决定土壤细菌多样性和群落组成的主要环境因子(Fierer et al.,2006;Lauber et al.,2009;

Chu et al.,2010;Griffiths et al.,2011)。然而,通过我们的研究发现,细菌多样性和群落组成主要由干燥度指数而不是土壤pH决定。部分原因可能是我们的取样区域主要位于干旱和半干旱区,土壤pH范围主要在中性到碱性,缺乏酸性土壤的样品,因而模糊了土壤pH的影响。长期氮沉降实验也证明,只有当土壤pH低于6时,细菌多样性才出现显著下降,而我们的土壤样品土壤pH都高于6,因此土壤pH的影响在这里并不明显。同样,在相似的研究区域,Kim等(2012)在蒙古国干旱和半干旱草原的研究中也发现,土壤pH对细菌群落组成没有影响。Chen等(2014)在内蒙古草原采用磷脂脂肪酸分析方法研究发现,降雨量是解释土壤微生物群落空间变异的最主要因素,而不是土壤pH。

　　干燥度之所以对形成细菌群落多样性空间分布发挥至关重要的作用,我们推测有以下两个方面的原因。一方面,水分获得性在生态系统功能的维持和调节中发挥着重要作用,而我们的研究区主要位于我国北方干旱和半干旱区域,这一区域水分是影响养分循环、植物多样性和生产力的关键限制性因子,从而也影响可被地下微生物群落利用的植物凋落物的数量和质量(Bai et al.,2008)。这一推测可以从两个在沙漠地区的研究中得以证明。他们发现干旱和半干旱地区的土壤细菌群落的空间分布格局主要与土壤水含量和有机质含量相关(Clark et al.,2009;Angel et al.,2010)。另一方面,环境因子对地下群落结构的影响是尺度依赖的(Fierer et al.,2006;Fierer et al.,2009;Bardgett et al.,2010),在较小的当地或局域尺度下,土壤生物的空间格局经常由土壤理化性质如土壤碳和养分有效性来决定(Wardle,2002);而在区域、大洲甚至更大尺度下,气候因子如降雨量、气温会比土壤理化参数的作用显得更为重要(Bardgett et al.,2014)。最近的研究也显示,气候因子在大尺度下将会成为决定真菌丰度和群落组成的第一要素(Talbot et al.,2014;Tedersoo et al.,2014)。

　　在我们的研究中,细菌群落主要由放线菌门、酸杆菌门、α-变形菌门、γ-变形菌门、拟杆菌门和浮霉菌门6个优势类群组成,这与地球上其他生物区系的研究结果相似(Bachar et al.,2010)。我们观察到,不仅细菌多样性与干燥度指数存在显著的相关关系,而且细菌优势类群相对丰度与干燥度指数也显著相关,并且沿干燥度指数梯度呈现不同的变化趋势,暗示细菌群落的物种格局可能由优势类群丰度的差异来驱动。在越干旱的地区,放线菌门丰度越高,而疣微菌门丰度越低,说明放线菌门具有较低的水分耐受性,这与其他的研究结果相似(Pointing et al.,2009;Fierer et al.,2012)。α-变形菌门、β-变形菌门、γ-变形菌门和拟杆菌门与干燥度指数呈非线性关系。当超过某一干燥度阈值后,其丰度随干燥度的增加而增加,这可能是由植物净生产力增加带来的土壤碳获得性的增加。例如,β-变形菌门和拟杆菌门一般被认为是富营养类群,他们是外源碳输入的初始代谢者,因此在高碳获得性的土壤中较为丰富。相比而言,酸杆菌门一般被认为是寡营养类群,他们与土壤碳获得性呈负相关关系,已有研究表明这一类群主要由土壤pH驱动,在土壤pH越低的土壤中,其丰度越高(Lauber et al.,2008);在土壤pH越高的土壤中,丰度越低。在我们的研究中,干燥度是影响酸杆菌丰度的主要因子,在极端干旱的区域,其丰度最低,随着干燥度指数的增加急剧增加。这可能是因为在越干旱地区的土壤pH越高,土壤pH对酸杆菌丰度的影响可能是间接的。

生物地理学研究的一个核心目标就是在自然环境梯度下,揭示生物多样性空间分异的原因。几个世纪以来,生态学者已经通过传统的生物地理学理论框架,即尝试评估当代环境因子和历史因素对大型生物分布格局的相对贡献。这些理论框架和假设对土壤微生物的空间分布格局研究也同样适用(Martiny et al.,2006)。细菌群落相似性与地理距离和环境距离显著相关,这说明在大的空间尺度下,细菌群落多样性和组成可能反映了当代环境异质性和历史因素如扩散限制的共同影响。这一结论能够从细菌群落的聚类分析中加以证明,因为在临近的位置或生境中具有相似的细菌群落,而不同群组之间地方性的发生主要由环境因子如干燥度驱动。以前的一些学者认为,微生物个体小且具有无限制的扩散能力,扩散限制对微生物来说是不存在的(Finlay et al.,1999;2002)。然而,我们的研究结果清晰地表明地理距离对细菌群落结构的影响甚至要大于所选择的环境变量。尽管一些小尺度的研究发现,环境因子而非地理距离是决定细菌生物地理格局的主要因素(Horner-Devine et al.,2004;Hollister et al.,2010),但我们的研究发现,在较大的研究尺度下,历史因素对微生物群落的影响可能要超过其他环境因素而变得更为明显。这种差异可能来自研究尺度的不同,因为环境和历史因素的相对贡献是尺度依赖的(Ricklefs,2004)。许多生态学过程只能在一定的空间尺度下才能被观察到。此外,此研究中未解释的变异部分占

39.92%,这可能是由于其他未测量的环境因子(如土壤盐度和土壤结构等)所导致的。

我们采用样带调查的方式,通过16S rRNA基因高通量测序方法研究我国北方干旱和半干旱草原土壤细菌群落多样性的生物地理分布,主要研究结果包括:在我国北方干旱和半干旱草原,放线菌门、酸杆菌门、α-变形菌门、γ-变形菌门、拟杆菌门和浮霉菌门是细菌主要的6个优势类群。干燥度是影响细菌群落多样性和群落组成最显著的环境因子。在越干旱的地区,细菌多样性越低,但是多样性存在较大的空间变异。干燥度也是影响细菌优势类群相对丰度最重要的环境因子,细菌优势门相对丰度随干燥度梯度的变化呈现不同的响应趋势。细菌物种丰度格局与植物不同,但呈现与大型生物相似的地方性。细菌群落相似性随地理距离和环境距离显著降低。相对于环境因子,地理距离也是影响微生物群落组成的另一重要因素。理距离较环境因子能解释更多的细菌群落的空间变异,随着研究尺度的加大,其对微生物群落空间分布的影响可能会更为明显。由此说明,在干旱和半干旱草原微生物群落组成和多样性格局由历史因素(如扩散限制)和当代环境异质性两者共同驱动。

4.4.4 北方草地土壤微生物β-多样性的区域尺度演变规律

为了研究土壤细菌在不同草地类型的距离-衰减关系,我们将细菌物种丰度数据划分为高寒草原、荒漠、荒漠草原和典型草原4个不同的数据组,分别计算其布雷-柯蒂斯距离(Bray-Curtis distance),并转化为群落差异性距离矩阵。同时,将地理距离也转化为分别对应4个不同草地类型的空间距离矩阵,以比较不同草地类型的细菌群落相似性随地理距离的变化规律。如图4.4.4所示,结果表明,与其他3个草地类型相比,高寒草原细菌群落相似性随地理距离的增加而减小的趋势最为明显,即有较高的距离-衰减率,且与整个研究区域的距离-衰减率最为接近;荒漠地区不仅有较低的距离衰减率,其群落平均相似性也明显较低;荒漠草原和典型草原细菌群落距离-衰减率也较低,却有相对较高的群落平均相似性(Wang et al.,2017)。

第4章 土壤微生物群落演变及环境驱动力解析

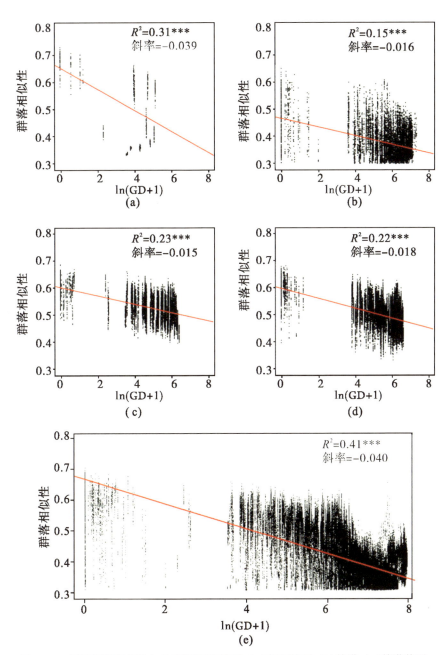

图4.4.4 细菌群落相似性与地理距离的关系。(a)高寒草原;(b)荒漠;(c)荒漠草原;
(d)典型草原;(e)所有草原类型整体。

注:GD,地理距离,km;***,$P<0.001$。

生态学和生物地理学研究的主要目标之一是验证关于生物多样性空间分布的理论假设，而群落相似性的距离衰减是最重要的生物多样性格局之一。距离衰减格局既能体现与随机和扩散相关的过程（如中性过程）（Hubbell，2001），也能体现与生态位相关的过程，而这些过程的相对作用决定了群落距离衰减的强度，并且能够引起在不同生态系统和有机体间衰减强度的变化。此外，距离衰减关系的斜率能够反映出物种在空间上的周转率（如 β-多样性），我们能够基于当地的物种丰度来预测区域的物种丰度。距离衰减格局和潜在的生态学过程对于我们理解生态系统功能、生物多样性保护以及中性生态位模型对物种分布的影响都非常重要。

在我们的研究中，不同草地类型的细菌群落呈现不同的距离衰减格局，尽管群落相似性都随地理距离的增加而减小，但是细菌群落在不同草地类型中的距离衰减率（z 值）明显不同，这说明形成细菌多样性空间格局的驱动机制不同。高寒草原较高的距离衰减率暗示这一区域细菌群落具有较低的扩散能力，即可能受到较强的扩散限制，群落多样性格局可能更多由选择和漂变过程来驱动（Hanson et al.，2012），物种的空间周转率明显快于其他 3 个草地类型。荒漠区域较低的距离衰减率和平均群落组成相似性则暗示这一区域细菌群落具有较高的扩散，即受到的扩散限制很小，群落多样性格局可能更多由扩散和突变过程来驱动（Hedrick，1999）。此外，尽管荒漠草原和典型草原细菌群落也具有与荒漠区域类似的较低的距离衰减率，但是这些区域的平均群落组成相似性较高。因此，其群落多样性格局可能更多由扩散过程来驱动。值得注意的是，整个研究区域细菌群落的距离衰减率与各个草地类型的衰减率都不相同，这进一步证明了微生物的空间多样性格局可能是尺度依赖的（Ricklefs，2004），生境和尺度的选择对于揭示形成微生物生物地理格局的机制至关重要。

中国北方草地是一个生态脆弱带，对人为干扰及全球变化非常敏感。我们通过开展跨度 3000 余千米的北方草地样带调查，运用高通量测序技术系统研究了土壤微生物的空间分布格局及其驱动机制，进一步证明了土壤微生物群落的空间分布格局共同受到当代环境因子和历史进化因素的共同影响。我们是在一个生态系统类型相对单一的草地生态系统中，在一个连续的大尺度空间梯度下进行微生物生物地理学的调查，这样更有利于揭示在较大空间尺度下驱动微生物多样性分布格局的环境与地理因素，发现在连续环境梯度下的微生物群落的变化规律，是微生物生物地理学研究的重要补充。主要结论包括以下两点。①干燥度是影响细菌群落多样性和组成最显著的环境因子。在较大尺度下,气候因子对细菌群落组成和多样性的空间分布的影响会更为明显,地理距离也是影响微生物群落空间聚集的另一重要因素。微生物群落组成和多样性的格局由扩散限制和环境异质性共同驱动。②通过对4个不同草地类型的比较研究,揭示了细菌多样性在不同生境中的空间分异规律和驱动机制。土壤细菌在高寒草原地区都具有较低的扩散能力,即受到的扩散限制较强,而在干旱和半干旱地区有较高的扩散能力,受到的扩散限制较弱。在高寒草原地区,微生物群落的多样性格局可能更多由选择和漂变过程来驱动,而在干旱半干旱地区,群落多样性格局可能更多由扩散过程来驱动。在荒漠地区,微生物群落组成和多样性的空间变异可能主要来自突变过程。

(王晓波　韩兴国)

第二篇

土壤碳、氮、磷生物地球化学循环的

微生物过程

导　言

　　土壤集中了物理、化学、生物反应过程,且各种反应过程既相互作用和影响,又与环境条件存在依存和反馈关系,构成十分复杂的生物地球化学体系(Amundson et al.,2015)。土壤碳、氮、磷等元素的生物地球化学循环过程是决定土壤质量的核心要素,深刻影响着土壤的生态系统服务与功能。2008年,《科学》(*Science*)专刊提出微生物是驱动地球元素生物地球化学循环的引擎。现代环境基因组学的迅速发展给土壤生物学研究带来了前所未有的机遇。新技术的快速发展已经从根本上改变了上百年来人类对地球氮循环关键过程及其理论的认知。2005年,Treusch等(2005)通过当时最先进的克隆文库和测序技术,发现土壤中含氨单加氧酶基因的古菌并具有活性,同年,Leininger等(2006)、Rutting等(2021)分离到世界上第一株氨氧化古菌,相继证实了氨氧化古菌在土壤硝化作用中的重要贡献。这一系列研究颠覆了上百年来教科书中细菌主导土壤氨氧化过程的理念。

　　土壤关键生命元素的生物地球化学过程涉及多种功能微生物群的参与,微生物通过氧化还原反应改变元素价态驱动元素循环,如光合微生物的CO_2固定(Marie et al.,2020)和产氧、有机碳矿化、CH_4的产生和氧化、微生物对氮的固定和对NH_3等无机化合物的氧化、以NO_3^-、SO_4^{2-}等为电子受体的异养微生物的厌氧呼吸(Chen et al.,2022),以及稻田土壤中存在的铁氨氧化过程(Li et al.,2019)。

　　土壤有机质既是植物立地生境的调控者,又是所需养分的重要供应者。农田土壤有机碳储量增加$1t \cdot kg \cdot ha^{-1}$,小麦产量就可增加$20 \sim 40 kg \cdot ha^{-1}$,玉米产量增加$10 \sim 20 kg \cdot ha^{-1}$(Lal,2004)。目前我国旱地土壤有机质平均含量低于$10g\ C \cdot kg^{-1}$,黄淮海平原土壤有机质平均含量更是低至$6.5g\ C \cdot kg^{-1}$,

因此要实现作物产量的持续提升和土壤资源的永续利用,需要提升土壤有机质含量。微生物通过分解有机质来获取繁衍所需的能源、养分和(或)碳源,同时也进行着有机质再合成。经典土壤学认为,土壤有机质的稳定性取决于其组成,有机化合物的可分解性控制着有机质的累积速率,而新近研究发现有机质的稳定性更多地受有机质和环境因素相互作用控制。作为土壤有机质分解的驱动者,微生物生存所占的体积不及土壤总体积的1%(Schmidt et al.,2011),而微生物采用"自由散步(random walk)"理论来选择适宜的生存微生境(Dungait et al.,2012)。研究发现有机质通过与矿物的结合形成团聚体来改变微生物的微生境(Nuccio et al.,2020),从而实现微生物群落结构演替和土壤有机质分解速率的改变。很显然,正是有机质–微生物的相互作用改变着土壤微生物群落结构、数量和有机质的分解速率。

氮素循环是自然生态系统元素循环的核心之一。自19世纪下半叶反硝化细菌、根瘤菌和氨氧化细菌(AOB)相继被发现以来,微生物在氮循环中的4个主要转化过程,即生物固氮作用、氨化作用、硝化作用和反硝化作用,逐步为人们所认识。固氮微生物首先把大气氮转化为铵态氮,随后通过同化作用形成含氮有机物,有机氮化合物可通过矿化作用释放出铵,从而进入硝化、反硝化等无机氮循环,最终形成氮气并返回大气圈。氮素循环的主要过程均由微生物驱动,并最终决定了氮素在土壤圈、水圈、大气圈和生物圈之间的流通和平衡。

在过去十几年中,随着分子生物学技术的快速发展及其与生物地球化学研究方法的结合应用,有关氮循环过程和机制的研究取得了重要突破,如新的硝化微生物类群——氨氧化古菌(AOA)的发现(Treusch et al.,2005),厌氧条件下氨的氧化过程——厌氧氨氧化的发现(Dalsgaard et al.,2003;Jetten et al.,2003)等,这极大地推进了我们对氮循环微生物过程和机制的认识。近年来,从宏基因组学分析发现自然环境中存在古菌氨单加氧酶基因,到氨氧化古菌的成功培养,并与免培养的分子生态学技术及同位素原位标记分析方法等的研究结果相互补充、印证,共同揭示了参与硝化作用过程的关键微生物的多样性、生理生态特征、功能活性及作用机制,极大地丰富了我们对氮素循环过程和机制的认识,并充分展示了微生物在地球化学元素转化中的重要驱动作用。鉴于我国农田土壤中过量氮的投入已经导致了包括土壤酸化、水体面源污染和N_2O释放等一系列环境负面效应,直接影响了社会经济的可持续发展,我们迫切需要了解人为活动影响,特别是施用肥料的农田土壤中氮素转化的微生物过程,这将为有效管理土壤养分、提高养分利用效率和改善生态环境提供依据。

有机磷是土壤磷库的重要组成部分,主要来自植物、微生物的残体和分泌物及死亡动物和动物排泄物。有机磷在土壤中的物理化学过程与无机磷相似,易被土壤矿物固定,存在着频繁的溶解-沉淀、吸附-解析等过程(Sulieman et al.,2021)。但与无机磷相比,有机磷的吸附相对缓慢,具有较强的温度依赖性,需要更高的活化能。在红壤性水稻土中,磷的固定和释放,与Fe、Mn的氧化还原密切相关;在淹水厌氧条件下,Fe^{3+}被还原成Fe^{2+},土壤铁矿吸附性减弱,Fe-P溶解度增加,在水分落干时则逆向反应。与无机磷不同的是,生物过程在有机磷的周转中占据重要地位。微生物生物量磷的合成与破坏及磷酸酶对有机磷的水解是土壤有机磷周转的关键过程(Sun et al.,2019)。微生物对有机磷的活化机制主要包括胞外磷酸酶的脱磷酸化和有机酸、氢离子等对闭蓄态有机磷的释放。与有机碳相似,土壤中的有机磷大部分被土壤矿物固定,难以被微生物和酶接触。惰性有机磷库向活性有机磷库的转化是有机磷矿化的基础。土壤微生物能够分泌有机酸,这些有机阴离子在固磷基质位点与磷酸基团竞争吸附,通过配位交换增加土壤溶液中磷有机磷的浓度(Chen et al.,2006)。根系分泌物为土壤微生物提供了丰富的碳源,有利于微生物的闭蓄态磷的释放。此外,微生物驱动的铁锰氧化物厌氧换还原溶解导致铁锰氧化物溶解,有效增加有机磷的生物可接触性。

大量田间小区与模拟试验证明,以碳促磷是提高土壤磷素有效性的可行措施之一,比如,秸秆还田或有机物料投入能显著改善农田磷素的有效性。生物质炭作为一种高温热解形成的有机物,除自身携带的大量磷素外,还能通过降低土壤酸性和增加相关微生物(如丛枝菌根)的定殖等方式提高土壤磷素的利用率(Zhang et al,2016)。此外,有机酸等小分子有机物也能通过竞争吸附作用释放出土壤磷酸根离子(Tian et al.,2021)。因此,不同有机物料提高磷素有效性的物理化学作用主要包括其自身携带的磷素和有机物料矿化产生有机酸,并溶解难溶态磷酸盐形成正磷酸盐。

尽管2004年的*Science*专刊就指出土壤生物学研究是"最后的前沿",但复杂的生物多样性使得基于基因组学的土壤生物学研究还处于起步阶段。目前,土壤生物地球化学循环更多地侧重于单一微生物过程的研究,海量的微生物多样性与功能之间缺乏联系,难以阐释微生物过程及其驱动的元素循环机制(Gruber et al.,2008)。学术界直到2011年才发表了第一篇真正意义上的土壤宏基因组学成果,但其研究对象仅仅是多样性十分简单的极地冻土(Mackelprang et al.,2011)。目前学术界仍普遍缺乏对许多元素转化的功能微生物的认知,如铁的氧化还原与氮素循环的耦合(Yang et al.,2012; Ding et al.,2014; Li et al.,2019)。最近发现的一些元素微生物转化过程,如厌氧氨氧化和硝化菌的反硝化作用,对土壤氮素转化全过程的相对贡献如何? 微生物介导的生物地球化学过程的耦合,如反硝化耦联的厌氧甲烷氧化、铁磷耦合等,如何影响土壤养分的转化与供应? 回答以上问题,将为综合调控土壤地力提供理论基础。

第5章 土壤碳循环的微生物过程

土壤有机碳库是陆地生态系统中最大的碳库,全球土壤有机碳总量达到1500~2000PgC,相当于大气中碳总量的2~3倍(Davidson et al.,2000),其中大约170PgC储存于17亿公顷农田土壤。与自然土壤相比,农田土壤在全球碳库变化中更为活跃,是受人为活动干扰严重但又可在较短时间内调节的碳库。土壤有机组分既有化学结构单一、存在时间仅为几分钟的单糖或多糖,也有结构复杂、存在时间达到几百甚至几千年的腐殖类物质,既包括植物残留物来源的纤维素、半纤维素等,又包括与土壤矿质颗粒相结合形成团聚体的植物残体降解产物、根系分泌物、菌丝体、微生物残留物等。传统观点认为有机质分子结构决定了土壤有机质的稳定性,然而利用稳定性同位素技术研究(Amelung et al.,2008)发现,外源有机物质在土壤中的分解速率虽与其化学结构有关,但是在土壤中的存留时间或者稳定性并非完全受有机质分子结构控制,例如碳水化合物等易分解性有机碳也可以在土壤中以被保护的方式稳定存留,多糖的存留时间甚至可以长于木质素等难分解性有机组分(Schmidt et al.,2011)。

Kemmitt等(2008)认为非生物过程可能控制着土壤有机质的分解。Six等(2002)指出,土壤有机质的稳定性与存在方式有关,可以分为4种:与粉砂和黏粒结合形成有机–矿质复合体的化学保护方式;形成团聚体的物理保护方式;通过微生物改性、修饰或者再合成等途径形成难分解性有机质的生物化学方式;非保护方式,主要包括轻组和颗粒有机碳。自Tisdall和Oades(1982)提出土壤团聚体形成框架概念以来,对土壤有机质累积过程的认识有了长足进步。该理论认为,游离有机质与粉砂、黏粒等结合形成微团聚体,微团聚体被胶结物如真菌菌丝、根系、微生物或者植物来源多糖等结合形成大团聚体。按照 Dungait 等(2012)提出的土壤微生物"自由散步"理论('random walk'theory),不同种类微生物在土壤中选择最适宜的微环境生存,并对底物进行分解。Wixon 和 Balser(2013)认为,土壤微环境改变或者环境胁迫可以诱导微生物群落发生演替,进而影响土壤有机质的分解和累积。很明显,促进团聚体的形成是提高土壤有机质的关键。Yu 等(2012b)发现,土壤大团聚体比例随着粉黏粒组分中有机质含量增加呈指数增加,表明提高粉黏粒组分中有机质含量是促进大团聚体形成和加速土壤有机质累积的关键。

我国是农业大国,有近 13750 万公顷的耕地,但是,农田土壤有机质含量总体比世界平均水平低 30%,比欧洲的平均水平低 50%。土壤有机质匮乏已成为耕地质量和农业可持续发展的主要限制因素。增加土壤有机质含量,可以改善土壤质量。土壤质量的改善主要体现在土壤结构、根系分布深度、土体性能、土壤生物多样性、养分循环和保蓄能力等方面,土壤质量影响着农田生态系统的稳定性和可持续性。在农田生态系统中,施肥、耕作等管理措施强烈影响着土壤有机质的含量和稳定性。好的农田管理措施可以提高土壤有机质含量,为作物生长提供更多的养分,实现作物高产、稳产,以及土壤可持续利用。

5.1 土壤微生物层级分布特征与碳稳定化机制

5.1.1 土壤微生物群落结构与有机碳累积的关系

利用磷脂脂肪酸分析方法,研究了中国科学院封丘农业生态实验站有机无机肥长期施用对潮土微生物群落结构和有机碳累积的影响。试验包括 7 个处理:Control,不施肥处理;CM,单施有机肥;HCM,一半有机肥氮+一半无机肥氮;NPK,施用无机 NPK 肥;NP,施用无机 NP 肥;NK,施用无机 NK 肥;PK,施用无机 PK 肥。与 Control 处理相比,无论是有机肥还是化肥施用均显著增加了革兰阳性(G^+)细菌丰度,但是对革兰阴性菌无显著影响(见表 5-1-1)。相反,Peacock 等(2001)研究发现,5 年有机肥施用显著增加了土壤革兰阴性菌丰度,降低了革兰阳性菌含量。通常革兰阴性菌含量随底物的增加而增加,并且对易分解有机物的竞争利用能力高于革兰阳性菌。Marschner

等（2003）发现，外源有机物输入土壤后首先促进革兰阴性菌的生长，随着时间的推移，革兰阳性菌丰度逐步增加。Yu等（2012a）发现长期施用有机肥的土壤中碳水化合物含量丰富，显然有机底物并不是完全限制革兰阴性菌生长的主要原因。

表5-1-1　长期施肥对土壤微生物PLFA含量的影响　　单位：nmol·g⁻¹

处　理	微生物总量 PLFA	细菌 PLFA			真菌 PLFA	单不饱和 PLFA	饱和支链 PLFA
		总量	革兰阳性菌	革兰阴性菌			
Control	67.87±7.71c	41.45± 5.09d	7.40± 0.90e	24.14± 3.46ab	10.24± 0.69cd	24.73± 3.28a	21.91± 2.47d
CM	86.11± 6.39ab	61.16± 4.49b	36.61± 2.51a	20.55± 1.27b	10.27± 0.82c	19.25± 1.52c	46.03± 3.44a
HCM	92.52±5.06a	70.52± 3.63a	33.05± 2.04b	23.49± 0.86ab	13.24± 0.81a	24.53± 1.29a	36.19± 2.40b
NPK	75.95± 5.32bc	55.12± 3.52c	19.02± 1.61c	26.34± 1.43a	9.89± 0.63d	24.84± 1.60a	28.46± 2.65c
NP	71.26±7.81c	48.72± 6.69cd	15.05± 2.82d	22.56± 2.49ab	11.59± 0.46b	20.92± 1.46bc	20.81± 3.06d
NK	66.98±7.34c	44.52± 6.25d	12.93± 1.97d	20.89± 2.59b	11.14± 0.86bc	23.58± 2.55ab	19.79± 2.09d
PK	70.39±3.91c	46.16± 2.51d	14.86± 1.01d	20.84± 0.65b	11.52± 0.67b	22.18± 1.07abc	19.12± 1.19d

注：平均值±标准偏差（$n=4$）。不同字母代表不同施肥处理结果间差异达到显著水平（$P<0.05$）。

对表征革兰阴性菌胁迫的cy/ω7c比值的测定发现，CM处理土壤的cy/ω7c比值显著高于其他处理（见图5.1.1）；相反，氧气扩散系数显著降低（见图5.1.2）。Yu等（2012b）研究表明，有机肥施用显著促进土壤大团聚体形成，而化肥则对大团聚体比例的影响较小，不同施肥处理土壤的氧气有效扩散系数与大团聚体质量呈极显著指数负相关。现有研究也表明，团聚体影响土壤水分和氧气传输，进而影响细菌生长（Hansel et al.，2008）。cy/ω7c比值在有机肥处理中显著提高，与大团聚体形成降低了土壤氧气有效扩散系数有关(Wixon et al.,2013;见图5.1.2和图5.1.3)。作用机制是,有机肥施用促进微团聚体或大团聚体内微团聚体中颗粒有机碳的累积,这些颗粒有机碳可以充填到团聚体的孔隙中,使土壤孔隙发生变化和连通性降低(Zhuang et al.,2008),降低了氧气有效扩散系数,导致土壤空气中氧气浓度降低或者厌氧微域的形成(Schjønning et al.,2003)。由于革兰阴性菌通常在通气良好的条件下才能利用多种有机底物,因此可以推测,Peacock等(2001)短期施用有机肥对土壤团聚体结构没有影响,同时为革兰阴性菌生长提供丰富的有机底物,使其丰度显著增加。相反,长期施用有机肥不仅提高了土壤有机碳含量,更通过增加大团聚体比例促进土壤厌氧微域的形成,抑制革兰阴性菌的生长。因此,评价有机肥对土壤微生物群落结构影响需要考虑时间尺度效应。

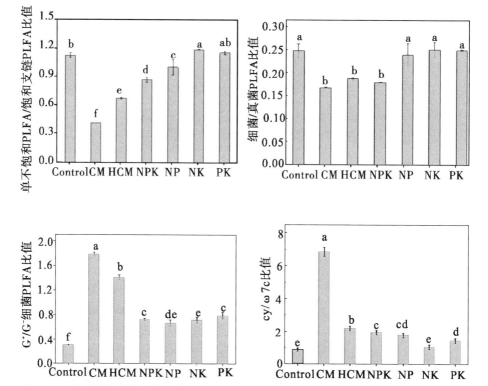

图5.1.1 不同施肥土壤中单不饱和PLFA/饱和支链PLFA、细菌/真菌PLFA、革兰阳性菌(G^+细菌)/革兰阴性菌(G^-细菌)PLFA和cy/ω7c的比值[修订自文献(Zhang et al.,2015)]

注:不同字母表示不同施肥处理结果之间差异达到显著水平($P<0.05$)。

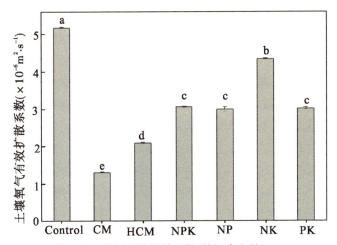

图5.1.2 不同施肥土壤中氧气有效扩散系数[修订自文献(Zhang et al.,2015)]

注:不同字母表示不同施肥处理结果之间差异达到显著水平($P<0.05$)。

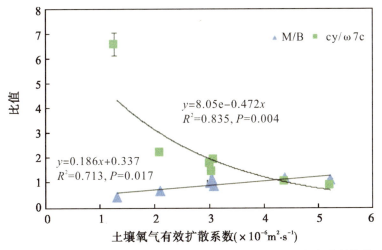

图5.1.3 细菌cy/ω7c及单不饱和PLFA/饱和支链PLFA(M/B)比与氧气有效扩散系数的关系[修订自文献(Zhang et al.,2015)]

所有处理土壤中真菌含量均很低(见表5-1-1),可能是因为长期耕作破坏了真菌菌丝(Kabir et al.,1997)。丛枝菌根真菌比腐生真菌更容易受到耕作影响(de Vries et al.,2007),代表丛枝菌根真菌的PLFA16:1ω5c的含量在所有处理中均<2nmol·g^{-1},显著低于森林和草地土壤中的(Oehl et al., 2010)。

有机肥处理土壤中微生物生物量和有机碳累积速率均显著高于其他处理(见图5.1.4)。Yu等(2012a)研究发现,有机肥处理土壤中单位有机碳矿化率显著低于其他处理,由此表明微生物对有机碳的分解除与其生物量有关外,还受到其他因素制约。有机碳的周转和累积与土壤通气性等密切相关(Strong et al.,2004)。通常,有机碳在>4mm的土壤孔隙中的周转速率高于<4mm的孔隙,并且有机碳的累积速率与土壤中<4mm和60~300mm孔隙体积比例呈显著正相关,而与15~60mm孔隙的体积比例呈显著负相关(Strong et al.,2004)。CM处理中<4mm的孔隙体积比占到65.12%,显著高于其他处理,而15~60mm孔隙的体积仅占11.33%,显著低于其他处理(见图5.1.5)。很显然,有机肥施用对土壤孔隙结构的改变同样促进了有机碳的累积(Ruamps et al.,2011)。

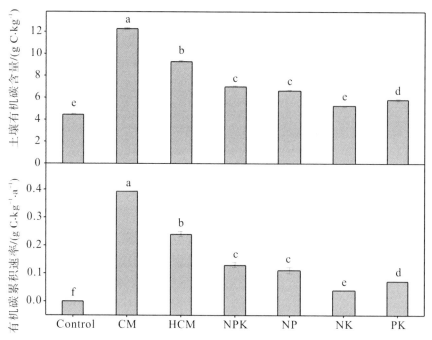

图5.1.4 不同施肥土壤中有机碳含量和有机碳平均累积速率

注:不同字母表示不同施肥处理间差异达到显著水平($P<0.05$)。

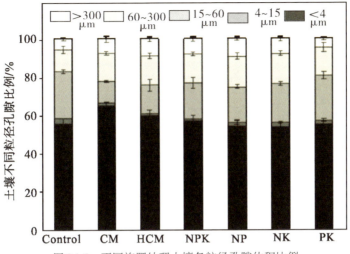

图5.1.5　不同施肥处理土壤各粒径孔隙体积比例

非常有意思的是,饱和支链PLFA含量在CM、HCM和NPK处理土壤中显著高于其他处理,而好氧菌与厌氧菌(M/B,即单不饱和PLFA/饱和支链PLFA)比值小于1。这些发现表明,长期施用有机肥或NPK改变了土壤微生物群落结构,增加了厌氧菌的比例。Zhong等(2010)研究了长期施肥对南方红壤微生物群落结构的影响,也发现20年连续施用有机肥显著增加了厌氧菌和兼性菌的含量。由此可以推断,长期施用有机肥促进土壤大团聚体形成,改变了土壤孔隙结构,降低了土壤中氧气有效扩散速率,改变了微生物的微环境,不利于好氧微生物的生长。通常,好氧菌对有机碳的分解能力高于厌氧菌(Ding et al.,2005),因此有机肥施用能够更加有效地促进有机碳的累积,除促进更多有机物质输入外,也有赖于好氧菌数量的降低和厌氧菌比例的升高。

土壤有机碳的累积速率与革兰阳性菌含量和G^+/G^-比值显著正相关(见图5.1.6;张焕军,2015;Zhang et al.,2015a)。与革兰阴性菌相比,革兰阳性菌含有高比例的肽聚糖,所含有的N-乙酰氨基葡萄糖是形成难分解有机质的重要前体(Simpson et al.,2007)。革兰阳性菌比革兰阴性菌可以更有效地将外源葡萄糖转化为微生物源碳,并有效保留在土壤中(Zhang et al.,

2013)。与Control处理相比,CM、HCM和NPK处理土壤中革兰阳性菌丰度显著高于其他处理土壤中的,更有利于外源有机碳在土壤中的累积。

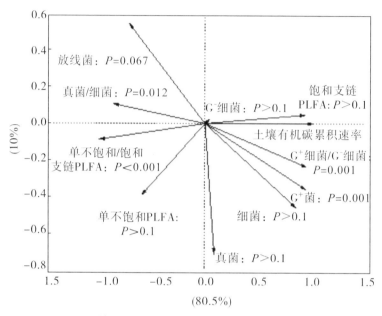

图5.1.6　土壤中微生物群落结构与有机碳平均累积率的关系

5.1.2　土壤中微生物的微尺度分布特征及其关键控制因素

图5.1.7显示了部分土壤组成成分的相对大小,很显然微生物在土壤中的分布受土壤组分和团聚化过程的强烈影响,随着土壤团聚化程度提高,微生境改变,微生物丰度和群落结构也会发生演替。为此,选取质地相同、长期施用不同种类肥料导致的有机质和团聚体质量比例不同的潮土,分析了团聚体层级微生物含量和群落结构特征。

在不同粒级团聚体中,微生物生物量差异显著(见图5.1.8)。小团聚体($250\sim2000\mu m$)中微生物含量为$89.00\sim93.93 nmol\cdot g^{-1}$,显著高于其他粒级,最低丰度出现在黏粒组分($<2\mu m$)中。与Control处理相比,NPK处理对各粒级团聚体中微生物生物量无显著影响,而CM处理则显著增加了微团聚体($53\sim250\mu m$)和黏粒中的微生物生物量(Zhang et al., 2014)。

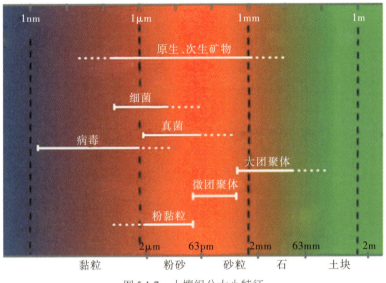

图 5.1.7 土壤组分大小特征

在 Control、NPK 和 CM 处理中，细菌最高含量均出现在微团聚体，为 47.97~63.07nmol·g^{-1}。CM 和 NPK 处理中，细菌最低含量出现在黏粒组分，仅分别占细菌总量的 1.71% 和 2.31%。Control 处理黏粒组分中细菌含量与粉砂组分中差异不明显。与 Control 处理相比，CM 处理显著增加了微团聚体、粉砂和黏粒组分中细菌含量，NPK 处理仅显著增加粉砂组分中细菌含量。CM 处理微团聚体和黏粒组分中细菌含量同样显著高于 NPK 处理。真菌的最高含量均出现在小团聚体，为 20.39~21.53nmol·g^{-1}，明显不同于细菌，其次是大团聚体（>2000μm），而黏粒组分中含量最低，仅为 0.81~1.83nmol·g^{-1}。与 Control 处理相比，CM 和 NPK 处理显著降低了大团聚体和小团聚体中真菌含量，但是 CM 处理显著增加了粉砂组分（2~53μm）中真菌含量。小团聚体中的放线菌含量显著高于其他粒级团聚体，而黏粒组分中均未检测到放线菌。与 Control 处理相比，CM 处理所有团聚体中的放线菌含量均显著降低，而 NPK 处理显著降低了大团聚体、小团聚体和粉砂组分中放线菌含量，但是对微团聚体没有影响。

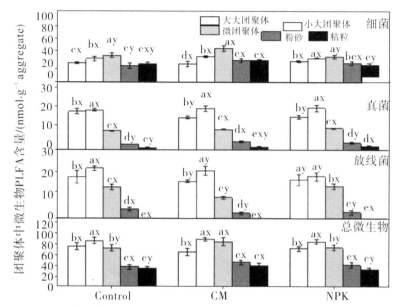

图 5.1.8 长期施肥对土壤团聚体（aggregate）中微生物群落结构的影响

注：字母 a、b、c 和 x、y、z 分别表示同一处理不同团聚体之间和同一团聚体不同处理结果之间差异达到显著水平（$P<0.05$）。

在 CM、NPK 和 Control 处理土壤中，微团聚体中单不饱和 PLFA 含量为 25.78~51.03 nmol·g^{-1}，显著高于其他粒级，粉砂组分中好氧菌含量则最低（见图 5.1.9）（Zhang et al.，2014）。厌氧菌在小团聚体中的含量为 36.66~52.80 nmol·g^{-1}，显著高于其他粒级，而在黏粒组分中最低。与 Control 处理相比，CM 处理显著降低了所有团聚体中好氧菌的含量；NPK 处理仅显著降低了小团聚体中好氧菌的含量，但是增加了粉黏粒组分中的含量。相反，CM 和 NPK 处理增加了大团聚体、小团聚体和黏粒组分中厌氧菌的含量，但是不同施肥处理的增加幅度不同，CM 处理大团聚体和小团聚体中厌氧菌含量的增加率分别为 39.35% 和 44.03%，高于 NPK 处理，而黏粒组分中的增加率低于 NPK 处理。总体上，不同施肥处理中好氧菌/厌氧菌比值随着团聚体粒级减小而增加。CM 和 NPK 处理，尤其是前者，显著降低了除粉砂组分外的所有团聚体中好氧菌/厌氧菌比值，相反，NPK 处理增加了粉砂组分中好氧菌/厌氧菌比值。

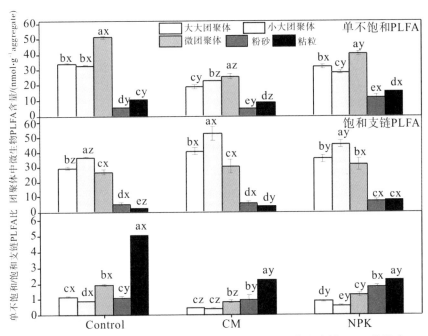

图5.1.9 长期施肥对土壤团聚体中单不饱和PLFA和饱和支链PLFA的影响

注:字母a、b、c和x、y、z分别表示同一处理不同团聚体之间和同一团聚体不同处理结果间差异达到显著水平($P<0.05$)。

不同粒级土壤团聚体为微生物提供了底物和氧气浓度不同的生长微环境(Ladd et al.,1996)。对CM、NPK和Control处理土壤研究发现,真菌和放线菌主要分布在>250μm的大团聚体和小团聚体;与真菌和放线菌相比,虽然细菌在微团聚体中浓度最高,然而它们比较均匀地分布在各级团聚体中。在大团聚体和小团聚体中,细菌占总微生物生物量的比例为46%~52%,而在粉砂和黏粒组分中,细菌占微生物生物量的79%~98%,说明细菌是粉砂和黏粒组分中的优势微生物。Petersen等(1997)和Kandeler等(2000)也发现,细菌比较均匀分布在土壤团聚体中,而真菌主要分布在>500μm的团聚体中,黏粒组分中的微生物主要是细菌。Chenu等(2001)利用低温扫描电子显微镜研究发现,真菌和放线菌主要存在于>10μm的土壤颗粒表面,而细菌则广泛分布于<2μm的黏粒孔隙中,因为真菌和放线菌细胞较大,一般很难进入微团聚体以下团聚体中。微团聚体、粉黏粒组分为细菌提供了安全的生存环境,避免了原生动物的捕食并与真菌竞争(Jurgens et al.,1999)。Sessitsch等(2001)发现,独立的或者大团聚体内的粉粒组分中的营养物质有

很高的可利用性,为细菌的生长提供了丰富的底物,而真菌和放线菌主要集中在大团聚体,是由于它们能够合成胞外酶来分解颗粒有机物或难分解有机物,例如木质素和半纤维素等,因为这些底物主要分布在大团聚体中(Kölbl et al.,2004)。

尽管细菌在不同粒级团聚体中大体呈均匀分布,但是不同种类细菌在团聚体中分布差异明显(见表5-1-2)。现有研究发现,富营养型细菌(或者R型细菌)例如Alphaproteobacteria、Betaprotebacteria、Gammaproteobacteria、Bacteroidetes、Firmicutes等更多地分布于大团聚体,而贫营养型细菌(K型细菌)更多地分布于粉黏粒组分和微团聚体中。这种分布特征可能与团聚体中底物类型和氧分压有关,有待进一步深入研究。

我们的研究发现,微生物生物量在小团聚体中最高,黏粒组分中最低,并在<2000μm的各粒级团聚体中随团聚体粒径减小呈现下降的态势。Helgason等(2010)得到了类似的结果,他们发现微生物含量在粉黏粒组分中最低,而在1000~2000μm粒级中含量最高。与Control相比,长期施用有机肥显著增加了微团聚体和黏粒组分中的微生物含量,而施用化肥却没有。但是,施用有机肥或化肥并没有改变各种微生物在土壤中的分布规律。Sessitsch等(2001)在研究长期施肥对瑞士潮土中微生物分布的影响时,得到相似的结果。Jiang等(2011)指出,农田从传统耕作转变为免耕时,同样没有改变土壤微生物在团聚体中的分布规律。这些发现表明,土壤中不同种类微生物在团聚体中的分布规律更多地取决于团聚体粒径的大小,而不是施肥或耕作方式,正是土壤团聚化过程诱导微生物群落结构发生演替和丰度发生改变。

表5-1-2 不同种类细菌在团聚体中的分布

细 菌	门	Trivedi et al. (2017)	Wang et al. (2019)	Davinic et al. (2012)
贫营养型 细菌 Oligotrophs	Acidobacteria	微团聚体>小团 聚体>大团聚体	粉黏粒组分 >微团聚体 >小团聚体	小团聚体 >微团聚体 >粉黏粒组分
	Verrucomicrobia	微团聚体>小团 聚体>大团聚体	粉黏粒组分 >微团聚体 >小团聚体	粉黏粒组分 >小团聚体 >微团聚体
	Deltaproteobacteria	微团聚体>小团 聚体>大团聚体	粉黏粒组分 >微团聚体 >小团聚体	粉黏粒组分 >小团聚体 >微团聚体

第5章 土壤碳循环的微生物过程

续表

细　菌	门	Trivedi et al. （2017）	Wang et al. （2019）	Davinic et al. （2012）
贫营养型 细菌 Oligotrophs	Planctomycetes	微团聚体>小团 聚体>大团聚体	微团聚体 >小团聚体 >粉黏粒组分	
富营养型 细菌 Copiotrophs	Alphaproteobacteria	大团聚体>小团 聚体>微团聚体	小团聚体 >微团聚体 >粉黏粒组分	小团聚体 >粉黏粒组分 >微团聚体
	Betaprotebacteria	大团聚体>小团 聚体>微团聚体	小团聚体 >微团聚体 >粉黏粒组分	粉黏粒组分 >小团聚体 >微团聚体
	Gammaproteobacteria	大团聚体>小团 聚体>微团聚体	小团聚体 >微团聚体 >粉黏粒组分	小团聚体 >粉黏粒组分 >微团聚体
	Bacteroidetes	大团聚体>小团 聚体>微团聚体		小团聚体 >粉黏粒组分 >微团聚体
	Actinobacteria	大团聚体>小团 聚体>微团聚体	小团聚体 >微团聚体 >粉黏粒组分	粉黏粒组分 >微团聚体 >小团聚体
	Firmicutes	小团聚体>大团 聚体>微团聚体		粉黏粒组分 >微团聚体 >小团聚体

注：大团聚体，>2000μm；小团聚体，250~2000μm；微团聚体，53~250μm；粉黏粒组分，<53μm。

5.1.3　微米级土壤中碳稳定的微生物介导机制

5.1.3.1　微米级土壤中碳的稳定性

Ekschmitt 等（2008）和 Kleber 等（2011）指出，团聚体包裹有机碳使其避免被微生物分解是土壤有机碳累积的主要机制。Jastrows 等（1996）通过湿

225

筛法将闭蓄和游离的颗粒有机物分离,发现近90%的有机碳存在于土壤团聚体中。团聚体形成导致的孔隙度减少直接阻碍空气和水分进入大团聚体中,从而降低大团聚体中有机碳的分解。微团聚体内的孔隙极小,当小于细菌所能通过的直径(3μm)时,有机碳的降解只能靠胞外酶向内扩散,这对微生物而言是一个极大的耗能过程,从而降低了有机碳的分解;在砂黏粒组分中,有机碳化学稳定机制占主导(Golchin et al.,1994)。小的团聚体被胶结剂胶结形成大团聚体,减少了与空气接触的表面积,降低了有机碳被分解的概率,使得这部分有机碳也受到团聚体的物理保护。

连续20年施用有机肥显著增加了土壤各粒级团聚体中有机碳含量,尤其是小团聚体,而施用化肥增加团聚体中有机碳含量的效果则比较弱(见表5-1-3)。土壤有机碳的累积不仅取决于有机物质的输入量,也取决于有机碳在土壤中的周转过程(Ding et al.,2007)。我们的研究表明,CM处理中单位有机碳的矿化率显著低于NPK处理(Yu et al.,2012b),说明CM处理土壤中有机碳的累积效率高于NPK处理,这不仅依赖于较高有机物料的输入,还依赖于较低的有机碳分解率。

表5-1-3 长期施肥对团聚体中有机碳含量的影响 单位:g·C·kg^{-1}

处 理	大团聚体 (>2000μm)	小团聚体 ($250\sim2000$μm)	微团聚体 ($53\sim250$μm)	粉 砂 ($2\sim53$μm)	黏 粒 (<2μm)
Control	4.32±0.04c	8.56±0.06c	4.28±0.07c	4.57±0.22c	4.04±0.05b
CM	9.93±0.09a	20.01±0.29a	9.67±0.01a	10.37±0.06a	9.02±0.07a
NPK	8.16±0.10b	17.82±0.11b	6.01±0.16b	6.72±0.10b	5.76±0.08b

注:平均值±标准偏差($n=4$)。不同字母表示结果之间差异达到显著水平($P<0.05$)。

CM处理比NPK处理更显著地降低了大团聚体和小团聚体中真菌的含量以及所有粒级团聚体中放线菌的含量,真菌和放线菌能够利用颗粒有机碳和难分解有机物,所以CM比NPK处理更能促进难分解有机碳的累积(Zhang et al.,2014;张焕军,2015)。然而,相关分析表明CM和NPK处理团聚体中有机碳的增加与放线菌或真菌含量显著正相关(见图5.1.10),这可能与真菌和放线菌在团聚体中的分布特征有关,因为真菌和放线菌主要分布在大团聚体中。

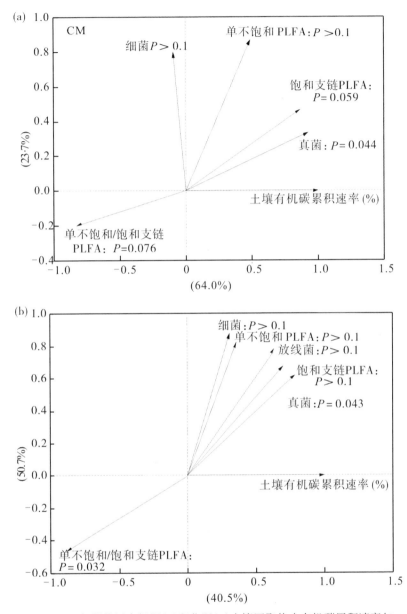

图 5.1.10 长期施用有机肥(a)和化肥(b)土壤团聚体中有机碳累积速率与微生物群落结构的关系

Dungait 等(2012)指出,土壤有机碳能否被微生物分解利用取决于被微生物或酶接触到的难易程度,而不是它的复杂程度。当 ^{13}C 标记的果糖添加到土壤中培育13d后，>291μm的孔隙中果糖的矿化率为41.1%，显著高于<97μm的孔隙中（Ruamps et al.，2011）。在本研究中，虽然大团聚体和小团聚体中的微生物含量特别是真菌和放线菌含量显著高于其他粒级，但是有机碳增加率也显著高于其他粒级，NPK处理中差异尤为显著。有机碳在大团聚体和小团聚体中的有效累积可能依赖于外界输入的有机物质，然而我们发现好氧菌与厌氧菌比值（M/B）随着团聚体粒径的减小而增大（见图5.1.9），相关分析显示，M/B比值与CM特别是NPK处理团聚体中有机碳的累积呈显著负相关（见图5.1.10），表明团聚体内有机碳的累积与微生物群落结构同样关系密切。

Ruamps等（2011）认为，微生物在土壤团聚体中的分布是团聚体与微生物相互作用的结果。Blagodatsky和Smith（2012）指出，土壤团聚体中的通气状况随团聚体的形成而改变，大团聚体的形成有可能形成绝对厌氧的微环境。Yu等（2012a）研究证实，微团聚体中累积的有机碳主要是颗粒有机物。Zhuang等（2008）指出，微团聚体或大团聚体内的微团聚体中颗粒有机物的累积填塞了团聚体内部的孔隙，使团聚体通气性降低。与Control处理相比，NPK尤其是CM处理中<4mm的孔隙比例显著增加，而氧气传导速率显著降低，土壤的通气状况或者O_2浓度强烈地影响着有机碳的转化与累积过程。当土壤空气中的O_2浓度≤10%时，有机碳的累积速率上升，而且可溶性有机碳的氧化速率降低，这是因为好氧菌对有机碳的分解效率高于厌氧菌或兼性菌（Zibilske et al.，2007）。M/B比值随O_2浓度呈下降趋势（Bossio et al.，2006；Wixon et al.，2013），单不饱和PLFA主要包括革兰阴性菌，在良好的通气条件下可以利用多种有机底物，加速有机碳的分解（Feng et al.，2009）；而饱和支链PLFA主要包括革兰阳性菌，所含的肽聚糖中包含N-乙酰氨基葡萄糖，是复杂有机质形成的前体（Simpson et al.，2007）。通气性随团聚体粒径减小而改善（Rappoldt et al.，1999），使得不同粒级团聚体中好氧菌和厌氧菌的比例发生变化，进而导致土壤有机碳矿化出现差异。因此，大团聚体中饱和支链PLFA含量显著高于其他团聚体中的，而M/B比值显著低于其他粒级的，导致有机碳累积率显著高于其他粒级。

与Control处理相比，CM处理显著增加了大团聚体质量比例和各粒级团聚体中饱和支链PLFA含量，降低了除粉砂组分外所有粒级中M/B比值；NPK处理仅增加了小团聚体的质量比例，虽然同样降低了除粉砂组分外所有粒级中M/B的比值，但降低幅度低于CM处理，同时显著增加了粉砂和黏粒组分中单不饱和PLFA的含量,使有机碳的累积低于CM处理。CM处理粉砂和黏粒组分中有机碳的增加率为123%~127%,而NPK处理仅有43%~47%。NPK处理显著增加了粉砂和黏粒中单不饱和PLFA的含量,而CM处理则无显著影响。John(2003)指出,黏粒组分中含有丰富的新鲜有机质和微生物生物量碳,导致黏粒中有机碳周转速率很高。Yu等(2012b)指出,CM处理比NPK处理更有效地增加了粉砂和黏粒中有机碳的稳定性。NPK处理中新增加的有机碳主要来自作物残体和根系分泌物,而对于CM处理,有机肥是有机碳的重要来源。有机肥在施入土壤前经历了2个月的腐解,使其中的易分解有机碳含量降低;相反,木质素衍生的酚类化合物以及微生物源碳水化合物增加(Said-Pullicino et al.,2007)。当有机肥进入土壤后,这些难分解的有机物通常与矿物颗粒结合而避免被微生物分解。综上所述,CM处理粉砂和黏粒组分中有机碳的累积显著高于NPK处理,不仅是因为有机物输入量和稳定性高,而且还由于M/B比值低于NPK处理,减缓了有机碳的分解。

5.1.3.2 微生物残留物对团聚体中碳的贡献

为了解析微生物残留物对土壤团聚体中有机碳的贡献,选取中国科学院鹰潭红壤生态实验站有机无机肥长期定位试验土壤开展了研究,该试验开始于1988年,包括7个处理:不施肥(Control)、化学氮磷钾肥(NPK)、化学氮磷钾肥配施石灰(NPK+Lime)和化学氮肥配施花生秸秆(NPK+PeanStraw)、水稻秸秆(NPK+RiceStraw)、萝卜菜(NPK+RadResidue)或者猪粪(NPK+PigManure)。表5-1-4显示了不同处理红壤团聚体的分布及其有机碳含量。

表5-1-4 长期施肥对土壤团聚体质量比例和有机碳含量的影响

处 理	大团聚体	小团聚体	微团聚体	粉黏粒
	质量比例/%			
Control	7.80±0.40c	45.33±0.81a	25.55±1.55a	21.32±1.14a
NPK	8.20±0.19c	45.75±0.17a	24.65±2.09a	21.40±2.31a
NPK+PeanStraw	9.14±0.40bc	45.69±0.60a	24.71±0.93a	20.47±0.43a
NPK+RiceStraw	11.84±1.63b	46.84±1.96a	20.54±0.64bc	20.78±0.68a
NPK+RadResidue	9.36±1.27bc	45.58±0.58a	23.45±0.59ab	21.62±0.22a
NPK+PigManure	30.63±1.58a	30.93±2.09b	18.52±0.29c	19.93±0.47a

续表

处 理	大团聚体	小团聚体	微团聚体	粉黏粒
	有机碳含量/(g·C·kg⁻¹)			
Control	5.87±0.07c	6.01±0.08d	5.16±0.14b	5.74±0.18d
NPK	6.49±0.13b	6.60±0.33cd	5.56±0.12ab	6.09±0.33bcd
NPK+PeanStraw	6.46±0.05b	7.23±0.12bc	5.69±0.16ab	6.38±0.08ab
NPK+RiceStraw	6.65±0.02b	7.96±0.58ab	5.88±0.28a	6.33±0.12bc
NPK+RadResidue	6.64±0.23b	7.46±0.31bc	5.66±0.42ab	6.29±0.13bcd
NPK+PigManure	9.54±0.28a	8.61±0.17a	6.08±0.05a	6.92±0.18a

注：平均值±标准误（$n=3$）；同列不同字母表示不同结果之间差异达到显著水平（$P<0.05$）。

从图 5.1.11 可见，土壤各粒级团聚体中总氨基糖含量表现为：大团聚体＞小团聚体＞微团聚体＞粉黏粒组分（叶桂萍，2019）。在各粒级团聚体中，总氨基糖含量与有机碳含量呈显著正相关关系。与 Control 处理相比，施肥处理均显著增加了大团聚体、小团聚体和粉黏粒组分中总氨基糖含量，增幅分别为 12.4%~41.7%、12.0%~54.8% 和 10.5%~40.4%。有机肥处理显著增加了微团聚体中总氨基糖含量，增幅为 19.2%~50.8%。各粒级团聚体中总氨基糖含量最高值均出现在 NPK+PigManure 处理，显著高于其他施肥处理。双因素方差分析表明，施肥和团聚体粒径都显著影响土壤总氨基糖含量，施肥的解释率为 66.0%，显著高于团聚体的解释率 29.9%（见图 5.1.12）。

土壤各粒级团聚体中总氨基糖占有机碳的比值为 5.76%~8.33%（见图 5.1.13）。与 Control 和 NPK 处理相比，作物残留物处理显著增加了大团聚体中总氨基糖占有机碳的比值，粪肥处理则显著降低该比值。各处理小团聚体中总氨基糖占有机碳的比值无显著性差异。微团聚体中总氨基糖占有机碳的比值以 NPK+PigManure 处理为最高，显著高于 Control 处理。NPK+PigManure 处理粉黏粒组分中总氨基糖占有机碳的比值为 6.57%，显著高于其他处理。

各粒级团聚体中胞壁酸含量随着团聚体粒径减小而增加，主要富集在微团聚体和粉黏粒组分中（见表 5-1-5）。与 Control 处理相比，施用有机肥处理均显著增加了大团聚体和小团聚体中胞壁酸的含量，增幅分别为 19.2%~36.9% 和 16.5%~29.8%，作物残留物与粪肥处理之间无显著差异。各处理微团聚体和粉黏粒组分中胞壁酸的含量无显著差异。各处理大团聚体和小团聚体中胞壁酸占有机碳的比值显著低于微团聚体和粉黏粒组分(见图5.1.13)。粪肥处理大团聚体和小团聚体中胞壁酸占有机碳的比值分别为0.21%和0.25%,显著低于作物残留物处理。施肥不影响微团聚体和粉黏粒组分中胞壁酸占有机碳的比值。

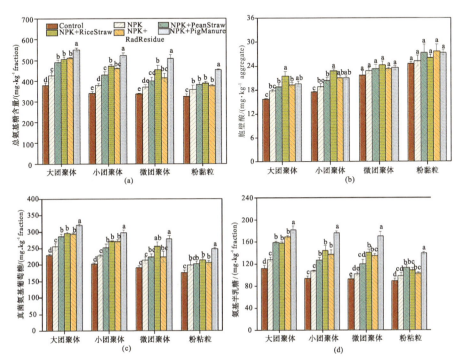

图 5.1.11 长期施肥对团聚体中氨基糖含量的影响。(a)总氨基糖含量;(b)胞壁酸;(c)真菌来源氨基葡萄糖;(d)氨基半乳糖

注:不同字母表示不同结果之间差异达到显著水平($P<0.05$)。

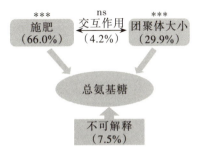

图 5.1.12 施肥和团聚体对土壤总氨基糖含量的影响

注:***表示结果之间差异达到极显著水平($P<0.001$),ns表示结果之间差异未达到显著水平($P>0.05$)。

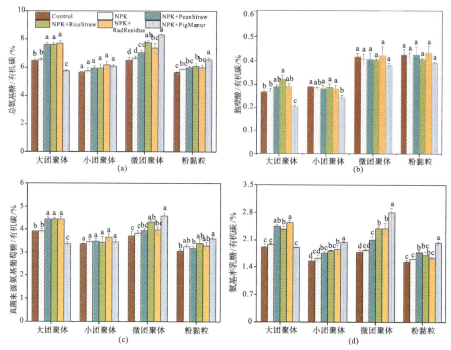

图 5.1.13 长期施肥对团聚体中氨基糖占有机碳比值的影响。(a)总氨基糖/有机碳；(b)胞壁酸/有机碳；(c)真菌来源氨基葡萄糖/有机碳；(d)氨基半乳糖/有机碳

注：不同字母表示不同结果间差异达到显著水平（$P<0.05$）。

相反，各粒级团聚体中真菌来源氨基葡萄糖的含量随着团聚体粒径减小而减少，主要富集在大团聚体和小团聚体中（见表5-1-5）。与Control处理相比，施肥显著增加了大团聚体、小团聚体和粉黏粒组分中真菌来源氨基葡萄糖的含量，增幅分别为11.0%~39.2%、11.5%~46.3%和12.9%~41.8%，最高值都出现在NPK+PigManure处理，显著高于其他处理。与Control处理相比，只有NPK+RiceStraw和NPK+PigManure处理显著增加了微团聚体中真菌来源氨基葡萄糖的含量，增幅分别为33.2%和45.8%。与Control和NPK处理相比，作物残留物处理显著增加了大团聚体中真菌来源氨基葡萄糖占有机碳的比值，而粪肥处理则降低了该比值。与Control处理相比，施肥处理中，只有NPK+RiceStraw和NPK+PigManure处理显著增加了微团聚体中真菌来源氨基葡萄糖占有机碳的比值。NPK+PigManure处理粉黏粒组分中真菌来源氨基葡萄糖占有机碳的比值最高，显著高于Control处理，其他施肥处理则无显著影响。

第5章 土壤碳循环的微生物过程

表5-1-5 各粒级团聚体中氨基糖的富集因子

	处 理	大团聚体	小团聚体	微团聚体	粉黏粒
总氨基糖	Control	1.13	1.01	1.00	0.96
	N	1.14	1.01	0.99	0.95
	NPS	1.15	1.02	0.94	0.90
	NRS	1.09	1.02	0.98	0.84
	NR	1.15	1.04	0.94	0.85
	NPM	1.08	1.03	1.00	0.90
胞壁酸	Control	0.82	0.91	1.13	1.28
	N	0.87	0.91	1.11	1.23
	NPS	0.83	0.90	1.03	1.20
	NRS	0.91	0.96	1.02	1.10
	NR	0.82	0.89	0.99	1.17
	NPM	0.85	0.92	1.03	1.19
真菌来源氨基葡萄糖	Control	1.17	1.03	0.97	0.89
	N	1.09	0.97	0.91	0.85
	NPS	1.18	1.03	0.92	0.83
	NRS	1.11	1.02	0.96	0.81
	NR	1.17	1.08	0.89	0.82
	NPM	1.12	1.04	0.97	0.87
氨基半乳糖	Control	1.21	1.01	0.99	0.95
	N	1.21	1.01	0.96	0.92
	NPS	1.24	1.00	0.94	0.89
	NRS	1.13	1.03	1.01	0.78
	NR	1.27	1.03	1.01	0.78
	NPM	1.11	1.07	1.04	0.85

注:各粒级氨基糖富集因子=各粒级氨基糖含量÷相应原土氨基糖含量。

在各粒级团聚体中,氨基半乳糖含量与真菌来源氨基葡萄糖含量之间存在着显著正相关关系($r^2=0.878$,$P<0.01$)。与真菌来源氨基葡萄糖相似,各粒级团聚体中氨基半乳糖的含量随团聚体粒径减小而减少。NPK+PigManure处理大团聚体、小团聚体、微团聚体和粉黏粒组分中氨基半乳糖含量最高,分别为182mg·kg^{-1}、176mg·kg^{-1}、171mg·kg^{-1}和139mg·kg^{-1},显著高于其他处理。作物残留物处理土壤大团聚体中氨基半乳糖占有机碳的比值显

233

著高于粪肥处理。相反,粪肥处理小团聚体、微团聚体和粉黏粒组分中氨基半乳糖占有机碳的比值最高,分别为2.05%、2.80%和2.02%,显著高于其他处理。

土壤各粒级团聚体中真菌来源氨基葡萄糖和细菌来源胞壁酸的比值由大到小顺序依次为:大团聚体、小团聚体、微团聚体、粉黏粒组分(见图5.1.14)。各粒级团聚体中,真菌来源氨基葡萄糖和细菌来源胞壁酸的比值最高值均出现在NPK+PigManure处理,显著高于Control处理,而其他施肥处理与Control处理间无显著差异。

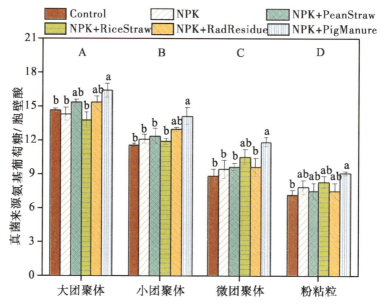

图5.1.14　长期施肥对团聚体中真菌来源氨基葡萄糖和细菌来源胞壁酸比值的影响

注:不同字母表示不同结果间差异达到显著水平($P<0.05$)。

我们研究发现,施肥和团聚体粒径都对土壤总氨基糖含量有影响,并且施肥的影响效果大于团聚体粒径。目前也有研究发现,土壤微生物群落受施肥的影响大于团聚体粒径(Tian et al., 2017)。团聚体为微生物提供不同的生态位,进而影响微生物群落的微域分布,而施肥通过改变土壤养分水平特别是碳氮含量以及团聚体结构影响微生物群落组成(Majumder et al., 2010)。

与Control处理相比,长期施肥增加了各粒级团聚体中总氨基糖的含量,尤其是粪肥处理,与前人的施肥促进土壤微生物残留物累积一致(Joergensen et al., 2010),这主要是由于施肥尤其是有机肥增加了土壤有机碳含量,为微生物的生长和繁殖提供了更多的底物,从而产生了更多的微生物残留物

（Kallenbach et al.，2015）。与Control处理相比，施用粪肥显著提高了大团聚体的质量比例，增加了氨基糖含量，但是降低了大团聚体中氨基糖占有机碳的比值。这些结果与Ding和Han（2014）在黑土中的研究结果一致。他们发现，与不施肥处理相比，施用粪肥土壤的大团聚体质量比例和氨基糖含量分别增加了127%和16.3%，但是大团聚体中氨基糖占有机碳的比值降低了26.9%。

施用有机肥显著增加了大团聚体和小团聚体中细菌来源胞壁酸的含量，粪肥和作物残留物处理间无显著差异，但是微团聚体和粉黏粒组分中的胞壁酸含量不受施肥影响。Ding等（2015）发现，长期施用粪肥对大团聚体和小团聚体中胞壁酸含量的影响大于微团聚体和粉黏粒组分中。Trivedi等（2017）发现，不同的管理措施显著改变了大团聚体和小团聚体中细菌群落结构，但不影响微团聚体和粉黏粒组分中细菌群落，表明管理措施对大粒径团聚体中细菌的影响大于小粒径团聚体，可能是小粒径团聚体比大粒径团聚体更稳定、周转更慢（Hassink，1997）；相反，小粒径团聚体比大粒径团聚体具有更高的密度和内聚力，能够很好地抵抗管理措施的影响（Trivedi et al.，2017）。

与胞壁酸不同，施用有机肥增加了各粒级团聚体中真菌来源氨基葡萄糖的含量，尤其是粪肥处理，可能是由于真菌比细菌对土壤有机质的变化更敏感（Liang et al.，2008；Sradnick et al.，2014）。以往研究也发现，土壤中有机质的可利用性主导了真菌群落的变异（Sun et al.，2016），粪肥处理由于输入高比例的顽固碳，促进了真菌生长，使得土壤各粒级团聚体中真菌残留物量显著高于作物残留物处理。Guggenberger等（1999）通过室内培养实验研究发现，真菌顽固的细胞壁残留物能够快速促进土壤团聚体的形成。

NPK+PigManure处理各粒级团聚体中氨基半乳糖含量显著高于其他处理，因为氨基半乳糖比胞壁酸更稳定、更难降解，由此表明施用粪肥增加了微生物来源的难分解碳（Gunina et al.，2017）。然而氨基半乳糖的来源存在很大争议，Joergensen等（2010）发现，长期施用有机肥的土壤中氨基半乳糖含量与细菌残留碳存在显著正相关关系，提出氨基半乳糖主要来自细菌。Engelking等（2007）通过培养实验发现，真菌来源的氨基半乳糖占总氨基糖的15%，细菌来源的氨基半乳糖仅占4%，表明真菌比细菌产生更多的氨基半乳糖。出现这种争议是由于氨基葡萄糖和氨基半乳糖具有相似的分子结构（Amelung，2001；He et al.，2011）。Ding等（2015）发现，氨基半乳糖在黑土不同粒级团聚体中的分布与氨基葡萄糖和胞壁酸均不一样，可能是他们在分析时没有去除来自细菌的氨基葡萄糖而影响了研究结果。在本书中，各处理氨基半乳糖在土壤不同粒级团聚体中的分布与真菌来源氨基葡萄糖相似,且氨基半乳糖含量与真菌来源氨基葡萄糖含量之间存在着显著正相关关系。因此,推测红壤中的氨基半乳糖可能更多来源于真菌。

(丁维新　张焕军　叶桂萍　郁红艳　刘德燕　陈增明)

5.2　土壤有机质转化的微生物机制

本节将围绕土壤中纤维素和木质素的转化特征与微生物机制、土壤有机质转化过程中碳氢磷耦合的微生物计量学机制展开讨论。

5.2.1　土壤中纤维素和木质素的转化特征与微生物机制

5.2.1.1　土壤中纤维素和木质素的来源及其基本特征

土壤有机质主要来源于植物凋落物、根系、农作物秸秆、有机肥料以及动物残体等。作为土壤有机质最主要来源的各种植物残体,其主要有机化合物包括碳水化合物(纤维素、半纤维素、单糖、淀粉等)、木质素、蛋白质、脂肪、蜡质等。一般农作物(如水稻、玉米、小麦等)秸秆以纤维素、半纤维素和木质素为主,分别占秸秆干重的30%~45%、17%~30%和10%~25%(单玉华等,2006)。

新鲜有机质中不同组分降解由易到难的顺序一般为:单糖、淀粉、简单蛋白质、粗蛋白质、纤维素、半纤维素、脂肪、蜡质、木质素。其中,纤维素占地球生物总量的40%,是地球上最丰富的有机物质;木质素是地球上第二大类天然聚合物,总量约为 $3×10^{11}$t。木质素和纤维素合计占农作物秸秆的40%~70%,分别代表植物残体中相对难降解和易降解组分。大量纤维素和木质素随秸秆还田或植物凋落物进入土壤,进而影响生态系统的碳周转过程。通常,单糖、淀粉、简单蛋白质、粗蛋白质、纤维素在土壤中数月内会彻底降解。而木质素由于其芳香环结构及其与烷基碳的结合,非常稳定。长期以来木质素被认为是土壤稳定有机碳库的主要来源,且其降解是生态系统有机碳循环的限速步骤(Bahri et al.,2006)。

目前,国内外有关土壤中纤维素含量的研究较少,一般采用酸水解法,以 $12mol·L^{-1}$ 浓硫酸水解获得的总碳水化合物减去 $0.5mol·L^{-1}$ 稀硫酸水解获得的碳水化合物即为土壤中纤维素的含量(Puget et al.,1998)。国际上,一般采用碱性氧化铜氧化水解—气相色谱法测定土壤中木质素的含量(刘宁等,2010),以该方法获得的木质素标志物 VSC 类单体(分别表示含香草基、丁香基、肉桂基的酚类化合物)的总和来指示木质素的含量及其在土壤中的积累特性。目前,有关土壤中纤维素含量的报道极少。Martens 等(2002)采用不同浓度的硫酸提取的韦伯斯特草原土壤中总碳水化合物范围为 0.4~1.7g·kg^{-1}。据报道,地球上不同生态系统土壤中木质素含量差异巨大,范围为 0.2~64.0g·kg^{-1},其中中国农田生态系统中该范围为 24~48g·kg^{-1}(Thevenot et al.,2010)。平均来看,农田生态系统土壤中的木质素含量高于森林和草地土壤。

5.2.1.2 纤维素和木质素在土壤中的稳定性及其对土壤有机碳的贡献

纤维素和木质素因其本身稳定性不同,在土壤中的降解速率不同,因而对土壤有机质积累的贡献也不同。纤维素和木质素在土壤中的降解和积累受土地利用方式、施肥、耕作等影响(刘宁等,2011)。基于亚热带红壤丘陵区典型旱地和水旱轮作地定位施肥试验的结果表明,不同土地利用方式下土壤中纤维素含量范围为 0.4~1.2g·kg^{-1},占土壤总有机质的 4%~7%,在秸秆还田后纤维素含量增至 2.0~2.5g·kg^{-1}(董明哲等,2016;Chen et al.,2018)。研究表明,连续 13 年秸秆还田后旱地土壤中纤维素的含量未发生显著改变,且水旱轮作地中纤维素含量显著降低,这表明纤维素不是有机质积累的主要形式(Chen et al.,2018)。一年田间定位观测发现,秸秆还田后旱地和水旱轮作地中纤维素分别在 6 个月和 3 个月内完全转化为其他非纤维素组分(董明哲等,2016)(见图5.2.1)。对于木质素,长期以来人们认为其非常稳定,难以被微生物降解(Derenne et al.,2001)。经典的凋落物分解研究认为木质素的降解速率低于大多数凋落物总降解速率,因而在降解过程中相对富集,是土壤稳定有机碳的主要来源(Bahri et al.,2008;2006)。但一些研究表明,木质素在土壤中的稳定性被高估了,其对土壤稳定有机碳库的贡献不显著(Kiem et al.,2003)。Dignac 等(2005)发现,连续 9 年种植玉米的土壤中木质素远比土壤有机碳周转快。Lobe 等(2002)观测到半干旱草原土壤中的木质素与总有机质的损失速率非常接近。基于长期定位试验的研究表明,喀斯特石灰土旱地、红壤旱地和红壤水旱轮作地中,长期秸秆还田后,木质素的含量分别由 337mg·kg^{-1}、415mg·kg^{-1} 和 1892mg·kg^{-1}(占总有机质的 1.2%~3.5%)增至 2097mg·kg^{-1}、20927mg·kg^{-1} 和 19727mg·kg^{-1}(占总有机质的

10.9%~12.8%),其年增长速率分别为196mg·kg^{-1}、129mg·kg^{-1}和137mg·kg^{-1}(Feng et al.,2019)(见表5-2-1),说明木质素的积累速率远高于土壤总有机质。同时,红壤旱地和水旱轮作地中木质素的单体由定位试验前的V类单体占主导分别转变为C类(占63.2%)和V类(占42.1%)与C类(37.8%)共同主导,即相对红壤来说,石灰土中V类单体积累的比例较高,其有机质组分稳定性比旱地高(冯书珍等,2015a;2015b)。

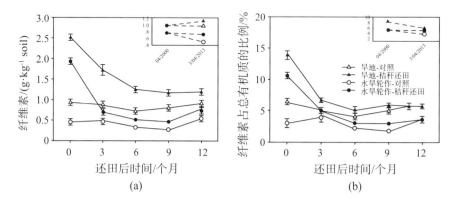

图5.2.1 旱地和水旱轮作地秸秆还田后土壤中纤维素的含量及其占土壤有机质比例的周年动态变化。(a)纤维素含量随还田时间变化;(b)纤维素占土壤有机质的比例随还田时间变化[修订自文献(Chen et al.,2018)]

表5-2-1 三种土壤中秸秆还田后木质素含量及其单体组成特征

土 壤	处 理	木质素含量 (SUM$_{VSC}$)/(mg·kg^{-1})	各单体含量/(mg·kg^{-1})		
			V	S	C
石灰土旱地	对照	334.8±11.3b	200.2±33.9b	106.3±10.6b	28.2±3.5b
	+秸秆	2096.5±45.7a	1652.3±149.8a	159.6±9.9a	284.6±15.1a
红壤旱地	对照	528.6±26.0b	190.0±9.7b	108.6±11.8b	230.0±56.6b
	+秸秆	2092.4±0.3a	453.6±4.3a	316.0±21.5a	1322.8±25.6a
红壤水旱轮作地	对照	448.9±21.3b	106.7±1.6b	83.9±10.5b	258.2±21.5b
	+秸秆	1972.2±8.7a	829.8±19.9a	397.2±12.5a	745.2±25.1a

注:不同小写字母代表不同结果间差异达显著水平($P<0.05$)。

5.2.1.3 土壤中纤维素和木质素降解的微生物机制

木质素和纤维素的降解均是多种酶类协同作用的结果,这些酶由多种功能基因编码。明确生态系统中木质素或者纤维素降解的指示微生物是深入解析木质素和纤维素降解微生物机制的重要前提。对定位施肥试验研究发现,亚热带典型农田土壤中纤维二糖水解酶活性与纤维素含量呈显著正相关关系,而真菌 *cbhI* 基因丰度与纤维二糖水解酶呈显著正相关,因此含 *cbhI* 基因的真菌可能是指示农田土壤中降解纤维素的关键微生物群(王雨晴等,2017;Chen et al.,2018)。基于区域调研发现,亚热带典型农田土壤中含漆酶基因的细菌丰度[$(1.20\sim3.04)\times10^5 copies \cdot g^{-1}$]显著高于真菌丰度[$(1.21\sim6.23)\times10^4 \cdot copies \cdot g^{-1}$],且在90%相似性水平上,含漆酶基因的细菌丰度及香农多样性均显著高于含漆酶基因的真菌(担子菌);含漆酶基因的细菌群落可解释漆酶活性90%以上的变异,且细菌丰度与漆酶活性线性关系显著,表明含漆酶基因的细菌群落可能是指征亚热带农田土壤中木质素积累的关键功能微生物(Feng et al.,2015)(见图5.2.2)。

由于木质素和纤维素在土壤中的微生物转化过程复杂、涉及的微生物种类繁多,有关木质素和纤维素在土壤环境中降解的微生物机制研究还不多。基于定位施肥试验的研究表明,旱地和水旱轮作地的纤维素降解功能微生物(含 *cbhI* 基因)互相分离,即土地利用方式是引起土壤中纤维素降解群落组成改变最主要的因素;克隆测序结果显示,两种土地利用方式下纤维素降解功能微生物均以伞菌和粪壳菌占绝对优势,分别占总克隆库的22.9%~39.5%(平均为34.7%)和17.7%~42.3%(平均为28.5%),相关分析表明秸秆还田后的纤维素降解过程可能由粪壳菌主导(王雨晴等,2018)。结构方程模型分析表明,木质素在土壤中的积累动态受含漆酶基因的细菌多样性、漆酶活性、有效氮和全氮共同影响(见图5.2.3)。

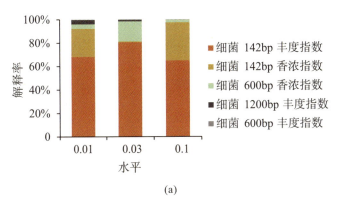

图5.2.2 漆酶活性与含漆酶基因的细菌或真菌丰度和丰度的关系。(a)漆酶基因对漆酶活性的解释率;(b)漆酶活性与漆酶基因丰度的关系[修订自文献(Feng et al.,2005)]

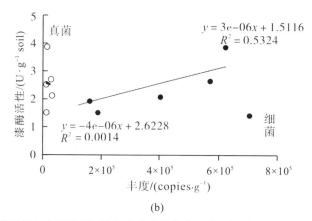

图 5.2.2 漆酶活性与含漆酶基因的细菌或真菌丰度和丰度的关系(续图)。(a)漆酶基因对漆酶活性的解释率;(b)漆酶活性与漆酶基因丰度的关系[修订自文献(Feng et al.,2005)]

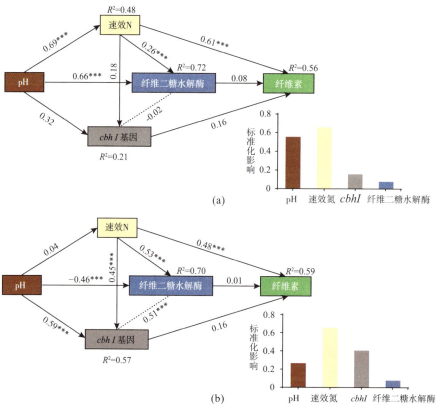

图 5.2.3 基于结构方程模型的红壤旱地与水旱轮作地中纤维素和木质素积累的影响因素。(a)旱地中纤维素影响因素路径分析;(b)水旱轮作地中纤维素影响因素路径分析;(c)旱地中木质素影响因素路径分析;(d)水旱轮作地中木质素影响因素路径分析

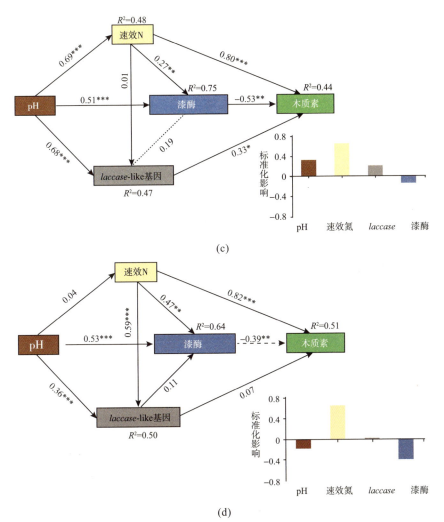

图 5.2.3 基于结构方程模型的红壤旱地与水旱轮作地中纤维素和木质素积累的影响因素(续图)。(a)旱地中纤维素影响因素路径分析;(b)水旱轮作地中纤维素影响因素路径分析;(c)旱地中木质素影响因素路径分析;(d)水旱轮作地中木质素影响因素路径分析

注:*,$P<0.05$;**,$P<0.01$;***,$P<0.001$。

5.2.2 土壤有机质转化过程中碳氮磷耦合的微生物计量学机制

5.2.2.1 土壤有机质转化的生态化学计量学特征与意义

生态化学计量学是在生态学背景下,研究生物系统能量流通与多元素(通常是C、N、P、O、S)平衡的科学,是一种分析多重化学元素的质量平衡对生态交互影响的理论(Sinsabaugh et al.,2012)。生态化学计量学是生态学与土壤学研究领域的新方向,也是研究土壤-植物-微生物相互作用与C、N、P循环的新思路(Manzoni et al.,2010)。微生物的活动与环境中元素的供给及其计量比之间是相互联系、相互作用的有机整体。环境因素与元素计量在生态层面调控着微生物群落结构变化,而营养元素计量比直接控制着微生物的碳氮磷比值;元素阈值比协调微生物自身活动,微生物通过对外源C的分解、N和P的活化利用,达到微生物C、N、P的元素平衡以及对碳氮磷物料比的响应;在不同的碳氮磷比值条件下,微生物受控于计量学原理,调节C、N、P的利用率,通过微生物的呼吸代谢与繁殖和死亡对环境中的碳氮磷元素比进行反馈调节,从而实现在微生物驱动下的物质与元素的循环和平衡(见图5.2.4)(Zechmeister-Boltenstern et al.,2015)。

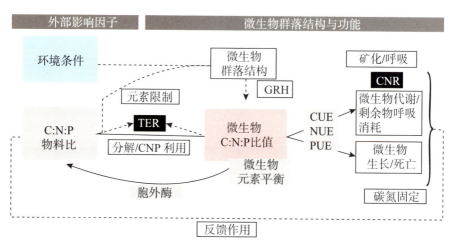

图5.2.4 环境条件和元素计量学对微生物群落结构的影响[修订自文献(Zechmeister-Boltenstern,2015)]

注:TER,threshold element ratio,元素阈值比率;CNR,consumer driven nutrient recycling,营养级驱动的元素循环;GRH,growth rate hypothesis,生长速率假说;CUE:C use efficiency,碳利用效率;NUE,N use efficiency,氮利用效率;PUE,P use efficiency,磷利用效率。

水稻土除了具备一般土壤所具有的物理、化学和生物过程之外,因其湿地属性,还具有氧化-还原交替过程及以此诱发的特殊化学和生物过程(Kögel-Knabner et al.,2010)。因此,研究稻田土壤有机质周转过程的生态化学计量学特征,将有助于深入理解植物-微生物-土壤相互作用的养分调控机制,揭示土壤C、N、P等元素之间的相互作用与平衡制约关系,为阐明稻田生态系统生态化学计量学弹性特征提供理论依据(吴金水等,2015a;2015b;2018)。

5.2.2.2 "水稻-土壤"系统中有机质转化的计量学特征

应用生态化学计量学的原理和方法,从区域景观单元上,量化了土壤微生物量(C、N、P)与土壤C、N、P元素的生态化学计量关系,提出亚热带景观尺度土壤微生物C/P受土壤C/P控制的观点。基于定位试验的进一步研究表明,土壤微生物量碳氮比可以作为一个重要的指标来预测稻田及其他利用方式土壤生产力的强弱,进而指导对土壤生产力的人为调控(Li et al.,2016)。

为了探究"水稻-土壤"系统中不同养分条件下有机质转化过程,采用^{13}C稳定性同位素连续标记技术,量化了不同施肥条件下,水稻生长过程中CO_2和CH_4释放的根际激发效应。结果表明,水稻生长过程中根际分泌物输入的量与速率影响CO_2释放的根际激发效应的方向。氮素是水稻和根际微生物的重要养分元素,氮肥施用有效减缓了水稻根际氮素受限,满足了微生物对养分的计量学需求,因而降低了微生物因养分需求而对土壤有机质的分解矿化作用,从而减弱了CO_2和CH_4释放的根际激发效应。因此,土壤肥力和根系分泌物的输入影响着土壤原有有机质的分解与转化,优化稻田肥力输入和田间管理对维持稻田土壤生产力、减少温室气体排放具有重要意义(见图5.2.5)(Zhu et al.,2018a)。

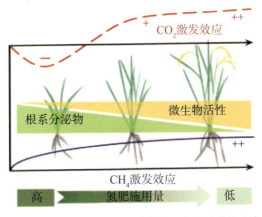

图5.2.5 土壤有机质矿化过程对养分元素计量学的响应特征

5.2.2.3 稻田有机质转化的微生物计量学机制

为深入探讨土壤养分元素与土壤有机质转化过程之间的计量学关系，对不同养分元素（N和P）添加条件下稻田土壤秸秆碳的矿化及其激发效应的计量学特征和微生物机制进行了研究。结果发现，N、P养分元素的添加显著提高了秸秆的矿化率；秸秆碳矿化产生CO_2的速率与土壤中DOC:NH_4^+-N、DOC/Olsen P和MBC/MBN的比值呈指数正相关关系。土壤中可利用态氮、微生物量碳氮磷计量比以及土壤酶活性计量比通过直接或间接作用影响激发效应的程度与方向。稻田土壤碳的微生物转化过程即微生物对土壤中碳氮磷等元素的利用过程，也是基于自身计量学内稳性对土壤生境的反馈调控过程（Zhu et al.，2018b）。进一步分析土壤外源碳矿化及其激发效应的微生物计量学调控特征，结果表明微生物随有机碳分解过程而表现出生长策略的改变响应；土壤元素计量学平衡关系影响土壤微生物丰度及其群落之间的网络关系，在养分胁迫条件下，由于微生物对养分的竞争需求，使得微生物之间的竞争与协同关系网络更加复杂，而在养分供给充分条件下，微生物生长速率最大，代谢活性最强，进而促进土壤原有有机碳和外源有机碳的分解矿化（见图5.2.6）。

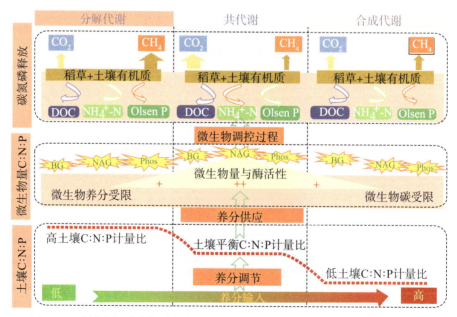

图5.2.6 土壤有机碳矿化过程中微生物对氮磷添加的响应及其计量学调控过程

然而,以往的研究大多集中在单一养分元素添加对土壤有机碳矿化的影响,多种养分元素(N、P、K、Ca和S)不同浓度的添加对稻田土壤有机碳矿化及其激发效应的影响机制研究尚不多见。基于此,通过外源添加N、P、K、Ca和S等元素,对高、低浓度养分添加条件下稻田土壤有机碳矿化及其激发效应的特征进行了研究。结果表明,多种养分元素的低浓度添加可促进稻田土壤CO_2排放量(12%~17%),表现为明显的正激发效应;而高浓度养分添加可减少CO_2排放量(3%~21%),表现为明显的负激发效应。其可能机制为,多种养分元素的高浓度添加减少了土壤微生物生物量、代谢熵值(qCO_2)和净氮矿化值,从而可能增加了其微生物的周转,导致土壤有机碳矿化的降低(Liu et al.,2018)。

稻田土壤有机碳周转与累积过程除了受养分元素计量特征和生物因子的影响外,非生物因子在此过程中也起到了重要作用;水稻土有机碳的分解和微生物利用过程受外源碳来源和有机碳性质的影响,尽管水稻土中持续性输入的根际沉积碳和微生物同化碳的总输入量较少,但其对土壤有机碳积累的贡献率远大于秸秆等其他碳源(Zhu et al.,2016;2017),而且淹水水稻土的环境温度和土壤通气性通过改变微生物群落结构并限制其活性,降低有机碳的分解矿化速率,使得稻田比旱地更利于有机碳积累(见图5.2.7)(Qiu et al.,2017;2018)。该研究对充分理解亚热带稻田土壤有机碳微生物转化过程,构建稻田土壤有机质积累和稻作系统提质增效等关键技术体系具有重要意义。

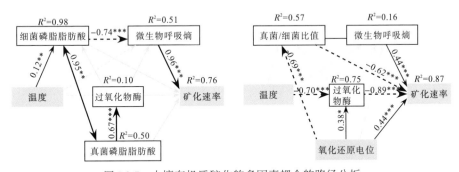

图5.2.7 土壤有机质矿化的多因素耦合的路径分析

注:*,$P<0.05$;**,$P<0.01$;***,$P<0.001$。

(吴金水 葛体达 祝贞科 陈香碧)

5.3 土壤中外源碳有机质化的微生物机制

土壤有机质的提高主要依赖于外源碳如秸秆的输入,植物从大气同化CO_2形成植物体,在收获或枯死时,这些植物残体全部或部分进入土壤,在微生物的作用下,部分形成土壤有机质,部分以CO_2或CH_4的形式释放进入大气。这个过程可以简单地表示为:进入—转化—输出(李忠佩等,2015),其中转化过程是在土壤微生物参与下的关键环节。外源植物残体进入矿质土壤基质后,发生由微生物介导的物理-化学-微生物的转化过程(袁红朝等,2014)。外源碳的微生物转化引起土壤有机碳的重新分配与固定,与土壤有机质积累、土壤肥力形成与固持密切相关。

进入土壤的植物残体的分解受各种因素的影响,包括植物残体的化学组成和养分含量、土壤水分和温度等环境条件、土壤质地和酸度等土壤特性,以及人为管理措施等,凡是影响土壤微生物活动的因素,都会影响植物残体的分解。土壤微生物是植物残体分解的主要参与者,微生物的数量、活性及群落组成影响着植物残体的分解转化。大量研究结果表明,土壤微生物活性和多样性与植物残体分解存在正相关关系(Chen et al.,2009;Mcdaniel et al.,2014;田林双等,2006)。根据微生物多样性和分解过程的模型,研究者认为微生物多样性在分解过程中存在正效应(Loreau et al.,2001)。一方面,更大的微生物量意味着更多的植物残体将被微生物作为基质利用,从而加快植物残体分解;另一方面,由于植物残体分解过程是多种微生物相互作用的结果,微生物的多样性提高有助于不同微生物生态位互补,有利于不同微生物利用植物残体的不同组分,从而加快植物残体的整体分解。

5.3.1 外源秸秆碳的分解和去向

有机碳转化与微生物群落总是以耦合的交相互作用用方式演进,并在土壤肥力的形成中发挥重要影响。以空间代替时间的方法,从开垦自荒地不同种植年限[0年(荒地土壤)、5年、15年、30年和100年]的红壤水稻土上采集样品,布置为期一年的^{13}C标记水稻秸秆添加室内培养试验,研究秸秆分解过程中碳在不同碳组分和团聚体中的分配特征,借助^{13}C-磷脂脂肪酸(^{13}C-PLFA)分析方法明确不同种植年限水稻土中秸秆碳转化和相关功能微生物群落变化特征,揭示水稻土肥力形成及演变的微生物学机制,为土壤肥力培育提供科学依据。

作物残体碳至少被土壤微生物同化一次,从一种碳组分转化为另一种碳组分,并最终矿化为CO_2(Ryan et al.,1994;Williams et al.,2006a)。所有的有机碳组分中,溶解性有机碳(dissolved organic carbon,DOC)和微生物生物量碳(microbial biomass carbon,MBC)含量虽少,但活性最高(Pabst et al.,2013)。不能分解的作物残体留存在土壤中,有助于土壤中稳定有机碳的形成(Majumder et al.,2010)。

5.3.1.1 外源秸秆碳在土壤碳组分中的分配

添加秸秆土壤的有机碳(DOC)含量从培养30d时的84.1~111.4mg·kg^{-1}下降至180d时的48.2~64.2mg·kg^{-1},培养结束时维持在59.6~70.4mg·kg^{-1}(见图5.3.1)。秸秆源DOC(^{13}C-DOC)含量,培养前180d随培养时间的延长逐渐下降(荒地土壤除外),180d后趋于稳定。培养过程中荒地土壤中^{13}C-DOC含量最高(21.6~64.1mg·kg^{-1}),其次是15年水稻土(10.4~33.0mg·kg^{-1}),5年、30年和100年水稻土稍低。

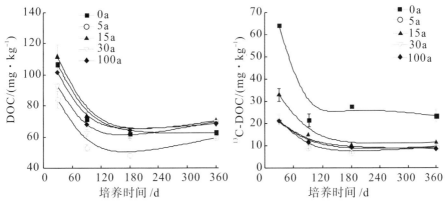

图5.3.1 添加秸秆土壤中溶解性有机碳(DOC)和秸秆源溶解性有机碳(^{13}C-DOC)含量
注:a表示年。

培养时间和耕种年限显著影响秸秆源DOC和原有机碳来源DOC对土壤总DOC的贡献,两者的贡献率分别用F_r和F_s表示(见图5.3.2)。水稻土中,培养前180d F_r随培养时间延长而降低,而F_s与之相反;180d后F_r和F_s变化较小。荒地土壤中,培养第90天时F_r最低(31.9%),而F_s最高(68.1%)。整个培养过程中,荒地土壤中有31.9%~60.1%的DOC来源于秸秆碳,显著高于水稻土中这一比例(12.8%~29.6%)。荒地土壤中有机物输入极少,有机碳和DOC背景含量极低,DOC更依赖于新进入土壤中的植物残体。

添加水稻秸秆显著增加了微生物生物量(MBC)含量,MBC含量同样表现为100年水稻土最高(796.6~1377.5mg·kg^{-1}),荒地土壤最低(96.2~181.5mg·kg^{-1})(见图5.3.3)。总体上,100年水稻土中MBC含量比荒地土壤高7.4倍,5年、15年和30年水稻土MBC含量均比荒地土壤高1.5倍。荒地土壤中秸秆源MBC(^{13}C-MBC)含量从30d时的157.3mg·kg^{-1}上升到90d时的174.0mg·kg^{-1},之后随培养时间延长而降低;水稻土中^{13}C-MBC含量均随培养时间延长不断降低。培养30d时,荒地土壤^{13}C-MBC含量在所有土壤中最低;培养90d时,^{13}C-MBC含量最低的是30年水稻土;第180、360天时,15年水稻土的^{13}C-MBC含量均为最低。

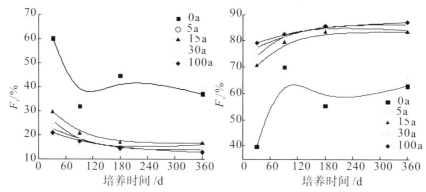

图5.3.2 添加秸秆土壤中秸秆碳(F_r)和原有机碳(F_s)对溶解性有机碳贡献率的变化

注:a表示年。

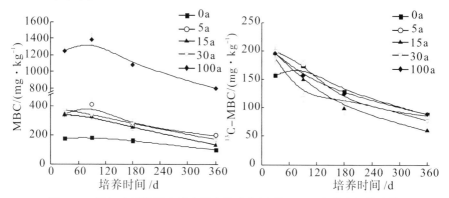

图5.3.3 添加水稻秸秆土壤中微生物生物量碳(MBC)和秸秆源微生物生物量碳(^{13}C-MBC)含量

注:a表示年。

不同耕种年限土壤添加水稻秸秆培养过程中,10%~90%的MBC来源于秸秆碳(F_r),来源于原有机碳的比例(F_s)为10%~90%(见图5.3.4)。整个培养期间,荒地土壤中秸秆源MBC占总MBC的比例最高,100年水稻土中这一比例最低。平均而言,秸秆碳对荒地土壤中MBC的贡献率为88.1%,对水稻土(耕种年限从低到高)中MBC的贡献率分别为49.7%、47.4%、44.3%和12.6%。

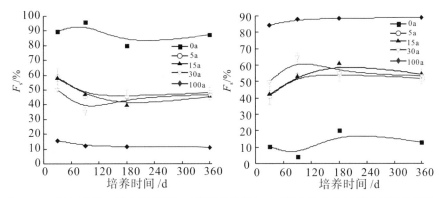

图5.3.4 添加秸秆土壤中秸秆碳(F_r)和原有机碳(F_s)对微生物生物量碳贡献率的变化

注:a表示年。

秸秆碳在不同土壤有机碳库中的分配见表5-3-1。水稻秸秆添加到土壤第30天,秸秆碳分配到荒地土壤DOC和MBC的比例分别为1.67%和4.11%,约80%的秸秆碳以固态有机碳形式保留在土壤中;水稻土中秸秆碳分配到DOC的比例不足0.9%,分配到MBC的比例约为5%,67%~76%的秸秆碳残留于土壤中。培养结束后,秸秆碳有0.2%~0.6%存在于土壤DOC中,约2%存在于MBC中,44%~50%(平均46%)留存于土壤中。秸秆碳分配到MBC和以有机碳形式存在的比例随培养时间延长不断降低,而DOC中比例在培养前180d降低较快,180d后变化幅度较为平缓。培养期间,荒地土壤中秸秆碳分配到DOC的比例始终高于水稻土。

整个培养期间,荒地土壤中的DOC短期内更依赖于外源秸秆碳,而原有机碳是水稻土DOC的主要来源。培养过程中,水稻土中不到0.9%的秸秆碳分配到DOC中,分配到MBC中的比例为2%~5%,培养结束时,平均46%的秸秆碳残留在土壤中。秸秆碳对土壤MBC和总有机碳的平均贡献率均随种植年限的延长而下降。

表5-3-1 不同种植年限土壤中水稻秸秆碳在有机碳库中的分配比例

培养时间/d	种植年限/年	DOC/%	MBC/%	有机碳/%
30	0	1.67±0.02 Aa	4.11±0.11 Bb	80.91±1.88 Aa
	5	0.57±0.05 Ca	5.18±0.24 Aa	67.22±2.71 Ba
	15	0.86±0.08 Ba	5.10±0.26 Aa	73.05±0.82 ABa
	30	0.54±0.01 Ca	4.86±0.20 Aa	69.40±3.21 Ba
	100	0.55±0.02 Ca	5.10±0.17 Aa	76.15±4.52 ABa
90	0	0.56±0.07 Ab	4.54±0.08 ABa	65.19±3.75 Ab
	5	0.23±0.00 Cb	4.91±0.41 Aa	59.30±2.29 Aa
	15	0.39±0.03 Bb	3.91±0.12 BCb	61.80±1.80 Ab
	30	0.30±0.02 BCb	3.08±0.19 Cb	60.98±1.95 Ab
	100	0.31±0.01 BCb	4.36±0.41 ABb	67.77±2.63 Aab
180	0	0.72±0.02 Ab	3.35±0.08 Ac	52.62±1.26 ABc
	5	0.18±0.01 Db	3.10±0.48 Ab	49.50±4.05 Bb
	15	0.27±0.01 Bb	2.56±0.25 Ac	54.61±1.08 ABc
	30	0.21±0.01 CDc	3.22±0.30 Ab	51.74±1.62 Bc
	100	0.24±0.01 BCc	3.24±0.06 Ac	59.22±1.27 Ab
360	0	0.61±0.07 Ab	2.18±0.19 Ad	44.12±0.47 Bd
	5	0.24±0.01 Bb	2.42±0.30 Ab	44.38±1.32 Bb
	15	0.30±0.00 Bb	1.56±0.08 Bd	44.67±0.86Bd
	30	0.25±0.01 Bc	2.03±0.08 ABc	45.15±0.27 Bc
	100	0.23±0.01 Bc	2.31±0.07 Ad	49.60±1.37 Ac

注:同一列中不同大写字母表示相同培养时间、不同种植年限土壤之间秸秆碳分配差异显著($P<0.05$);不同小写字母表示同一种植年限土壤、不同培养时间之间秸秆碳分配差异显著($P<0.05$)。

5.3.1.2 外源碳分解过程中功能微生物群落结构变化

用气相色谱—燃烧—同位素质谱联用仪(GC-C-IRMS)测定了培养过程中土壤微生物PLFA中^{13}C的变化。随着培养时间的延长,水稻土中来自秸秆的各类群微生物生物量(^{13}C-PLFA)和总微生物生物量均降低(见图5.3.5)。与培养30d时相比,水稻土添加秸秆培养360d后,秸秆源一般细菌、革兰阳性菌(G^+细菌)、革兰阴性菌(G^-细菌)、真菌、放线菌的生物量和总微生物生物量分别平均降低51.9%、52.0%、59.1%、71.8%、15.5%和54.2%。添加秸秆荒地土壤中,来自秸秆的一般细菌和真菌生物量随培养时间延长而降低,360d时较30d时分别降低52.4%和52.0%;秸秆源革兰阳性菌、革兰阴性菌和放线菌生物量变化趋势与之相反,360d时较30d时分别增加1.4倍、60%和2.3倍;秸秆源总微生物生物量培养180d后略有上升,360d时比180d时高2.8%。同一培养时间下(30d除外),100年水稻土中秸秆源革兰阳性菌、放线菌的生物量和总微生物生物量低于其他水稻土。

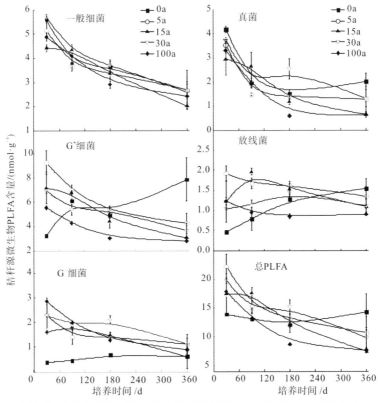

图5.3.5　添加秸秆不同种植年限土壤培养过程中秸秆源微生物PLFA(^{13}C-PLFA)的含量
注:a表示年。

土壤中各类群微生物均参与外源秸秆碳的分解和利用(见图5.3.6)。水稻土中参与秸秆分解的主要微生物类群是革兰阳性菌和一般细菌,对秸秆碳的利用能力最强。随着种植年限增加,水稻土中秸秆源革兰阳性菌的平均相对丰度降低,而秸秆源一般细菌的平均相对丰度增加,表明土壤利用方式的改变下参与秸秆碳分解的微生物群落发生变化。

放线菌和大部分革兰阳性菌是 K-策略/贫营养型微生物,生长速率缓慢,对较难分解的有机物利用能力更强。不同耕种年限土壤中,秸秆源放线菌的平均相对丰度随培养时间的延长而增加;从培养180d到360d,秸秆源革兰阳性菌的平均相对丰度增加而秸秆源革兰阴性菌的平均相对丰度降低。这一结果也较好地对应了土壤中微生物利用有机质活性组分—缓性组分—惰性组分(秸秆分解速率快速—减缓—缓慢)的变化规律。

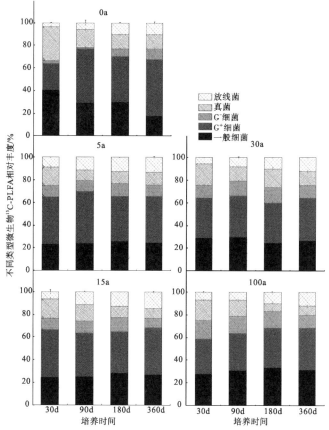

图5.3.6 添加秸秆不同种植年限土壤培养过程中秸秆源微生物生物量百分比组成

注:a表示年。

根据秸秆源PLFA单体含量占秸秆源总微生物生物量的比例计算其相对丰度。秸秆分解过程中,16:0(一般细菌)的相对丰度最高,平均为19.2%

(见图5.3.7),参与秸秆分解的最重要的PLFA是16:0。所有土壤秸秆源革兰阳性菌中相对丰度最高的是i16:0和i15:0,平均分别为10.4%和9.0%。

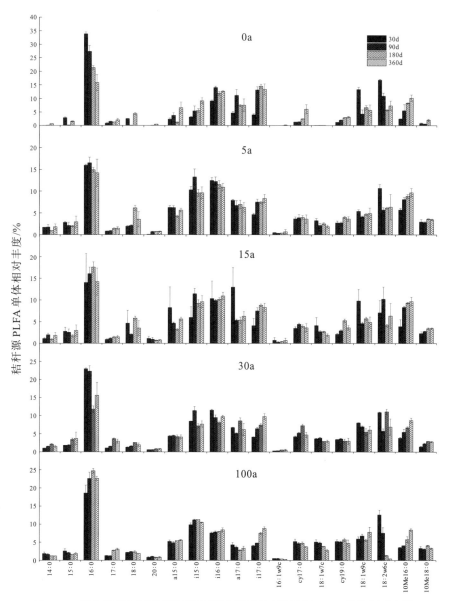

图5.3.7 添加秸秆不同种植年限土壤培养过程中秸秆源PLFA单体相对含量

注:a表示年。

秸秆源真菌18:2w6c和18:1w9c的相对丰度平均分别为7.7%和6.3%,秸秆源放线菌10Me16:0和10Me18:0的相对丰度平均分别为6.8%和2.6%。水稻土中一般细菌14:0、15:0、17:0、18:0和20:0及革兰阴性菌16:1w9c相对丰度较低,荒地土壤中14:0、20:0、16:1w9c和18:1w7c几乎不参与秸秆碳分解。随着培养时间的延长,所有土壤中秸秆源10Me16:0的相对丰度显著增加,是参与秸秆碳分解的主要真菌PLFA单体。

对不同种植年限土壤中来自秸秆的PLFA含量进行主成分分析,结果表明主成分1(PC1)和主成分2(PC2)分别解释了37.5%和16.6%的变量方差(见图5.3.8)。荒地土壤4个培养时期的样点均位于PC1轴的负端且样点分散。代表水稻土培养30d的样点均位于PC1轴和PC2轴的正端(第一象限),而代表水稻土培养90d、180d和360d的样点多位于PC2轴的负端,同一种植年限土壤的样点按培养时间从短到长在PC1轴上有从右到左迁移的趋势。以上结果显示,种植年限和培养时间均显著影响土壤中参与秸秆碳分解的微生物群落结构。

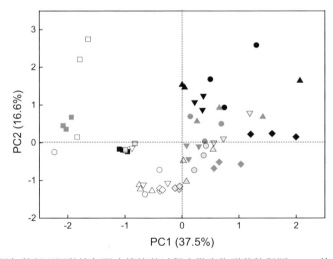

图5.3.8 添加秸秆不同种植年限土壤培养过程中微生物群落秸秆源PLFA的主成分分析

Elfstrand等(2008)的研究指出,16:0、革兰阴性菌(16:1ω7c和18:1ω7c)和真菌(18:1ω9c)是利用深红三叶草秸秆碳的主要类群。Williams等(2006b)对^{13}C标记三叶草和黑麦草的根与秸秆的微生物分解过程的研究发现,部分PLFA(16:1ω5c和10Me17:0)基本不利用植物残体碳,而另一部分PLFA(16:0、18:1ω9c和18:2ω6,9c)在整个培养过程中均能大量利用植物残体碳。红壤荒地和水稻土中,16:0(一般细菌)是利用水稻秸秆碳的主要类群,i16:0和i15:0(革兰阳性菌)和10Me16:0(放线菌)也是参与秸秆分解的重要微生物类群。植物残体性质和土壤条件的不同可能是参与植物残体分解的微生物群落不同的主要原因。

除了^{13}C-磷脂脂肪酸(^{13}C-PLFA)分析技术外,稳定性同位素核酸探针(DNA/RNA-SIP)技术也被运用于外源碳转化功能微生物的鉴定。Bernard等(2007)利用同位素核酸探针技术研究发现,添加^{13}C-小麦秸秆培养14d后,小麦秸秆主要被R-策略/富营养型和共营养型微生物如β-变形菌门的紫色杆菌属(*Janthinobacterium*)、Massilia和贪噬菌属(*Variovorax*)以及γ-变形菌门的黄单胞菌属(*Xanthomonas*)和假单胞菌属(*Pseudomonas*)所同化。Semenov等(2012)采用^{13}C-马铃薯新鲜地上组织研究发现,在39d的分解过程中,马铃薯残体主要被土壤中的α-、β-、γ-变形杆菌属和放线杆菌属所利用。采用苜蓿和水稻等植物残体研究也发现参与植物残体分解的微生物主要分布于放线菌门(Actinobacteria)、厚壁菌门(Firmicutes)和变形菌门(Proteobacteria)。同化植物残体的微生物种群受植物残体化学性质和养分含量、土壤环境和土壤类型等因素的影响(Rasche et al.,2013)。外源碳的转化过程存在微生物群落演替现象,一般培养前期以γ-变形菌和α-变形菌等r-策略微生物为主,放线菌、δ-变形菌、酸杆菌等K-策略贫营养型微生物则在外源碳分解的后期出现。因此,外源碳转化进程和环境条件也显著影响微生物群落的组成。

5.3.2 外源葡萄糖碳在不同肥力土壤中的分解

5.3.2.1 土壤肥力对外源葡萄糖碳残留率的影响

选取中国科学院封丘农业生态实验站有机无机肥长期施用试验的Control(不施肥处理)、CM(单施有机肥)和NPK(施用无机NPK肥)处理土壤,建立微宇宙试验,添加^{13}C-葡萄糖,研究了外源活性碳的转化过程。经过30d培养,葡萄糖源^{13}C在CM处理土壤中的残留率为53%,而Control和NPK处理土壤中分别为28%和41%,显著低于CM(见表5-3-2)。将^{13}C-葡萄糖加入有机碳含量为24g·kg^{-1}的草地土壤中培养22d后,^{13}C在土壤中的残留率为56%(Schneckenberger et al.,2008)。以上结果表明,有机碳含量越高的土壤越能有效地保留外源易分解有机碳,呈现出明显的"马太效应"。

外源易分解有机碳,例如葡萄糖源碳一般通过以下途径存留在土壤中:通过团聚体物理吸附或与矿物化学键结合,避免被微生物分解;通过络合或配位反应与腐殖质结合;被微生物利用(von Lützow et al.,2006;Derrien et al.,2006)。虽然无法检测出培养结束后存留在土壤中的葡萄糖源^{13}C有多少来源于微生物,我们计算得到,CM处理中微生物对葡萄糖源^{13}C的同化效率为0.20g C·mol^{-1} PLFA,显著高于Control和NPK处理,后两个处理中该值分别为0.16g C·mol^{-1} PLFA、0.17g C·mol^{-1} PLFA。Aoyama等(2000)研究证实,微生物对葡萄糖源^{13}C的同化效率与^{13}C在土壤中的残留率显著相关。因此,微生物对葡萄糖源^{13}C较高的同化效率使^{13}C在CM处理土壤中的残留率高于Control和NPK处理。

表5-3-2　^{13}C-葡萄糖在不同肥力土壤中的存留率

指　标	Control	NPK	CM
土壤有机碳含量/(g C·kg^{-1})	4.94±0.01c	7.59±0.08b	12.81±0.06a
^{13}CO$_2$排放量/(mg C·g^{-1})	0.71±0.01a	0.58±0.01b	0.46±0.01c
葡萄糖源^{13}C残留率/%	28±2c	41±2b	53±3a

注:平均值±标准偏差(n=4)。不同小写字母代表不同结果间差异达到显著水平(P<0.05)。

5.3.2.2　外源葡萄糖碳在土壤中转化的微生物机制

在培养过程中,CM处理土壤革兰阳性菌PLFA中^{13}C的平均含量显著高于Control和NPK处理(见图5.3.9)(Zhang et al.,2013)。被革兰阳性菌吸收同化的^{13}C不仅能够产生大量形成难分解有机质的前体,还能为真菌和放线菌的生长提供底物(Hill et al.,2008;Schneckenberger et al.,2008),促使真菌和放线菌在CM处理中有更高的生长速率,更有利于葡萄糖源^{13}C在CM处理土壤中累积(Simpson et al.,2007)。通常,M/B比值代表好氧菌/厌氧菌(Bossio et al.,2006),cy/ω7c比值代表厌氧环境胁迫程度(Feng et al.,2003)。我们发现,CM处理土壤中M/B比值显著低于Control和NPK处理,而cy/ω7c比值显著高于Control和NPK处理。CM处理不仅显著提高了土壤有机碳含量,而且促进了土壤>250μm团聚体的形成(Yu et al.,2012b),使微生物生存的微环境改变,从而使得土壤微生物群落中厌氧菌或兼性菌的比例增加。在30d的培养过程中,CM处理中饱和支链PLFA(代表厌氧菌)的生物量及^{13}C含量均显著高于Control和NPK处理(见图5.3.10)。

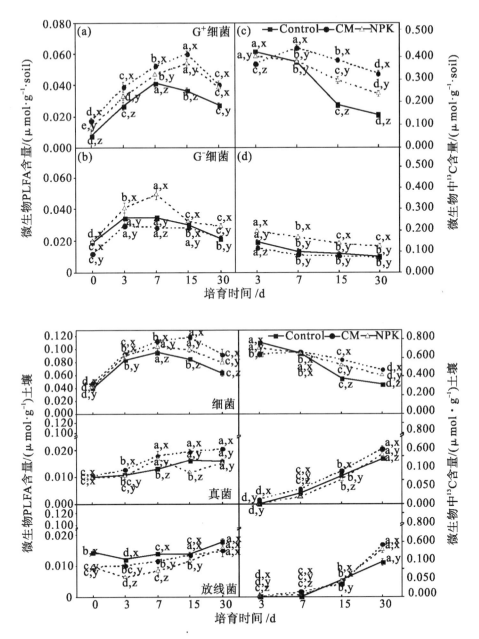

图 5.3.9 培养过程中细菌、真菌和放线菌 PLFA 浓度及 ^{13}C 含量的变化[修订自(Zhang et al.,2013)]

注:字母 a、b、c 和 x、y、z 分别表示同一处理、不同培育时间之间和同一培育时间、不同处理结果之间差异达到显著水平($P<0.05$)。

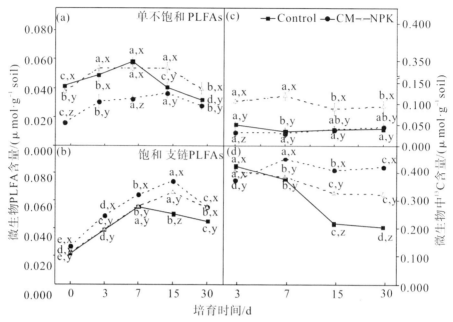

图 5.3.10 培养过程中单不饱和 PLFA 和饱和支链 PLFA 浓度及 ^{13}C 含量的变化
[修订自文献（Zhang et al., 2013）]

注：字母 a、b、c 和 x、y、z 分别表示同一处理、不同培育时间之间和同一培育时间、不同处理结果之间差异达到显著水平（$P<0.05$）。

与之相反，^{13}C-葡萄糖加入更有效地提高了 Control 和 NPK 处理中单不饱和 PLFA（好氧菌）的含量，这些好氧菌可以将有机碳直接矿化成 CO_2，导致 Control 和 NPK 处理中 $^{13}CO_2$ 的累积排放量显著高于 CM。Yu 等（2012a）指出，即使 CM 处理土壤中碳水化合物等易分解有机碳含量远高于 Control 和 NPK 处理，然而 CM 处理土壤的单位有机碳矿化率仍显著低于后两者。由此可见，与施用化肥或不施肥相比，施用有机肥降低了土壤 M/B 比值，^{13}C-葡萄糖加入后，CM 处理中不仅单不饱和 PLFA（好氧菌）增加量小于 Control 和 NPK 处理，而且革兰阳性菌的增加量大于 Control 和 NPK 处理，真菌和放线菌的增加量也随之增加，使得 CM 处理土壤中葡萄糖源 ^{13}C 能够更有效地存留在土壤或微生物细胞中，而没有以 $^{13}CO_2$ 形式损失。

5.3.2.3 外源葡萄糖碳在土壤团聚体中的分配

在培养第 3 天，大团聚体和小团聚体中葡萄糖源 ^{13}C 含量显著高于粉砂和黏粒组分（见图 5.3.11）（张焕军，2013；Zhang et al., 2015b）。由于土壤中不同团聚体的通气性随粒级减小而增加(Rappoldt et al.,1999),使得粉砂和黏粒组分中的好氧菌/厌氧菌的比例显著高于大团聚体和微团聚体。Ding和Sun(2005)指出,好氧菌对有机碳的分解能力大于厌氧菌,当葡萄糖进入土壤后,在粉砂和黏粒组分中迅速被微生物分解,而在大团聚体中可以相对短暂存留。在本研究中,利用湿筛法进行团聚体分级发现,进入大团聚体的葡萄糖也可能被封闭存留在团聚体中,与被吸附在粉砂和黏粒表面相比,降低了溶于水后的损失率。随着培养的进行,大团聚体中葡萄糖源^{13}C不断降低,相反,粉砂与黏粒组分中葡萄糖源^{13}C则呈上升趋势。Guggenberger等(1994)研究发现,随着土壤团聚体粒级减小,微生物源碳水化合物相对富集。Zhang等(2013)指出,葡萄糖进入土壤后,7d后真菌开始利用葡萄糖源^{13}C,之后其生物量和吸收利用的葡萄糖源^{13}C平稳上升,因真菌同化产物可以与粉砂或黏粒矿物优先结合而被物理保护(Simpson et al.,2004),使得粉砂或黏粒组分中^{13}C含量不断增加。前人很多研究认为,粒级小的团聚体更有利于难分解有机碳的累积(Allison et al.,2006),有机碳的稳定性随土壤团聚体粒级的减小而增加(Ashman et al.,2003),因此在培养过程中,越来越多的葡萄糖源^{13}C进入粉砂与黏粒,这有利于它们在土壤中的长期存留。

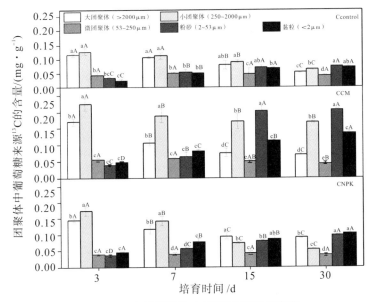

图 5.3.11 土壤团聚体中葡萄糖源^{13}C的变化

注:Ccontrol、CCM和CNPK表示Control、CM和NPK处理土壤中分别添加^{13}C-葡萄糖。字母a、b、c和A、B、C、D分别表示同一培育时间、不同粒径团聚体结果之间和同一粒径团聚体、不同培育时间结果之间差异达到显著水平($P<0.05$)。

葡萄糖在土壤中稳定存留的途径主要包括以下两个。①物理吸附作用。葡萄糖直接被团聚体、粉砂或黏粒保护或吸附,使微生物难以利用,以原始形态存留在土壤中(Derrien et al.,2006)。②微生物利用。外源葡萄糖被微生物转化成微生物体细胞,以微生物生物量碳直接存于土壤,或合成微生物源多糖,微生物源多糖与粉砂或黏粒结合是团聚体形成的起始步骤(Tisdall et al.,1982)。随着培养进行,团聚体中^{13}C的回收率逐渐增高,说明土壤中的葡萄糖源^{13}C越来越多地被固定,不同处理表现为:CCM>CNPK>Ccontrol(见图5.3.12)。Derrien等(2007)研究发现,^{13}C-葡萄糖进入土壤2周后,仅有16%仍以^{13}C-葡萄糖形式存在,其他则转化为微生物体或代谢产物,可见微生物转化利用对外源易分解有机物在土壤中稳定存留有着重要作用。

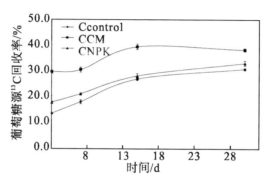

图5.3.12 不同施肥处理土壤团聚体分级后葡萄糖源^{13}C回收率的变化

(李忠佩　丁维新　江春玉
张焕军　刘德燕　陈增明)

第6章 旱地土壤氮转化的微生物过程

本章主要阐述典型农区旱地土壤微生物的分布格局和主要驱动因素、土壤氮素转化的容量和强度特征、农田土壤氮素迁移转化过程及其微生物机制、旱地农田土壤微生物调控原理及措施等。

6.1 典型农区旱地土壤微生物的分布格局和主要驱动因素

6.1.1 细菌/真菌/古菌/原生动物

土壤细菌是土壤微生物中数量最多的类群,在土壤形成、碳氮等元素转化以及能量流动中扮演重要角色。由于土壤细菌关系土壤健康和质量,所以认知农田土壤细菌分布特征及其关键驱动因子对农田管理的指导作用具有重要意义。随着分子生物学技术的发展,人们对土壤微生物的认知日益深入。越来越多的证据表明,土壤微生物群落分布呈现一定的空间格局,而土壤性质,包括土壤 pH、质地、养分条件等被普遍认为是影响土壤细菌种群分布的关键因子(Griffiths et al.,2016;Guigue et al.,2015;Lauber et al.,2009)。气候条件、植被类型等的变化也都会造成土壤细菌种群结构的改变(Wang et al.,2015)。此外,农田生态系统还受人为耕作管理措施的强烈干扰。农田管理措施(如施肥、作物种植和耕作等)能导致土壤细菌种群组成结构发生改变,主要表现在部分细菌种群的富集(Breidenbach et al.,2016;Pershina et al.,2015;Zhang et al.,2019)。然而,对于在自然和人为因素的共同作用下,农田土壤微生物是否存在着规律性的分布格局,以及驱动农田土壤微生物种群分布的关键因素等关键科学问题,我们尚缺清晰认识。通过对我国南方红壤、华北潮土和东北黑土等旱作土壤进行系统采样分析,我们揭示了土壤细菌种群组成结构与土壤类型有紧密关系(见图6.1.1),高达72%的细菌类群(OTUs)只出现在特定土壤类型,表明大部分细菌类群对生境条件有强烈的选择适应性,但这部分类群的丰度较低,平均占其总丰度的12%左右(见表6-1-1)。仅有少量细菌类群出现在所有土壤类型,主要归属于Proteobacteria和Acidobacteria细菌门,但这部分共有类群的丰度较高,平均占总丰度的45%左右(见表6-1-1和图6.1.2),说明长期的人为耕作管理在不同土壤中均富集少量的细菌种群使其成为优势类群。

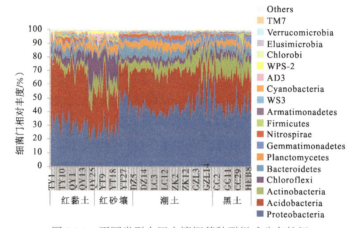

图6.1.1 不同类型农田土壤细菌种群组成分布特征

表6-1-1 不同类型土壤特有和共有的土壤细菌种群(OTUs)

细菌种群	OTUs 数量	占总OTUs数量比例/%	占各类型土壤OTUs数量比例/%				占各类型土壤细菌丰度比例/%			
			QRC	TRS	AS	BS	QRC	TRS	AS	BS
共　有	1988	3.10	7.44	10.91	7.69	10.34	37.69	29.49	46.18	55.78
QRC特有	12840	20.30	48.03	–	–	–	13.00	–	–	–
TRS特有	8367	10.90	–	45.93	–	–	–	13.62	–	–
AS特有	17474	27.60	–	–	67.60	–	–	–	14.12	–
BS特有	6893	13.20	–	–	–	35.84	–	–	–	7.90

注:QRC,第四纪红色黏土发育的红壤;TRS,第三纪红砂岩发育的红壤;AS,潮土;BS,黑土。

第6章 旱地土壤氮转化的微生物过程

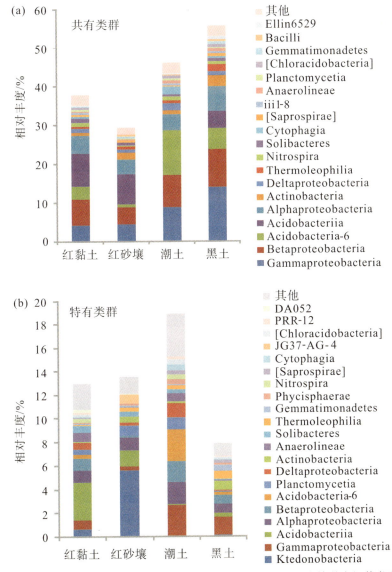

图6.1.2 共有和特有类群分类学分析（纲水平）。(a)四种类型土壤共有细菌类群；(b)单一类型土壤特有细菌类群

对真菌ITS区间进行的Miseq高通量测序分析表明，虽然黑土区、潮土区和红壤区具有不同的气候和土壤条件，但其共有的优势类群，也就是广域种的比例却是自然生态系统的10倍（1%左右）。尽管只有44个真菌物种（按ITS序列相似度100%定义）被列为广域种，但这些广域种却占据了超过1/3的比例（相对多度35.3%）。相较之下，特有种的数量远远高于广域种（在东

北平原的黑土、华北平原的潮土和长江中下游平原的红壤中,分别有254、217和629种),但其占的比例却低于广域种(最高的红壤中也仅有17%的相对多度)(见图6.1.3)(Wang et al.,2021)。大部分的广域种是子囊菌且参与元素循环,并且相当数量的具有潜在的致病性。

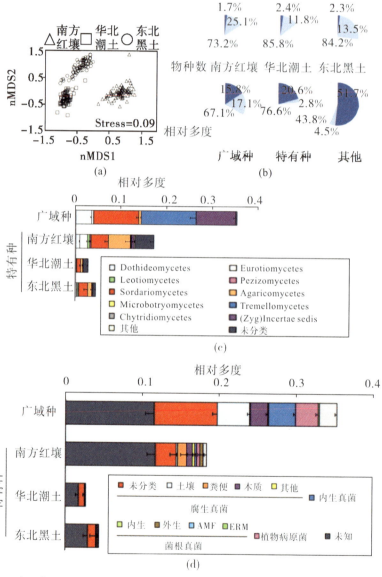

图6.1.3　我国典型农田土壤真菌群落的差异(a)及广域种-特有种的组成特征[(b)~(d)]
注:Stress,土体应力。

物种网络分析结果显示,广域种在整个网络中处于比较核心的地位,具体表现为具有更高的连接度和中心度(见图6.1.4)(Wang et al.,2021)。由此表明,广域种对于农田土壤真菌群落结构的维持更为重要。进一步通过结构方程模型解析了广域种和特有种对于环境条件的响应,发现在考虑地理、气候、土壤等各种因素影响的情况下,广域种对真菌网络结构(也就是共存格局)具有非常显著的影响。值得注意的是,与特有种相比,广域种对环境条件的响应更不敏感。这也意味着广域种可能对农田生态系统的人为扰动具有更好的适应能力。

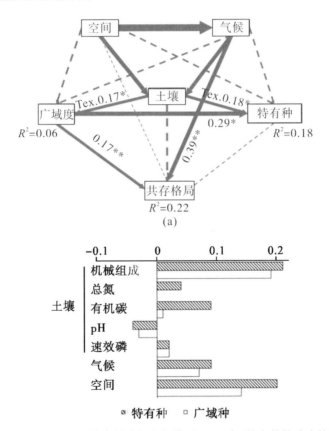

图6.1.4 我国农田土壤真菌结构方程模型(a)及对环境条件的响应特征(b)[引自文献(Wang et al.,2021),已获得 *Frontiers in Microbiology* 的版权许可]

注:*,$P<0.05$;**,$P<0.01$。

近年来,学术界对古菌的认识取得了突破性的进展。通过非培养手段(宏基因组测序、单细胞测序等)对生命之树的扩充及新类群在进化、代谢等方面的进展给人们带来了新的认识。古菌主要有四大类群：广古菌(Euryarchaeota)、TACK(Proteoarchaeota)、DPANN(Diapherotrites、Parvarchaeota、Aenigmarchaeota、Nanoarchaeota、Nanohaloarchaeota)古菌及Asgard古菌。Proteoarchaeaota包括奇古菌(Thaumarchaeota)、深古菌(Bathyarchaeota)、曙古菌(Aigarchaeota)等。基于16S rRNA基因的系统发育树的分析显示，奇古菌主要分为Group 1.1a、1.1b、1.1c和Group 1.1a-associated。环境中绝大多数奇古菌(主要指Group 1.1a、1.1b和Group 1.1a-associated)为氨氧化古菌，并且在这些环境的氮循环过程中起着重要作用。由于土壤的复杂体系以及奇古菌和其他微生物的相互关系，其中必将蕴藏着很多未知的重要信息。因此，对土壤中古菌多样性分布和丰度的研究，将为揭示其在土壤生态系统物质循环和能量代谢过程中的生态作用提供依据。

采用Illumina Miseq高通量测序并经过质量控制，对197个样品(样品信息同细菌)进行了古菌序列分析，共得到2430671条古菌16S rRNA基因序列。每个样品序列数在7802和18028条之间，平均每个样品为12338条序列。按最小样品序列数7802抽平分析古菌群落多样性，基于97%的相似性共获得259个OTUs。代表性序列与RDP数据库比对，并在NCBI数据库上最后确认其遗传信息，共检测到4大类古菌门，其中奇古菌(Thaumarchaeota)占绝对优势(74.54%)，广古菌(Euryarchaeota)次之(17.31%)，深海古菌(Bathyarchaeota)占比为3.84%，而热变形菌(Thermoproteales)占比为0.88%，另有4.06%的序列未能与已知分类对应上。对奇古菌序列组成做进一步的分析，发现所有序列中有55.81%的序列属于Group 1.1b，8.80%为Group1.1a-associated，5.08%为Group1.1a，4.85%为Group1.1c。在不同的土壤类型之间，Group1.1a-associated在红壤中相对丰度最高，达到19.15%，而在潮土中则只有0.85%，黑土居中(5.98%)(见图6.1.5)。

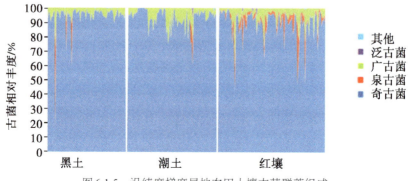

图6.1.5 沿纬度梯度旱地农田土壤古菌群落组成

第6章 旱地土壤氮转化的微生物过程

以往研究施肥对土壤微生物组群落组成和功能的影响大多集中于细菌、古菌和真菌群落,虽然原生生物在控制细菌和真菌种群方面具有重要作用,但其受到的关注较少。原生生物是一类单细胞的真核生物,根据其在土壤中的生态功能,可以分为吞噬型和寄生型的原生动物,它们控制着微生物的种群动态变化;光合型的藻类,它们是初级生产者,对土壤有机碳的输入起到重要的作用;腐生型的卵菌在土壤中有机物质的分解中扮演着重要的角色。以往基于形态学观察的研究方法在鉴定物种分类上的分辨率低,高通量测序技术使得我们可以在更多的样品数量、更高的分辨率的条件下解析我国三种类型旱地农田土壤中的全微生物组(细菌、古菌、真菌、原生生物)对典型农业施肥措施(施加氮肥和秸秆)的响应。在第二年施肥处理后,分别在夏季玉米生长过程的抽穗期和秋季玉米成熟过程中的收获期采集供试土壤样品。

研究结果表明,施肥处理对土壤理化性质产生了显著的影响,随着施肥处理的添加,土壤中铵态氮、硝态氮的浓度增加。与对照处理相比,氮肥和秸秆配施显著降低了黑土和红壤的pH。施肥处理没有显著影响土壤细菌群落α-多样性。总体上,施肥处理降低了土壤原生生物群落α-多样性,但是不同土壤类型、不同采样时间、不同施肥处理对土壤原生生物群落α-多样性的影响有所不同。秋季原生生物群落α-多样性高于夏季。原生生物群落组成和β-多样性的研究结果一致表明,土壤原生生物群落比细菌和真菌群落对季节变化更敏感。共现性网络分析研究结果表明,施肥处理显著降低了原生生物节点在微生物组相互作用网络关系节点中的比例,施肥处理使得土壤微生物组相互作用网络关系更加紧密。此外,氮肥和秸秆配施的处理比单独施加氮肥的处理使土壤微生物组的相互作用网络关系变得更加复杂,对土壤理化性质和微生物组群落多样性有更大的影响(见图6.1.6)(Zhao et al.,2019)。

总之,原生生物更加敏感地响应施肥或季节变化带来的影响,进而导致微生物组的网络相互作用关系发生变化。由此表明,原生生物是土壤微生物组中的关键生物类群。此外,这一研究结果为更好地理解施加氮肥对微生物多样性及其与生态系统稳定性之间的关系提供了新的视角。

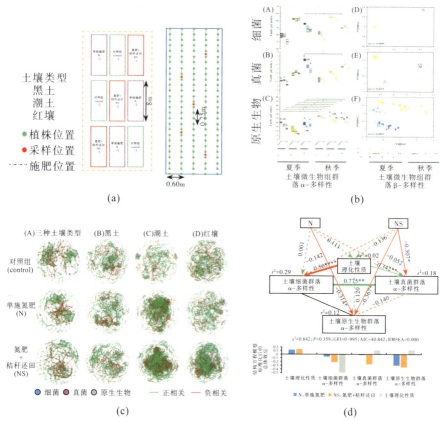

图6.1.6 采样方案,施肥对土壤微生物组群落多样性和微生态网络相互作用关系的影响。(a)野外样地地图,田间小区布置,采样方案;(b)土壤微生物组(细菌、真菌、原生生物)α-和β-多样性对施肥处理和季节变化的响应;(c)施肥处理对土壤微生物组网络相互作用关系的影响;(d)结构方差模型量化不同施肥处理对土壤理化性质和土壤微生物组多样性影响的差异[引自文献(Zhao et al.,2019),已获得 *Microbiome* 的版权许可]

6.1.2 氮转化功能微生物

6.1.2.1 典型旱地农田土壤氨氧化微生物群落分布特征

对土壤的氨氧化细菌和氨氧化古菌的 *amoA* 基因进行了定量聚合酶链式反应(polymerase chain reaction,PCR)分析,结果表明,潮土区氨氧化细菌显著高于黑土和红壤区,而不同土壤区域间氨氧化古菌丰度差异不显著;除潮土区,其他两个区域的氨氧化古菌均显著高于氨氧化细菌(见图6.1.7)。应用克隆文库测序的方法,选取3个区域共78个样点进行氨氧化细菌和古菌的群落分析,发现氨氧化细菌以亚硝化螺菌为主,不同土壤类型间群落结构差异显著。土壤氨氧化古菌主要以Nitrososphaera为优势类群,群落结构在不同类型土壤间差异也显著,其中黑土和潮土的样品较聚集,而红壤样品比较分散。

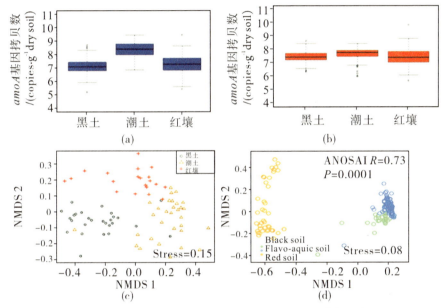

图6.1.7 不同土壤氨氧化细菌的丰度(a)和氨氧化古菌的丰度(b),以及群落结构[(c)&(d)]

注:NMDS,非度量多维尺度分析;Stress,土体应力。

6.1.2.2 典型旱地农田土壤固氮微生物群落分布特征及主要驱动因子

针对东北平原黑土区、华北平原潮土区和南方红壤区3个典型农业区的152个土壤样品,采用荧光定量PCR和Miseq高通量测序等方法重点分析了固氮微生物群落及土壤固氮酶活性分布特征及潜在的驱动因子。结果发现 *nifH* 基因拷贝数在不同土壤样品中的变化范围为 $4.0×10^5$ 至 $7×10^7 copies·g^{-1}$ soil,并且其与TC、TN、AP、AK、砂粒和MAT显著相关(见表6-1-2)。在所有测定的土壤理化指标中,TN值与固氮基因丰度相关性最强。土壤固氮酶活性在不同样品中的变化范围为0.5~10nmol·g⁻¹soil·d⁻¹之间，其与土壤pH、TC、C∶N和TP显著相关（见表6-1-2）。在所有测定的土壤理化指标中，pH与固氮酶活性的相关性最强（Han et al.，2019）。

表6-1-2 环境因子与 *nifH* 基因丰度和固氮酶活相关分析[引自（Han et al.，2019），已获得Oxford University Press的版权许可）]

	nifH 基因丰度		固氮酶活	
	R	P	R	P
pH	0.144	0.078	0.501	0.000
SOC/(g·kg⁻¹)	0.164	0.044	0.063	0.488
TC/(g·kg⁻¹)	0.249	0.002	0.285	0.001
TN/(g·kg⁻¹)	0.501	0.000	0.145	0.106
NH_4^+-N/(mg·kg⁻¹)	0.050	0.544	0.012	0.893
NO_3^--N/(mg·kg⁻¹)	−0.170	0.036	0.051	0.570
C∶N	0.060	0.463	0.313	0.000
TP/(g·kg⁻¹)	0.051	0.534	0.272	0.002
TK(g·kg⁻¹)	0.219	0.012	0.095	0.293
AP/(mg·kg⁻¹)	−0.387	0.000	0.100	0.265
AK/(mg·kg⁻¹)	−0.235	0.004	0.046	0.612
Sand/(g·kg⁻¹)	−0.241	0.003	0.044	0.624
Silt/(g·kg⁻¹)	0.163	0.045	0.120	0.181
Clay/(g·kg⁻¹)	0.143	0.079	−0.251	0.005
MAP/mm	0.111	0.174	−0.203	0.023
MAT/℃	0.255	0.002	0.025	0.785

Miseq 高通量测序分析结果表明，在属的水平上，慢生根瘤菌（*Bradyrhizobium*，29.15%）、固氮螺菌（*Azospirillum*，9.95%）、黏细菌（*Myxobacter*，6.95%）、脱硫弧菌（*Desulfovibrio*，5.22%）和甲基杆菌（*Methylobacterium*，4.42%）等[见图6.1.8（a）]是3种类型土壤中的主要优势固氮菌（Han et al.，2019）。这说明共生固氮的慢生根瘤菌在3种类型土壤中是普遍存在的。对分网络（Bipartite Network）分析显示，在3种类型土壤中，83个固氮菌属是普遍存在的，25个属仅存在于红壤和黑土中，6个属存在于潮土和黑土中。另一方面，有30个属仅存在于红壤中，8个属是黑土中特异分布的；而在潮土中，没有特异的固氮菌存在[见图6.1.8（b）]。

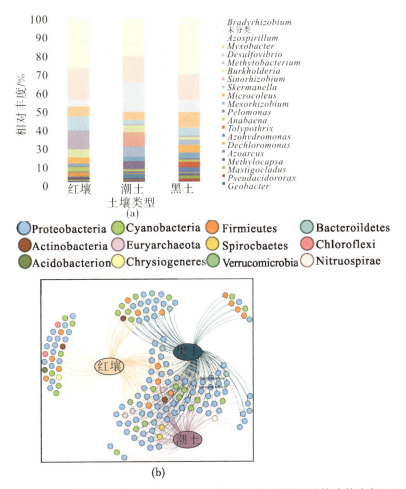

图6.1.8 固氮微生物的群落组成(a)和 nifH 基因在3种类型土壤中的分布(b)
[引自文献(Han et al.,2019),已获得Oxford University Press的版权许可)]

结构方程模型分析表明,作物类型及土壤理化性质中的pH、总氮、有效磷和硝氮含量共同解释了固氮微生物多样性27%的变化;而地理距离,气候及土壤理化性质中的pH、总钾和铵氮共同解释了固氮微生物组成86%的变化(Han et al.,2019)(见图6.1.9)。其中pH与固氮微生物群落相关性最高,可能的原因是pH的变化影响了土壤中碳源和氮源的生物可利用性,从而驱动了固氮微生物群落结构的变化(见图6.1.9)。此外,气候和土壤母质的不同也影响了固氮微生物群落在3种类型土壤中的差异。网络分析结果表明,红壤中微生物的网络节点最高,表明与潮土、黑土相比,红壤中固氮微生物

271

的相互作用最为复杂。在这些主要节点中,慢生根瘤菌、包囊杆菌和脱硫弧菌是红壤中的关键微生物类群,慢生根瘤菌、包囊杆菌和固氮螺菌是黑土中的关键固氮微生物类群,而潮土中不存在明显的代表类群。这说明在红壤和黑土中,微生物间的相互作用主要由慢生根瘤菌和包囊杆菌主导,而潮土则由多个固氮菌群共同作用。

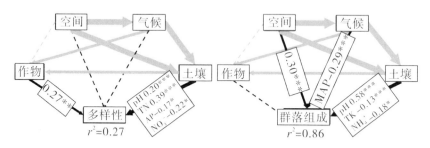

图6.1.9 多重因子影响 nifH 基因多样性和群落组成的结构方程模型[引自文献(Han et al., 2019),已获得Oxford University Press的版权许可)]

注:*,$P<0.05$;**,$P<0.01$;***,$P<0.001$。

6.1.2.3 典型旱地农田土壤反硝化微生物分布特征及主要驱动因子

反硝化作用是农田土壤氮素损失和温室气体 N_2O 排放的重要途径。近年来,随着氮肥施用量增加,旱地生态系统氮素损失量也增加。反硝化作用是多种反硝化微生物参与的将硝酸盐逐步还原为 N_2 的过程,而土壤反硝化微生物的组成与分布对反硝化功能有重要影响。

通过对我国南方红壤、华北潮土和东北黑土等旱作土壤的系统采样分析结果显示,不同母质发育的旱地土壤反硝化细菌群落结构具有显著差异,但反硝化细菌的组成类群具有较大的相似性,主要表现在四种类型土壤具有大量相同的反硝化细菌类群(OTUs)(见表6-1-3)。这些类群大部分归属于Bradyrhizobiaceae、Rhodospirillaceae和Phyllobacteriaceae等细菌属,而长期相似的农业耕作管理措施可能是导致这些优势反硝化细菌组成同质化的重要原因(Xing et al., 2019)。尽管不同类型土壤的优势反硝化菌种群组成相似,但它们的相对丰度在不同类型土壤间存在显著差异,从而导致不同类型土壤反硝化细菌种群结构产生显著差异。除此之外,反硝化细菌(含 narG、nirK、nirS、nosZ I 基因)的丰度在不同类型土壤间具有显著差异,表现为潮土最高,红壤与黑土较低(见图6.1.10),而且各个土壤类型还有少量独特的反硝化细菌类群(见表6-1-3)。土壤性质的差异以及气候条件的不同可能是导致上述差异的主要因素。

表6-1-3 不同类型土壤共有和特有反硝化细菌OTUs数量及相对丰度
(以含*nosZ*基因反硝化菌为例)

细菌种群	OTUs数量	占各类型土壤反硝化菌丰度比例/%			
		QRC	TRS	AS	BS
共　有	515	97.42	99.06	96.26	96.95
红黏土特有	26	0.35	—	—	—
红砂壤特有	18	—	0.06	—	—
潮土特有	61	—	—	0.28	—
黑土特有	37	—	—	—	0.19

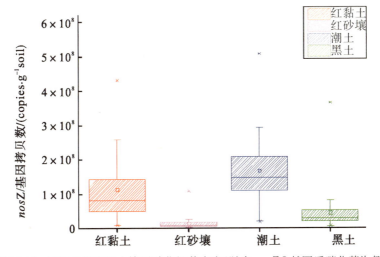

图6.1.10 不同类型农田土壤反硝化细菌丰度(以含*nosZ*Ⅰ基因反硝化菌为例)

与反硝化细菌类似,不同类型土壤的反硝化真菌(*nirK*-型)的优势组成也是高度相似,主要分布在Mucorales、Hypocreales、Sordariale、Eurotiales等真菌目,其中丰度最高的为Hypocreales真菌目、*Fusarium*真菌属(见图6.1.11)。但不同类型土壤反硝化真菌的丰度及其对N_2O排放的贡献也存在显著差异,表现为红壤最高(平均贡献约66.17%),其次是黑土(53.34%),潮土最低(18.62%),而且真菌*nirK*基因的丰度与真菌N_2O相对贡献呈极显著的正相关关系。这说明是反硝化真菌的丰度而非其组成在N_2O产生和排放过程中扮演着重要角色(Xu et al.,2019)。

综合上述研究可以推测,长期耕作可在不同土壤条件下富集大量反硝化微生物种群,包括反硝化细菌和真菌,而每种土壤类型特有反硝化类群较少。尽管反硝化微生物种群主要组成相似,但其活性、丰度和功能在不同类型土壤间存在显著性差异。

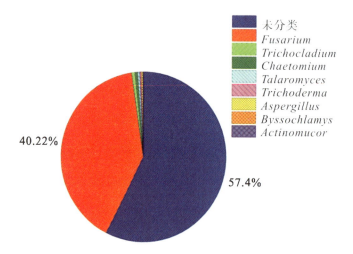

图6.1.11 旱作农田土壤 *nirK* 反硝化真菌的种群组成(属水平)

(贺纪正　沈菊培　韩丽丽)

6.2 典型农区旱地土壤氮素转化的容量和强度特征

6.2.1 旱地土壤硝化反硝化潜势

土壤硝化潜势分析结果表明,潮土区硝化潜势显著高于其他两种土壤类型(见图6.2.1)。对不同农业区土壤氨氧化潜势和土壤pH、氨氮、硝氮、氨氧化细菌和氨氧化古菌的丰度做相关性分析,结果发现,黑土和红壤氨氧化潜势均与土壤pH呈极显著相关关系($P<0.01$);潮土和红壤的氨氧化潜势均与土壤硝态氮含量呈极显著相关关系($P<0.01$);而黑土氨氧化潜势与土壤硝态氮含量相关性不显著($P>0.05$)。通过以上分析可以发现,潮土和红壤的硝态氮含量与氨氧化过程紧密相关,而黑土区硝态氮含量除了受氨氧化过程的影响外,可能还受其他因子的影响。

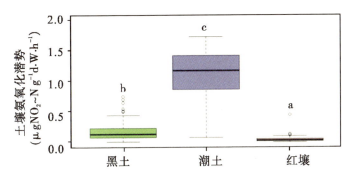

图6.2.1 不同土壤类型氨氧化潜势分布特征

注：不同字母表示不同结果间差异达到显著水平（$P<0.05$）。

对不同类型土壤反硝化潜势的分析表明，土壤反硝化势在4个类型土壤间有显著性差异，其中河流冲积物发育的潮土（AS）反硝化势显著高于其他3个类型土壤，平均高达213.52μg $N_2O \cdot kg^{-1} \cdot h^{-1}$（22.22~579.09·μg $N_2O \cdot kg \cdot h^{-1}$），红黏土（QRC）和黑土（BS）居中，分别平均为100.80μg $N_2O \cdot kg^{-1} \cdot h^{-1}$（4.77~394.16μg $N_2O \cdot kg^{-1} \cdot h^{-1}$）和120.17μg $N_2O \cdot kg^{-1} \cdot h^{-1}$（20.54~464.09μg $N_2O \cdot kg^{-1} \cdot h^{-1}$），而红砂壤（TRS）反硝化势最低，平均仅为42.17μg $N_2O \cdot kg^{-1} \cdot h^{-1}$（8.56~182.27μg $N_2O \cdot kg^{-1} \cdot h^{-1}$）（见图6.2.2）。尽管QRC、AS和BS均包含2个或3个不同的采样区域，并且采样区域相隔数百千米，但土壤反硝化势相近，样区之间均无显著差异。相关性分析表明，土壤pH与反硝化势呈极显著正相关关系，说明在所测定的土壤性质中，pH可能是影响不同类型土壤反硝化势差异的关键因素，另外有机质和有效铁含量对不同类型土壤反硝化势也有一定影响。同一母质发育的土壤，反硝化能力在不同采样地点也存在差异，而且调控同一类型土壤反硝化势差异的关键土壤环境因素也不尽相同，其中对红壤、潮土和黑土影响最为显著的因素分别为土壤有机质、黏粒含量和pH（见表6-2-1）（邢肖毅等，2019）。

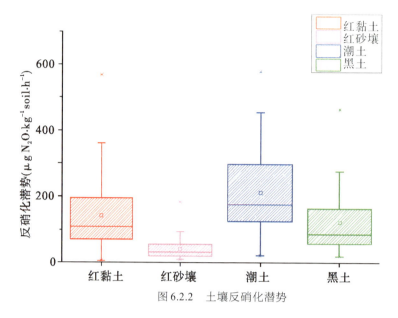

图 6.2.2 土壤反硝化潜势

表 6-2-1 土壤反硝化势与土壤理化性质偏相关分析

土壤类型	土壤性质					
	pH	SOM	av_Fe	Sand	Silt	Clay
所有土壤	0.360**	0.187*	0.234**	−0.183**	−0.173*	−
红黏土	−	0.406**	0.291*	−	−	−
红砂壤	−	0.475**	0.401**	−	−	−0.455**
潮 土	−	−	0.463*	−	−	0.576**
黑 土	0.315*	0.284*	−	−	−	−

注：*，$P<0.05$；**，$P<0.01$。SOM，土壤有机质；av_Fe，有效铁；Sand，砂粒；Silt，粉粒；Clay，黏粒。

6.2.2 旱地农田肥料氮去向

6.2.2.1 ^{15}N 示踪旱地农田肥料氮去向

受区域气候、土壤环境、作物类型、人为管理等因素的影响，我国农田系统肥料氮的利用和损失效率区域差异较大，对养分调控管理措施的响应也不尽相同（Wang et al.，2014，张福锁等，2008）。在特定区域气候条件下，开展定量农田肥料氮去向的研究,如作物吸收、土壤残留,以及气态、淋溶和径流损失,是管理农田施氮、发展高效可持续农业的基础。同位素示踪是监测肥料氮去向的理想方法,被广泛用于追踪肥料氮短期和长期去向的研究(Gardner et al.,2009)。例如,采用田间 ^{15}N 示踪,中国农业大学和中国农业科学院等单位在我国的华北平原和黄土高原地区开展了一系列定量旱地农田系统肥料氮去向的研究(Wang et al.,2016b,2016c;巨晓棠等,2003;徐明杰等,2015;杨云马等,2016)。综合前人的研究进展,研究者们发现我国农田系统氮肥的当季利用率很低,仅为27%~37%,损失巨大,对周边环境构成了污染风险。其中损失以气态形式为主,淋溶和径流次之(见表6-2-2)。

表6-2-2　我国农田系统肥料氮去向　　　　　　　　单位:%

	Zhu et al.,2002	Gu et al.,2015	Ju et al.,2017	^{15}N 示踪综合(未发表)
	试验数据,全国	模型整合数据,全国	试验数据,北方旱地	试验数据,全国
吸收带走	35	37	27	36
氨挥发	11	17	23	10
硝化-反硝化	34	–	2	–
NO	–	1	–	–
N_2O	–	1	–	1
N_2	–	17	–	–
淋溶+径流	–	11	–	–
淋　溶	2	–	18	7
径　流	5	–	–	1
土壤累积+未知	13	–	–	–
土壤累积	–	16	30	32
未　知	–	–	–	13

对于有关玉米种植系统 ^{15}N 示踪的研究,华北平原和黄土高原区域相对较多,东北地区相对较少。东北地区土壤有机质含量较高,土壤 pH 和温度较低,硝化-反硝化潜势更小,因此推测东北地区土壤氮的损失可能少于华北平原和黄土高原地区。研究者于2015年在吉林省公主岭旱地玉米系统开

展^{15}N示踪的田间小区试验,量化了施入土壤肥料氮的去向,发现在推荐施氮量200kg N·ha^{-1}条件下,收获时作物吸收52%,土壤残留(0~40cm)23%,损失25%(Quan et al.,2018)。氮肥的损失主要发生在玉米生育前期(V12前)(见图6.2.3)。研究者于2016年采用类似方法,研究了相同的肥料氮在我国其他5个试验点(湖南桃源、河南许昌、辽宁沈阳、吉林公主岭、黑龙江哈尔滨)的去向,结果显示作物吸收、土壤残留(0~40cm)和损失的比例平均分别为45%±4%,22%±7%和33%±3%(Quan et al.,2020)。其中吸收的比例与北美地区玉米种植系统接近(42%±13%,n=82),但却显著高于东南亚地区(33%±12%,n=4)(Dourado-Neto et al.,2010)。肥料氮去向在我国不同玉米种植区也存在差异,整合前人^{15}N田间示踪试验结果,东北地区(n=6)的当季吸收比例要显著高于华北地区(n=12)(见图6.2.4)。类似的区域差异也在小麦和玉米系统内被发现(Cassman et al.,2002;Wang et al.,2011b)。

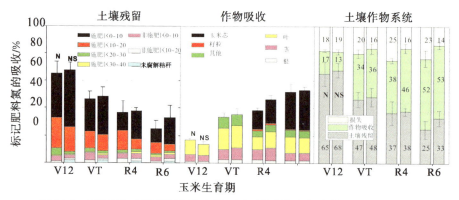

图6.2.3 同位素^{15}N示踪肥料氮在土壤-玉米系统内的去向(吉林公主岭,2015年)

[引自文献(Quan et al.,2018),已获得*Springer Nature*的版权许可]

注:V12,VT,R4和R6代表玉米不同生育期。

如果考虑后季作物对残留土壤肥料氮的吸收利用,^{15}N作物吸收比例会更大(Ladha et al.,2005)。Smith和Chalk(2018)结合近60年的^{15}N示踪试验结果发现,残留肥料氮在第一季的吸收比例为5.4%±4.5%,此后的吸收比例在3%以下。尽管残留肥料氮在后季的利用率均较低,但后季的长期累积利用率却可能很高。在一个施用标记硝氮肥料的长期试验中,Sebilo等(2013)发现肥料氮利用率在施肥后30年还可提高约15%。此外,对中国不同省份农田系统氮肥平衡的计算,Yan等(2014)通过线性回归模型计算出了肥料氮残效的比例,发现氮肥的累积利用效率能够达到40%~68%,相比当季利用效率30%提高了10%~38%。

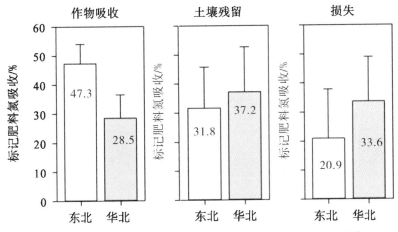

图6.2.4 ^{15}N原位示踪田间研究玉米农田肥料氮去向(东北 vs.华北)

6.2.2.2 旱地农田肥料氮去向的影响因素

气候、土壤以及其他管理因素都会对肥料氮的去向产生影响(Gardner et al.,2009)。Quan等(2020)通过建立肥料氮去向与这些因素的相关分析,发现肥料氮的去向主要受土壤因素影响(土壤全氮含量和土壤pH),而不是气候因素(玉米生育期内的平均气温和降雨量)(见表6-2-3)。由于长期的农业耕作和人为扰动(>1000年),华北平原的土壤有机质含量普遍低于东北地区,造成华北平原玉米当季利用率较东北偏低。Dourado-Neto等(2010)在热带作物种植系统内也发现土壤有机质对肥料氮当季利用效率的影响。为了减少可能的产量损失,在低土壤有机质含量的农业区域,农民往往通过过量施氮来确保玉米生育期的氮素供应,这样就逐渐形成氮投入和氮损失不断升高的恶性循环。除土壤有机质外,土壤pH可能也是影响肥料氮去向的一个非常重要的因素。土壤pH主要通过影响氨挥发,以及硝化-反硝化过程,从而影响土壤中的氮素形态和损失路径。通常情况下,碱性土壤(如华北和黄土高原地区土壤)更有利于氨挥发和土壤硝化,导致土壤中氮素损失。

在肥料氮的残留和损失方面,土壤有机碳和全氮表现不同(见表6-2-3)

（Quan et al.，2020）。碳氮比高的土壤具有更高的氮截留能力，从而减少肥料氮的淋溶/径流和气态损失。通过维持和提高土壤有机碳的含量，将施入土壤的氮肥作为"资源"储存起来，以满足农作物生育后期的养分需求，从而减少其以"污染物"形式进入环境的风险。相关的土壤有机质管理措施，例如秸秆还田和保护性耕作，是维持土壤长久地力的重要农艺措施（Pittelkow et al.，2015；Quan et al.，2018）。

表6-2-3 肥料氮当季去向（作物吸收、土壤残留和损失）与气候、土壤和管理因素的相关性分析（皮尔逊系数）[引自文献（Quan et al.，2020），已获得Elsevier的版权许可]

肥料氮当季去向	气候		土壤性质			管理
	平均降雨	平均气温	土壤 pH	土壤有机碳	土壤全氮	施肥量
作物吸收	0.52	−0.15	−0.75**	0.23	0.60**	−0.60**
土壤残留	−0.37	−0.21	−0.26	−0.07	−0.47*	0.14
损失	−0.10	0.24	0.30	−0.12	0.03	0.31

注：*，$P<0.05$；**，$P<0.01$。

除了环境因子，农艺措施包括养分管理措施也影响肥料氮的当季去向。通过搜集全球玉米系统 ^{15}N 田间示踪试验的结果，我们整合了不同养分管理措施对肥料氮当季去向的影响。相关的措施包括使用增效肥料（enhanced efficiency N fertilizers，EEFs）、使用非尿素其他类型化学氮肥（other forms of chemical N fertilizer，OF）、免耕或少耕（no-tillage or reduced tillage，NT/RT）、深施（deep placement of N fertilizer，DP）、增加施氮次数（increasing splitting frequency of fertilizer N application，ISF）、减小分次施氮中基肥的比例（reducing the proportion of basal N fertilizer application，RBP）、有机无机肥料混合施用（co-application with organic materials，COM）、增加施氮量（increasing fertilizer-N rate，IFR）和减少施氮量（reducing fertilizer-N rate，RFR）等（见图6.2.5）。施用含有硝化/脲酶抑制剂的增效肥料，可以提高作物氮需求和土壤氮供应方面的同步性，减少氮的损失（Linquist et al.，2013；Xia et al.，2017）。然而，总结前人 ^{15}N 标记肥料氮去向的结果，我们发现施用 EEFs 对玉米产量、氮吸收和 Ndff（作物氮来自肥料氮的比例）和当季氮肥利用率均未造成显著影响（见图6.2.5）（Quan et al.，2021）。这一差异可能与 EEFs 类型有关，文献中不同增效肥料的效果也表现不一致（Linquist et al.，

第6章 旱地土壤氮转化的微生物过程

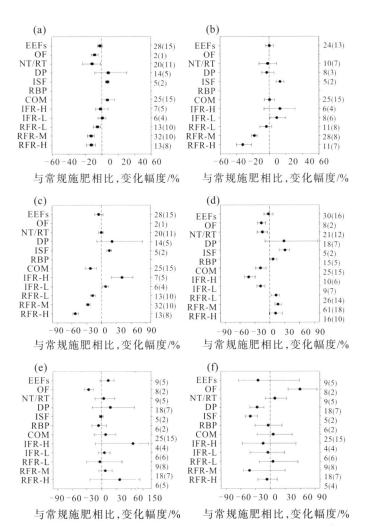

图6.2.5 田间原位条件下不同养分管理措施对肥料氮去向的影响。(a)玉米籽粒产量；(b)玉米地上部分氮吸收；(c)Ndff,%；(d)^{15}N吸收(NUE),%；(e)^{15}N土壤残留,%；(f)N损失,%[引自文献(Quan et al.,2021),已获得Elsevier的版权许可]

注：右侧纵轴表示观测数（研究数）；左侧纵轴表示不同的养分管理措施(EEFs为缓控释肥或硝化/脲酶抑制剂添加；OF为施用非尿素的其他类型化学氮肥；NT/RT为免耕或者少耕；DP为深施；ISF为增加施氮次数；RBP为减少分次施氮中基肥的比例；COM为有机无机肥料混合施用；IFR-H为增加施氮量(≥100%)；IFR-L为增加施氮量(<100%)；RFR-L为减少施氮量(<50%)；RFR-M为减少施氮量(=50%)；RFR-H为减少施氮量(>50%))。Ndff为肥料氮比例。

281

2013)。本研究中,NT/RT使得作物产量下降11%,作物氮吸收减少14%。少免耕短期内可能对农作物产量有负面影响,需要和其他相关措施结合起来应用才能维持产量(Pittelkow et al.,2015)。与NT/RT不同,DP能增加作物产量(9%)、Ndff(22%)、NUE(29%)和N截获(18%),同时减少氮的损失(26%)。但是,除损失以外,其他项的影响均不显著。本研究中DP误差较高,可能与肥料施入的深度有关,肥料施入太深也不利于被作物吸收。由于机械化和规模化程度不够,所以我国农田大面积深施仍存在较大障碍(Xia et al.,2017)。增加施氮的频率(ISF)和减小基肥的施用比例(RBP)都可以增加氮肥的当季利用效率,并减少当季损失。其中,增加施氮的频率要比减少基肥的施用比例更利于提高当季氮肥利用率(Zhang et al.,2012)。碳氮耦合(COM)降低了Ndff和当季氮肥利用率,但却增加作物产量,可能是通过增加土壤中氮素的周转来提高的土壤供氮能力。此外,大量的研究(~50%)致力于开展氮肥用量对氮肥去向影响的研究(Gardner et al.,2009)。整合分析的结果显示氮肥用量如果高于常规施氮量,产量增加幅度有限(差异不显著)但造成显著更低的当季利用率;如果氮肥用量低于常规施氮量,虽然提高了当季利用率,但是导致玉米产量减少。

6.2.3 旱地土壤气态氮损失

我国农田土壤普遍存在氮肥利用率低、氮肥损失大的问题。氮肥施入土壤后,可被作物吸收利用、残留在土壤,或发生气态和淋溶损失。田间原位试验结果表明,我国农田系统氮肥当季利用率仅为27%~37%,大量未被作物利用的氮素损失进入环境,造成水体和大气污染,并加速气候变化以及生物多样性损失。通过模型模拟,我国农田氮损失中气态氮(NH_3、NO_x、HONO、N_2O和N_2等)占比约为36%(Gu et al.,2015)。然而在观测研究中,土壤气态氮损失由于时空复杂性较高、释放种类和产生途径多样化,被认为是肥料氮一系列去向中最难量化的环节(Friedl et al.,2016;Spott et al.,2011)。

肥料氮气态损失过程主要包括NH_3挥发、硝化作用及反硝化作用产生NO_x、N_2O和N_2。有关土壤气态氮损失的形态比例以及相关微生物路径是全球氮循环研究的热点。N_2O作为重要的温室气体之一,其化学性质稳定,测定技术较成熟,相关研究较多;而被认为释放量最高的N_2,由于受检测方法的限制,研究较少(Wang et al.,2013;2011a)。前人的研究方法主要是氦置换-流动气体土柱培养技术(gas-flow-soil-core technique),该方法可直接测得土壤释放的 N_2O 与 N_2 通量并计算产生比例(Butterbach-Bahl et al.,2002,Wang et al.,2013)。另外随着同位素技术的发展,稳定同位素标记和测试成本有所下降,采用 ^{15}N 示踪法结合室内培养实验量化土壤 N_2O 与 N_2 产生及比例的研究逐渐增多(Butterbach-Bahl et al.,2002,Li et al.,2015)。通过测定 N_2O 与 N_2 释放比例,结合农田实际监测 N_2O 排放动态来模拟土壤气态氮损失是未来研究的一个可能方向(Schlesinger,2009)。然而,由于土地利用和土壤类型等因素的差异,不同研究中得到的土壤 N_2O 和 N_2 的释放比例相差很大(Wolf et al.,2003;Pilegaard et al.,2006;Ciarlo et al.,2008)。Schlesinger(2009)总结了前人在自然陆地、农田、湿地土壤有关 N_2O 和 N_2 排放的研究,得出以上生态系统 N_2O/N_2 的产生比率平均分别为0.96、0.58和0.09。

我们采集了来自东北黑土区、南方红壤区和华北潮土区玉米种植地块(84个样点)的玉米地土壤,采用室内 ^{15}N 同位素标记技术,结合 ^{15}N 配对法,量化了以上玉米地土壤厌氧条件下反硝化作用 N_2O 和 N_2 的产生速率、二者比例、控制因子及产生的微生物途径。研究发现:在厌氧培养条件下,N_2 产生是主要的气态氮形式,N_2 速率为8.1~41.5nmol $^{15}N\cdot g^{-1}\cdot h^{-1}$[见图6.2.6(b)],大于 N_2O 产生速率[0.01到2.29nmol $^{15}N\cdot g^{-1}\cdot h^{-1}$,见图6.2.6(a)],导致 N_2O 占二者比例为0.0004到0.35[见图6.2.6(c)]。而所有土壤pH范围为4.88(YT)到8.00[LC,见图6.2.6(d)]。桃源、祁阳、鹰潭 N_2O 产生速率显著高于封丘和栾城 N_2O 产生速率[见图6.2.6(a)];N_2 产生速率在鹰潭和桃源最高,显著高于其他所有站点[见图6.2.6(b)]。

相关分析表明,土壤pH是影响 N_2O 和 N_2 产生的最重要的控制因子;随着土壤pH的上升,N_2O 产生下降,N_2 生产量增多,N_2O 所占比例($N_2O/(N_2O+N_2O)$)随之下降。除了土壤pH,土壤本底 NO_3^- 含量及土壤全碳、全氮、黏粒含量等也是影响 N_2O 和 N_2 产生的关键因子(见表6-2-4)。

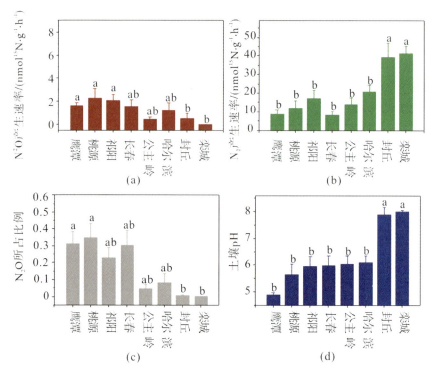

图 6.2.6　八个站点玉米地土壤 N_2O 产生速率(a)、N_2 产生速率(b)、N_2O 所占比例(c)和土壤pH(d)

表 6-2-4　土壤理化性质与 N_2O 和 N_2 产生速率的相关性

产生速率	pH	全碳	全氮	C/N	SOC	NO_3^-	NH_4^+	黏粒
N_2O	-0.430**	-0.112	-0.126	0.055	0.176	-0.240*	0.129	0.273*
N_2	0.688**	0.397**	0.239*	-0.058	0.11	0.267*	-0.154	-0.175
$N_2O/(N_2O+N_2)$	-0.514**	-0.279*	-0.15	0.027	-0.035	-0.356**	0.025	0.353**

注：*，$P<0.05$；**，$P<0.01$。

我们根据 ^{15}N 配对法进一步区分了不同微生物过程对 N_2O 和 N_2 产生的贡献（见表 6-2-5）。对于 N_2O，厌氧条件下可来自反硝化作用 (denitrification，D_{N_2O})、共反硝化作用 (co-denitrification，$Co-D_{N_2O}$)，或异养硝化作用 (heterotropic nitrification，HN_{N_2O})；对于 N_2，厌氧条件下产生过程包括反硝化作用 (denitrification，D_{N_2})、共反硝化作用和厌氧氨氧化作用 (anammox)。N_2O 产生的微生物过程在不同站点间贡献不同，在封丘、栾城、公主岭三个站点，异养硝化作用产生 N_2O 显著高于反硝化作用和共反硝化作用；而在鹰潭和祁阳，共反硝化作用产 N_2O 显著高于反硝化和异养硝化作用。对于 N_2 来说,在所有站点反硝化作用都是产生 N_2 的主要途径,占比81%~100%。

表6-2-5　N_2O 和 N_2 产生的微生物过程区分

站　点	D_{N_2O}	$Co-D_{N_2O}$	HN_{N_2O}	D_{N_2}	$(Co+A)_{N_2}$
鹰　潭	0.85±0.13b	1.73±0.26a	1.32±0.22ab	9.2±2.4	0.11±0.04
桃　源	2.03±0.86	0.68±0.32	1.41±0.34	12.4±4.2	0.43±0.15
祁　阳	0.99±0.28b	2.32±0.58a	0.79±0.12b	18.0±4.6	0.07±0.03
长　春	1.99±0.81	0.31±0.21	1.33±0.58	10.8±2.6	0.71±0.38
公主岭	0.21±0.09b	0.77±0.24ab	1.80±0.56a	14.9±3.4	0.18±0.12
哈尔滨	1.23±0.71	0.20±0.20	1.97±1.06	22.4±3.4	nd
封　丘	0.55±0.54b	0.12±0.04b	1.05±0.36a	41.6±7.8	nd
栾　城	0.01±0.01c	0.03±0.01b	0.13±0.01a	43.6±3.9	nd

注:不同字母表示结果之间差异达到显著水平($P<0.05$)。

(方运霆　全　智)

6.3　典型农区旱地农田土壤氮素迁移转化过程及其微生物机制

氮素是植物生长必需的营养元素之一,土壤中氮素含量及其迁移转化过程不仅直接影响作物的产量,而且对全球环境变化影响重大。在农业生产过程中,旱作农田存在氮肥施用量逐年增加的现象,但肥料利用率较低,造成巨大资源浪费的同时也导致温室气体 N_2O 排放量激增、环境风险加剧。土壤微生物是驱动土壤元素生物地球化学循环的引擎,参与多个主要氮素循环转化过程,包括生物固氮作用、氨化作用、硝化作用、反硝化作用等。因此,探索典型旱地农田土壤氮素迁移转化过程及其微生物驱动机制可为制定合理的氮肥管理措施、减少氮素损失、保障农田微生物环境良好发展及减轻农业面源污染提供理论依据。本节重点阐述了我们在典型农区开展的有关旱作农田土壤迁移转化过程及其微生物机制、土壤 N_2O 产生机制等方面的研究进展。

6.3.1　红壤坡地农田土壤氮素迁移转化过程及其微生物机制

为探明旱地土壤氮素迁移特征及其微生物作用机制,我们以典型红壤坡地农田和长期集约化种植的菜地土为对象,研究了农田土壤硝态氮地表径流迁移特征和土壤硝态氮向地下水迁移的特征,并进一步总结了影响农田土壤氮素迁移转化过程的关键微生物作用机制,取得以下主要进展。

6.3.1.1 坡地农田土壤硝态氮地表径流迁移及阻截

我国红壤缓坡地占我国亚热带可利用土地面积的28%,达到 $2.1×10^7hm^2$,红壤坡地已经成为亚热带地区发展农业生产的重要资源(何电源,1994;谢小立等,2003)。一方面,降雨是红壤坡地生态系统基本水资源,但是降雨的季节分布不均,夏季7~9月份高强度的降雨造成严重的水土流失(杨炎生和信乃诠,1995)。另一方面,农业生产上氮肥的施用是提高作物产量的有效措施之一,然而氮肥利用率一般为35%左右,在坡地水土流失过程中,大量土壤氮素向水体迁移,造成水体富营养化,加重农业面源污染(朱兆良,2000)。

土壤硝化作用产生的 NO_3^--N 易溶于水,是氮素输出的主要形式之一,是造成水体富营养化的主要物质来源(Ferguson et al.,2005)。依托中国科学院桃源农业生态试验站红壤坡地不同利用模式长期定位试验(1995年开始),分析了坡地土壤及径流水中氮素转化和迁移特征,解析了土壤及径流水氮素转化微生物调控机制。研究结果表明,茶园土壤中氨氧化细菌(AOB)数量最多,分别是自然恢复和农田土壤的8.3倍和3.5倍。氨氧化古菌(AOA)数量也表现为农田最多,分别是自然恢复和茶园土壤的4.2倍和3.6倍。土壤AOB和AOA多样性指数差异不显著,且在3种不同土地利用方式中呈现相同的趋势,即农田=茶园>自然恢复。

利用好气培养法测定了红壤坡地3种利用方式下土壤的硝化势(见图6.3.1)。研究结果表明,在不同利用方式下土壤硝化势明显不同,其强弱依次为农田、茶园、自然恢复。硝化势与AOA拷贝数呈极显著正相关关系($R^2=0.731,P<0.01$),与AOB拷贝数之间无显著相关关系($R^2=-0.052,P>0.05$)。

总体来说,对红壤坡地采取的不同利用方式改变了土壤AOA和AOB的多样性以及群落组成。AOB和AOA积极参与了土壤的硝化过程,且AOA在氨氧化微生物群落生态功能中占有重要地位。通过分析不同土地利用方式对随径流水流失的AOB和AOA的数据可以发现,自然恢复区的AOA流失量最高,而AOB流失量表现为农田区最高(见表6-3-1)。土壤氮素流失与土壤AOA拷贝数及随径流水流失的AOA数量呈极显著正相关关系,与AOB无显著相关性。因此推测,在中国南方红壤丘陵区,有望通过调控AOA的数量减控土壤氮素流失。

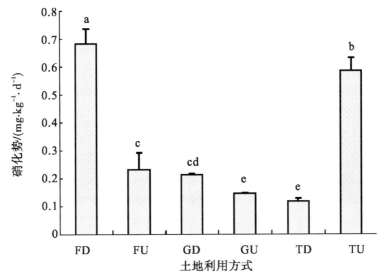

图6.3.1 不同利用方式硝化势的变化

注:图中不同字母表示结果之间差异达到显著水平存在显著性差异($P<0.05$)。F,农田;G,自然恢复;T,茶园;U,坡上;D,坡下

表6-3-1 不同土地利用方式随径流水流失氨氧化功能微生物数量

土地利用方式	径流量/($m^3 \cdot hm^{-2}$)	NO_3^--N/($mg \cdot L^{-1}$)	$\times 10^4$ copies·mL^{-1} runoff water AOB aomA	$\times 10^4$ copies·mL^{-1} runoff water AOA aomA	NO_3^--N损失/($g^{-1} \cdot hm^{-2}$)	aomA基因损失/($\times 10^7$ copies·hm^{-2}) AOB aomA	aomA基因损失/($\times 10^7$ copies·hm^{-2}) AOA aomA
农田	3.60	0.79±0.12ab	0.30±0.01c	1.06±0.21b	2.84±0.43a	1.09±0.02c	3.82±0.77a
自然恢复	1.00	0.27±0.06c	3.14±0.05a	0.31±0.02c	0.27±0.06c	3.14±0.05a	0.31±0.02b
茶园	2.30	0.46±0.03b	0.67±0.09b	1.44±0.16a	1.05±0.07b	1.53±0.20b	3.31±0.36a

注:同列不同字母表示结果间差异达到显著水平($P<0.05$)。

6.3.1.2 旱地农田土壤硝态氮向地下水迁移的特征及微生物机制

世界上有近一半的人口把地下水作为饮用水,长期饮用硝酸盐超标的地下水将会造成婴儿患高铁血红蛋白症、蓝婴综合征和消化道癌,直接威胁人类的健康(WHO,2006)。与稻田相比,油菜由于高集约化管理,大量的硝态氮在土壤中积累,并随灌溉或降雨淋失进入地下水环境,造成地下水硝酸盐污染(Chen et al.,2010)。在地下水环境中,硝化作用可能进一步加重硝酸盐污染,而反硝化也可能通过脱氮过程去除硝酸盐(Qin et al.,2016)。研究旱地农田土壤剖面硝态氮向地下水迁移过程及硝化和反硝化功能微生物的作用机制,为地下水硝酸盐污染防治提供参考。

研究采集连续耕作50年以上稻田(PS),长期连续种植蔬菜(20a以上,HVS)和短期种植蔬菜(2a左右,LVS)的0~100cm剖面土壤以及地下水样品,分析土地利用变化(稻田转菜地)对土壤硝态氮向地下水迁移过程的影响机制。稻田转菜地,增加了地下水硝态氮的污染,连续2年种植蔬菜区地下水硝酸盐含量接近国家标准,长期蔬菜种植超过国家标准3~4倍(见图6.3.2)。分析土壤硝化氮含量与地下水硝态氮含量之间的关系发现,土壤硝态氮含量的增加是造成地下水中硝态氮超标的主因。

剖面土壤中,氮素转化功能微生物群落结构对土层深度的响应比土地利用变化更敏感。剖面土壤随土层深度增加,土壤硝化作用减弱,反硝化作用增强(Qin et al.,2016),其中80~100cm以反硝化为主(Qin et al.,2016)。地下水环境中,菜地区AOA的数量菜地区明显高于稻作区的,并与硝酸盐含量显著正相关,而与硝酸还原菌无显著相关性(见图6.3.3)。

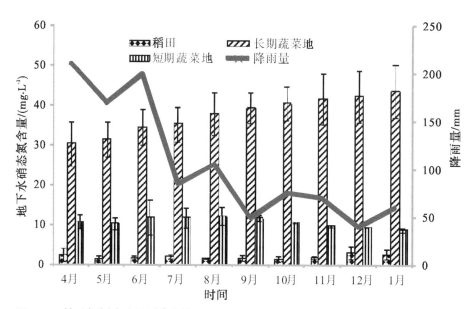

图6.3.2 地下水硝态氮含量[引自文献(Quan et al.,2021),已获得Springer Nature的版权许可]

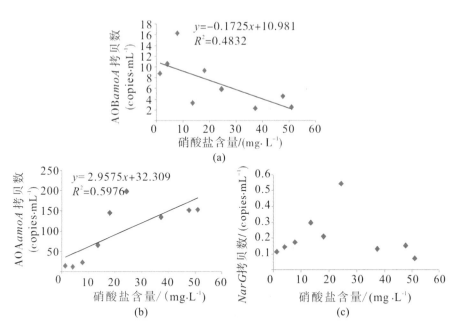

图6.3.3 地下水环境硝态氮含量与硝化[(a)&(b)]与反硝化(c)功能基因丰度的关系
[引自文献(Qin et al.,2014),已获得Springer Nature的版权许可]

注:不同字母表示结果之间差异达到显著水平($P<0.05$)。

因此,推测地下水环境硝酸盐含量受土壤硝酸盐含量的显著影响,如果没有外源硝酸还原菌,那么AOA的硝化作用可能会加剧地下水硝酸盐污染程度。

6.3.2 旱地土壤N_2O产生机制

为探明研究区典型旱地土壤关键氮转化过程的微生物机制,我们以N_2O产生机制为突破口,研究了硝化作用、反硝化作用过程对N_2O产生的贡献,并进一步鉴定参与反应的功能微生物类群,同时研究了水分、氮水平等对N_2O释放和功能微生物的影响。在此基础上,我们系统总结了陆地生态系统中N_2O产生的过程、微生物机制及影响因素,提出了一个从基因水平到生态系统模型水平上研究陆地系统N_2O排放的方法框架模型。

6.3.2.1 旱地土壤中氨氧化微生物对氧化亚氮产生的贡献

旱地农田土壤多数时间处于好氧状态,硝化作用可能是N_2O产生的主要途径,为明确其中起关键作用的功能微生物及其特征,我们利用乙炔抑制AOB和AOA的生长从而抑制硝化过程,而辛炔选择性抑制AOB代谢活性的原理,研究了潮土和红壤在施用不同形态的氮肥(NH$_4$)$_2$SO$_4$和KNO$_3$后AOA和AOB对N$_2$O排放产生的相对贡献。经过21天室内培养发现,硫酸铵处理产生的N$_2$O要显著高于硝酸钾处理产生的N$_2$O,乙炔和硫酸铵处理显著降低了N$_2$O排放,说明氨氧化过程是N$_2$O排放的主要途径。在潮土和红壤中,硫酸铵处理下AOB对N$_2$O排放的贡献分别达到70.5%和78.1%。AOB和AOA对N$_2$O的贡献分别是18.7%和19.7%(见图6.3.4)。此外,我们还发现N$_2$O的累积排放量与AOB的丰度呈显著正相关关系。这些均表明在高铵氮的土壤环境中,AOB是N$_2$O释放的主要贡献者(Wang et al.,2016a)。

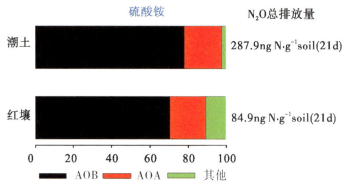

图6.3.4 潮土和红壤中AOA和AOB对N$_2$O排放的相对贡献

6.3.2.2 不同旱地土壤细菌和真菌对氧化亚氮产生的贡献

为探讨细菌和真菌对N$_2$O产生的相对贡献,选择3种典型旱地农田土壤(包括红壤、潮土和黑土),设置室内土壤培养试验,通过添加细菌和真菌抑制剂,及乙炔抑制剂,分析反硝化细菌*nirK*与反硝化真菌*nirK*基因的丰度、群落组成及细菌与真菌对土壤N$_2$O排放相对贡献的相关性。结果表明,3种土壤中细菌对N$_2$O的相对贡献存在显著性差异(见图6.3.5),红壤及黑土中真菌及其他微生物对N$_2$O的贡献高于细菌,而潮土中细菌对N$_2$O的贡献高于真菌及其他微生物。反硝化真菌*nirK*基因的拷贝数与真菌对于N$_2$O的相对贡献呈现极显著的正相关关系,但真菌对N$_2$O的相对贡献与*nirK*-型反硝化真菌的群落结构没有显著相关(蒙特卡洛检验$P>0.05$),表明在真菌N$_2$O排放过程中,相比于*nirK*-型反硝化真菌的群落结构,其丰度起着更重要的作用。

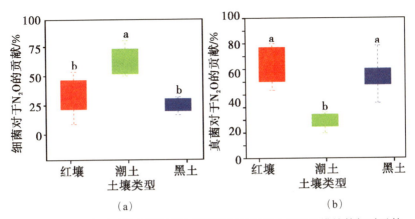

图 6.3.5 不同类型旱地土壤细菌(a)和真菌(b)对于土壤 N_2O 排放的相对贡献
注:不同字母表示结果之间差异达到显著水平($P<0.05$)。

6.3.2.3 水分和施肥对农田土壤 N_2O 排放和相关功能微生物的影响

为揭示3种不同类型土壤反硝化产物的相对比例及其功能微生物群落差异,采用以上3种典型旱地农田土壤作为材料开展了室内培养试验,试验设置30%和50%两个质量含水量,采用 C_2H_2 抑制法抑制反硝化过程中 N_2O 到 N_2 的还原,用于预测 N_2O 和 N_2 的总排放量,在不同时间点采样分析气体含量,反硝化过程中关键微生物类群(含 *nirK*、*nirS*、*nosZ* I 和含 *nosZ* II 基因反硝化微生物)的数量和群落结构。

研究结果表明,在50%含水量的条件下,不同土壤样品 N_2O 和 N_2 的排放速率差异显著而30%含水量时,除红壤中的TY样品外,其他土壤样品 N_2O 和 N_2 排放速率均很低(见图6.3.6)。不同土壤类型 N_2O 和 N_2 占气态产物的相对比例具有显著差异。$N_2O/(N_2O+N_2)$ 以黑土最高,其次是潮土,红壤最低。黑土和潮土均以 N_2O 为主要的气体产物,两者 $N_2O/(N_2O+N_2)$ 的平均值分别为78.06%和67.61%。红壤整体以 N_2 为主要产物,$N_2O/(N_2O+N_2)$ 为45.59%,尤其是TY土样样品,N_2 的比例更高,达到了75.59%。不同类型土壤调控 N_2O 和 N_2 排放的微生物不同。红壤中,*nirS* 型反硝化细菌可能是 N_2O 生成的主要驱动者;潮土中,*nirK* 和 *nirS* 共同驱动 N_2O 的生成,*nosZ* I 驱动 N_2 的生成;黑土中,*nirK* 驱动 N_2O 的生成,*nosZ* I 驱动 N_2 的生成。不同土壤类型间 *nirK*、*nosZ* I 和 *nosZ* II 群落结构具有显著性差异,对 N_2O 和 N_2 的排放量具有显著影响(见表6-3-2)。

中国土壤微生物组

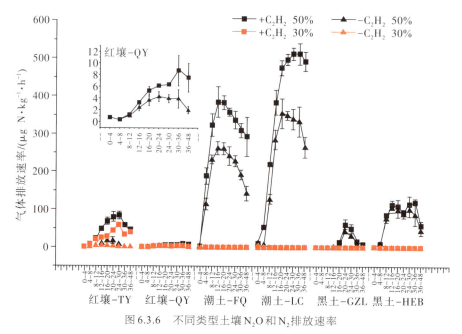

图6.3.6 不同类型土壤N₂O和N₂排放速率

注：图中+C₂H₂为加乙炔处理，表征N₂O和N₂总排放速率；−C₂H₂为不加乙炔处理，表征N₂O排放速率，两者相减为N₂排放速率。30%和50%表示两种不同土壤含水量条件。

表6-3-2 气体排放速率与土壤反硝化微生物丰度相关性分析

类 别	气体排放			
	N_2O+N_2	N_2O	N_2	$N_2O/(N_2O+N_2)$
nirK	0.603	0.688	0.409	−
nirS	0.522	0.516	0.509	−
nosZ I	0.687	0.658	0.712	−
nosZ II	0.889*	0.893*	0.840*	−
nirK+nirS	0.623	0.712	0.421	−
nosZ I +*nosZ* II	0.958**	0.959**	0.911*	−
nirK/nosZ II	−	−	−	0.848*
nirK+nirS/(nosZ I +*nos)Z* II)	−	−	−	0.832*

注：*，$P<0.05$；**，$P<0.01$。

为探讨土壤团聚体大小对不同水分条件下硝化、反硝化过程的影响,我们选择典型冲积母质发育的菜地土,采用垂直降落法筛分出土壤中4~8mm、2~4mm和<1mm粒径的团聚体。分别调节土壤含水量达到25%(土壤正常含水量)和35%质量含水量(N_2O排放高峰含水量),置于30℃条件下培养,并在不同培养时间取样分析,研究土壤有效态氮动态、硝化和反硝化微生物的组成和数量与N_2O释放的耦合机制。结果发现不同粒径团聚体在35%水分条件下的N_2O释放速率均显著高于其在25%水分条件下的N_2O释放速率。N_2O释放速率随土壤团聚体粒径增加而减小,且两个水分含量均呈现同样的趋势(见图6.3.7),由此表明团聚体物理大小能显著影响团聚体N_2O的释放活性,而小团聚体可能是旱地土壤N_2O释放的"热点"微域。粒径小的团聚体铵态氮含量明显低于大团聚体,在N_2O释放高峰期硝态氮的消耗量随粒径增加而减小(见图6.3.8),而且在25%水分条件下不同粒径团聚体N_2O释放速率与 $narG$、$nosZ$ 和 AOA-$amoA$、AOB-$amoA$ 丰度呈极显著正相关关系,而在35%水分条件下只与 $narG$ 和 $nosZ$ 丰度存在显著正相关关系(见表6-3-3),由此表明低水分条件下硝化微生物和反硝化微生物协同作用可能是造成不同粒径N_2O释放速率差异的重要原因,而高水分条件下该差异则主要与反硝化微生物活性相关。

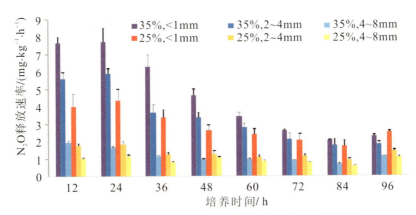

图6.3.7 不同粒径团聚体在不同水分条件下的N_2O释放速率

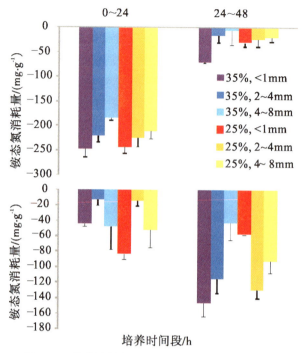

图6.3.8 培养过程中团聚体硝态氮和铵态氮消耗量

表6-3-3 N_2O释放过程与硝化和反硝化微生物及土壤氮素转化速率关系

条 件	AOA	AOB	narG	nosZ	铵态氮变化量	硝态氮变化量
25%水分	0.539**	0.538**	0.520**	0.676**	-0.424**	-0.393**
35%水分	0.510	0.216	0.607**	0.499**	-0.343**	-0.339**

注：**，$P<0.01$。

为探讨施肥和水分条件变化下，不同农田土壤N_2O排放的特征及其微生物机制，我们以潮土和红壤为研究对象进行室内培养试验，研究了水分状态（50%和90% WFPS）和施氮[$(NH_4)_2SO_4$和KNO_3]处理对N_2O排放以及相关微生物丰度和群落结构的影响。结果表明，经过20d培养后，在90%WFPS条件下，施用硫酸铵所产生的N_2O量要显著高于施用硝酸钾处理所产生的N_2O量（见图6.3.9）。这表明，即使在高水分条件下，氨氧化过程也是N_2O产生的主要途径。在这两种土壤中，增加水分刺激了AOB和含nirK基因反硝化菌生长繁殖。硫酸铵处理显著增加了潮土中AOB和nirK基因丰度，而降低了红壤中AOA、nirK和nosZ基因丰度。硝酸钾处理对潮土中AOA丰度没有影响，反而抑制了红壤中AOA的丰度。N_2O累积排放量与AOB丰度呈显著正相关关系，而与其他基因无显著关系(见图6.3.10)。在两种类型土壤中,水分的改变显著影响了AOA的群落组成;在红壤中,水分变化改变了硝化和反硝化微生物群落组成;在潮土中,硫酸铵处理显著改变了AOB,而不是AOA的群落结构;在红壤中,硫酸铵处理显著影响了AOA和AOB的群落组成。在红壤中,硝酸钾处理改变了AOA、nirK和nosZ基因群落组成(Wang et al.,2017)。

以上研究揭示了土壤水分含量显著影响农田土壤反硝化功能,不同类型土壤均表现为50%比30%质量含水量排放更多N_2O和N_2。小团聚体是旱地土壤N_2O释放的"热点"微域,水分差异会导致N_2O释放速率差异,但不改变不同粒径团聚体N_2O释放速率差异特征。研究结果进一步揭示了旱地土壤在非淹水条件下,硝化过程是潮土和红壤中N_2O产生的主要途径,尤其在铵态氮添加的情况下,AOB介导的硝化作用对N_2O排放具有重要贡献。研究结果可为针对性制定氮素调控策略、提高氮肥利用率提供理论依据。

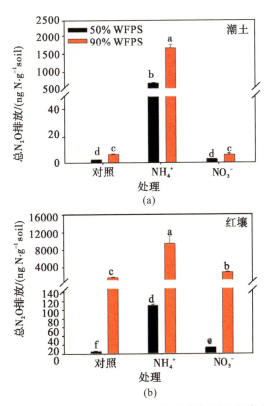

图6.3.9 潮土(a)和红壤(b)在不同处理下N_2O的累计排放量[引自文献(Wang et al., 2017),已获得Springer Nature的版权许可]

注:不同字母表示结果之间差异达到显著水平($P<0.05$)。

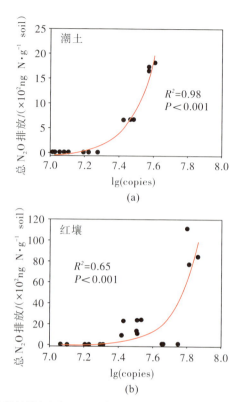

图6.3.10 潮土(a)和红壤(b)中N_2O累计释放量与AOB丰度的相关性分析[引自文献（Wang et al.,2017），已获得Springer Nature的版权许可]

注：copies表示每克土壤中AOB amoA基因拷贝数。

6.3.2.4 土壤N_2O产生的途径和研究框架

陆地生态系统是N_2O人为排放的最大来源，约占全球N_2O释放总量的65%。大量研究表明，土壤微生物在氮素生物地球化学循环过程中起核心作用，但人们对N_2O排放的微生物学机制和途径的认识还不够系统和完善。当前用于预测N_2O排放的很多生物地球化学模型仅仅考虑了土壤环境因子、气候因子和土地利用方式等，并没有将参与氮循环的功能微生物作为一个重要参数引入模型。应国际著名微生物学杂志《FEMS微生物学评论》(*FEMS Microbiology Reviews*)编辑邀请，我们结合多年来在土壤氮素循环微生物过程研究方面的成果，系统总结了陆地生态系统中参与N_2O气体形成的关键微生物类群和影响土壤N_2O排放通量的主要环境因子，以及识别N_2O微生物形成途径的技术和方法,并提出了一个从基因水平到生态系统模型水平上研究陆地系统 N_2O 排放的方法框架模型(见图6.3.11)。

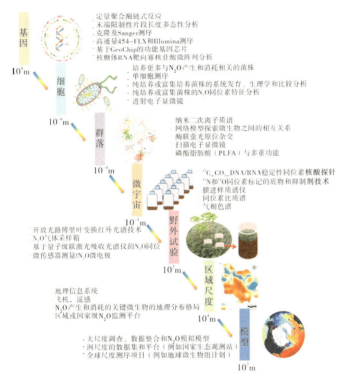

图6.3.11　从基因水平到生态系统水平来研究和预测土壤 N_2O 气体排放的方法框架
[引自文献(Hu et al., 2015),已获得Oxford University Press的版权许可]

该成果为系统认识陆地系统中 N_2O 的产生机制、预测和调控提供了技术途径和重要参考,对推动生物地球化学模型的优化具有重要指导意义。

(魏文学　盛　荣)

6.4　旱地农田土壤微生物调控原理及措施

氮是农业生产力的主要限制因子,过度依赖化学氮肥导致的一系列生态环境问题,如土壤肥力下降、土壤酸化、水体污染和温室气体排放增加等,已引起社会的广泛关注。微生物是氮元素生物地球化学循环的引擎,驱动着土壤氮循环的各个主要环节,包括固氮、氨化、硝化、反硝化、厌氧铵氧化和硝酸盐异化还原等过程,与作物对氮素的吸收利用和氮素的负面环境效应密切相关。同时,微生物也是植物的"第二基因组",在促进植物生长和维护植物健康等方面也起着重要作用,直接或间接地影响着农田生态系统的生产力。但目前我们对于如何调控农田土壤微生物组及其参与的氮转化过程,以提高氮肥利用效率、减少过量氮肥使用带来的负面环境问题等,还缺乏深入的理论和实践研究。近年来,笔者研究了硝化抑制剂、尿酶抑制剂、秸秆还田、生物炭、固氮菌剂等措施下土壤氮素转化过程和微生物的调控效应和作用机制,得到以下主要发现。

6.4.1 硝化抑制剂对旱地土壤氮转化过程的调控效应及微生物机制

菜地土壤是我国农业生产中有鲜明特点的一类农田土壤,其生产力高、复种指数大、化肥施用量是粮棉作物的数倍,而且其氮肥利用效率远低于其他作物。我国菜地土壤普遍存在农产品硝酸盐超标、地下水硝酸盐污染、农区水体富营养化严重等突出问题(Fan et al.,2018)。

硝化/脲酶抑制剂对于解决氮肥(特别是尿素及含尿素肥料)施用带来的问题已经显示了很好的效果和应用前景。大量的实验室和田间试验表明,与传统肥料相比,添加硝化/脲酶抑制剂的肥料对尿素氮的转化、氨的挥发、土壤中的硝化、反硝化作用以及作物产量和环境效益等方面起到了积极的作用(Zhang et al.,2017;Xi et al.,2017;Chen et al.,2015)。然而,硝化/脲酶抑制剂施入土壤后,对于土壤微生物的生命活动和生理功能的作用和影响如何,了解很少。随着分子生物学技术手段的发展,对土壤微生物功能群体的定量和多样性研究成为可能,该领域的研究将对我国农业的发展具有重要意义。

本书以长期种植蔬菜土壤(20年以上,记为 VSL))和新鲜蔬菜土(1年,记为 VSS)为研究对象,通过土壤微宇宙培养试验,研究了硝化抑制剂双氰胺(DCD)和脲酶抑制剂醌氢醌(QHQ)对土壤中硝化微生物群落结构组成、丰度及功能的影响。结果表明,在蔬菜土壤中使用 DCD 可有效抑制 NH_4^+-N 转化,减少土壤中 NO_3^--N 含量;而 QHQ 则没有起到明显的抑制效果(见图6.4.1)。施加 DCD 和 DCD+QHQ 均可显著降低两种蔬菜土壤的硝化势(见图6.4.2),并减少 AOB 的丰度,且 DCD 和 DCD+QHQ 对老蔬菜土 AOB 的丰度的抑制效果优于新蔬菜土(见图6.4.3)。硝化抑制剂 DCD 对土壤 AOB 的群落组成没有明显影响,DCD和QHQ混合施用改变了老蔬菜土壤AOB的群落组成(Liu et al.,2014)。

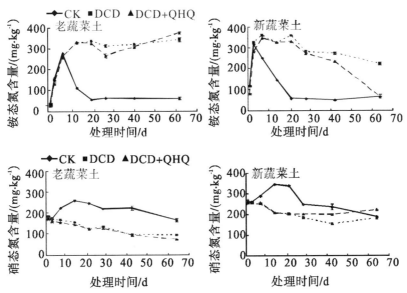

图6.4.1 培养过程中老蔬菜土和新蔬菜土中铵态氮和硝态氮含量变化

为进一步比较2-氯-6-(三氯甲基)吡啶(CP)、正丁基磷代磷酰三胺(DMPP)、双氰胺(DCD)和叠氮化钾(PA)四种不同类型硝化抑制剂对蔬菜土壤硝化过程的抑制效果以及对土壤微生物群落的影响,我们采集连续种植蔬菜40年以上的旱地土壤,在施加尿素的基础上,分别添加CP、DMPP、DCD和PA进行室内培养实验,探讨了上述四种硝化抑制剂对土壤硝化作用的抑制效果,以及对土壤细菌、AOA和AOB的作用机制。结果发现,四种硝化抑制剂的添加均能有效抑制硝化作用,延缓NH_4^+-N的转化,CP的抑制效果更强、更持久,而PA的效果相对较差(见图6.4.4)。在施入CP、DMPP、DCD和PA后,AOB的丰度受到显著抑制,其中CP和DMPP相比DCD和PA的抑制效果更好,且持续时间更长[见图6.4.5(a)]。对于AOA来说,CP、DMPP和PA均有显著抑制效果,然而DCD对AOA的种群丰度无显著影响[见图6.4.5(b)]。

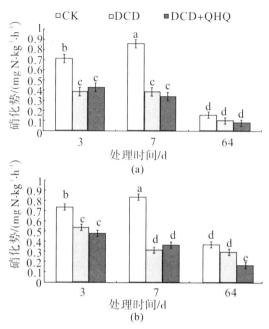

图6.4.2 培养过程中老蔬菜土(a)和新蔬菜土(b)的硝化势变化

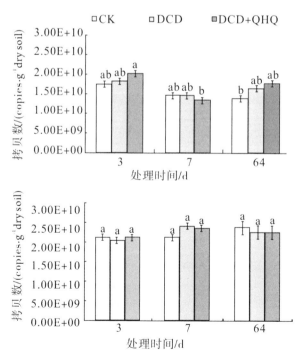

图6.4.3 培养过程中老蔬菜土(a)和新蔬菜土(b)amoA基因的拷贝数变化
注:不同字母表示结果之间差异达到显著水平($P<0.05$)。

第6章 旱地土壤氮转化的微生物过程

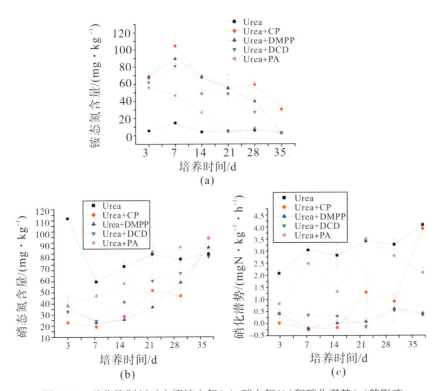

图6.4.4 硝化抑制剂对土壤铵态氮(a)、硝态氮(b)和硝化潜势(c)的影响

注：Urea，施尿素对照；Urea+CP，尿素加2-氯-6-(三氯甲基)吡啶；Urea+DMPP，尿素加正丁基磷代磷酰三胺；Urea+DCD，尿素加双氰胺；Urea+PA，尿素加叠氮化钾。

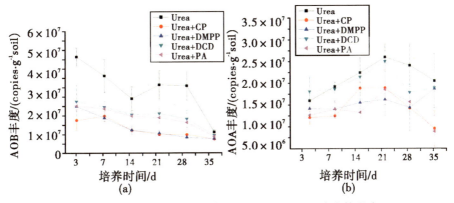

图6.4.5 硝化抑制剂对土壤AOB(a)和AOA(b)丰度的影响

四种硝化抑制剂的添加对蔬菜土壤细菌群落的多样性没有显著影响，但硝化抑制剂的施入显著改变了AOB的群落组成[见图6.4.6(a)]。其中，硝化抑制剂的添加促进了 *Nitrosospira* 的生长繁殖，但抑制了 *Nitrosolobus*[见图

6.4.6(a)]。硝化抑制剂对 AOA 群落组成的影响小于 AOB[见图 6.4.6(b)]。

上述研究表明,土壤氮素转化微生物存在一定的可调控性,硝化抑制剂 CP、DMPP 和 PA 均可显著抑制 AOB 和 AOA 的数量,并改变其群落组成,而 DCD 主要抑制 AOB 数量,减缓了铵态氮向硝态氮的转化和硝态氮的损失,从而提高了氮肥有效性。

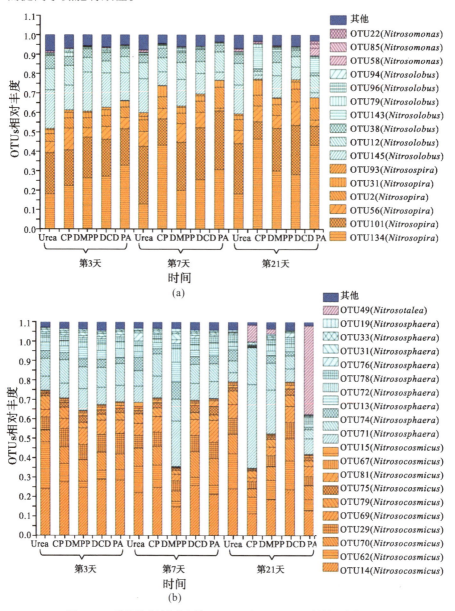

图 6.4.6 硝化抑制剂对土壤 AOB(a)和 AOA(b)群落组成的影响

6.4.2 主要作物生长过程中土壤氮素转化关键微生物的演变特征

为探讨不同区域农田土壤中肥料氮在土壤–作物内的去向和氮转化相关功能微生物的差异,本项目基于在东北黑土区(吉林公主岭,GZL)、潮土区(河南许昌,XC)和南方红壤区(湖南桃源,TY)开展的 ^{15}N 田间标记试验(2015—2016 年)样地,分别于作物不同生长时期,包括 2015 种植施肥前(0d)、施肥后 15d(Y)、苗期(S)、拔节期(J)、收获期(M),以及 2016年种植施肥前(0d)、苗期(S)、收获期(M),采集表层土壤样品(0~20cm)和植物样品,在进行同位素分析测定追踪肥料氮在土壤–作物内的去向和分配的同时,研究了不同作物生长期土壤硝化活性、固氮酶活性和相关功能微生物的动态变化,以期揭示土壤氮容量、氮的去向与相关微生物组成和活性的偶联关系。

土壤理化性质分析结果显示,施肥后,作物生长发育期施肥处理(N 和NS)土壤铵态氮和硝态氮浓度在 3 种土壤类型之间差异显著,以黑土中含量最高($P<0.05$)。施肥后 15d(Y),潮土中铵态氮迅速降低至 $20mg \cdot kg^{-1}$ 土壤以下,硝态氮快速上升至 $150mg \cdot kg^{-1}$ 土壤以上;而黑土和红壤土中铵态氮浓度均在 $80mg \cdot kg^{-1}$ 土壤以上,硝态氮浓度则低于 $70mg \cdot kg^{-1}$ 土壤;黑土至灌浆期(F)、红壤至拔节期(J)时,土壤铵态氮浓度才降到 $20mg \cdot kg^{-1}$ 土壤以下,整个生长期施肥处理中黑土的硝态氮含量均显著高于潮土和红壤($P<$0.05)。对应地,同位素和 Meta 分析结果均表明东北黑土中作物对氮素的当季利用效率可达 48% 左右,显著高于潮土(Quan et al.,2018;2020)。这些结果表明,黑土中由于硝化速率较低和其他因素的影响,使得作物生育期中土壤有效态氮保持在较高的水平,有利于植物充分吸收,从而获得较高的氮素利用效率。相比于施用化学氮肥的处理(N),生长期秸秆添加(NS 处理)显著提高了 3 种土壤中铵态氮和硝态氮浓度($P<0.05$),表明秸秆添加在一定程度上增加了铵态氮和硝态氮在土壤中的滞留,有利于提高氮素利用效率。

在试验开始的第一年(2015 年),施肥(N 和 NS)处理显著降低了黑土玉米各个生育期和潮土苗期及拔节期的固氮酶活性,单施氮肥在红壤上表现出类似的抑制作用,但氮肥加秸秆还田处理(NS)则显著提高了不同时期固氮酶的活性($P<0.05$)。对固氮酶编码基因 *nifH* 进行的定量 PCR 分析结果表明,3 种类型土壤中,相比于不施肥(N)对照处理,N 处理显著降低了 *nifH* 基因的丰度,而 NS 处理中 *nifH* 基因的丰度与对照相似($P<0.05$)。这些结果表明施氮肥对土壤固氮酶活性和固氮微生物产生了抑制作用,而红壤中结

303

合秸秆还田使用有利于缓解氮肥对固氮过程的抑制作用。相比于黑土区和潮土区,红壤区玉米生长季气温高、雨水充足,有利于秸秆腐解,为固氮微生物提供充足碳源,从而有利于提高固氮酶活性。

6.4.3 不同施肥管理措施对土壤和作物微生物组的调控效应

通过不同施肥和管理措施调控土壤微生物群落及其功能,有望为减少氮肥用量、提高氮素利用效率、促进农业可持续发展提供新的思路和手段。因此,我们自2016年起在潮土区(河南许昌)和红壤区(云南曲靖)旱地农田分别建立了两个相同的玉米/麦类轮作减氮增效调控定位观测试验,研究了不同措施对作物产量、养分利用率、土壤理化性质和氮素转化过程的影响,并重点探讨了不同调控措施对土壤、作物微生物组及相关功能类群的调控效应和原理。试验包括以下7个处理:①不施氮肥(CK);②常规施肥(N,200kg N·ha⁻¹·season⁻¹);③常规氮肥处理减氮20%(80%N);④减氮20%加秸秆还田(80%NS);⑤减氮20%加硝化抑制剂(80%NI);⑥减氮20%加叶际喷施固氮菌 *Klebsiella variicola* W12(80%NKle);⑦减氮20%加生物炭和秸秆还田(80%NBS),分别于2016年玉米季,2017年麦季、玉米季,采集作物不同部位和土壤共684份样品,通过16S rRNA基因高通量测序分析了细菌群落组成特征,并结合作物产量以及土壤理化性质等数据进行关联分析,探讨了宿主因素(作物不同部位生态位和作物种类)及环境因素(不同地点和施肥调控措施)对作物细菌微生物群落构建的贡献和作物不同部位的细菌群落来源及富集过程。

研究结果表明,作物不同部位生态位细菌群落的α-多样性大小(基于Shannon指数和Chao1指数)表现为:非根际土>根际土>根表>叶表>根内>叶内;3种作物的细菌α-多样性为玉米>小麦>大麦,但在两个地点间没有显著性差异。通过线性混合模型(LMM)分析表明,影响作物细菌群落α-多样性的最主要因素为作物不同部位生态位和作物种类,不同地点及施肥调控措施的影响较小。

作物不同部位生态位的细菌群落明显聚类(见图6.4.7),相对于其他植物生态位,根际、非根际土壤的细菌群落更为相似。PERMANOVA分析进一步表明,在作物整株水平上,作物细菌群落结构的分布格局主要由作物不同部位生态位(R^2=39.8%,$P<0.001$)驱动,其次是作物种类(R^2=7.8%,$P<$

0.001)、地点(R^2=2.7%,P<0.001)以及施肥调控措施(R^2=0.4%,P=0.07)。相比于其他因素,施肥调控措施的影响较小,但是随着田间处理年限的增加,施肥调控措施的影响从2017年麦季开始变得显著(R^2=0.6%,P=0.03),并在2017年玉米季影响变明显(R^2=1.2%,P<0.001)。就各个部位生态位而言,作物细菌群落分布格局主要由作物种类和地点影响,不同部位生态位细菌群落受到的宿主-环境效应不同。PERMANOVA分析进一步表明,在叶内、根内、根表3个生态位,细菌微生物群落构建主要由宿主(作物种类)效应决定,而根际及非根际土壤中主要由环境(地点)效应决定。不同施肥调控措施对非根际土壤微生物细菌群落的影响最为强烈(见表6-4-1)(Xiong et al.,2021)。

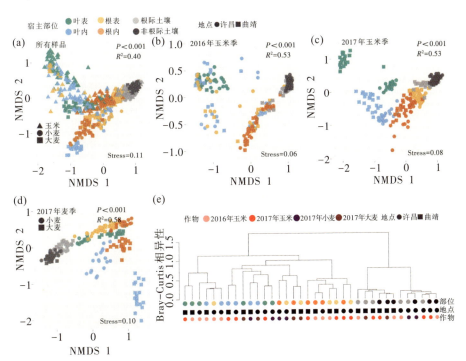

图6.4.7 作物细菌群落β-多样性分布格局。(a)所有样品;(b)2016年玉米季样品;(c)2017年玉米季样品;(d)2017年麦季样品;(e)基于所有样品的层次聚类分析[引自文献(Xiong et al.,2021),已获得John Wiley and Sons的版权许可]

注:Stress,土体应力。

表6-4-1　寄主生态位、作物种类、地点、施肥方式和生长时期对细菌群落的影响

驱动因素	所有样品				玉米季样品			
	F值	df	R^2/%	$P(>F)$	F值	df	R^2/%	$P(>F)$
宿主部位	158.9	5	39.8	<0.001	151.0	5	47.5	<0.001
作物种类	77.3	2	7.8	<0.001	na	na	na	na
地　　点	54.4	1	2.7	<0.001	64.7	1	4.1	<0.001
施肥措施	1.4	6	0.4	0.07	1.9	6	0.7	0.011
采样年份	na	na	na	na	52.4	1	3.3	<0.001
宿主部位× 作物种类	25.3	10	12.7	<0.001	na	na	na	na
宿主部位× 地点	21.0	5	5.3	<0.001	24.9	5	7.8	<0.001
宿主部位× 采样年份	na	na	na	na	15.8	5	5.0	<0.001

注:na表示没有结果。

不同因素对细菌群落影响的显著性通过置换多元方差分析进行检验（PERMANOVA,基于Weighted-UniFrac距离）。模型分别解释了所有样品（n=684）中73.5%的变异及玉米季样品中80.4%的变异。

通过Mantel检验进一步分析发现,在不同施肥措施下,土壤硝态氮、溶解性有机碳及β-D-纤维二糖苷酶与作物根际及非根际土壤细菌群落显著相关,表明不同施肥调控措施可能通过改变土壤理化性质和酶活性而进一步影响细菌群落。作物根际及非根际土壤中对不同施肥调控措施产生明显响应的细菌类群主要为鞘氨醇单胞菌属（*Sphingomonas*）。其中,ZOTU98、ZOTU153和ZOTU106的相对丰度与作物产量呈显著正相关关系,且ZOTU153在许昌和曲靖两个地点均在N处理以及80%NSB处理中显著富集。进一步发现2个地点中都ZOTU153的相对丰度在4个处理（N,80%NI,80%NKle,80%NSB）中都显著高于其他3个处理（Control,80%N,80%NS）,由此表明这些鞘氨醇单胞菌属的细菌可能在这些处理的养分循环及作物生长方面起到积极的促进作用。

以上结果表明,不同施肥管理措施对微生物组的调控效应以非根际土

壤最为显著,其次为根际土壤;作物不同部位的细菌群落主要来源于非根际土壤,并从地下向地上逐渐被作物不同部位生态位逐渐富集;因受强烈的宿主效应控制,作物根和叶部细菌群落受不同调控措施的影响相对较小;随着处理时间的延长,不同措施对非根际土壤微生物群落的调控效应可进一步影响地上部的作物微生物群落。

(张丽梅　盛　荣　韩丽丽)

第7章 稻田土壤氮转化的微生物过程

水稻是我国最重要的粮食作物,其产量约占世界水稻总产的2/5。提高稻田土壤氮素利用效率、提升土壤生产力是保障国家粮食安全的重要途径。然而,我国农田氮肥利用率不足30%,施入氮肥大多仅在土壤中短期滞留后经径流或气态氮的形式损失。稻田系统不同于旱地系统,具有明显的干湿交替过程,土壤常处于厌氧或兼性厌氧环境。稻田系统土壤微生物群落受氧化还原电位的强烈影响,其氮素循环的关键微生物过程与旱地存在明显差异。

近年来,新兴测试技术的快速发展从根本上改变了人类对地球氮循环关键过程及其理论的认知。Stark等(1997)成功利用原状土柱-^{15}N同位素稀释法研究了土壤的硝化过程,结果表明,酸性土壤净硝化速率还不到土壤总硝化速率的1/6,明显低估了实际硝化作用强度,纠正了长期以来认为酸性土壤中硝化作用很弱的传统理念。厌氧氨氧化过程最先通过分子生物学技术被发现后(Kuypers et al.,2003;Gruber et al.,2008),最近在湿地系统中得到了广泛验证(Zhu et al.,2013)。研究表明,湿地系统是厌氧氨氧化的热区,可以有效地减少氧化亚氮的排放(Wang et al.,2012a)。本章在综述国内外稻田土壤氮素转化研究的基础上,重点从研究方法、过程机制及环境效应等方面总结本书的研究成果及进展,明确稻田土壤关键微生物过程通量及其功能微生物群落特征,不同氧化还原梯度对氮素转化关键功能微生物的影响效应,阐明厌氧氨氧化、反硝化型厌氧甲烷氧化等过程对氮素转化和氮肥利用的影响机制,揭示提高稻田土壤氮素利用的管理措施及其微生物调控机制,为明确稻田土壤氮素循环的微生物组成和活性、维护其生态服务功能提供科学依据。

7.1 氧化还原梯度对微生物氮素转化功能微生物的影响

7.1.1 稻田根际/非根际土壤氮素转化功能微生物特征

植物根际微生物被认为是植物的第二套基因组(Berendsen et al., 2012),在植物生长和保持植物健康方面发挥着举足轻重的作用。植物根际微生物种类及丰度不同,导致根际生物反应过程如反硝化、硝化和呼吸等存在差异,进而影响土壤元素生物地球化学循环(Breidenbach et al., 2016; Philippot et al., 2013)。Carrillo等(2007)研究表明,根际微生物是温带草地有机质降解的重要驱动者。同时,很多研究表明,根际有益微生物能够增强植物摄取水分和营养物质(Liu et al., 2016)、提高植物抵抗植物病原菌(Kumar et al., 2016)及过量重金属(Seneviratne et al., 2017)的能力,从而促进植物生长。

植物根系微生物受很多因素的影响,其中包括植物基因型、植物类型、植物健康与否、土壤类型和植物生育期等。水稻根系泌氧及分泌根系分泌物,导致长期淹水水稻土从根际到非根际形成氧气及营养物质梯度,从而导致水稻根际微生物与非根际微生物存在差异。Li等(2016)通过温室培养实验,利用根际袋方法区分根际土壤与非根际土壤,在水稻不同生育期采集水稻根际和非根际土壤进行微生物群落组成分析,结果表明:①水稻生育期对活性微生物和总微生物群落组成影响不显著;②根际与非根际活性微生物群落组成存在显著性差异,而总微生物群落组成则没有显著性差异;③*Oxalobacter*、Lachnospiraceae、*Coprococcus*、α-Proteobacteria、Rhodospirillales、Rhodospirillaceae和*Magnetospirillum*在根际所占比例显著高于非根际。主坐标典范分析(constrained canonical analysis of principal coordinates, CAP)表明,对活性微生物和总微生物群落差异造成影响的主要因素是扩增类型(模板是 DNA 或者 RNA),其对总OTUs和高丰度OTUs分布差异的贡献率分别为43.6%~57.2%和47.7%~61.7%,对稀有OTUs分布差异的贡献率为12.0%~17.4%,其他造成活性微生物和总微生物差异的因素为土壤来源(根际/非根际)、孔隙水总有机碳、水稻根系分泌小分子有机酸(如乙酸和乳酸);影响活性微生物的主要环境因素为土壤来源(根际/非根际)、孔隙水总有机碳和碳氮比;同时草酸和水稻生育期会对活性稀有OTUs群落组成造成一定影响;影响总微生物的主要因素是土壤的理化性质,如铵盐、总氮、碳氮比和pH等。

7.1.2 稻田根际/非根际厌氧氨氧化细菌群落组成

近十几年来,厌氧氨氧化(anaerobic ammonia oxidation,anammox)过程被认为是另一重要的氮素损失途径。水稻种植面积广泛,长期处于淹水状态,具有低氧高氮肥特点,因此水稻土被认为是厌氧氨氧化过程发生的有益环境。水稻根系发达,根系分泌物如蛋白类、糖类及小分子有机酸等及根脱落物在根际土壤到非根际土壤会形成一个养分梯度,造成根际土壤和非根际土壤两个生境微环境存在差异。探究不同水稻土厌氧氨氧化过程及水稻根际与非根际厌氧氨氧化过程,能够更加全面地了解农业生产过程中氮素损失,同时为氮肥合理利用及提高氮肥利用效率提供有效、科学的理论指导。

中国水稻种植区主要是南方地区。通过采集南方11个省份12个站点水稻土(YT:江西鹰潭;TY:湖南桃源;FZ:福建福州;AH:安徽安庆;FST:广东台山反酸田;JX:浙江嘉兴;GZ:贵州贵阳;ZJ:广东湛江;CS:江苏常熟;HB:湖北荆州;GL:广西桂林;SC:四川盐亭),分析了厌氧氨氧化细菌群落、丰度及活性,研究结果有利于更好地理解水稻土生境中氮素转化过程,能够为中国水稻种植管理提供科学的理论依据。

Yang等(2015)基于厌氧氨氧化细菌16S rRNA基因构建文库方法对南方水稻土厌氧氨氧化细菌群落组成进行分析发现,厌氧氨氧化细菌广泛分布于中国南方水稻土中,共检测到两种已经鉴定的厌氧氨氧化细菌菌属 *Brocadia* 和 *Kuenenia*,同时还检测到两类新型厌氧氨氧化细菌(cluster-Ⅰ和cluster-Ⅱ),目前还未被鉴定,其中 *Brocadia* 属为优势菌属,相对丰度为52%(见图7.1.1)。

实时荧光定量PCR定量厌氧氨氧化细菌 *hzsB* 功能基因,发现其丰度为$(1.16\pm0.29)\times10^4$~$(9.65\pm1.20)\times10^4$copies·g^{-1}soil。通过 ^{15}N 稳定同位素技术测定厌氧氨氧化速率发现,水稻土中厌氧氨氧化速率为0.27~5.25nmol N·g^{-1}soil,反硝化过程速率为4.21~81.38nmol N·g^{-1}soil。通过厌氧氨氧化速率及反硝化速率计算厌氧氨氧化对水稻土氮气产生的相对贡献量,结果表明厌氧氨氧化导致水稻土中氮素损失0.76%~12.18%。统计分析表明,南方水稻土中每年大约有 2.50×10^6mg N通过厌氧氨氧化过程以氮气的形式排放入环境中,约占农业氮施用量的10%。

第7章 稻田土壤氮转化的微生物过程

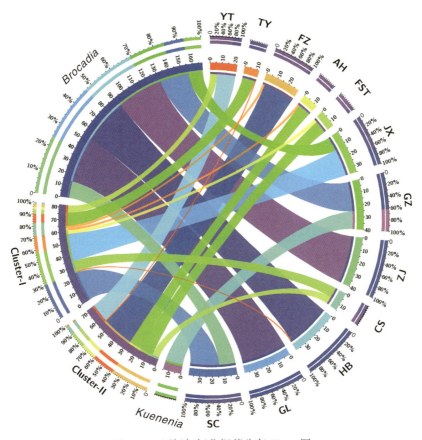

图7.1.1 厌氧氨氧化细菌分布Circos图

外界环境因素对土壤中厌氧氨氧化速率及厌氧氨氧化细菌群落组成产生影响,通过相关性及典范对应分析(canonical correspondence analysis, CCA)表明:①显著影响厌氧氨氧化速率的因素为厌氧氨氧化细菌丰度、土壤NO_x^-(包括亚硝酸盐及硝酸盐)和土壤碳氮比;②显著影响厌氧氨氧化细菌群落组成的因素为土壤铵盐浓度和pH。

进一步通过变异分区分析(variation partition analysis, VPA)发现,铵盐和pH对厌氧氨氧化细菌群落差异解释量分别为8.8%和8.3%;其他检测的环境因子总计解释量为55.7%。同时,pH与其他环境因子共同的解释量为65.0%,铵盐与其他环境因子共同的解释量为66.4%,pH与铵盐共同的解释量为21.6%,所检测的环境因子对厌氧氨氧化细菌群落组成差异不可解释量为21.3%。

水稻根系分泌物造成根际与非根际形成不一样的微生境,导致厌氧氨氧化过程存在一定的差异。Nie等(2015)通过温室培养实验种植水稻,采集了分蘖期水稻根际与非根际土壤,采用改进的原位荧光杂交方法(CARD-FISH)结合特异性探针在原位水平上检测根际与非根际土壤的厌氧氨氧化细菌,利用稳定同位素及克隆文库构建方法分析了水稻根际和非根际厌氧氨氧化速率及厌氧氨氧化细菌群落组成。由于水稻不同生育期根系分泌能力存在一定差异,基于此,Li等(2016)在Nie的基础上进一步运用稳定同位素标记技术及克隆文库构建方法探究了水稻不同生育期根际与非根际厌氧氨氧化细菌群落组成、丰度及活性。

通过激光共聚焦扫描电镜,扫描CARD-FISH制备样品可观测离散的荧光信号,表明根际和非根际均有厌氧氨氧化细菌存在。根际的厌氧氨氧化速率高于非根际,对照组的厌氧氨氧化速率高于添加氮肥处理。不论根际还是非根际,均以反硝化为主。在RC(对照根际)和RN(加氮根际)处理中,厌氧氨氧化对氮气产生的贡献率分别为41%和31%,但在NC(对照非根际)和NN(加氮非根际)处理中,仅有约2%的氮气是通过次过程产生的,其余均由反硝化产生。根际与非根际的厌氧氨氧化效率相差15倍以上,表明根际可能是厌氧氨氧化的重要“热区”。

通过定量厌氧氨氧化细菌 $hzsB$ 基因分析水稻不同生育期根际与非根际厌氧氨氧化细菌丰度,研究结果表明,根际厌氧氨氧化细菌的功能基因 $hzsB$ 为 $5.29 \times 10^5 \sim 3.04 \times 10^6 \text{copies} \cdot \text{g}^{-1} \text{soil}$,显著高于非根际($4.85 \times 10^5 \sim 6.76 \times 10^5 \text{copies} \cdot \text{g}^{-1} \text{soil}$);根际和非根际 $hzsB$ 基因最高丰度均在分蘖期和扬花期检测出(见图7.1.2)。根际 $hzsB$ 基因丰度与琥珀酸浓度显著相关($P < 0.05$)。根际厌氧氨氧化细菌占总细菌的比例高于非根际,约为其1.5倍。

对厌氧氨氧化的16S rRNA进行克隆文库分析,4个土壤样品(RC,NC,RN和NN)中总共得到28个OTUs。其中RC和NC中各11个,RN中有9个,NN中有8个。通过NCBI数据库对比发现,有78.6%(22/28)的OTUs为未知的厌氧氨氧化细菌。只有6个OTUs(OTU3、OTU7、OTU10、OTU11、OTU15和OTU24)鉴别出来,归属为布罗卡地菌,且这6个OTUs均来自非根际样品。

在根际和非根际中还有22个OTUs为未知的厌氧氨氧化细菌。这说明水稻土中尤其是根际水稻土中可能存在新的厌氧氨氧化细菌,有待更深入的研究。

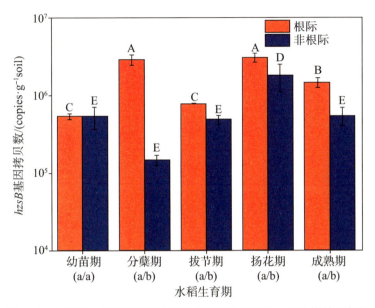

图7.1.2 水稻各生育期根际与非根际厌氧氨氧化细菌 $hzsB$ 功能基因丰度

对水稻不同生育期根际与非根际厌氧氨氧化细菌16S rRNA基因构建克隆文库分析其群落组成,结果表明,土壤中检测出 Candidatus Brocadia、Candidatus Kuenenia、Candidatus Scalindua、Candidatus Jettenia 和 Candidatus Anammoxoglobus 5属,其中 Candidatus Brocadia 占93.0%,在根际中占91.0%,而在非根际中占94.4%;只有扬花期非根际土壤中检测出 Candidatus Anammoxoglobus;70%的 Candidatus Kuenenia 来自水稻根际土壤(见图7.1.3)。

根际与非根际厌氧氨氧化细菌群落组成显著不同,水稻不同生育期厌氧氨氧化细菌群落结构发生显著变化。冗余分析(redundancy analysis, RDA)表明,NH_4^+、柠檬酸、甲酸和碳氮比是影响厌氧氨氧化细菌群落结构的主要因素,解释量为53.0%。

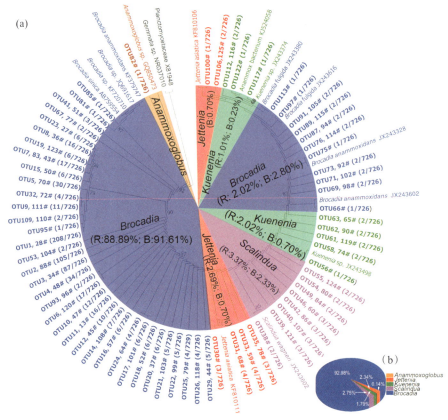

图7.1.3 基于厌氧氨氧化细菌16S rRNA基因的系统进化树(a)和不同厌氧氨氧化菌属在水稻土中所占比例(b)

7.1.3 稻田氮素转化功能微生物对氧化还原电位的响应机制

由于淡水资源的短缺,干湿交替被广泛应用并取代传统的淹水灌溉,已经成为水稻生产中一种重要的栽培技术和最佳的节水灌溉方式,而土壤的物理化学变化大多与水有关,其中氧化还原环境和酸碱状况的变化更为剧烈(Cabangon et al.,2004;Yang et al.,2012;Liang et al.,2016)。在高强度的淹水—干燥—复湿润过程中,由于土壤水分含量变化影响土壤中的含氧量和土壤溶液的组成成分及成分比例,所以土壤氧化还原和酸碱状况呈现周期性变化(Husson et al.,2013;Das et al.,2016)。因此,氧化还原电位(Eh)是表征土壤化学性质的重要参数。在稻田淹水后,土壤与空气隔绝,闭蓄在土壤中的氧气被迅速耗竭,形成了微氧/无氧微域。在这些环境中,作为氧气替代物的其他氧化剂(如 NO_3^-、Mn^{4+}、Fe^{3+}、SO_4^{2-} 和 CO_2)依据其氧化能力被渐次还原,形成了特有的水稻土氧化还原序列发生过程(Lüdemann et al., 2000;Pett-Ridge et al., 2005)。此外,微生物群落在适应环境干湿交替的变化过程中,往往形成其独有的生理适应机制,同时不断进行群落演替。前期研究发现,干湿交替使水稻土壤 Eh 变化剧烈,由干燥时的 600~700mV 可降至强烈还原条件下的 -200~300mV,而氧化还原状态对调节微生物活动和群落结构起着至关重要的作用(Song et al., 2008;Huang et al., 2014)。例如,研究发现土壤微生物通常能够有效利用自身生理的耐受机制,承受不利的氧化还原时期;而某些微生物却能够活跃于氧化还原状态(Semblante et al., 2017;Matin et al., 2017)。但是,目前对于复杂土壤中微生物对氧化还原变化的响应规律仍不清楚。本节拟通过室内微宇宙培养土壤,调控水分来模拟水稻生产过程中的干湿条件,在监控土壤氧化还原电位变化的基础上采集土壤样品,提取土壤样品 DNA 和 RNA,通过高通量测序技术和荧光定量 PCR,结合土壤理化性质解析土壤微生物在 DNA 和 RNA 水平上对氧化还原变化的响应机制(Li et al., 2021),以期为进一步加深对稻田土壤氮循环过程的理论认知,奠定稻田土壤水分管理的理论基础,为农业生产中提高氮素利用率提供科学依据。

通过 3 次干湿交替过程中实时监测水稻土 Eh 的变化,发现在第一次淹水过程中 Eh 变化剧烈,起伏不定,而在第二次和第三次淹水处理中,Eh 的变化相比于第一次淹水处理表现得更加稳定(见图 7.1.4),这也许是由土壤理化性质和微生物活动所致的。

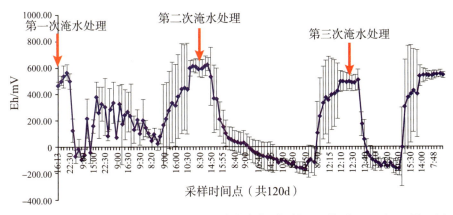

图 7.1.4 水稻土干湿交替过程中氧化还原电位变化(实验记录时间为 2017 年 12 月 30 日至 2018 年 5 月 7 日)

我们筛选出第一次淹水—干燥的测序数据,依据稀有种和优势种的定义将所有的OTUs划分为优势种(相对丰度>1%)和稀有种(相对丰度<0.01%),结果发现,Eh对活性微生物和DNA水平微生物的群落结构都没有影响,而活性微生物经过淹水—干燥处理后又恢复到原来的状态(见图7.1.5),相关性分析结果也表明Eh对微生物群落结构的影响较小。

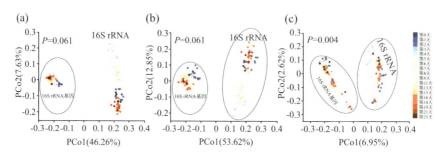

图7.1.5　基于Bray-Curtis距离的微生物群落结构(第一次淹水—干燥数据)。(a)所有OTUs;(b)丰度高的OTUs;(c)稀有OTUs

整合3次淹水—干燥的测序数据,PCoA结果表明,Eh对活性微生物和DNA水平微生物的群落结构都没有影响,而淹水—干燥循环次数改变了微生物群落结构(见图7.1.6),相关性分析结果也表明Eh对微生物群落结构的影响较小,而时间因素影响群落组成。

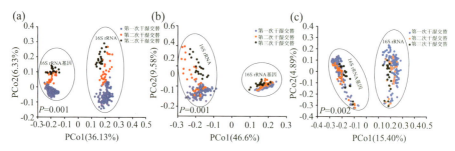

图7.1.6　基于Bray-Curtis距离的微生物群落结构(三次淹水—干燥数据)。(a)所有OTUs;(b)丰度高的OTUs;(c)稀有OTUs

(姚槐应　苏建强　祝贵兵　李雅颖　李　虎)

第7章　稻田土壤氮转化的微生物过程

7.2　稻田系统中氮素转化的厌氧过程及其功能微生物

7.2.1　反硝化过程及其功能微生物

农业生产中氮肥的施用极大地增加了含氮气体的释放，并改变了全球氮循环（Jurado et al.，2017）。氧化亚氮（N_2O）作为主要温室气体和平流层臭氧消耗物质会导致全球变暖（Ravishankara et al.，2009；Schindlbacher et al.，2004）。在全球范围内，氧化亚氮排放的主要来源是土壤生态系统，其中农业占氧化亚氮排放的大部分。农业氧化亚氮排放可分为两类：直接排放（从土壤向大气中）和间接排放（氮从农田输入到连续的水体中，如河流、湖泊、湿地和地下水等）。

正如我们所知，反硝化、氨氧化和硝酸盐异化还原过程都会产生氧化亚氮（Kelso et al.，1999）。同时，在这些过程中，反硝化是唯一已知负责氧化亚氮还原过程的微生物反应。反硝化指的是还原过程，通过离子氧化氮包括硝酸盐（NO_3^-）和亚硝酸盐（NO_2^-）还原到气态氧化物一氧化氮（NO）和氧化亚氮（N_2O），部分可能进一步还原为 N_2（Knowles，1982）。以氧化亚氮作为中间产物，反硝化作用可以分为两部分：氧化亚氮的生产过程（由铜或催化 cd1-nitrite 还原酶和一氧化氮还原酶催化）和氧化亚氮还原过程（由一氧化二氮还原酶催化）（Hallin et al.，2017）。研究表明，反硝化作用作为 N_2O 源或汇的强度不仅取决于生物因素（反硝化酶活性、微生物群落等），还与 N_2O 在土壤中的扩散作用和水中的溶解度密切相关（Chapuis-Lardy et al.，2007；Smith et al.，2003）。因此，N_2O 在稻田土壤中的非生物截留过程和微生物转化过程的协同研究对土壤 N_2O 总消纳能力的认识很有必要。

7.2.2.1　氧化亚氮释放速率和完全反硝化速率的潜势

利用乙炔抑制剂法可以有效区分氧化亚氮释放速率（PNA）和完全反硝化速率（PDA），其中终产物的比值由两者计算所得（Pell et al.，1996）。对于氧化亚氮释放潜势速率，不同季节样点的差异性不大，但是沿程有较明显规律，具有一定的空间异质性，即水相样点的活性[（0.1±0.03）$\mu g\ N_2O \cdot g^{-1}dw \cdot h^{-1}$]稍低于陆相样点[（0.21±0.07）$\mu g\ N_2O \cdot g^{-1}dw \cdot h^{-1}$]。水稻田是一种长期处于淹水缺氧状态下的人工湿地系统，土壤环境极有利于其反硝化脱氮和 N_2O 充分还原，淹水状态下的稻田土壤具有很强的 N_2O 消耗潜力。有研究表明，

317

淹水红壤水稻土0~5cm土层对N₂O消耗转化速率为0.29~3.71mg N·h⁻¹(秦红灵等,2018)。此外,氮肥水平提高增加了稻田细菌群落多样性,促进了稻田N₂O排放,相关分析结果表明,稻田N₂O排放通量与0~5cm土层中硝化螺菌门(Nitrospirae)相对丰度及10~20cm土层中amoA基因丰度存在显著相关性(宋亚娜等,2017)。氧化亚氮释放潜势速率与土壤中有机质含量呈显著正相关,推测由于有机质能够为反硝化微生物提供反应所需的碳源;而反硝化潜势速率的分布没有明显的规律,时空异质性较大,其中稻田系统的样品速率明显高于其他样点,在冬季甚至高出1~2个数量级,说明水陆交界面可能存在完全反硝化的"热区",能够减少稻田系统氧化亚氮的产生。

7.2.2.2 反硝化功能微生物的丰度及与氧化亚氮释放速率的关系

在夏季和冬季的开放水域,nirS-type 反硝化菌的相对丰度高于 nirK-type反硝化菌,表明 nirS-type 反硝化菌可能更适应环境长期水淹形成的还原环境。Cahaba 河之前的研究也报道,相比之下,nirK-type 脱氮剂和 nirS-type反硝化菌偏爱缺氧条件。类似的结果被发现在其他生态系统,如稻田土壤,随着水体淹育后,nirK/nirS 比增加,表明这两种类型的反硝化菌可能受到氧化还原电位的影响。水稻根系细胞的通气组织可以分泌氧气刺激土壤中氨氧化细菌种群的数量及活性增长,因此水稻根际土壤中反硝化基因 narG 和 nosZ 的丰度显著高于非根际土壤。水稻根系的生长不仅影响土壤中反硝化微生物的数量,还会改变它们的群落结构。Ruiz-Rueda 等(2009)的研究表明,在湿地生态系统中,水生生物的根际与非根际土壤中含 nosZ 基因的微生物群落结构明显不同。反硝化微生物的组成和数量对落干过程反应敏感且迅速,排水后24h硝酸还原酶基因(narG)和氧化亚氮还原酶基因(nosZ)丰度和群落组成便发生明显变化,尤其是 nosZ 的响应更快,落干1d即发生极显著的变化,随后不再发生显著改变;nosZ Ⅰ 只有在开放水域超过 nosZ Ⅱ基因,表明Ⅰ型反硝化菌在开放水域占主导地位,而Ⅱ型反硝化菌显示其他地点的主导作用。氧化还原电位对 nos 反硝化菌分布的作用从未被报道。在这项研究中,我们发现,Ⅰ型反硝化菌更适合于还原环境,而Ⅱ型反硝化菌在偶尔水淹区占主导地位(见图7.2.1)。

第7章 稻田土壤氮转化的微生物过程

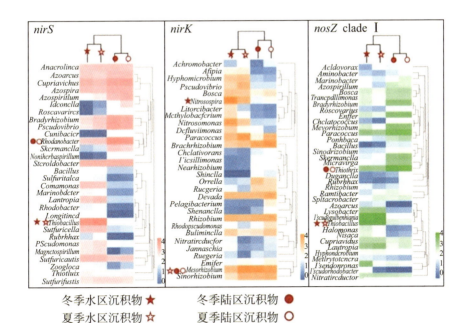

冬季水区沉积物 ★　　冬季陆区沉积物 ●
夏季水区沉积物 ☆　　夏季陆区沉积物 ○

图7.2.1　nirS，nirK和nosZ clade Ⅰ基因的物种丰度热图

7.2.2.3 反硝化功能微生物的物种多样性及与氧化亚氮释放速率的关系

从反硝化菌的群落结构和多样性我们发现，nirS、nosZ 基因在夏季和冬季都表现一致性。水稻田是一种长期处于淹水缺氧状态下的人工湿地系统，在开放水域的主要种属是硫杆菌，而在土壤中的 Rhodanbacter 占最大比例。对于 nosZ，硫杆菌是水体主导菌属，丝硫细菌属是土壤的主导菌。此外，值得一提的是，在开阔水域的 nirS 反硝化菌和 Ⅰ 型 nosZ 反硝化菌都属于同一属——硫杆菌，表明在开放水域发生硫自养反硝化反应。我们推断，对于反硝化菌在稻田系统中的分布，空间异质性而不是时间异质性扮演更重要的角色。更具体地说，虽然随着时间的推移，所有相关基因的丰度发生了变化，但是采样时间并没有改变每个地点的主导种属。水稻土因为长期处于淹水厌氧状态而具有强大的 N_2O 吸收消耗能力，土壤中极低水平的 NO_3^--N 含量以及高水平的 DOC 含量在一定程度上促进了土壤完全反硝化作用的完成。环境 N_2O 浓度与 N_2O 消耗速率呈显著正相关关系，这种潜力与 Ⅰ 型 nosZ 功能基因关系密切。

319

7.2.2.4 新型编码氧化亚氮还原酶的功能基因

近期研究的一个重要发现是 nosZ 蛋白的系统发育分为两个完全不同的组:clade I 和近期被发现的 clade II (Sanford et al.,2012)。目前发现 clade II 基因在环境中广泛存在,甚至也存在于某些不发生反硝化的微生物中,预示着 clade II 在氧化亚氮去除中发挥了巨大作用。相关研究表明,目前自然环境中的 clade II 主要与 Bacteroidetes,Gemmatimonadetes 和 Deltaproteobacteria 3 类菌相近,而我们的系统发育分析发现了另外 3 种菌(Chliroflexi,Cyanobacteria 和 Aquificae)的存在,甚至 Chliroflexi 占主导作用,揭示了水稻系统的地理高异质性为 clade II 较高的生物多样性提供了生存环境。此外,几个序列与一些反硝化菌相近,包括 Dyadobacter fermentans 与出现在水稻田的样本的相似度为 75%,Anaeromyxobacter dehalogenans 与在陆地土壤样本的序列的相似度为 85%,表明潜在的非反硝化菌的存在。

7.2.2 厌氧氨氧化过程及其功能微生物

长久以来,人们一直认为,氨的氧化只在有氧条件下发生。新近研究发现,在缺氧/厌氧条件下,氨也可以由厌氧氨氧化菌以亚硝酸为电子受体直接氧化为氮气,完成封闭的产氮气循环,同时避免温室气体 N_2O 产生。它打破了人们对传统氮循环模式的认识,受到了国际社会的广泛关注。

近年来用于扩增 Anammox 功能基因的引物也在环境样品中得到应用(Zhu et al.,2013)。例如,针对厌氧氨氧化菌特异的靶向肼合酶基因(hzsB)的引物,被证实可用来作为环境中厌氧氨氧化菌良好的生物标志物(Wang et al.,2012a)。厌氧氨氧化过程速率一般采用 ^{15}N 同位素示踪技术检测(Zhao et al.,2018),在厌氧环境中,^{15}N 标记的 NH_4^+ 与未标记的 NO_3^- 在缺氧环境中通过 Anammox 作用反应生成 $^{29}N_2$(^{14}N 和 ^{15}N),该技术结合泥浆培养实验展开,操作简单灵活,适合大批量厌氧氨氧化速率的测定。目前,被认定为厌氧氨氧化微生物的有 Brocadia,Kuenenia,Anammoxoglobus,Jettenia 和 Scalindua 5 种细菌(Wang et al.,2012a)。厌氧氨氧化细菌一般为自养细菌,以 CO_2 或碳酸盐为碳源,以铵盐作为电子供体,以亚硝酸盐或硝酸盐作为电子受体。Kartal 等(2011)提出 Anammox 细菌的代谢机制,NO_2^- 先被转化为 NO,氨(NH_4^+)和羟氨(NH_2OH)在联胺合成酶(HZS)的作用下形成联胺

(N_2H_4),其在联胺氧化还原酶(HAO)作用下被氧化生成N_2,并产生4个质子和4个电子(见图7.2.2)。

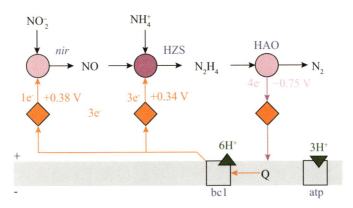

图7.2.2 厌氧氨氧化细菌的代谢机制

Zhu等(2018a)发现,即使在长期缺水条件下,厌氧氨氧化细菌进入代谢不活跃状态,通过加水,也可使土壤中的厌氧氨氧化细菌复苏,其过程为水诱导硝酸盐还原产生足够的底物亚硝酸盐和激活厌氧氨氧化细菌的能量。随后,硝酸盐异化还原为厌氧氨氧化细菌提供底物铵盐。以这两种底物为原料,厌氧氨氧化细菌通过代谢发生厌氧氨氧化反应。

厌氧氨氧化过程在人工陆地生态系统的氮循环中也发挥着重要的作用。人们运用同位素示踪、分子生物学等手段,对高含氮稻田土壤进行研究,发现4%~37%的N_2排放来自Anammox(Zhu et al.,2011a)。研究表明,种植水稻有利于Anammox过程的进行,在稻田生态系统中,Anammox贡献了31%~41%的N_2排放,然而在非稻田土壤中,Anammox对N_2排放的贡献率仅为2%~3%(Li et al.,2015)。另有研究(Zhu et al.,2018b)表明,在农业旱地表层土壤(0~20cm)中,冬季与夏季Anammox对N损失的贡献率分别为1.0%和14.4%,而在20cm以下的土壤中,冬季与夏季Anammox对N损失的贡献率分别为79.4%±14.3%和65.4%±12.5%(见图7.2.3)。

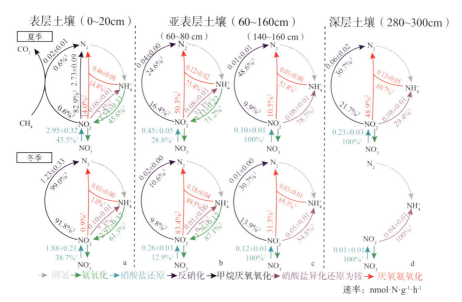

图 7.2.3 在土壤剖面上好氧氨氧化、反硝化、厌氧氨氧化、亚硝酸盐依赖的厌氧甲烷氧化、硝酸盐还原及硝酸盐异化还原为铵等氮循环过程的相互作用

注：[1]，NO_2^- 生成速率；[2]，NO_2^- 损失速率；[3]，氮损失速率。

传统的硝化–反硝化过程在 NO_3^- 反硝化为 N_2 的过程中，生成 N_2O。N_2O 是一种强力的温室气体，其增温潜势是 CO_2 的 296 倍。而厌氧氨氧化反应是 NH_4^+ 与 NO_2^- 直接反应生成 N_2，没有温室气体 N_2O 产生，使得厌氧氨氧化反应具有巨大的研究价值。综合有关湿地的研究成果，开发了人工湿地通过厌氧氨氧化反应实现 N_2O 减排的方法。系统稳定后，厌氧氨氧化反应速率提高了 10 倍，占总氮气生成量的比值提高了 5 倍，达到 42%，并减少了 30% 的 N_2O 排放（Zhu et al.，2011b）。在人工构建的湿地系统中，微生物热区产生的 N_2O 比非微生物热区少了 27.1%（Wang et al.，2018）。

可见，随着厌氧氨氧化细菌检测技术的完善、^{15}N 同位素示踪技术的发展，且稻田是陆地生态系统 N_2O 的最大释放源之一，陆地生态系统的厌氧氨氧化过程得到了重视。通过研究发现，在人工陆地生态系统中，厌氧氨氧化过程发挥着重要作用，占一定比例的 N_2 的释放量，且与土壤的深度有关，种植水稻也可促进厌氧氨氧化过程。另外，厌氧氨氧化过程也有利于减少 N_2O 的排放。

7.2.3 甲烷厌氧氧化过程及其功能微生物

反硝化厌氧甲烷氧化(denitrification-dependent anaerobic methane oxidation,DAMO)的发现,使人们对全球碳、氮循环又有了新的理解。DAMO过程以亚硝酸盐作为电子受体,将甲烷厌氧氧化为二氧化碳。DAMO细菌广泛存在于淡水湖沉积物、河口沉积物、海洋沉积物、湿地、水稻田等生态系统中。本节以水稻田(扬子江)生态系统为例,总结甲烷厌氧氧化过程的微生物机制。

采用针对 *pmoA* 基因的引物,以 0~10cm、20~30cm、40~50cm 和 60~70cm 为代表深度进行PCR扩增,并在深度 20~30cm、40~50cm 和 60~70cm 的样品中检测到了含 *pmoA* 序列的 M. oxyfera 基因组中的序列,而在表层土壤(0~10cm)样品的扩增中,并未出现阳性的PCR产物(Wang et al.,2012b)。表层土壤中 *pmoA* 序列的缺失表明,*n*-DAMO 细菌通常以深层土壤为首选栖息地。从水稻土壤中获得的 *pmoA* 序列的低多样性与之前的研究一致(Deutzmann et al.,2011;Zhu et al.,2015)。

水稻田中 *n*-DAMO 细菌的丰度分布通过对 16S rRNA 基因进行定量分析,估计水稻田中 *n*-DAMO 细菌的丰度。如图7.2.4所示,其拷贝数在 $(1.0\pm0.1)\times10^5$(0~10cm)到 $(7.5\pm0.4)\times10^4$copies·g^{-1}(30~40cm)之间。在40cm深度以下,丰度从 $(4.9\pm0.1)\times10^4$(40~50cm)逐渐下降到 $(6.5\pm0.4)\times10^3$(60~70cm)copies·g^{-1}。深度低于70cm时,丰度下降至低于检出限(Wang et al.,2012a)。该结果表明,*n*-DAMO 细菌在犁底层下方 30~70cm 深处最为丰富,这与之前的研究一致——*n*-DAMO 细菌仅存在于深层沉积物中(Deutzmann et al.,2011)。相关分析表明,pH和总有机物(total organic matter, TOM)等化学因子与 *n*-DAMO 丰度关系良好,但考虑到所用引物的特殊性,很难确定 *n*-DAMO 丰度与化学成分之间的联系。

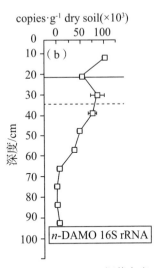

图7.2.4 *n*-DAMO细菌丰度

在全球范围内,旱地表层土壤中DAMO的低丰度和零星分布表明,旱地土壤可能不是DAMO细菌最有利的栖息地(Zhu et al.,2018c),其相关性和

RDA分析表明,旱地土壤中的水分含量显著影响了DAMO细菌的丰度。土壤中的水至少在两个方面促进了DAMO细菌的生长:①为DAMO细菌创造厌氧环境(Chen et al.,2014);②促进底物(NO_2^-和NO_3^-)在DAMO过程中的扩散和交换(Stark et al,1995;Wang et al.,2012b)。而与旱地土壤相反,水稻土壤则是DAMO细菌良好的栖息地。水田土壤中甲烷厌氧氧化微生物的高丰度和多样性应归因于基质的大量可用性和适当的环境条件(Wang et al.,2012b)。作为自然环境中甲烷的主要资源,稻田约占全球天然甲烷产量的18%,因此富含可用甲烷。此外,氮肥的施用给水稻土带来了无机氮,包括铵和硝酸盐。硝酸盐的部分氧化和还原都将为n-DAMO提供亚硝酸盐。一方面,由于水中氧的溶解度较低,淹育水层创造了n-DAMO细菌所需的厌氧环境;另一方面,土壤中的水促进了n-DAMO过程的基质供应。

7.2.4 硝酸盐异化还原为铵及其功能微生物

氮循环驱动主要通过微生物一系列的氧化还原反应来改变氮化合物的存在形态。在微生物参与的氮循环过程中,硝酸盐涉及的反应过程最多,包括硝酸盐同化反应、硝酸盐异化还原反应和亚硝酸盐氧化反应(Kraft et al.,2011)。土壤中硝酸盐异化还原速率较快,可分为反硝化过程和硝酸盐异化还原为铵过程。其中,硝酸盐异化还原为铵(dissimilatory nitrate reduction to ammonium,DNRA)不同于反硝化过程,它是将NO_3^-或NO_2^-还原为NH_4^+,产生的NH_4^+在硝化反应功能微生物的作用下重新生成NO_3^-和NO_2^-,而后进行反硝化、DNRA和厌氧氨氧化等过程,将之还原为NO_2^-、NH_4^+和N_2。DNRA在自然生态氮循环中发挥着重要作用。在缺氧环境中,人们普遍认为大部分NO_3^-是通过反硝化途径去除的,DNRA容易被忽视(Burgin et al.,2008;Zhu et al.,2018d)。DNRA和反硝化反应共同竞争NO_3^-(Knowles,1982;Silver et al.,2005;Silveret al.,2001),DNRA的存在在一定程度上贮藏了氮素,使得植物能够利用的氮素增多(Huygens et al.,2007)。DNRA广泛存在于土壤、稻田、湿地、污泥,反刍动物的瘤胃,以及淡水、河口、海洋沉积物等生境中。由于DNRA过程有利于土壤中氮素的保存,所以我国对其的研究主要集中于稻田水淹土壤中。

目前,针对DNRA的关键基因$nrfA$基因的研究方法已经被成功运用于定量分析中(Roberts et al.,2012)。通过^{15}N标记技术结合定量PCR、克隆测序和 Illumina Miseq 高通量测序等分子生态学技术研究方法,研究不同环境条件下 DNRA 过程的反应速率及其参与这个过程的功能基因的变化特征。

DNRA 的 NIR 酶也分为两类:胞质周围酶和溶解酶。胞质周围酶辅基是六血红素 C(Hexahaem)存在于 *Escherichia coil* 中,电子供体可能是甲酸,由 *nrfA* 基因编码。溶解型细胞质蛋白为同二聚体,电子传递链是 NADH 提供电子,通过 FAD 传递给铁-硫中心,再传给 Siroheam,最后转移给 NO_2^-。根据呼吸类型,DNRA 细菌可分为好氧菌、微好氧菌、兼性厌氧菌和严格厌氧菌。由于 NO_3^- 作为电子受体(缺氧呼吸或发酵)产能效率远远低于 O_2(好氧呼吸),DNRA 菌多为厌氧型细菌。Cole 和 Brownt(1980)研究表明,在存在 DNRA 的生境中,兼厌氧发酵细菌占主要地位。

DNRA 在水稻土中占比较高,分别为 15.9% 和 3.88%~25.4%。因此,在特定条件下,DNRA 可能在稻田中发挥重要作用。Rysgaard 等(1996)研究发现,一些细菌能够同时进行反硝化和 DNRA 作用,同时携带 *nrfA* 和 *nirS/nirK* 基因,且随着秸秆还田量的增加,DNRA 比例也增加。秸秆还田通过提高土壤 DOC 含量,使 NO_3^--N 的比例上升,进而提高 DNRA 速率。耕作管理导致的土壤环境差异也会影响水稻土中的氮素转化,当碳氮比均为 12∶1 时,反硝化在水稻-小麦轮作土壤中占主导地位,而每年仅种单季稻的土壤中占主导地位的是 DNRA。在亚硝酸盐还原条件下,DNRA 丰度和活性显著低于表面土壤中的反硝化过程,表明 DNRA 过程仅在竞争 NO_2^- 和提供 NH_4^+ 方面对表层土壤中的反应产生轻微影响。虽然 DNRA 丰度在地下和深层土壤中的含量低于反硝化菌,但 DNRA 率明显高于反硝化作用。这一结果是由于 DNRA 反应能够接受 6 个电子,在亚硝酸盐限制条件下反应比反硝化更有利(Kraft et al.,2014)。进一步要说明的是,当厌氧氨氧化物种 *Candidatus Kuenenia stuttgartiensis* 和 *Candidatus Brocadia anammoxidans* 存在时,DNRA 活性可能被低估,因为这两个物种可以通过亚硝酸盐还原产生氨分子(Kartal et al.,2007)。但在我们的研究中可以忽略这种低估,因为在土壤样品中没有检测到 *Kuenenia stuttgartiensis*,并且 *Brocadia anammoxidans* 仅在表层土壤中占主导地位。此外,在过去 20 年中,DNRA 菌被认为在还原条件下是比较活跃的(Buresh et al.,1981)。在本研究中,DNRA 也可以与好氧氨氧化过程结合使用,这一发现与之前在含氧条件下的 DNRA 研究一致,如浆液和水柱(Song et al.,2014)。在研究中发现 DNRA 是另一种亚硝酸盐还原过程,与反硝化作用相比,其在表层土壤中的作用有限(4.9%+3.5%),但是在土壤

80cm以下的DNRA速率远高于Anammox和反硝化速率。氨氧化是土壤80cm以上（71.0%±23.3%）NO_2^-的主要来源，是影响厌氧氨氧化速率的关键因素，硝酸盐还原（100%）是土壤80cm以下NO_2^-的主要来源。

植物根系释放的O_2会增强稻田DNRA，但对反硝化作用无显著影响，在高碳氮比下，DNRA对O_2的敏感性不如反硝化作用。对于喜铵性作物水稻的氮管理，要维持水稻系统的氮平衡，最大限度提高氮的利用率，研究水稻土中的DNRA过程非常必要。

DNRA过程会产生N_2O，产量一般约为NO_3^-或NO_2^-总量的1%，但是 *Citrobacter* C48的N_2O产量高达23.5%（Yin et al.，1997），而 *Clostridium* KDHS2是已报道的唯一不能产生N_2O的菌株。N_2O的产生机制尚未确定，但可能和NH_4^+来自不同的酶系统，此外还有一种较为特殊的自养DNRA方式。因此，DNRA细菌多为专性厌氧菌和兼性厌氧菌，如 *Escherichia*、*Klebsiella*、*Citrobacter*、*Proteus*、*Desulfovibrio*、*Wolinella*、*Haemophilus*、*Achromobacter*、*Clostridium*、*Streptococcus*、*Neisseriasubflava* 等11属。在常见的存在DNRA的生境中，一般主导区系是 *Aeromonas*、*Enterobacteria* 等兼性厌氧发酵细菌。

（姚槐应　苏建强　祝贵兵　李雅颖　李　虎）

7.3 稻田土壤氮素转化的微生物生态机制及其调控

7.3.1 稻田土壤微生物生态特征

7.3.1.1 水分条件对稻田系统根际沉积碳及其同化微生物群落的影响

土壤微生物可同时利用易矿化的和难分解的碳（包括根系分泌物、土壤有机质和植物秸秆），而从根系到相应微生物群落的碳通量是了解全球碳循环的重要部分（Paterson et al.，2008）。磷脂脂肪酸（PLFAs）与稳定同位素（SIP）结合可以有效地测定与根际沉积碳相关的土壤微生物群落结构和活性，而不干扰植物的生理过程。

土壤水分通过调节微生物生理状态影响微生物群落结构和功能（Liu et al.，2009；Cai et al.，2009），而稻田作为一种独特的农田生态系统，在水稻生长期间伴随着多次干湿交替,却少有研究稻田中水分状态对根际沉积碳同化的影响。在此研究中,采用$^{13}C-CO_2$稳定标记方法研究控水(80%田间持水量)和持续淹育两种条件下土壤微生物对来源于根际碳的吸收,以评估水分条件对整个水稻土微生物群落结构和利用根际沉积碳群落的影响。

以总 PLFA 的组成进行 PCA 分析,显示第一主成分受水稻种植的影响,而第二主成分受水分状态的影响。结合载荷图和平均值进行分析,脂肪酸 16∶1ω7 和 i16∶0 在淹水处理的丰度更高,而脂肪酸 i15∶0、18∶1ω9 和 17∶0cy 在控水处理中丰度更高。

种植水稻后,土壤的 $\delta^{13}C$ 值从标记初的 $-25.6‰±0.2‰$ 到第 21 天的 $-17.6‰±3.7‰$,而未种植水稻的土壤 $\delta^{13}C$ 值与标记 0 天的 $-25.4‰±0.4‰$ 并无显著变化。淹育和控水处理的地上部干重并无显著差异,而淹水处理的根干重是控水处理的 2 倍($P<0.05$),而且控水处理中进入 PLFA 中的总 ^{13}C 量要显著高于淹水处理($P<0.05$)。

在淹育和控水处理中,大部分来源于植物的 ^{13}C 进入了 16∶0、18∶1ω7,其次是 18∶1ω9 和 16∶1ω7(见图 7.3.1)。不过,在控水处理中,进入 16∶0、18∶2ω6,9、18∶1ω9 和 18∶0 中的 ^{13}C 更多,而在淹育处理中,进入 18∶1ω7 和 16∶1ω7c 的 ^{13}C 更多。^{13}C-PLFA 的 PCA 分析也表明了这一结果,控水和淹育处理在 PC1 上已显著分开。

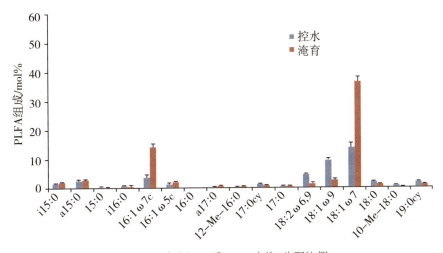

图 7.3.1　标记 21d 后 PLFA 中 ^{13}C 分配比例

淹育处理中进入土壤 PLFA 的总 ^{13}C 要低于控水处理,标记期间淹水处理的总 PLFA 并无显著增加,这说明水稻土中微生物群落结构为淹水条件所限制,而不是碳源的可利用性。尽管水稻根系可泌氧,但淹水条件下的厌氧环境仍可能是抑制土壤微生物群落的关键因素,这和前人的关于稻田系统的研究结果相近(Lu et al.,2004;Wu et al.,2009)。大部分的 ^{13}C($> 70\%$)进入了 16:0、18:1ω7、18:1ω9 这三种直链脂肪酸中,这可能是含有这些 PLFAs 的微生物群落相对来说活性更高,在利用水稻分泌的物质时竞争性更强。其中,淹育条件下 ^{13}C 进入更多,如 16:1ω7c、i16:0,这可能与厌氧环境有关(Henson et al.,1988;Yao et al.,2000)。

在已有的大量研究中,我们已知水分在调节微生物群落结构中的重要性,我们则更深入地揭示了水分条件在土壤微生物利用水稻根系分泌物的影响。表征革兰阴性菌的 18:1ω7 和 16:1ω7c 在淹育条件下富集了更多的 ^{13}C,而表征好氧菌和真菌的 18:1ω9 与 18:2ω6,9 在非淹育系统中利用了更多的根际沉积碳。

7.3.1.2 宏基因组学解析酸性硫酸盐土微生物群落对氧化还原电位变化的响应

氧化还原电位是影响微生物群落组成和功能的主要因素之一。酸性硫酸盐土全世界约有 100 万平方公里(White et al.,2007),主要分布于热带、亚热带沿海三角洲平原和低洼地(Dent,1992),富含硫化物,主要是黄铁矿(White et al.,1996)。这些硫化物在还原态时相对较为稳定,然而当酸性硫酸盐土受到全球气候变化(如干旱)和人类活动干扰(如农业种植)等影响时,其硫化物将暴露于空气中,发生氧化反应,释放硫酸和重金属,从而影响整个区域生态系统。

微生物介导的硫氧化和还原反应驱动了酸性硫酸盐土中硫元素的生物地球化学循环,并在酸性硫酸盐土的酸化过程中起着重要作用(Bronswijk et al.,1993;Ward et al.,2002)。然而,关于酸性硫酸盐土中参与土壤酸化和硫循环的功能微生物的研究极为缺乏,而且微生物群落在土壤酸化过程中的响应规律也不清楚。

因此,针对这些科学问题,我们从广东台山县采集了典型的酸性硫酸盐土,采集了表层(0~15cm)和母质土壤(80~100cm),在实验室内将所采集的土壤暴露在空气中培养 2 周,模拟酸性硫酸盐土从还原态到氧化态的暴露过程,并在培养前后分别采用宏基因组学技术研究了其中微生物群落组成和功能基因的变化。

第7章 稻田土壤氮转化的微生物过程

研究结果表明,在好氧培养过程中,酸性硫酸盐土 pH 显著下降,水溶性硫酸盐浓度显著升高,表明该土壤在培养过程中发生酸化,并与硫氧化相关。微生物群落组成分析表明,表层土和土壤母质微生物结构具有明显差异,好氧培养显著改变了土壤中微生物群落结构,土壤母质中古菌相对丰度显著减少,放线菌门显著增加。同时好氧培养也显著改变了微生物功能基因结构,普氏分析表明微生物功能基因结构与物种组成显著相关;表层土和土壤母质硫转化功能基因存在显著差异,其中表层土中相对丰度较低;好氧培养后硫氧化功能基因表达升高。

进一步通过宏基因组序列组装,获得8个关键微生物基因组草图,这8个基因组分别来自 Proteobacteria、Acidobacteria、Actinobacteria 和 Euryarchaeota,其中三个分别属于 Thermoplasmatales、Acidothermales (*Acidothermus*)和 Acidimicrobiales 的新种。基因组功能基因注释发现这些菌株均含有硫代谢基因和酸耐受基因(见图7.3.2)。其中组装出的古菌是首个硫转化古菌基因组,含有所有硫转化功能基因。该研究成果揭示了宏基因组研究可解析微生物群落对环境变化的响应和适应机制,特别是微生物群落在酸性土壤中的生态适应性和生存策略(Su et al.,2017)。

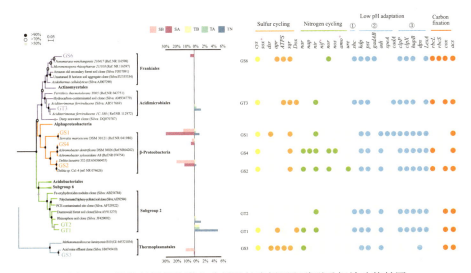

图 7.3.2　组装基因组的进化分析及其硫循环和酸耐受相关功能基因

7.3.2 稻田土壤氮素周转通量与功能微生物群落

7.3.2.1 长期施肥对氮素周转整体微生物群落的影响

化肥在农田中的长期施用是提高农田土壤肥力、增加作物产量的重要措施。过量的化肥施用则可能导致土壤板结、酸化问题，同时肥料利用效率不高可能导致面源氮、磷污染。农田土壤微生物在养分的生物地球化学循环中起着重要的作用。微生物可改变土壤中氮、磷等营养元素的存在形式，进而提高化肥利用率，促进作物生长，因此施肥对土壤微生物群落的影响一直是农田土壤微生物生态学研究的热点（Fierer et al.，2012；Lentendu et al.，2014；Ramirez et al.，2012）。

有机肥的施用通常可增加土壤微生物生物量、活性和多样性（Saunders et al.，2012），但长期化肥施用对土壤微生物整体多样性，特别是功能基因多样性的影响还不清楚。许多研究表明，氮肥施用对氮素转化相关微生物具有显著影响（Gorfer et al.，2011；He et al.，2007），然而氮肥施用或平衡施肥对土壤整体微生物群落及除了氮循环外的其他生物地球化学过程的影响不明。

针对该科学问题，我们采用16S rRNA基因焦磷酸测序和功能基因芯片（GeoChip 4.0)方法研究长期施肥定位实验中水稻田微生物群落组成和功能基因对化肥施用的响应。该定位实验位于湖南桃源，至采样时已有22年多种化肥施用处理。结果表明，长期化肥施用改变了稻田土壤理化性质，提高了土壤养分和微生物活性，其中平衡施肥(氮磷钾)的稻田土壤中的脲酶、过氧化氢酶和多酚氧化酶活性最高。此外，5年水稻产量数据表明，平衡施肥和氮磷施肥具有最高的平均产量，显著高于未施用磷肥的其他处理和对照。

采用16S rRNA基因焦磷酸测序研究稻田土壤微生物群落结构，发现长期化肥施用并未改变微生物群落的整体组成，但种群均匀度和关键种属均受到磷肥的影响。功能基因芯片分析结果表明，长期化肥施用显著改变了稻田土壤微生物功能基因多样性，提高了碳、氮、磷、硫等元素循环相关基因的多样性和丰度，特别是氮钾和氮磷钾平衡施肥处理(见图7.3.3)。同时，我们还发现功能基因结构和丰度、相关的土壤酶活以及水稻产量显著相关，由此表明由化肥施用引起的微生物群落结构变化可加速土壤中营养元素的循环，从而影响水稻产量。此外，由于该试验田为缺磷水稻土，我们发现氮肥施用对稻田土壤微生物功能基因的影响因磷肥的添加而减弱，由此表明平衡施肥有利于提高土壤微生物群落多样性和功能(Su et al.，2015)。

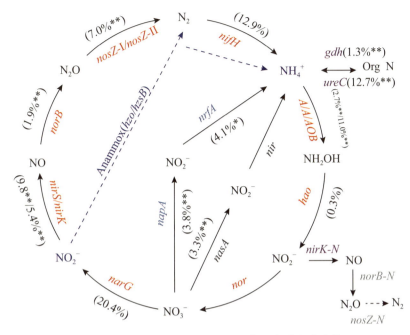

图 7.3.3　长期施肥对稻田土壤氮素转化相关功能基因的影响 [修订自文献 (Su et al., 2015)]
注：*, $P<0.05$；**, $P<0.01$。

7.3.2.2　长期施肥对土壤自由固氮微生物群落的影响

在土壤环境中，氮素是仅次于水分因子限制植被生长的重要因素 (Orr et al., 2011)。然而，植物不能直接吸收大气中的氮素，而是通过微生物固氮酶的作用，将大气中的 N_2 转化成 NH_3 才能被植物吸收和利用。生物固氮大体上可划分为共生固氮和非共生固氮（联合固氮和自由固氮）。土壤固氮酶由两种亚单元金属蛋白构成，第一种包含由 nifD 和 nifK 基因编码的异二聚体活性位点还原氮气；第二种是由 nifH 基因编码的固氮酶还原酶 (Collavino et al., 2014)。由于生物固氮需要打开元素氮的三重键并隔绝氧气，因此还原每个氮气分子需要耗费大量能量（16 个 ATP 和 8 个电子）(Zehr et al., 2003)。在共生固氮体系中，固氮微生物与豆科植物根系形成互利互惠的根瘤结构，微生物可获得更高的能量将 N_2 还原成 NH_3 (Knorr et al., 2015)。据估算，豆科植物的总固氮量可占到总生物固氮的 80% 以上 (Peoples et al., 1995)。然而，值得注意的是，由于大多植被种群不能通过共生作用固氮，因此增加土壤非共生体系根际微生物的氮素固定潜能，尤其对氮素匮乏的陆生生态系统显得尤为重要(Reed et al.,2011)。现有研究表明,施肥活动由于增加了土壤中有效态氮素含量,可能抑制土壤自由固氮微生物的活性及其多样性。然而,目前有关施肥处理的研究大多集中在旱地土壤,还没有针对施肥对水稻体系自由固氮微生物群落的研究。基于此,我们选取了具有33年施肥历史的水稻土壤,分别为化肥(NPK)、化肥加秸秆(NPK+RS)、化肥加有机肥(NPK+OM)以及未施肥对照(CK)为研究对象,结合实时定量 PCR和 $^{15}N_2$ 同位素标记技术等手段,探讨长期施肥处理对水稻土壤自由固氮微生物群落的影响。

我们结果显示,长期施肥处理显著改变了土壤 $nifH$ 固氮基因的拷贝数,并且以 NPK+OM 处理最高,CK 处理最低。类似的,不同施肥处理显著改变了16S rRNA 基因的拷贝数,以 NPK+OM 处理最高,CK 处理最低。

不同施肥处理 16S rRNA 基因和 $nifH$ 基因的拷贝数呈极显著相关关系($r=0.84,P<0.01$)。$nifH$ 基因克隆文库结果表明,NPK 处理在97% OTUs 水平上观测到的物种数最少,而 NPK+OM 和 NPK+RS 处理与 CK 处理中 $nifH$ 基因多样性基本一致,由此表明化肥中加入秸秆或者有机肥对 $nifH$ 基因的保持具有积极意义。BLAST 结果表明,短生根瘤菌是不同施肥处理下的优势自由固氮微生物类群,而在对照处理中光能自养型的蓝细菌门(如念珠藻目)所占相对丰度显著高于其余长期施肥处理。

$^{15}N_2$ 同位素标记试验结果显示,不同施肥处理下自由固氮速率变化范围为 14.6~118μg·kg^{-1}·d^{-1},且以 NPK+OM 处理最高,而 NPK、NPK+RS 和 CK 处理下固氮速率十分接近,未达显著差异水平。

我们结果表明,长期施肥处理没有抑制土壤 $nifH$ 基因的丰度,相反,我们的研究结果显示有机无机配施处理增加了 $nifH$ 基因和细菌 16S rRNA 基因的拷贝数,这也与其他研究结果(Hai et al.,2009;Sun et al.,2015)基本一致。同时,一方面,与对照和其他施肥处理相比,我们发现 NPK+OM 处理显著提升了土壤自由固氮微生物的活性,表明有机肥的施入不仅能够增加土壤养分含量及其有效性,而且能够为固氮微生物提供良好的生境条件。另一方面,与施肥处理相比,对照处理中出现大量蓝细菌微生物,表明固氮微生物能够主动适应稻田体系中的氮素养分状况。

7.3.2.3 肥料施用对土壤-紫云英系统中固氮微生物群落的影响

一般认为,氮源有效性过高或过低均会抑制生物固氮过程,氮源特别匮乏不能满足固氮酶合成的需求时会抑制固氮酶的合成,而NO_3^-、NH_4^+等有效氮过量时,固氮微生物会关闭固氮功能,生物固氮速率也会受到抑制(Salvagiotti et al.,2008)。水稻土长期处于淹育条件下且有机质含量相对较高,为生物固氮提供了适宜的条件。紫云英是一种共生固氮植物,常作为绿肥在稻田土壤中种植,能够增加土壤的碳氮含量(Asagi et al.,2009)。我们利用^{13}C-CO_2标记结合DNA-SIP技术研究了水稻土共生固氮和非共生固氮微生物对不同氮素水平的响应机制。

结果表明,氮素水平显著影响紫云英的干物质及养分积累量。紫云英地上部和地下部的干重均随施氮水平的升高而增加。紫云英地上部和地下部的氮积累量也表现为NH(高氮处理)处理显著高于NL(低氮处理)和CK(对照,不施肥)处理。不同处理的根瘤干重、生物量氮均表现为NL处理最高。应用^{15}N-N_2脉冲标记法测定不同氮素水平下紫云英的固氮量。NL处理植株地上部、根部及根瘤中的^{15}N标记量最高,显著高于其他处理;CK和NH处理间无显著差异。土壤的^{15}N标记量显著低于植株及根瘤的标记量,且处理间无显著差异。

根瘤中$nifH$基因丰度在生长30d时,不同处理间均无显著差异,而生长60d后,NL处理的$nifH$基因丰度从3.7×10^{10}copies·g^{-1}根瘤干重上升到6.0×10^{10}copies·g^{-1}根瘤干重,显著高于CK和NH处理。紫云英根瘤中的固氮微生物种类单一,根瘤中99%的$nifH$基因序列属于华癸中生根瘤菌,只有1%为慢生根瘤菌属,该1%的序列均来自NH处理。

非共生固氮固定的氮仅占共生固氮量的5.1%。在培养30d时,土壤中$nifH$基因在CK和NL处理中为1.3×10^7copies·g^{-1}soil和1.2×10^7copies·g^{-1}soil,而在NH处理中,$nifH$基因的丰度仅为0.9×10^7copies·g^{-1}soil。土壤中固氮基因种类丰富,通过DNAMAN软件分析得出在95%相似性下分出107个OTUs。该土壤固氮微生物分布在α-、β-、δ-变形菌门(Proteobacteria)、蓝菌门(Cyanobacteria)、厚壁菌门(Firmicutes)、拟杆菌门(Bacteroidetes)。施肥显著增加了δ-变形菌门固氮微生物相对丰度,CK、NL、NH处理在δ-变形菌门中的相对丰度分别为25%、27.2%、29%。CK、NL、NH处理在蓝细菌中的相对丰度分布为16.5%、16.1%、21.3%,说明蓝细菌适应高氮环境。

将标记($^{13}CO_2$)和非标记($^{12}CO_2$)处理的土壤DNA分为16层,并对不同密度层土壤DNA进行$nifH$和16S rRNA基因定量。与不标记处理相比,紫云英连续标记30d后,对照、低氮、高氮处理土壤样品的$nifH$基因丰度均向重层偏移,¹³C 标记的 CK、NL、NH 处理的最高点的浮力密度分别为 1.703g·mL⁻¹、1.708g·mL⁻¹、1.703g·mL⁻¹。而细菌的偏移不明显。从非标记和标记土壤 DNA 的分层样品中选择轻层(L7~L9层)和重层(L4~L6层)进行 *nifH* 基因的克隆测序。将所有 DNA 序列翻译成蛋白序列后在 95% 相似性下分 OTU。由系统发育树可以看出固氮微生物主要分布在 α-、β-、δ-变形菌门(Proteobacteria)和蓝菌门(Cyanobacteria),而 γ-变形菌门、放线菌门(Actinobacteria)和疣微菌门(Verrucomicrobia)的丰度不到 1%。从图 7.3.4 可以看出,有些微生物明显倾向于利用根际沉积碳,如 OTU65(属于 α-变形菌门)在重层中的 ¹³C 标记土壤中的丰度高于未标记土壤;而 OTU24 和 OTU73(属于 δ-变形菌门)主要分布在轻层,说明这类型微生物更倾向于利用土壤的其他有机质而不是根际沉积碳(见图 7.3.4)。

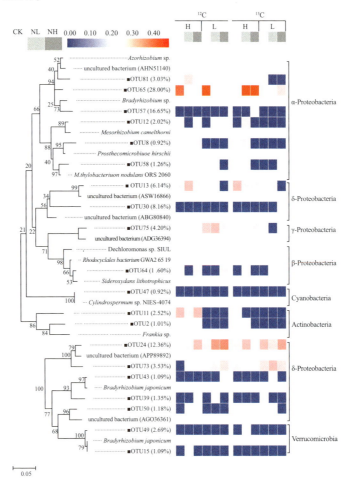

图 7.3.4 土壤样品固氮基因系统发育树

第7章　稻田土壤氮转化的微生物过程

　　我们发现适量的施用氮肥(NL处理)促进了根瘤的固氮。在植物-根瘤共生体系中，根瘤菌生长过程中需要的能源物质均由植物提供，且固氮过程耗能较大，需要的能源物质较多。本研究中，由于土壤自身氮素水平较低，不施氮肥处理(CK)的植株生物量显著低于施氮肥处理(NL、NH)，其能供给根瘤的能源物质也较施肥处理少。氮肥施用促进了植株生长、根系分泌物增加，能够为共生固氮微生物提供更多的碳源等能源物质，从而促进了共生固氮活性(Kiers et al.，2003)。但是，在高氮(NH)条件下，根瘤的固氮能力反而下降(Perez-Fernandez et al.，2016)。在标记结束时根瘤的 *nifH* 基因丰度结果同样表现为 NL 处理的 *nifH* 基因丰度显著高于 CK 和 NH 处理，说明氮肥过高或过低均不利于共生固氮。氮肥过低，植物生长受限，输送到根瘤的养分能源少，从而抑制固氮活性；而氮肥过量能够满足植物生长时，植物对共生固氮依赖小，可能会减少对根瘤的碳源供应，表明植物和根瘤菌之间既互惠共生又相互制约(Denison，2000；Kiers et al.，2003)。低氮处理能显著增加根瘤中 *nifH* 基因的丰度，但是对其群落结构没有影响。

7.3.2.4　氮肥施用对稻田系统中根际沉积微生物同化的影响

　　施用到土壤中的氮在土壤微生物的作用下进行不同氮形态转化(Barnard et al.，2005；Qin et al.，2012)，同时，氮肥通过调节土壤碳氮比、提供氮源等影响土壤微生物。在土壤-植物系统中，氮素不仅直接影响养分供应，而且可通过调节根系分泌物对微生物群落产生间接影响(Zhong et al.，2007)。以前利用同位素标记研究氮肥使用对微生物利用根系分泌物影响的报道主要集中在草地和林地(Billings et al.，2008；Denef et al.，2009)。对水稻土这一特殊的人为土，有关氮肥施用对根际微生物影响的研究较为缺乏。我们选取较为贫瘠的水稻土，设置 $0mg \cdot kg^{-1}$、$100mg \cdot kg^{-1}$、$200mg \cdot kg^{-1}$ 等3个施氮水平，通过 $^{13}CO_2$ 连续标记水稻生长，测定土壤中 $^{13}C-PLFA$，以研究在不同氮水平条件下根际微生物同化水稻根际分泌物的差异。

　　结果表明，添加氮肥处理样品地上部的 $\delta^{13}C$ 值显著高于未施氮肥的处理，$200mg \cdot kg^{-1}$ N 的处理略高于 $100mg \cdot kg^{-1}$ N 的处理。而水稻根的 $\delta^{13}C$ 值在标记1周后才表现出显著差异，土壤 $\delta^{13}C$ 值在标记2周后才表现出显著差异。对于未种植水稻的土壤，标记21d之后，土壤 $\delta^{13}C$ 值未发生显著变化。

　　种植水稻处理的总PLFA量要高于未种植水稻处理($P<0.05$)，在种植或未种植处理内，施用氮肥对总PLFA不存在显著影响。主成分分析显示未

335

种植水稻处理聚在一处,而种植水稻处理略显分散以致未能观察到添加氮肥后的显著性影响。依据载荷图和平均值分析,种植水稻和未种植水稻间的差异表现在种植水稻处理的18:2ω6,9、16:0的相对含量偏高,而i16:0、a15:0的相对含量偏低。

^{13}C-PLFA主成分分析显示标记的PLFA在种植水稻处理和未种植水稻处理间的分布具有显著差异性。对于种植水稻的处理,氮肥施用改变了土壤^{13}C-PLFA剖面。依据载荷图分析,这种差异主要体现为施用氮肥后a17:0、a15:0、i16:0、16:1ω5、18:1ω7的标记比例偏低,而16:0、18:2ω6,9、18:1ω9的标记比例升高。

氮肥没有显著改变土壤微生物群落,而种植水稻却增加了土壤的微生物量。Eaimpraphan等(2007)在对泰国水稻土的研究中也发现,土壤性质随水稻生长季节而改变,而水稻品种和氮肥施用量对水稻土性质没有影响,水稻种植本身更大程度上影响了土壤理化性质及微生物群落。在大量关于草地脉冲性标记的实验中,都显示真菌特别是腐生真菌同化了根际沉积碳(de Deyn et al.,2011;Tavi et al.,2013),表明不论是暂时性还是长期性的影响,真菌在利用根系分泌物上都起到了重要作用。除真菌外,16:1ω7、18:1ω7等表征革兰阴性菌的脂肪酸也有一定程度的标记量,这与Balasooriya等(2013)对一个湿地进行3次脉冲标记的研究结果一致,对发现革兰阴性菌吸收湿土生态系统中的根际沉积碳起到了重要作用。

在本研究中,施加氮肥并未显著增加水稻土微生物生物量,但促进了PLFA标记量,说明氮肥虽然短期内未改变或降低微生物总体生物量,但明显促进了微生物尤其是真菌对新鲜有机物质的利用。虽然氮肥施用对微生物群落尤其对降解微生物和真菌有直接的抑制效应,但从我们看,氮肥在低肥力土壤中,因增加作物生物量而对根系分泌物的促进作用要远高于其相应的抑制作用(Zhong et al.,2007)。

7.3.3 稻田土壤氮素转化的微生物调控机制

7.3.3.1 不同水分条件下秸秆添加对土壤微生物的影响

稻田在干湿交替过程中,土壤水分和含氧量都会发生巨大变化。土壤水分状况除了影响包括养分有效性和土壤微生物生理状态在内的土壤特性,还会影响微生物利用碳源的能力(Yao et al.,2012)。秸秆还田是改善土壤质量和增加土壤碳固存的主要措施之一,秸秆添加后会导致土壤微生物群落结构迅速改变,且不同作物的秸秆由于其养分组成存在差异,对土壤微生物群落结构影响也不同(Marschner et al.,2011)。我们结合 MicroRespTM 和 PLFA 两种方法研究我国南方典型水稻土微生物群落结构和活性的变化,探究不同水分条件和添加秸秆对微生物群落结构和活性的影响。

我们共设置 4 个处理:非淹育(60%田间持水量)、淹育、非淹育+秸秆、淹育+秸秆。结果发现 CO_2 的释放率在培养后第 2 天达到最大值,随着培养的进行,所有处理的 CO_2 释放率呈下降趋势,且秸秆添加均能显著提高 CO_2 的释放率;4 个处理的 CO_2 释放量表现为:非淹育+秸秆＞淹育+秸秆＞非淹育＞淹育。添加秸秆处理表现为较高的水溶性碳含量,所有处理的水溶性碳在培养 6d 后增加,培养 42d 后,水溶性碳含量表现为:淹育+秸秆＞非淹育+秸秆＞淹育＞非淹育,且在相同水分条件下变化趋势一致。

在整个培养过程中,秸秆处理的总磷脂脂肪酸含量均高于不加秸秆处理,主成分分析(PCA)表明淹育和非淹育处理的群落结构明显不同,尤其是添加秸秆的两个处理。添加秸秆后,非淹育处理中真菌磷脂脂肪酸量增加,而淹育处理的革兰阳性菌的磷脂脂肪酸量增加。磷脂脂肪酸 i15:0、a17:0、cy17:0、16:1ω5c、10Me16:0、10Me18:0、18:2ω6,9c、18:1ω7c 的含量在非淹育加秸秆处理情况下较高,而磷脂脂肪酸 16:0、a15:0、i16:0、i17:0、16:1ω7c 的含量在淹育加秸秆处理中较高(见图 7.3.5)。

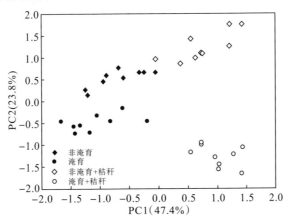

图 7.3.5　土壤微生物磷脂脂肪酸相对丰度的主成分分析[修订自文献(Pan et al.,2016a)]

秸秆添加显著增加了土壤微生物底物诱导呼吸,培养11d时,添加α-酮戊二酸的土壤微生物底物诱导呼吸速率达到最大。土壤水分状况对不同碳源的土壤微生物呼吸速率的影响存在差异。添加D-葡萄糖、D-果糖和N-乙酰葡萄糖胺后淹育+秸秆处理的土壤微生物底物诱导呼吸速率低于非淹育+秸秆处理;而加柠檬酸、草酸、α-酮戊二酸、L-苹果酸、γ-氨基丁酸、L-半胱氨酸盐酸盐、L-丙氨酸、L-赖氨酸盐酸盐、原儿茶酸后的土壤微生物底物诱导呼吸速率则表现为淹育+秸秆处理高于非淹育+秸秆处理。PCA分析结果表明,添加秸秆后在PC1轴上有较高的解释量(70.5%)。淹育和非淹育处理在PC2轴上显著分开,解释的变异比例为17.2%(见图7.3.6)。

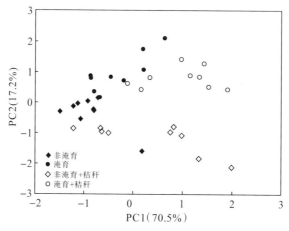

图7.3.6 MicroResp™结果的主成分分析[修订自文献(Pan et al.,2016a)]

秸秆添加和土壤水分状况对磷脂脂肪酸剖面和底物诱导呼吸有不同的影响。秸秆添加显著增加了总磷脂脂肪酸含量,且淹育增加了土壤微生物底物诱导呼吸速率。冗余分析结果显示秸秆添加对土壤微生物磷脂脂肪酸含量有较大影响。磷脂脂肪酸和呼吸数据变异结果表明,秸秆对磷脂脂肪酸和呼吸数据的解释的变异比例分别为30.1%和16.7%,而土壤水分状况对两者解释的变异比例分别为7.5%和29.3%。秸秆添加和土壤水分状况对微生物群落结构和活性的相对重要性表明,碳源投入是决定总磷脂脂肪酸含量的主要因素,但不是决定土壤底物诱导呼吸的关键因素。该结果与前人研究一致,Zhong等(2010)发现施用有机肥和化肥均能够增加土壤微生物量。Zeng等(2015)发现,土壤底物与土壤微生物量有较大的相关关系,而与土壤基础呼吸的关系不大。磷脂脂肪酸被认为是土壤团聚体结构的重要的生物标记物和指纹图谱,总磷脂脂肪酸量通常作为土壤微生物量的表征,且土壤可溶碳氮含量是土壤微生物生长繁殖的重要的限速因子(Grayston et al.,1998)。添加秸秆向土壤输入了大量的碳源,这些外加碳源可以为土壤微生物提供源源不断的能源。Microresp™表征土壤微生物利用底物的能力,其对土壤水分状况、温度和土壤污染等环境因子敏感(Berard et al.,2014)。Lalor等(2007)发现土水势的差异是引发土壤微生物底物诱导呼吸改变的重要因素。Kohler等(2010)发现土壤水分状况对土壤微生物底物诱导呼吸具有明显的影响。我们结果表明,淹育大幅增加了土壤微生物底物诱导呼吸,表明该方法可以快速反映环境的变化。由于微生物磷脂脂肪酸的数据基于微生物细胞膜组分变化,微生物结构组成的变化需要一定时间才能发生,同化土壤微生物磷脂脂肪酸不能对环境胁迫做出快速的反应,而MicroResp™可以对土壤水分状况和底物有效性做出快速的反应,这可能是土壤微生物磷脂脂肪酸和底物诱导呼吸对水分状况和秸秆添加响应不同的原因。

7.3.3.2 水稻土微生物对标记秸秆及生物炭的同化利用

水稻秸秆和其制成的生物炭在理化特性上存在巨大的差异。当前针对水稻秸秆和其制成的生物炭对土壤微生物群落结构影响的研究较少,而且微生物利用两种碳源的机制还不清楚。我们添加 ^{13}C 标记的秸秆及其制成的生物炭(^{13}C 标记的生物炭)到酸性水稻土中,利用 ^{13}C 同位素技术监测 CO_2 的释放规律,追踪土壤微生物对秸秆和生物炭的利用情况,以及水稻秸秆及其生物炭对土壤微生物结构及功能的影响。

结果显示,生物炭和秸秆对土壤有机质矿化具有明显的激发效应。在培养初期生物炭添加对土壤有机质矿化表现为正激发效应,而在培养24d后表现为负激发效应。秸秆处理在整个培养过程中均表现为正激发效应,在培养10d时达到最大值。

三个处理的总磷脂脂肪酸含量存在显著差异。添加秸秆处理的革兰阳性菌、革兰阴性菌、真菌和放线菌PLFA含量均显著高于其他处理的。用磷脂脂肪酸相对丰度进行主成分分析从而评价不同处理的微生物群落结构的差异。结果表明,添加秸秆处理的磷脂脂肪酸相对丰度与其他处理存在明显差异,而添加生物炭处理和对照未完全分开(见图7.3.7)。磷脂脂肪酸的载荷分析表明,磷脂脂肪酸18:2ω6,9c和18:1ω7c在添加秸秆处理中含量较高,而磷脂脂肪酸10Me18:0和a17:0在添加生物炭和对照处理中含量较高。

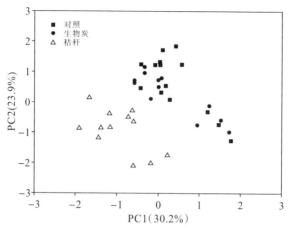

图7.3.7 土壤微生物磷脂脂肪酸相对丰度主成分分析[修订自文献(Pan et al., 2016b)]

土壤微生物可以快速地同化利用^{13}C标记的秸秆和生物炭。微生物对秸秆的利用率显著高于对生物炭的利用率。培养3d后,加秸秆处理^{13}C标记的革兰阳性菌、革兰阴性菌和真菌PLFA相对生物炭处理分别高出1165%、108%和95%。^{13}C标记的革兰阴性菌的含量在秸秆和生物炭处理中均最高,而放线菌对秸秆和生物炭的利用均较少。不同处理的特征磷脂脂肪酸相对丰度不同,在秸秆处理中革兰阴性菌相对丰度最高,其次是革兰阳性菌,放线菌相对丰度最低。在生物炭处理中革兰阴性菌相对丰度最高,其次是真菌,放线菌最低。秸秆处理中革兰阳性菌丰度显著高于生物炭处理中的。

秸秆处理中可以检测到的^{13}C标记的PLFA有23种,生物炭处理能够检测到的^{13}C标记的PLFA仅有17种,这表明与生物炭相比,微生物可以同化利用较多的^{13}C标记的秸秆。PLFA16:0在两处理中均高于其他PLFA,生物炭处理中cy17:0、cy19:0、16:1ω7c、18:1ω7c、18:1ω9c、18:2ω6,9c相对丰度占总标记PLFA的90%,PLFA i15:0、a15:0、i16:0、16:1ω7c、10Me16:0的相对丰度在培养24d后增加。由主成分分析可以看出,秸秆和生物炭处理的^{13}C标记的PLFA明显分开,生物炭处理中16:0、17:0、11Me18:1ω7c、18:1ω7c相对丰度增加,秸秆处理中cy19:0、18:2ω6,9c相对丰度增加。

本研究中,加秸秆处理对土壤有机质的正激发效应持续到培养试验结束,添加生物炭处理的正激发效应只发生在培养初期,在培养24d后出现负激发效应。这些结果与前人的研究(Maestrini et al., 2014)一致。在45d的培养中秸秆添加显著增加了磷脂脂肪酸总量,添加生物炭处理中PLFA含量在培养的最初 10d 表现为较小增加,表明土壤微生物量受生物炭的影响较小。这主要是因为与生物炭相比,秸秆具有较高含量的可以利用的养分,秸秆水溶性碳及水溶性氮含量分别较生物炭高 3 倍和 5 倍,提高了土壤真菌和细菌的丰度(Siciliano et al.,2014)。

^{13}C 标记的秸秆和生物炭均可被微生物快速的同化利用。本研究中,革兰阴性菌、革兰阳性菌和真菌对 ^{13}C 秸秆的利用比例相当,占了生物炭 ^{13}C 的 90%。不同的微生物群落结构归因于生物炭和秸秆的不同特征。Ameloot 等(2013)发现革兰阳性菌丰度与生物炭裂解温度相关,在低温缓慢裂解条件下的生物炭易被革兰阳性菌利用。Steinbeiss 等(2009)发现微生物对不同材料制成的生物炭利用效率存在差异,秸秆处理的 ^{13}C 标记的微生物 PLFA 含量显著高于生物炭处理的 ^{13}C 标记 PLFA 含量,添加生物炭后,真菌/细菌比例略有下降,而添加秸秆后真菌/细菌比例增加。

农田添加生物炭和秸秆不仅会改变土壤的碳氮比,影响微生物群落结构,还会改善土壤容重和土壤通气状况,进而诱导厌氧氨氧化过程的改变。厌氧氨氧化和反硝化过程均以亚硝酸根作为电子受体,然而生物炭和秸秆添加是否会影响这两个过程对亚硝酸根的竞争还不清楚,目前关于添加生物炭和秸秆对厌氧氨氧化影响的研究都很少。在水稻生长期间,水稻土大部分时间都处于淹育状态,这会导致缺氧环境,从而为厌氧氨氧化和反硝化细菌提供适宜的生境。我们旨在了解添加生物炭和秸秆是否会对厌氧氨氧化和反硝化过程,厌氧氨氧化菌和反硝化菌丰度及多样性产生不同影响。

^{15}N 同位素标记结果表明,土壤溶液中只加入 $^{15}NH_4^+$ 时,$^{29}N_2$ 和 $^{30}N_2$ 在任何样品中均未发现显著积累,这表明土壤溶液中原来存在的 $^{14}NO_x$ 均在预培养过程中消耗完;当加入 $^{14}NO_3^-$ 和 $^{15}NH_4^+$ 后,只有 $^{29}N_2$ 积累,产生的 $^{29}N_2$ 均来自厌氧氨氧化过程;而加入 $^{15}NO_3^-$ 和 $^{14}NH_4^+$ 后,可以分别检测到来自厌氧氨氧化过程和反硝化过程的 $^{29}N_2$ 和 $^{30}N_2$。反硝化速率以加秸秆处理的最高,为 $38.9 nmol\ N \cdot g^{-1} \cdot h^{-1}$;其次为对照处理,达 $22.6 nmol\ N \cdot g^{-1} \cdot h^{-1}$;加生物炭处理的反硝化速率为 $18.2 nmol\ N \cdot g^{-1} \cdot h^{-1}$。添加秸秆显著促进了反硝化活性,而加生物炭处理的反硝化活性略有降低。加秸秆和生物炭处理均促进了厌氧氨氧化活性,其中以生物炭处理略高,为 $1.60 nmol\ N \cdot g^{-1} \cdot h^{-1}$;秸秆处理,$1.26 nmol\ N \cdot g^{-1} \cdot h^{-1}$,对照,$0.78 nmol\ N \cdot g^{-1} \cdot h^{-1}$。氮气的总产生量是反硝化过程和厌氧氨氧化过程氮气产生量的总和。其中,反硝化过程起主导作用,不同处理的比例达到 91.9%~96.9%,对照和加秸秆处理的氮气产生比例略高于

加生物炭处理;而厌氧氨氧化过程的氮气产生比例则以生物炭处理最高。

不同碳源添加均增加了16S rRNA基因拷贝数,以秸秆处理增加量最高,与其他处理差异显著,每克土拷贝数达到$15.9×10^9$,分别较对照和生物炭处理高162.0%和82.5%,而对照和加生物炭处理差异不显著。添加秸秆和生物炭均显著增加了厌氧氨氧化基因($hzsB$)丰度,加碳源处理的$hzsB$基因丰度比对照高5倍。对照、生物炭和秸秆处理的$hzsB$基因与16S rRNA基因比值分别为$0.24×10^{-4}$、$1.12×10^{-4}$和$0.49×10^{-4}$。添加碳源对不同反硝化基因丰度的影响不同,不同处理的$nirS$、$nirK$基因丰度无显著差异,而加生物炭和秸秆处理的$nosZ$基因丰度则显著高于对照处理,分别为$4.83×10^7 copies·g^{-1} soil$和$5.72×10^7 copies·g^{-1} soil$。碳源添加显著增加了硝化细菌的$amoA$基因丰度,而添加秸秆对反硝化细菌$amoA$基因丰度无影响,添加生物炭显著降低了反硝化细菌的$amoA$基因丰度。

从3个处理中共得到333条厌氧氨氧化细菌16S rRNA序列,在95%核酸相似性条件下分成36个OTUs。根据测定的序列和NCBI中的近似序列构建厌氧氨氧化细菌的系统发育树,分析结果表明这些序列归为3大类。数量最多的一类是 *Candidatus Brocadia*,而属于 *Candidatus Anammoxoglobus* 和 *Candidatus Kuenenia* 的序列仅有3%。OTU1的序列最多,有218条序列,其次为OTU3(29条)和OTU2(15条)。*Candidatus Brocadia* 在对照、生物炭和秸秆处理中的分布比例分别为34%、32%和34%。*Candidatus Anammoxoglobus* 仅在对照处理中检测到,在两个处理中的分布比例分别为67%和33%。

从3个处理中总共获得297条$nosZ$序列,在97%的序列相似度条件下共分为30个OTUs。系统发育树分析结果表明,50.5%的序列属于草螺菌属 *Herbaspirillum*(β-变形菌门)。其他序列分布于慢生根瘤菌属 *Bradyrhizobium*(α-变形菌门)、伯克氏菌属 *Burkholderia*(β-变形菌门)、固氮螺菌属 *Azospirillum*(α-变形菌门)和 *Halomonas chromatireducens*(γ-变形菌门)。多维尺度分析用于评价不同处理的厌氧氨氧化和反硝化细菌的多样性。不同处理的厌氧氨氧化细菌、反硝化细菌($nosZ$基因)可操作单元均无显著差异(PERMANOVA,$P>0.05$),可见厌氧氨氧化和反硝化细菌的群落结构基本不受生物炭和秸秆添加的影响。

反硝化和厌氧氨氧化过程均发生在缺氧条件下,且这两个过程是产生氮气的主要过程。在本研究中,厌氧氨氧化过程对N_2释放量的贡献为3.1%~8.1%,这与前人的研究(Bai et al.,2015)相似。反硝化过程对氮气的贡献量为91.9%~96.9%,表明水稻土中反硝化过程对氮气的贡献占主要地位。碳源有效性是控制反硝化微生物生长和反硝化速率的重要因子,异养反硝化细菌在有机碳丰富的环境中更活跃(Paul et al.,1989;Luo et al.,1999)。因此,在本研究中,秸秆添加表现出较高的硝酸盐和可溶性有机碳含量,且细菌16S rRNA和*nosZ*基因丰度均高于对照和生物炭处理的。

生物炭添加显著增加了厌氧氨氧化活性,可能归因于生物炭的特殊性质。一方面,生物炭的孔隙结构和吸附能力可为厌氧氨氧化细菌提供适宜的生境,增加了*hzsB*基因丰度(Graber et al.,2012)。另一方面,生物炭添加能够降低土壤容重,改善土壤孔隙分布、团聚体稳定性和持水能力,改变土壤有机质在团聚体中的分布和土壤的氧化还原潜力,为厌氧氨氧化过程的发生创造有利条件(Courtier-Murias et al.,2013;Huang et al.,2015)。

7.3.3.3 提高稻田氮肥利用效率的微生物生态机制

我国水稻产量占粮食总产量的一半,但是在水稻土中,约30%为中低产田。黄泥田就是我国南方水稻生产中的一类低产田,要想保证其产量必需施用足够的肥料(Prasad,1998;Singh et al.,2003)。合理的施肥能提高土壤肥力,增加作物的产量,改善农产品品质,但如果施肥不合理也会破坏土壤生态系统,影响农产品质量安全,造成环境污染等后果。缓/控释肥可延长氮素养分的供应时期,增加作物产量和提高肥料利用率,是近年来农业研究的热点和化肥发展的重要方向(Choudhury et al.,2005)。在氮素生物地球化学循环中,微生物是驱动土壤氮素循环的引擎。氮素循环的主要过程,包括生物固氮、矿化作用、硝化作用、反硝化作用,均由微生物驱动,并最终决定了氮素在土壤圈、水圈、大气圈和生物圈之间的流通和平衡。然而,长期施用缓/控释肥对土壤微生物会产生什么影响,其机制又是如何? 这些尚不清楚。因此,我们以长期施用不同氮肥的黄泥田为研究对象,运用分子生态学的方法分析不同施肥处理对土壤硝化作用、氨氧化微生物及其群落结构的影响。

我们设置了不同的施肥方式处理,研究结果显示,习惯施肥尿素(PU)处理能显著增加土壤中铵态氮及微生物生物量(碳氮的含量),且土壤硝化潜势(0.8mg NO_x-N·kg^{-1}·h^{-1})是对照(CK)的2倍。然而,施用缓释肥或者硝化抑制剂能将氮肥的利用效率从32.7%提高到52.9%。氨氧化古菌(AOA)的*amoA*基因丰度范围为8.34×10^6~1.09×10^8copies·g^{-1}soil,氨氧化细菌(AOB)的

amoA 基因丰度范围为 $1.02×10^6$~$1.08×10^7$copies·g^{-1}soil,施肥均能显著的提高 AOA 和 AOB 的基因丰度。与 CK 相比,硝化抑制剂生化抑制尿素(nitrapyrin with urea,NPU)处理能显著提高 AOB 的丰度,但是两者间 AOA 无明显差异。与之相反,脲甲醛(urea formaldehyde,UF)处理能显著提高 AOA 的丰度,但是对 AOB 无显著差异。对氨氧化微生物的群落分析表明,NPU 与其余处理之间的 AOA 群落结构存在明显的差异,主要是因为 *Nitrosotalea* 被 NPU 抑制;而 UF 与其余处理之间的 AOB 群落结构存在明显差异,这主要是因为 *Nitrosospira* 被 UF 抑制。

与前人的研究相似,氮肥的施用能显著提高土壤铵态氮及硝化潜势(Chen et al.,2015;Wang et al.,2009),然而,氯甲基吡啶和脲甲醛能明显抑制土壤的硝化作用,降低土壤氮素含量和硝化潜势,抑制效果强于硫磺树脂双包膜尿素。我们发现长期施肥能显著提高土壤 AOA 和 AOB 的丰度,而不同硝化抑制剂对 AOA 和 AOB 具有不同的作用效果:氯甲基吡啶对 AOA 具有一定的抑制作用,而对 AOB 没有影响,对于其具体的抑制机制需要更加深入的研究。脲甲醛只对 AOB 有明显的抑制作用,这主要是因为脲甲醛水解后会产生甲醛,对 AOB 和亚硝酸盐氧化细菌(nitrite-oxidizing bacteria,NOB)的生长有明显的抑制作用(Guertal,2009;Campos et al.,2003)。

(姚槐应　苏建强　祝贵兵　李雅颖　李　虎)

第8章 土壤磷转化及其与碳氮耦合的微生物机制

磷是植物生长必需的营养元素,但是磷肥资源是不可再生的。磷进入土壤后很快转化为生物有效性较低的无机和有机态磷,因此如何活化土壤中的磷、提高磷肥利用率和降低环境污染是土壤生物学和环境科学研究的前沿。土壤微生物磷活化过程和机制研究的主要创新性成果包括:①建立了基于高通量定量的土壤微生物碳、氮、硫和磷转化的功能基因芯片,发展了基于拉曼光谱和稳定同位素标记相结合的解磷菌的单细胞分选技术;②丰富了土壤–植物系统中"以碳促磷"相关机制和理论,特别是通过 $^{13}CO_2$ 连续标记解析了在不同供磷条件下根际微生物中磷活化菌群落的演替特征;③在田间尺度下实践了通过"以碳促磷"技术提高太湖地区稻麦轮作体系下磷素高效利用的耕作方式。

8.1 土壤磷素微生物活化的研究方法进展

8.1.1 微生物功能基因芯片

8.1.1.1 微生物功能基因检测

微生物可以居住在地球上几乎所有的生境中,推动着核心元素循环(包括碳、氮、硫、磷和多种金属元素),因而研究微生物及其群落的结构、功能、相互作用及动态过程非常重要。然而,微生物的检测、鉴定和表征仍然面临诸多挑战。首先,微生物群落繁多,多数微生物不可人工培养,难以纯化和鉴定（Kallmeyer et al.，2012；Quince et al.，2008）。其次，微生物个体或群体间会互相作用并形成复杂的网络结构，这些相互作用的过程难以预测（Fuhrman，2009；Zhou et al.，2010b），更复杂的是探索微生物多样性及生态系统功能之间的联系（Fitter et al.，2005；Levin，2006）。因此，开发有效的微生物结构和功能的高通量技术至关重要。

对于 16S rRNA 的测序和进化分析是现代微生物群落研究的重要手段，但仅利用 16S rRNA 难以获得微生物的功能信息（Pace，1997；Zhou et al.，2010a）。新一代 DNA 测序（next-generation sequencing，NGS）技术极大提高了获取微生物序列信息的速率和通量；宏基因组数据库的出现改变了以往学者对生态系统及其研究方法的认识，并引领分子生态学朝着以 NGS 为基本方法的方向发展（Bokulich et al.，2013；Schena et al.，1995）。对微生物个体的鉴定与分析方法却远远赶不上宏基因组技术进步的速率，这极大地限制了 NGS 技术在生态学领域的应用。以 GeoChip 技术为代表的微阵列检测技术，通过多种特异性探针来检测环境样本中的功能基因丰度和多样性（Tu et al.，2014），已被微生物生态学者广泛使用。但这项技术对已有数据库依赖性高。假设一个功能基因（以目前的数据库水平）只包含 1000 条不同序列，那 GeoChip 最多能设计 1000 条该基因的特异性探针，而该功能基因实际上可能拥有远不止 1000 条序列（由于个体鉴定水平速率的限制），那 GeoChip 的结果就可能会有严重偏差。荧光定量 PCR（qPCR）是一项公认的、重复性好、精确度高的基因定量检测技术，利用简并引物（针对物种基因的保守区域设计的通用引物）对目标功能基因进行定量扩增，将有可能摆脱已有数据库存量的限制。此外，qPCR 技术还可以用来绝对定量功能基因的丰度并与生态学过程相联系。例如，有分析表明，古菌群落的氨氧化主导着海洋硝化过程，因为 amoA 基因绝对丰度及古菌群落丰度与海洋铵浓度高度相关（Wuchter et al.，2006）。也有研究通过对 amoA、nirK/S 和 nosZ 基因的绝对定量发现了森林密度与森林生态系统硝化及反硝化作用之间的变化规律（Petersen et al.，2012）。尽管如此，想要全面了解生物地球化学循环过程，其中仍然存在很大困难，原因在于元素循环过程都包含多个步骤，一个步骤里可能由多个功能基因共同调控。例如，完整的氮循环过程包括氮固定、硝化、反硝化、氨化、厌氧氨氧化、有机氮矿化（organic nitrogen mineralization）、同化氮还原（assimilatory nitrogen reduction）和异化氮还原（dissimilatory nitrogen reduction）过程。这些过程至少由 20 种不同的核心基因调控，而其

第8章 土壤磷转化及其与碳氮耦合的微生物机制

中的 *nifH*、*amoA/B*、*napA*、*narG*、*nirS/K*、*nosZ*、*hzo* 和 *hzsA/B* 基因因宿主微生物不同还存在多种不同的基因型(Kuypers et al.,2018)。用传统 qPCR 来对如此繁多的功能基因进行定量将耗时耗力。高通量荧光定量(HT-qPCR)技术是一种全新的 qPCR 技术,尽管相比于传统 qPCR,它需要更高的 DNA 浓度,却能同时高效扩增多个功能基因(Baker,2011)。在抗性基因的研究中,已有学者提出了用 HT-qPCR 方法同时检测多个基因(Zhu et al.,2017)。我们提出的 QMEC(quantitative microbial element cycling)方法是基于 HT-qPCR 技术对微生物碳氮磷硫功能基因进行高通量定量检测的技术。

8.1.1.2 QMEC 的设计与评价

QMEC 方法包括了碳、氮、磷、硫和甲烷循环等共 71 对引物(包含 64 个功能基因)及 1 对微生物分类基因(见表 8-1-1)。其中,有 36 对全新的引物设计主要用于分析碳和磷循环中缺失的关键代谢过程(Zheng et al.,2018)。目前,环境领域用于磷循环过程的基因很少,例如 GeoChip 4.0 就只有 3 个磷功能基因(*ppx*、*ppk* 和植酸酶基因)(Tu et al.,2014),不足以全面评价磷循环过程。QMEC 引入了 7 个新的磷循环过程基因,包括 2 个酸性磷酸酶基因(*bpp*,β-螺旋植酸酶基因(Huang et al.,2009);*cphy*,瘤胃半胱氨酸植酸酶基因(Huang et al.,2009)),2 个碱性磷酸酶基因(*phoD*,可以覆盖土壤中 13 个菌门和 71 个家族的碱性磷酸酶(Sakurai et al.,2008);*phoX*,水生态中常见的碱性磷酸酶基因(Sebastian et al.,2009)),1 个有机膦水解的 C-P 裂解酶基因 *phnK* 和 2 个无机磷矿化基因 *gcd*[PQQ 依赖型葡萄糖脱氢酶(Zheng et al.,2018)]和 *pqqC*(Zheng et al.,2017)。

表 8-1-1 QMEC 的 72 对引物信息

序 号	基 因	编码蛋白	参考文献
1	*abfA*	α-L-阿拉伯呋喃糖苷酶	Zheng et al.,2018
2	*accA*	乙酰-CoA 羧化酶羧基转移酶 α 亚基	Zheng et al.,2018
3	*aclB*	ATP-柠檬酸裂解酶 β 亚基	Campbell et al.,2003
4	*acsA*	乙酰辅酶 A 合成酶	Zheng et al.,2018
5	*acsB*	乙酰-CoA 合成酶复合物 β 亚基	Gagen et al.,2010
6	*acsE*	5-甲基四氢叶酸咕啉甲基转移酶	Zheng et al.,2018

347

续表

序　号	基　因	编码蛋白	参考文献
7	amoA1	氨单加氧酶α亚基(古菌)	Francis et al.,2005
8	amoA2	氨单加氧酶α亚基(细菌)	Rotthauwe et al.,1997
9	amoB	氨单加氧酶β亚基	Calvo et al.,2004
10	amyA	α-淀粉酶	Zheng et al.,2018
11	amyX	普鲁兰酶	Zheng et al.,2018
12	apsA	腺苷-5'-磷酸硫酸还原酶α亚基	Ben-Dov et al.,2004
13	apu	淀粉普鲁兰酶	Zheng et al.,2018
14	bpp	β-螺旋植酸酶	Huang et al.,2009
15	cdaR	碳水化合物双酸调控转录调节子	Zheng et al.,2018
16	cdh	纤维二糖脱氢酶	Zheng et al.,2018
17	cex	外切葡聚糖酶	Zheng et al.,2018
18	chiA	内切几丁质酶	Zheng et al.,2018
19	cphy	瘤胃半胱氨酸植酸酶	Huang et al.,2009
20	dsrA	亚硫酸还原酶α亚基	Ben-Dov et al.,2004
21	dsrB	亚硫酸还原酶β亚基	Geets et al.,2006
22	exo-chi	外切几丁质酶	Zheng et al.,2018
23	frdA	富马酸还原酶黄素蛋白亚基	Zheng et al.,2018
24	gcd	醌蛋白葡萄糖脱氢酶	Zheng et al.,2018
25	gdhA	谷氨酸脱氢酶	Zheng et al.,2018
26	glx	乙二醛氧化酶	Zheng et al.,2018
27	hao	羟胺氧化还原酶	Nunoura et al.,2013
28	hzo	联氨氧化酶	Long et al.,2013
29	hzsA	联氨合成酶α亚基	Shen et al.,2013
30	hzsB	联氨合成酶β亚基	Wang et al.,2012
31	iso-plu	异普鲁兰酶	Zheng et al.,2018
32	korA	2-氧代戊二酸铁氧还蛋白氧化还原酶α亚基	Zheng et al.,2018
33	lig	木质素过氧化物酶	Zheng et al.,2018
34	manB	β-甘露聚糖酶	Zheng et al.,2018
35	mct	甲基延胡索酰-CoA C1-C4 CoA转移酶	Zheng et al.,2018

第8章 土壤磷转化及其与碳氮耦合的微生物机制

续表

序　号	基　因	编码蛋白	参考文献
36	*mcrA*	甲基辅酶 M 还原酶 α 亚基	Steinberg et al., 2008
37	*mmoX*	甲基单加氧酶组分 α 链	Zheng et al., 2018
38	*mnp*	锰过氧化物酶	Zheng et al., 2018
39	*mxaF*	甲醇脱氢酶(细胞色素 c)亚基 1	McDonald et al., 1997
40	*naglu*	α-N-乙酰葡糖胺糖苷酶	Zheng et al., 2018
41	*napA*	周质硝酸还原酶	Feng et al., 2011
42	*narG*	硝酸还原酶 α 链	Lopez-Gutierrez et al., 2004
43	*nasA*	同化硝酸还原酶催化亚基	Allen et al., 2001
44	*nifH*	固氮酶铁蛋白	Rosch et al., 2005
45	*nirK1*	亚硝酸还原酶(NO-成型)	Braker et al., 1998
46	*nirK2*	亚硝酸还原酶(NO-成型)	Wei et al., 2015
47	*nirK3*	亚硝酸还原酶(NO-成型)	Wei et al., 2015
48	*nirS1*	亚硝酸还原酶(NO-成型)	Jung et al., 2011
49	*nirS2*	亚硝酸还原酶(NO-成型)	Wei et al., 2015
50	*nirS3*	亚硝酸还原酶(NO-成型)	Wei et al., 2015
51	*nosZ1*	一氧化二氮还原酶	Henry et al., 2006
52	*nosZ2*	一氧化二氮还原酶	Throback et al., 2004
53	*nxrA*	亚硝酸盐氧化还原酶 α 亚基	Wertz et al., 2008
54	*pccA*	乙酰/丙酰-CoA 羧化酶 α	Zheng et al., 2018
55	*pgu*	果胶酶	Zheng et al., 2018
56	*phnK*	磷酸盐转运系统 ATP 结合蛋白	Zheng et al., 2018
57	*phoD*	碱性磷酸酶 D	Sakurai et al., 2008
58	*phoX*	碱性磷酸酶/磷酸调节子	Sebastian et al., 2009
59	*pqq-mdh*	甲醇/乙醇家族 PQQ-依赖型脱氢酶	Zheng et al., 2018
60	*pmoA*	甲烷/氨单加氧酶亚基 A	Holmes et al., 1995
61	*pox*	酚氧化酶	Zheng et al., 2018
62	*ppk*	多聚磷酸激酶	Zheng et al., 2018
63	*ppx*	外切多聚磷酸酶	Zheng et al., 2018
64	*pqqC*	吡咯喹啉-醌合成酶	Zheng et al., 2017

349

续表

序 号	基 因	编码蛋白	参考文献
65	*rbcL*	核酮糖-二磷酸羧化酶长链	Selesi et al., 2007
66	*sga*	糖化酶	Zheng et al., 2018
67	*smtA*	琥珀酰-CoA:(S)-苹果酸 CoA 转移酶	Zheng et al., 2018
68	*soxY*	硫氧化蛋白	Zheng et al., 2018
69	*ureC*	脲酶	Koper et al., 2004
70	*xylA*	木糖异构酶	Zheng et al., 2018
71	*yedZ*	亚硫酸盐氧化酶	Zheng et al., 2018
72	16S	核糖体 16S 亚基	Zhou et al., 2011

此外,QMEC 还设计了针对不同细菌种属但同一种功能基因的引物。例如,QMEC 引入了传统的 *nirK* 和 *nirS* 引物,能够覆盖 α-、β-和 γ-变形菌的多个菌属(Katsuyama et al., 2008;Yoshida et al., 2012);同时也引入了最新报道的这两种基因的其他引物,可以覆盖放线菌(Actinobacteria)、拟杆菌(Bacteroidetes)、绿弯菌门(Chloroflexi)和广古菌门(Euryarchaeota)(Wei et al., 2015)。

通过高通量测序和 BLAST 比对程序,我们分析了 QMEC 引物的特异性(specificity)和菌种覆盖度(phylogenetic coverage)。QMEC 引物平均能覆盖 18±5 个菌门,所有新设计的引物扩增特异性均超过 70%(特异性扩增目标基因),其中的 20 个引物超过 80%[见图 8.1.1(a)]。将所有引物应用到土壤和沉积物样品的检测,可以发现这些引物覆盖的菌种属范围各不相同[见图 8.1.1(b)],由此表明 QMEC 可对不同环境菌种同一功能基因进行扩增,当应用到其他生境时也将会覆盖到更多种属。

退火温度对于 qPCR 的精确扩增来说至关重要,因为不同的退火温度可能改变引物结合的动力学过程(Gaby et al., 2017;Lueders et al., 2003)。HT-qPCR 是同时多样品多基因扩增,但扩增条件(包括退火温度)只有一个。经验证,HT-qPCR 的扩增效率与传统 qPCR 的扩增效率接近[见图 8.1.1(c)],由此表明 QMEC 足以精确扩增所有功能基因。对扩增循环数的变异系数分析(coefficient of variation)也表明 QMEC 的扩增过程稳定且精确,重复性好(Zheng et al., 2018)。

第8章 土壤磷转化及其与碳氮耦合的微生物机制

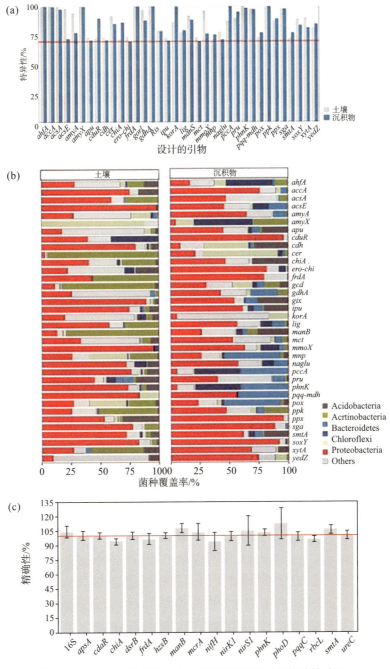

图8.1.1 QMEC引物特异性(a)、菌种覆盖度(b)和精确性验证(c)
[修订自文献(Zheng et al., 2018)]

8.1.1.3 QMEC 的应用

将 QMEC 应用到土壤与沉积物样品中,功能基因的结构和丰度有明显不同[见图 8.1.2(a)&(b)]。许多功能基因的绝对丰度和相对丰度在土壤和沉积物样品中有显著不同。例如,*acsA* 基因在土壤样品(H2)中绝对丰度最高,但在沉积物样品(Q3)中相对丰度最高,总的功能基因丰度亦是如此[见图 8.1.2(c)]。由此表明,土壤中功能基因总量更高,而沉积物中功能基因密度(平均每个细菌含有的功能基因量)更高,同时也表明 QMEC 可以良好地区分不同来源样品的功能基因结构。qPCR 技术的精度(检测到 1~3 拷贝)和重复性能比宏基因组测序和探针微阵列技术精度要高,功能基因丰度数据更为可靠,因而常被用来与生态学过程相联系。有研究表明,草原生态系统长期施氮可以显著增加氮循环基因(包括 *nifH*、*amoA*、*nirS*、*nirK* 和 *nosZ* 基因)的绝对丰度(Zhang et al.,2013)。而在不同污水处理系统里,反硝化速率、氨可利用率和亚硝酸转化速率与 *nirS*、*nirK* 和其他氮功能基因的绝对丰度都显著相关(Wang et al.,2015;Wang et al.,2016)。GeoChip 和宏基因组也常以 qPCR 结果作为参考。例如,为了探明深海热泉口样品的微生物代谢过程,除 GeoChip 表征的功能基因相对丰度外,传统 qPCR 的使用解释了细菌和古菌的群落间差异(Wang et al.,2009)。用 GeoChip 分析北极地区微生物功能基因时,也采用传统 qPCR 技术作为绝对定量的参考(Yergeau et al.,2007)。

对功能基因进行 RNA 水平的测定能更好地反映微生物群落动态,因为 RNA 几乎只存在于活细胞当中且 RNA 的水平与特定的蛋白功能有直接对应关系(Blazewicz et al.,2013),特别是用于快速蛋白质合成的核糖体 RNA (rRNA)水平,直接或间接与生物进化过程有关(Elser et al.,2000)。然而,RNA 丰度并不一定能反映地球生物化学过程。一项对太平洋区域泉古菌(Crenarchaea)的调查表明,*amoA* 基因在 DNA 水平的绝对丰度与海洋深度显著相关,但 RNA 水平的丰度却没有显著性关联(Church et al.,2010)。而从宏转录组或高通量测序的角度对 RNA 进行分析有可能更加全面地反映基因功能。例如,一项对海洋表层水系微生物群落 RNA 的高通量分析为海洋许多关键的代谢过程提供了证据支持,其结果也与 qPCR 结果相一致(Frias-Lopez et al.,2008)。无论是 DNA 还是 RNA 的高通量测序,都有测序偏好性导致的数据偏差问题,是这项技术的限制所在。正如 Grifford 等(2011)所提出的那样,qPCR 技术能提供高敏感度和高精度的扩增结果,真正的限制在于如何对众多功能基因进行同时高效率的检测。

第8章 土壤磷转化及其与碳氮耦合的微生物机制

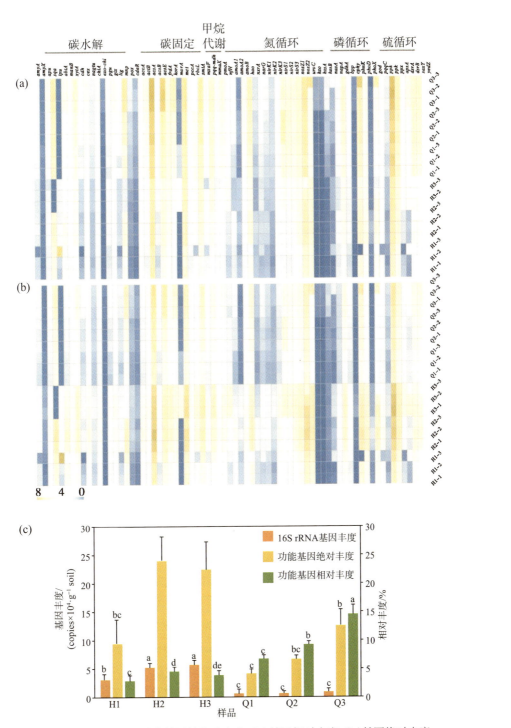

图 8.1.2 土壤和沉积物功能基因结构及丰度。(a)基因相对丰度;(b)基因绝对丰度;(c)功能基因丰度统计[修订自文献(郑邦晓等,2018)]

353

尽管QMEC已经能够做到多基因同时高效扩增,但正如所有简并引物设计者所面临的困境一样,QMEC中简并引物导致的非特异扩增仍然无法避免。最好的改进办法是尽可能地增加测试样品并及时对QMEC的引物进行调整,因而这项工作还有很大的改进空间。QMEC方法允许测试者调整检测样品和基因的数量,因而我们建议使用者可以选择感兴趣的基因做检测,而非将所有QMEC的基因都进行测试。

(郑邦晓　杨小茹　朱永官)

8.1.2　基于单细胞拉曼光谱研究驱动氮和磷循环的土壤功能微生物

8.1.2.1　单细胞拉曼光谱与稳定同位素标记联用技术介绍

土壤环境中生活着数量巨大、功能和代谢方式多样的微生物,包括细菌、古菌、真菌。他们对土壤生态系统平衡和人类健康起着至关重要的作用。磷和氮是维持生命活动的必需营养元素。土壤微生物对磷和氮循环影响巨大,多种环境功能微生物参与了氮磷的生物地球化学循环过程。例如,解磷菌可将土壤中固定的磷转化成生物可利用形态,促进磷的有效利用。土壤中的固氮微生物可将惰性的氮气还原成生物可利用氨。然而,由于土壤微生物大多不可纯培养,人们对其功能和活性的认识非常不足(Hofer,2018;Lloyd et al.,2018)。对土壤环境微生物功能、种群、代谢路径的深入认识将大大地促进微生物资源的挖掘和利用。环境功能微生物的不可纯培养性,带来了方法学上的很大挑战。

单细胞拉曼光谱是一种非破坏性检测技术,是研究土壤未培养功能微生物的有力手段。拉曼光谱是一种分子振动光谱,可从单细胞水平提供微生物组成的指纹图谱,如蛋白、DNA、脂类、代谢产物,以及所含特殊色素(细胞色素、胡萝卜素)等。这些信息可用于认识细菌的生理生态和应激响应(Li et al.,2012;Cui et al.,2013,2016,2017,2018;Ishihara et al.,2013;Wang et al.,2016;Lorenz et al.,2017;Song et al.,2017)。从单细胞水平上研究环境微生物可克服纯培养的限制,实现环境介质下的原位研究。稳定同位素探针(stable isotope probing,SIP)如^{13}C、^{2}D、^{15}N,利用微生物对稳定同位素的摄入,可提供功能表型及其活性相关的最直接有力证据。拉曼光谱与稳定同位素标记结合,利用微生物同化稳定同位素引起的蛋白、脂类、细胞色素、胡萝卜素等拉曼谱峰的显著偏移,可从单细胞水平上识别出环境中的功能和活性菌。单细胞拉曼光谱通常包括普通拉曼光谱、共振拉曼光谱和表面增强拉曼光谱(surface-enhanced Raman spectroscopy,SERS)。普通拉曼光谱信号弱,通常 10^8 个入射光子产生一个拉曼光子。共振拉曼光谱依赖于色素分子的电子跃迁与激发光的能级匹配,可对拉曼信号增强 $10^3 \sim 10^6$,匹配程度越高,增强效应越大,因此对激发光波长有较高要求。SERS 具有比常规和共振拉曼更高的检测灵敏度。SERS 利用纳米银或金的巨大电磁场增强效应,实现对吸附或靠近纳米粒子表面的物质的拉曼信号的百万倍以上的增强,检测灵敏度更高,甚至达单分子检测水平(Cui et al.,2013,2016,2017;Zong et al.,2018),但由于需要引入纳米粒子,操作较复杂,且非待测物在纳米粒子的吸附会干扰待测物的拉曼信号。目前,三种技术都可以实现单细胞水平的检测。另外,由于拉曼光谱是非破坏性检测,检测出的功能菌可以进行重要的下游研究,如分选、测序或培养,从而解析出非培养功能微生物的种属和代谢路径,促进关键环境微生物的深入认识和利用。

8.1.2.2　单细胞拉曼光谱结合稳定同位素标记技术研究驱动土壤磷和氮循环的微生物

磷是作物生长的必需营养元素之一。磷肥主要来源于磷矿,与氮肥可从氮气中源源不断获得不同,磷矿是不可再生资源,随着磷矿的大量开采和利用,磷也被称为"正在消失的营养元素"(Gilbert,2009)。与此同时,大量磷肥施入土壤,然而磷肥的当季利用率仅 10%~15%,大部分磷被土壤介质固定变成无效态累积在土壤中(Syers,2008)。据统计,1980 至 2007 年间,土壤中积累的磷高达 8500 万吨 P_2O_5。我国是全球土壤磷盈余最严重的国家之一。提高肥料磷,尤其是大量土壤累积态磷的高效利用,是发展可持续农业的重要策略。磷在北方石灰性和中性土壤中主要以钙结合态存在,在南方酸性土壤中主要以铁铝结合态存在,另有一部分磷以有机磷形式存在。土壤微生物对土壤磷活化起着重要作用,微生物通过分泌有机酸或释放磷酸酶,可将土壤中无机和有机固定态磷活化至生物有效态(Stout et al.,2014;Barea et al.,2015;Zheng et al.,2017,2018)。筛选高效的解磷微生物,并用作生物磷菌剂,对提高土壤累积磷的高效利用和对肥料磷减施具有重要意义(Menezes-Blackburn et al.,2017)。

与氮和碳具有多种稳定同位素不同,^{31}P 是磷唯一的稳定同位素,其他磷

同位素从 ^{24}P 到 ^{46}P 都具有放射性（Jaisi et al.,2014），无法在普通实验室开展研究工作。另外，虽然磷主要以磷酸根 PO_4 的形式存在，并且氧具有 ^{18}O 稳定同位素（Kruse et al.,2015；Joshi et al.,2016），但由于磷在微生物中的含量低于碳和氮，细菌同化 $^{18}O-PO_4$ 后未引起显著的拉曼谱峰位移。因此，单细胞拉曼无法直接跟 PO_4 相关的稳定同位素标记结合，用于解磷微生物的识别。为了研究和开发高活性解磷微生物，在与 PO_4 直接相关的同位素标记物缺乏的条件下，Li 等（2019）发展了单细胞拉曼光谱结合重水标记间接研究解磷微生物的方法。该方法的原理是：磷是微生物维持代谢活动的必需元素。在仅固定态无机或有机磷存在的情况下，具有解磷功能的微生物的活性显著高于非解磷微生物。解磷微生物在代谢过程中，可从重水中同化更多的氘，产生特征的 C-D 拉曼峰。而低或无活性的非解磷微生物则具有弱或无 C-D 峰（见图 8.1.3）。因此，利用解磷菌含有强 C-D 峰，非解磷菌无或弱峰这一明显的生物指标，实现解磷菌的鉴别。并且，C-D%（C-D 峰强占 C-D 和 C-H 峰强之和的百分比）可表征微生物的解磷活性，且与传统表征解磷能力的结果一致，即钼锑抗法检测微生物溶出的磷酸根浓度和利用磷酸酶表征有机解磷活性。重水标记由于不改变环境营养底物库，可真实反映土壤环境中的解磷微生物。单细胞拉曼光谱和重水标记实现了纯培养体系中无机/有机解磷菌的鉴别，并通过在土壤体系中原位添加重水，结合拉曼成像，实现在不依赖纯培养的条件下，在单细胞水平上表征土壤微生物解磷活性的异质性，并鉴别出土壤中的高效解磷菌。

氮是维持生命活动最重要的营养元素之一，多种重要的生命大分子含有氮元素，如蛋白质、DNA、RNA 等。大气中的氮气是氮元素最丰富的来源，但由于性质惰性，不能为大多数生物直接利用。氮的生物地球化学循环是将氮转化成生物可利用形式的关键过程。微生物在氮循环过程中起着关键作用，如固氮微生物，包括固氮细菌和固氮古菌，可将大气中惰性的氮气转化成其他生物可利用的氨。另外，硝化细菌可将氨或铵离子转化成硝酸根，硝酸根是植物新陈代谢最有用的氮形式。这些过程为土壤和农作物提供了重要的氮素。针对重要的土壤固氮菌，目前已建立了单细胞共振拉曼光谱与 $^{15}N_2$ 标记联用技术，并发掘出了指示固氮菌的特征偏移谱峰（Cui et al.,2018），即细胞色素 c 共振拉曼峰的偏移。利用此指示峰，实现了在单细胞水平上检测复杂土壤环境中的固氮菌；利用指示峰的偏移程度，在单细胞水平上，比较了土壤固氮菌的固氮活性。由于细胞色素 c 的共振拉曼信号无法在

第8章 土壤磷转化及其与碳氮耦合的微生物机制

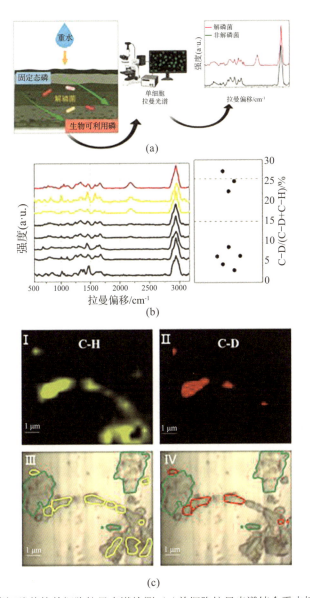

图8.1.3 土壤解磷菌的单细胞拉曼光谱检测。(a)单细胞拉曼光谱结合重水标记检测土壤解磷菌;(b)土壤微生物的单细胞拉曼光谱和C-D峰强度比值分布;(c)土壤微生物(包括土壤残留)拉曼成像,Ⅰ和Ⅱ分别利用C-H和C-D拉曼峰进行成像,C-H区分生物和非生物质,C-D区分解磷菌,Ⅲ和Ⅳ是光学成像图。含C-H(Ⅰ,Ⅲ黄色)的微生物明显多于含C-D(Ⅱ,Ⅳ红色)的微生物,说明土壤中仅部分菌具有解磷活性[修订自文献(Li et al., 2019)]

所有菌中检测到,为了拓宽单细胞拉曼光谱研究氮循环的应用范围,针对包括固氮菌在内的多种氮循环(N_2、NH_4、NO_3)功能菌,目前已发展了表面增强拉曼光谱(SERS)-^{15}N 稳定同位素标记联用技术(Cui et al., 2017),利用SERS对微生物中含氮生物分子腺嘌呤的选择性增强,获得了不同 ^{15}N 标记氮源引起的细菌腺嘌呤谱峰的显著线性偏移,并利用SERS-^{15}N SIP研究了厦门杏林湾(海湾)水体中细菌中对 $^{15}N_2$、$^{15}NH_4Cl$、$^{15}NO_3^-$ 不同氮源的选择性代谢。

(李弘哲　崔　丽)

8.1.3　磷酸盐氧同位素技术在示踪土壤磷素周转和固定过程中的应用

近年来磷酸盐氧同位素技术逐渐成为示踪环境中磷迁移转化及生物地球化学循环的有效手段。因其在地表自然温度和压力条件下,磷酸盐中的P—O键能抵抗无机水解作用,只有生物过程能够打断P—O键使磷酸根与周边水发生氧交换而改变磷氧同位素比值($\delta^{18}O_P$)(O'Neil et al., 2003),从而为揭示磷的生物周转过程提供了新的视野。而磷酸盐氧同位素分馏主要由胞内的焦磷酸酶(PPase)引起的平衡分馏(Blake, 1997),微生物对 $P^{16}O_4$ 的优先吸收及胞外有机磷在磷酸酶作用下水解引起的因底物和酶不同而不一样的分馏(如酸性磷酸酶为~ -10‰,碱性磷酸酶为(-30 ± 8)‰,核苷酸酶为(-10 ± 1)‰,植酸酶为~ -12‰,DNA水解酶为(-25 ± 6)‰,RNA水解酶为(-5 ± 6)‰等)组成(Liang et al., 2006; Liang et al., 2009; Sun et al., 2017; von Sperber et al., 2014)。因此,酶在磷的有效性及生物地球化学循环方面起到关键的作用,微生物活动对磷的重新分配过程影响显著。磷酸盐氧同位素技术在土壤系统中的运用,主要采用Hedley连续提取 H_2O-Pi, $NaHCO_3$-Pi, NaOH-Pi和HCl-Pi,并通过 $Mg(OH)_2$ 共沉淀(MAGIC法)-磷酸铵镁(APM-MAP)多步沉淀法-阳离子交换-氨挥发法的多步纯化流程得到相应的磷酸银产物,在高温裂解-同位素比值质谱仪下对其 $\delta^{18}O_P$ 值进行测定(见图8.1.4)。Tamburini等(2012)首次在田间尺度下运用磷酸盐氧同位素的自然丰度证实了微生物在土壤磷循环中的作用,发现土壤年代序列上的难溶性磷(矿物磷和凋落物磷)通过微生物胞内循环后以有效磷的形式被释放出来。随后，在热带雨林和沿海沙丘土壤中关于$\delta^{18}O$的测定证实了微生物对磷的转化速率是受土壤养分状态的影响，以及磷有效再循环的重要性（Gross et al.，2015；Roberts et al.，2015）。目前，磷酸盐氧同位素技术能为土壤中不同形态磷的循环转化提供直接证据，而在农田生态系统中还缺乏对示踪磷肥施入后的无效化固定和有效化释放过程的研究。

图8.1.4 土壤不同形态磷的磷酸盐氧同位素组分($\delta^{18}O_p$)提取纯化测定的流程图

通过对我国典型农田土壤磷的赋存状态和不同形态间周转的研究，我们发现在全磷含量的水平上呈现潮褐土＞黑土＞红壤＞水稻土的特征，主要受土壤母质和风化程度的影响。通过Hedley连续提取获得不同活性的磷库，发现施肥历史和土地利用方式对H_2O-P和$NaHCO_3-P$含量影响最大（影响表现为：黑土＞潮褐土＞红壤＞水稻土），且在不同土壤类型中均显著低于NaOH-P和HCl-P的含量。而NaOH-P和HCl-P的含量主要受土壤pH的影响，具体差异为：红壤及水稻土中，NaOH-P＞HCl-P；潮褐土中，HCl-P＞NaOH-P；黑土中，NaOH-P含量略高于HCl-P含量。NaOH-P主要是被Fe、Al氧化物或氢氧化物吸附的磷形态，而HCl-P主要是被Ca固定和吸附的磷形态。红壤及水稻土中均发育于第四季红色黏土，含有大量Fe、Al氧化物或氢氧化物，而潮褐土属于石灰性土壤，含有大量Ca。在高pH条件下，Ca-P较难溶解；在低pH条件下，Fe/Al-P较难溶解（Kruse et al.，2015）。而不同形态磷酸盐氧同位素组成($\delta^{18}O_p$)之间存在显著差异，反映了其来源的差异，以及微生物对不同形态磷的周转程度不同。图8.1.5显示的是水稻土和黑土两种土壤类型在四种磷库上的磷酸盐氧同位素值的分布。结果显示除公主岭地区外,H_2O-P_i和$NaHCO_3-P_i$的$\delta^{18}O_p$值均在平衡区域内,表明微生物对生物可利用磷库的充分周转。NaOH-Pi的$\delta^{18}O_p$值远低于平衡值,可能由于胞外磷酸酶水解释放的磷酸盐被土壤中的Fe、Al所固定,同时引起一定负向同位素分馏。而在公主岭土壤中的NaOH-Pi的$\delta^{18}O_p$值位于平衡区域内,主要可能该土壤中的Fe/Al-P受到了微生物活化作用(Roberts et al.,2015)。HCl-Pi是土壤中相对稳定的磷组分,难以被植物和微生物利用。因此,年轻土壤中HCl-Pi的$\delta^{18}O_p$值极大地反映了土壤母质的信息,但随着土壤年龄和土地利用而发生显著的变化(Roberts et al.,2015;Tamburini et al.,2012)。我们采集的土壤均为农田土壤,长期对农田施肥会导致HCl-Pi的$\delta^{18}O_p$值发生改变,难以反映土壤母质的信息;而HCl-Pi的$\delta^{18}O_p$值远低于磷肥的$\delta^{18}O_p$值,可能是HCl-Pi具有更低$\delta^{18}O_p$的磷源。

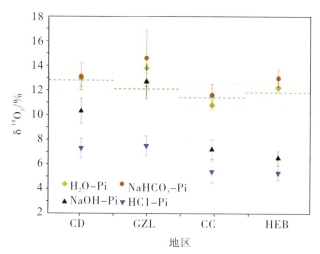

图8.1.5 不同地区不同形态磷的磷酸盐氧同位素组成的分布

注:CD,湖南常德;GZL,吉林公主岭;CC,吉林长春;HEB,黑龙江哈尔滨。

通过结合磷酸酶活性的测定和磷转化相关功能基因的定量等分子手段,磷酸盐氧同位素技术为研究磷肥施入后在土壤中的固定过程和微生物对不同形态磷的活化作用提供了新的视角。我们在位于河南封丘长期施肥定位试验田中(开始于1989年)选取了5个不同处理,分别为:对照(CK)处理、施用氮钾肥(NK)处理、施用氮磷肥(NP)处理、施用磷钾肥(PK)处理、施用氮磷钾肥（NPK）处理。结果表明长期施用磷肥显著增加了土壤的总磷、有效磷和可溶性磷（H_2O-P，$NaHCO_3-P$）的含量，而盐酸提取态的Ca-P增长最为显著，主要是该碱性土壤中显著提高的pH所引起的（Bi et al.，2018）。本研究中背景土壤Hcl-Pi的$\delta^{18}O_P$值为7.1‰，磷肥[$Ca(H_2PO_4)_2$]的$\delta^{18}O_P$值为17.6‰，平均平衡值为14.8‰。而长期施用磷肥后土壤Hcl-Pi的$\delta^{18}O_P$值（11.0‰~11.8‰）值得到了显著的提高，并趋近平衡区域（见图8.1.6）。假设无生物活动参与，通过质量平衡的计算，发现施磷处理的磷库含量来源于磷肥，而各个磷库计算得到的理论值和实际的测量值有显著的差异，其中最大的磷库Ca-P的测量值平均比理论值低1.7‰，说明来源于磷肥的Ca-P不是直接从可溶性磷肥固定下来的，这一固定过程经历了多级的转化。长期施用磷肥后，生物活性较高的H_2O、$NaHCO_3$和NaOH提取态磷库的$\delta^{18}O_P$值逐渐向平衡值趋近，而稍低于平衡值主要可能是由于降低磷氧同位素的比值（胞外磷酸酶水解有机磷，导致同位素分馏）。虽然大量的研究表明，焦磷酸酶充分转化生物活性磷库的速率大于外源磷进入的速率，但是本研究中磷肥和平衡值的$\delta^{18}O_P$值均大于磷库。为了区分两者在不同形态磷转化中的相对贡献率，通过质量平衡方程发现高达90%以上的活性磷来源于平衡磷，同时长期施用磷肥后的土壤微生物活性得到了显著的提高，这表明微生物对活性磷的快速循环转化的作用。不同形态磷之间的转化会使彼此的磷氧同位素比值逐渐趋于一致。在本研究中NPK处理的三种磷库的变异差值最小，其碱性磷酸酶和磷酸二酯酶活性也显著高于其他处理，这说明平衡施肥能够促进不同形态磷间的转化和微生物活化，提高磷的有效性。从功能基因的总体水平上看，长期施用磷肥显著提高了磷循环相关的功能基因的丰度。进一步地，从相关性和VPA分析的结果中发现磷酸盐同位素特征值和酶活与磷循环功能基因丰度具有显著相关性，表明长期施肥后土壤不同形态磷的周转受到了磷相关功能基因的调控。碱性土壤中形成的新的Ca-P主要是肥料磷通过H_2O-Pi、$NaHCO_3-Pi$和NaOH-Pi的多级转化沉淀而成。

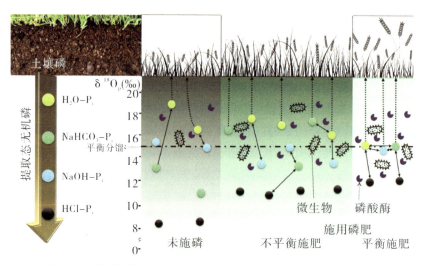

图 8.1.6 不同施肥处理下不同形态磷的磷酸盐氧同位素组成的分布

(毕庆芳　杨小茹　林咸永　朱永官)

8.2 土壤中磷素转化的微生物过程

本节将围绕土壤磷素组成及分级方法、土壤磷等活化的新视角、根际微生物的有机磷活化过程等方面展开讨论。

8.2.1 土壤磷素组成及分级方法

8.2.1.1 传统磷分级方法

磷是作物生长发育必需的营养元素,也是其限制元素。土壤中存在多种形态的磷,包括无机磷(占土壤磷总量的50%~80%)、有机磷(20%~50%)和微生物生物量磷(1%~5%)(鲁如坤,1980;李庆逵,1983;黄昌勇,2000)。土壤磷的不同形态直接决定其生物有效性,一般采用$NaHCO_3$提取的Olsen-P表征,包括土壤中全部水溶性磷、部分吸附态磷、有机磷和某些沉淀态磷。为探讨不同的磷组分对有效磷的贡献,通常采用土壤磷分级的方法。

传统上无机磷分级一般采用Chang-Jackson法,分为磷酸铝盐(Al-P)、磷酸铁盐(Fe-P)、闭蓄态磷酸盐(O-P)和磷酸钙盐(Ca-P,含Ca_2-P、Ca_8-P和

Ca₁₀-P)四个组分(何莹,2015;韩晓飞等,2016)。有机磷分级一般采用Bowman-Cole法,分为活性有机磷、中活性有机磷、中稳性有机磷、高稳性有机磷四个组分(王斌,2014;李楠等,2010;Zhu et al.,2013)。目前Hedley分级法(Hedley et al.,1981)和Guppy分级法(Guppy et al.,2000)是国际上较为公认的合理的磷素分级方法。Hedley分级法需要25000g高速离心,使其利用价值受到限制。Guppy法简化了其处理步骤,并采用灵敏度更高的孔雀绿法代替钼蓝法测定无机土壤中磷素,其回收率可达95%。然而,上述方法都是通过可选择性的浸提液来提取土壤中不同形态的磷化合物,在区分各磷素组分的植物有效性时仍需谨慎。鉴于土壤磷化合物的复杂性(McLaren et al.,2015),采用化学溶剂连续提取磷组分时,每种化学溶剂并不能对与之对应的磷组分提取完全(冯跃华等,2002);部分有机磷被包裹在团聚体中,尽管这部分有机磷能够被化学溶剂提取,但并不能被微生物矿化并释放,导致有机磷生物有效性的评价产生偏差。此外,方法上的差异导致大尺度下的磷分级方法难以统一。

8.2.1.2 基于生物有效性的磷分级方法

为客观反映磷生物有效性的准确性,Deluca等(2015)从生物学利用难易程度出发,开发了基于生物有效性的磷素分级方法(biologically based P,BBP法)。BBP方法主要考虑微生物分泌有机酸、酸性磷酸酶等活化的磷表征磷形态,分为四个组分:①0.01mol·L⁻¹ CaCl₂提取的可溶性磷(CaCl₂-P),模拟能直接被根际截留或扩散的磷酸根离子;②10mmol·L⁻¹柠檬酸提取的磷(Citrate-P),模拟能够被有机酸活化释放的无机磷;③0.02EU·mL⁻¹酶提取的磷(Enzyme-P),模拟易被微生物和植物分泌的酸性磷酸酶和植酸酶矿化有机磷部分;④1mol·L⁻¹盐酸提取的无机磷(HCl-P),模拟氢质子活化的最大潜力磷库。

Deluca磷分级方法Enzyme-P提取的有机磷是酸性磷酸酶(植物来源)和植酸酶所活化的有机磷,只包括酸性磷酸酶和植酸酶矿化的有机磷。鉴于微生物的磷酸酶活化作用,添加碱性磷酸酶(微生物来源),使提取的活化有机磷组分更全面和更具代表性。此外,Deluca磷分级方法以醋酸钠溶液(50mmol·L⁻¹)为提取缓冲液,且添加了0.008g·L⁻¹氯化镁作为碱性磷酸酶的激活剂。研究发现,该提取缓冲液(不添加酶)能够提取到较高的无机磷。因此,研究采用纯水代替醋酸钠缓冲溶液,同时利用差减法扣除纯水提取的无机磷。

修正后的基于生物有效性的磷分级方法考虑了酸性、碱性磷酸酶和植酸酶矿化的有机磷,更加全面地反映了土壤中易被矿化的有机磷。通过比较发现,Deluca提取的Enzyme-P的含量均值在500mg·kg⁻¹左右,远高于修正后的BBP法提取的Enzyme-P含量(<40mg·kg⁻¹)。进一步分析发现,作为缓冲液的醋酸钠能够直接提取到较高含量的无机磷,这可能导致Deluca的BBP方法高估Enzyme-P含量。因此,修正后的BBP法采用纯水为缓冲液,同时在土壤本身的pH条件下进行酶促反应,使酶的矿化条件更加接近实际情况。当然,BBP法也存在缺陷,它不能提取出土壤中的MBP,但可以通过熏蒸的方法弥补(Deluca et al.,2015)。总的来说,BBP方法是一套简单的磷素评估体系,并能在复杂的景观尺度下运用,且模拟微生物和植物根系对磷素的矿化利用,恰当地评价了各磷形态的生物有效性。需要指出的是,BBP方法中Citrate-P和HCl-P采用较高浓度的柠檬酸和盐酸进行提取,高于植物和微生物分泌的有机酸和氢质子浓度。因此,BBP方法提取的Citrate-P和HCl-P更倾向于表征微生物和植物活化磷素的最大潜能。

8.2.1.3 水田和旱地土壤磷组分差异

蔡观等(2017)研究表明旱地土及水稻土四种磷素组分含量均表现为:HCl-P>Citrate-P>Enzyme-P>CaCl₂-P,且旱地土各磷组分均显著高于水稻土(见图8.2.1)。Olsen-P与各磷素组分均呈显著正相关,表明各磷素组分对有效磷都有贡献。传统上采用Bowman-Cole有机磷分级研究发现,土壤有效磷与活性有机磷、中活性有机磷及中稳性有机磷都呈显著相关,表明土壤有机磷库矿化可直接补充有效磷源,并影响土壤速效磷的水平(Dodd et al.,2015),这与BBP法研究结果相互佐证。有机磷在淹水或湿度大的状态下矿化速率快(赵少华等,2004;秦胜金等,2007),导致旱地有机磷底物含量可能较水田土高。旱地土比水田土对无机磷具有更强的固定作用,磷的有效性更低(张洪霞,2011),促进微生物不断将无机磷转化为有机磷。水田土中,磷的有效性与铁、铝离子参与的化学过程关系密切(程传敏等,1997),同时微生物也发挥着不可忽视的作用(蔡观等,2017)。厌氧条件下,土壤微生物分泌更多的有机阴离子,在磷酸根离子的专性吸附位点进行竞争吸附,通过配位交换提高有效磷含量(Chen et al.,2006)。同时,旱地土壤Olsen-P与CaCl₂-P和Enzyme-P相关性较高,而水稻土Olsen-P与Citrate-P相关性较高(蔡观等,2017),说明旱地土中有效磷主要来自土壤自由扩散的无机磷和易矿化的有机磷部分,而水田土中有效磷主要来自弱酸活化的无机磷。

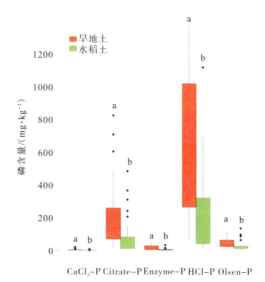

图 8.2.1 基于生物有效性的土壤磷素组分含量特征

注:不同字母表示不同生物有效性的土壤磷组分含量差异达到显著水平($P<0.05$)。

8.2.1.4 不同长期施肥土壤磷素组分差异

田间小区试验设置4种不同施肥处理(无磷-N_0P、不施肥-CK、施生物炭-Biochar、化肥-NPK),且区分了根际(rhizosphere)和非根际(bulk)土壤。结果表明稻田不同施肥土壤的磷素组分含量均表现为:HCl-P>Citrate-P>Enzyme-P>$CaCl_2$-P,且不同施肥处理的土壤磷组分存在差异(见图8.2.2)。水田土中有机磷矿化速率比旱地土快(蔡观等,2017),且磷的有效性与配位吸附反应相关(Chen et al.,2006)。不同施肥条件下,土壤微生物分泌的有机阴离子存在差异,在磷酸根离子的专性吸附位点进行竞争吸附,进而影响磷的生物有效性。相比于不施肥土壤,生物炭施用显著提高了土壤Enzyme-P和$CaCl_2$-P含量。施生物炭土壤中能直接被根系截留的磷酸根离子含量较高,说明作物根系有足够的磷素供给。前期研究表明生物炭施用后水稻土壤微生物附着在生物炭表面(He et al.,2019),限制了其在土壤中的活性,导致土壤中易被微生物和植物分泌的酸性磷酸酶和植酸酶矿化的有机磷含量增加(Chen et al.,2006)。此外,不同生物炭的颗粒大小和材质均会对该结果产生影响,需具体考虑田间状况及生物炭来源及特性(He et al.,2019)。无磷肥处理土壤的Enzyme-P含量最高,说明在无外源磷输入情况下,土壤磷素主要以易被微生物和植物分泌的酸性磷酸酶和植酸酶矿化的有机磷形态存在。无磷处理

和化肥处理土壤 $CaCl_2$-P 含量和不施肥土壤无显著差异,说明土壤中能直接被根际截留或扩散的磷酸根离子能很快被作物吸收利用。无磷肥条件下,土壤中主要缺少可被有机酸活化的无机磷及能被氢质子活化的最大潜在磷库,但 Enzyme-P 和 $CaCl_2$-P 含量高于或近似于不施肥处理土壤,说明微生物和作物根系能够通过调节土壤中磷的赋存状态以适应有限的磷素供应。

基于生物有效性的磷分级方法能很好地反映磷的有效性。该方法提取的 Citrate-P 和 HCl-P 更倾向表征微生物和植物活化磷素的最大潜能。鉴于其不包括微生物生物量磷,未来研究中应与氯仿-熏蒸培养法测定的微生物生物量磷结合分析。在农田土壤中的研究表明旱地土中有效磷主要来自土壤自由扩散的无机磷和易矿化的有机磷部分,而水田土中有效磷主要来自弱酸活化的无机磷。在未来基于生物有效性的磷分级方法应用中,需验证不同土壤的适用性,以实现不同区域尺度下的统一。

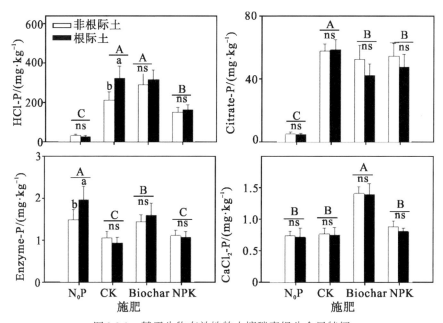

图 8.2.2 基于生物有效性的土壤磷素组分含量特征

注:大写字母(A、B、C)表示结果之间差异达到显著水平($P<0.05$);小写字母(a、b、c)表示磷组分在根际和非根际土之间差异达到显著水平($P<0.05$);ns 表示磷组分在根际和非根际土之间无显著性差异($P>0.05$)。

(葛体达　胡亚军　魏晓梦　魏　亮　祝贞科　苏以荣　吴金水)

8.2.2 土壤磷素活化的新视角——"以碳促磷"

8.2.2.1 土壤磷素活化研究焦点的转变

为提高土壤磷素的有效性,科研工作者们投入了大量的精力。主要提高途径包括以下两个。

(1)通过不同管理措施提高土壤磷素利用率。其研究主要关注于:①磷肥施用量和氮磷钾等营养元素的合理配施及磷肥分施(廖佳丽等,2010;李鹏等,2016);②无机、有机肥不同比例配施和秸秆还田(Hu et al.,2018);③不同耕作方式(Wei et al.,2014);④磷肥施用方法(叶面施肥、种子包裹、精准施肥等)(Paul et al.,2014)。

(2)培育高效吸收利用磷素的作物品种,提高作物的磷素利用效率(曹卫东等,2001;Raboy et al.,2009;Veneklaas et al.,2012)。

然而,作为土壤碳氮磷循环的主要驱动者,土壤微生物在提高磷素有效性过程中的作用有待进一步认识和利用。

土壤微生物在促进铝、铁、钙磷酸盐及有机磷等形式存在的难溶性磷的溶解矿化过程中举足轻重(Richardson et al.,2011)。在土壤无机磷活化过程中,除物理化学过程(吸附-解析、沉淀-溶解等)外,土壤微生物也是调控土壤无机磷转化的一个重要机制。比如:铁锰氧化物在厌氧铁锰还原菌作用下还原溶解,氧化物的解体导致所吸附的磷酸根离子释放到土壤溶液中,从而增加磷素的有效性(Chacon et al.,2006)。更为重要的是,土壤微生物能够分泌有机酸,这些有机阴离子在固磷基质位点与磷酸根离子竞争吸附,通过配位交换增加土壤溶液中磷酸根离子浓度(Chen et al.,2006)。微生物在合成有机酸过程中,碳源在三羧酸循环和糖酵解途径中作为底物被利用,因此,碳源势必调控微生物产有机酸的过程。土壤有机磷矿化的主要途径为:微生物通过分泌胞外磷酸酶、植酸酶等催化水解有机磷,从而获得能被直接利用的正磷酸盐。以往研究主要集中于土壤有机磷组分特征、有机磷矿化过程中磷酸酶与植酸酶活性及其影响因素(Joner et al.,2000;Singh et al.,2011)。近年来,由于分子生物学技术的快速发展,从微生物分子生态学层面开展的关于有机磷矿化机制,如对土壤碱性磷酸酶基因(*phoD*)的研究越来越多。比如:不同土地利用方式下土壤磷形态与*phoD*多样性的关系(Fraser et al.,2015);含*phoD*基因微生物群落对不同施肥方式的响应(Hu et al.，2018）；不同外源碳提高磷素有效性的不同作用机制（Sun et al.，2018）。这些研究表明土壤微生物能基于土壤有效磷含量，通过改变自身群落结构组成等方式调控无机态磷和有机态磷间的转化。同时，也有研究表明外源碳的添加能加快其周转速率，从而提高磷素有效性（Oehl et al.，2003）。依据李比希最小限制因子定律和生态计量学原理推测，当解除微生物的碳限制时，在目前大多数土壤氮饱和条件下，含量极低的有效磷则成为限制因子。微生物为满足生理上碳、磷合理比例的需求，将分配更多能量促进难溶磷的矿化或活化。因此，在增加土壤碳源情况下，土壤微生物表现出碳磷的协同活化作用。

8.2.2.2 "以碳促磷"可行性在试验中的验证

大量田间小区与模拟试验证明，以碳促磷是提高土壤磷素有效性的可行措施之一，比如：秸秆还田或有机物料投入能显著改善农田磷素有效性（Damon et al.，2014；Noack et al.，2014）。生物质炭作为一种高温热解形成的有机物，除自身携带的大量磷素外，还能通过降低土壤酸化度提高土壤磷素利用率（Lehmann et al.，2011；Shen et al.，2016）。此外，有机酸等小分子有机物也能通过竞争吸附作用释放出土壤磷酸根离子（Hue et al.，1991）。因此，能提高磷素有效性的物理化学作用的有机物料主要包括其自身携带的磷素和有机物料矿化产生小分子有机酸溶解难溶态磷酸盐形成的正磷酸盐（Damon et al.，2014）。

有机物料提高土壤磷素有效性的化学机制已被阐明，在此基础上，在微生物碳磷耦合的化学计量学理论框架下，进一步从碳磷计量平衡角度和分子水平上研究"碳源–有机磷活化基因–有效磷"三者间的相互联系，有助于我们更透彻地理解碳源调控有机磷活化的微生物机制。Hu 等（2018）在石灰土中研究了野外长期定位试验不同外源碳（秸秆和有机肥）不同量的投入对磷素有效性及其功能微生物（含 $phoD$ 基因）群落结构的影响。结果表明：与对照和仅施化肥处理相比，无论是秸秆还是有机肥添加都显著增加了土壤速效磷（Olsen-P）含量（见图 8.2.3），同时钙离子含量也显著提高，且与速效磷含量呈显著正相关关系。土壤 Olsen-P 的增加主要通过外源磷素的投入和土壤本身磷素的活化或矿化的两条主要途径。以往有研究认为有机物在降解过程中产生的有机酸与磷素竞争吸附位点（Garg et al.，2008）。此外，在我们的石灰土中，添加有机物使高钙与磷素形成易被利用的 Ca-P，可能是

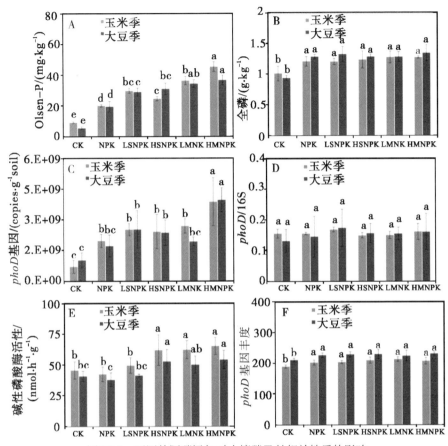

图 8.2.3 不同外源碳添加对土壤磷及其相关性质的影响

Olsen-P 含量增加的原因。其作用机制可能是,添加有机物以刺激微生物的生长和活性,使其释放出更多的 CO_2,从而加速碳酸盐岩的溶解,产生更多的钙离子(Ca^{2+}),形成易被利用的 Ca-P。结构方程模型(SEM)结果也证实,有机质通过影响钙离子调节有效磷含量(见图 8.2.4)。有效磷含量的提高除物理化学过程外,微生物参与的有机磷的矿化是另一重要过程。一般认为,有机物的添加会通过刺激微生物生长分泌更多碱性磷酸酶,从而导致有机磷的矿化(Fraser et al.,2015;Chen et al.,2017)。这在本研究中亦得到证实。此外,碱性磷酸酶酶活与 Olsen-P 呈显著正相关关系,这一发现佐证了有机物添加对提高磷素有效性的作用。从分子水平上看,添加外源碳能显著提高的 phoD 功能基因丰度,其中高量有机肥的增幅最大,但各处理中 phoD/16S 无显著差异,这说明外源碳的添加能增加所有微生物的丰度,而不单单是含

*phoD*基因微生物的丰度。进一步分析含*phoD*基因微生物群落结构发现,优势物种主要分布在变形菌门(Proteobacteria)、放线菌门(Actinobacteria)和蓝菌门(Cyanobacteria),隶属于Rhizobiales、Nevskiales、Burkholderiales、Pseudomonadales、Stretomycetales、Nostocales、Oscillatoriales等7个目。其中,外源碳添加刺激了Streptomyces和Pseudomonas丰度的增加。Streptomyces被认为是一种喜富营养环境且能分泌多种胞外酶的细菌(Hodgson et al.,2000);Pseudomonas由于能分解半纤维素和木质素等难分解物质,在秸秆作为唯一碳源条件下能快速增加(Jiménez et al.,2014)。因此,添加外源碳使其通过影响微生物(磷活化或矿化相关功能微生物)而影响磷素有效性。在实践应用中,碳磷耦合的综合效应应当被重视和利用(McGill et al.,1981)。

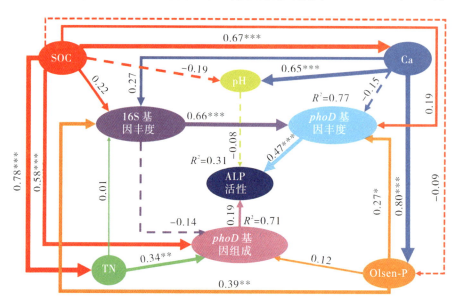

图8.2.4 结构方程模型表明各环境因子与磷相关性质间的关系

注:*,$P<0.05$;**,$P<0.01$;***,$P<0.001$。

秸秆和有机肥等通过影响微生物而作用于速效磷的机制已有所阐释,秸秆作为在农业生产中最容易获得且年产量高有机物料,我们以低磷典型红壤农田土壤(旱地土和水稻土)为研究对象,基于室内培养试验进一步研究了秸秆主要组成成分(如纤维素和木质素)对土壤磷素以及含*phoD*功能基因微生物群落结构的影响。

总体来说,纤维素增加了土壤微生物生物量碳(microbial biomass carbon,MBC)、微生物生物量磷(microbial biomass phosphorus,MBP)含量,以

及酸性磷酸酶(acid phosphomonoesterase,ACP)和碱性磷酸酶(ALP)活性,但对土壤Olsen-P没有显著影响(在培养后期Olsen-P含量有所降低);木质素对MBC、MBP、ACP、ALP无显著影响,但是显著增加了土壤Olsen-P含量(见图8.2.5和图8.2.6)。造成纤维素和木质素对土壤Olsen-P含量影响差异的原因是两种物质结构组成差异所引起的不同作用机制。纤维素是D-葡萄糖以β-1,4糖苷键联结而成的线形大分子多聚糖,是植物中含量最丰富的物质(王雨晴等,2017)。微生物分泌的纤维素酶能将其水解成易被利用的有机酸等物质(Bååth et al.,1995)。因此,纤维素能刺激土壤微生物的生长。由李比希最小限制因子可知,微生物为满足自身生长将土壤磷素固持在体内,细胞裂解死亡后有利于磷素的释放。因此,纤维素主要通过微生物过程调控土壤磷素有效性。植物体中木质素含量仅次于纤维素,是一种高分子含芳香结构的聚合物,仅有少量种类的微生物可以分解木质素(Thevenot et al.,2010),因此很难将其作为微生物生长的碳源(Schutter et al.,2001)。试验结果也证明,木质素的添加没有改变土壤微生物生物量。木质素特别是改性木质素在生产过程中形成大量羟基、羧基等功能基团(Xie et al.,1995),这些功能基团能和磷素竞争Fe、Al等氧化物吸附位点,降低土壤对磷素的吸附,从而提高土壤有效磷含量。因此,木质素直接通过物理化学作用活化土壤磷素。

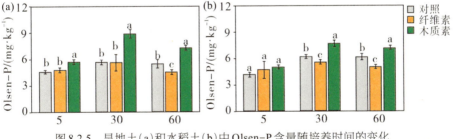

图8.2.5　旱地土(a)和水稻土(b)中Olsen-P含量随培养时间的变化

对含 phoD 功能基因微生物群落结构进行分析发现,与添加秸秆等有机物处理类似,具有固氮作用的 Methylibium 是纤维素、木质素处理中占主导地位的微生物(见图8.2.7)。此外,我们还发现了一些新的物种,如在旱地土中,木质素显著增加了 Cupriavidus 的丰度。Cupriavidus 能分泌酚氧化酶,是能以木质素作为唯一碳源生长的微生物(Shi et al.,2013)。在水稻土中,Methylibium 是能以甲烷作为唯一碳源的微生物,其丰度的增加有助于降低甲烷的释放(Mosin et al.,2014)。外源碳的添加导致这些具有冗余功能的微生物的出现。因此,碳磷耦合引起的微生物群落结构的改变也是"以碳增磷"的微生物机制之一。

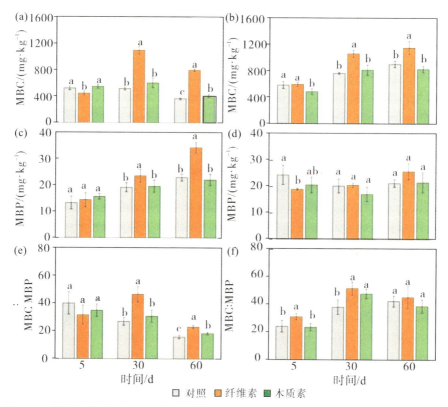

图 8.2.6　旱地土[(a)、(c)、(e)]和水稻土[(b)、(d)、(f)]中微生物量碳(MBC)和微生物量磷(MBP)及其比值

注：图中不同字母表示结果之间差异达到显著水平($P<0.05$)。

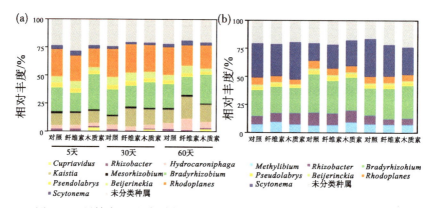

图 8.2.7　旱地土(a)和水稻土(b)中 *phoD* 基因在属水平的相对丰度堆积图

8.2.2.3 "以碳促磷"微生物机制概述

基于以上田间定位试验和室内培养试验,我们认识到"以碳促磷"的重要性:除以往认知的外源碳添加通过增加微生物生物量,提高土壤磷酸酶酶活,从而提高土壤磷素有效性的观点外,更为重要的是,外源碳(秸秆、有机肥等)的添加还能通过改变与磷转化有关微生物的群落结构,刺激具有多重功能性微生物(如 *Pseudomonas*、*Methylibium* 等)的生长,从而产生一个放大效应,提升土壤磷素有效性。纤维素和木质素(秸秆的主要成分)作用于磷素有效性的机制间存在差异。纤维素主要通过微生物过程(改变微生物生物量、磷酸酶酶活及功能微生物群落结构),增加 MBP 的含量,提高土壤磷素有效性。木质素虽然没有改变微生物生物量、土壤磷酸酶酶活和 MBP 的含量,但由于其含有大量的活性基团(羟基、羧基等),可通过络合土壤铁铝释放出磷酸根,从而直接提高土壤速效磷含量。因此,木质素主要通过物理化学过程提高土壤磷素有效性(见图 8.2.8)。

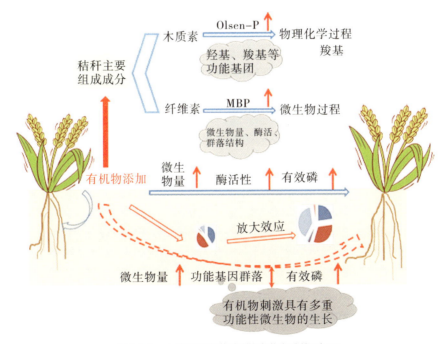

图 8.2.8 土壤"以碳增磷"微生物机制概念图

(葛体达 胡亚军 魏晓梦 魏亮 祝贞科 苏以荣 吴金水)

8.2.3　根际微生物的有机磷活化过程

8.2.3.1　根际微生物对有机磷的矿化有利于提高土壤供磷能力

根际是受根系活动影响的土壤区域,是植物养分获取的关键区域,也是土壤中最重要的微生物热区之一(Kuzyakov et al.,2015)。在植物根系的影响下,根际土的物理化学性质发生显著变化,进而调控微生物的生长代谢;微生物对土壤产生反馈作用,对植物的养分吸收与健康状况产生深远影响(Reinhold-Hurek et al.,2015)。由于土壤颗粒对磷素的强烈固定作用,土壤中有效磷的水平通常很低,即使施用大量的化学磷肥,土壤溶液中PO_4^{3-}的浓度也很难超过$5\mu m \cdot L^{-1}$(Bieleski,1973)。研究指出,植物吸收和运输磷素的能力通常足以满足自身营养需求,限制磷营养的核心因素是环境的供磷能力(Barber,1995)。因此,根际土中根系和微生物对磷素的持续活化是保证植物磷营养的关键(Richardson et al.,2009)。有机磷占土壤磷素总量的30%~80%(Harrison,1987;McLaughlin et al.,1990),但不能直接被植物利用,需先在磷酸酶的作用下转化与无机磷,方可被植物用于生长代谢(Nannipieri et al.,2011)。微生物是土壤磷周转的动力,研究微生物在根际有机磷矿化中的作用有助于深入理解根际磷活化机制,提高植物磷的利用效率。

8.2.3.2　根际磷活化的酶学机制

Wei等(2018)研究了缺磷水稻土中磷肥施用对水稻根际磷酸酶活性动态变化的影响,并以纤维素添加模拟秸秆还田,探索了外源碳添加促进根际磷活化的酶学机制。该研究通过根箱培养种植水稻[见图8.2.9(a)],借用近年来引入土壤学的原位酶谱技术[见图8.2.9(b)],原位获取了高分辨率的土壤表面磷酸酶活性二维分布图谱,通过对酶活与离根中心距离的逻辑回归直接分析磷酸酶活性从根到土壤的变化趋势,避免了人为划分根际土和非根际土带来的误差。

研究结果表明,酸性磷酸酶(ACP)和碱性磷酸酶(ALP)的活性热区均沿根分布(见图8.2.10),活性热区为根中心向外1~4mm的狭窄区域(见图8.2.11)。水稻移栽第45天,根际ACP热区面积与第35天时相比显著减小,而ALP无显著变化(以热区扩张范围表示,见图8.2.10)。这可能与两种磷酸酶来源的差异有关。ALP主要由微生物分泌,而ACP由植物和微生物共同分泌(Nannipieri et al.,2011)。第45天时水稻生长到分蘖期后期,根系活力下降,ACP的分泌量减少,导致热区面积下降。施磷促进了根系发育,引发根源磷酸酶分泌量的增加。同时,大量根际沉积碳的投入有利于促进微生物代谢和微生物源磷酸酶的分泌,使热区内的磷酸酶活性显著提高。然而,与缺磷处理相比,施磷条件下水稻根际磷酸酶的活性热区面积显著减小(见图8.2.10)。这可能是由于在施磷条件下,水稻生长速率较快,消耗了大量氮素,导致根际微生物活性的氮源限制。

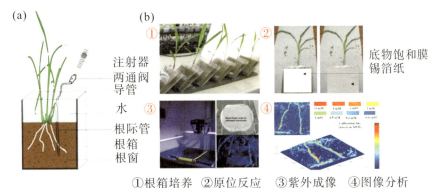

图8.2.9　植物的根箱培养装置(a)和土壤酶谱操作流程示意(b)

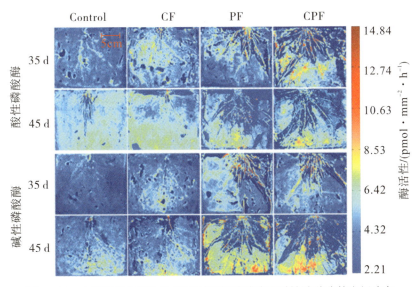

图8.2.10　水稻移栽后第35&45天时酸性磷酸酶和碱性磷酸酶的空间分布

如图8.2.11所示,施磷处理中根际土壤溶液的NH_4^+-N含量比不施磷处理低2~6倍。因根系吸附和菌根真菌的作用,根表的氮素浓度可显著高于周围土壤(Marschner et al., 2012; Victor et al., 301 2017)。因此,靠近根表的区域可能同时具有充足的碳源和养分元素，从而维持了较高的磷酸酶活性。磷酸酶活性表现了微生物对磷素获取的能量投入（Fujita et al., 2017），受微生物养分需求和底物的元素计量关系，特别是碳磷比值的直接影响（Sinsabaugh et al., 2014）。纤维素添加显著提高了根际土壤溶液的碳磷比值，使根际微生物代谢磷限制增强（Sinsabaugh et al., 2009），从而促进了磷酸酶的分泌，增大了根际磷酸酶活性热区（见图 8.2.12）。较大的磷酸酶活性热区意味着根系能从更广泛的土壤区域获取磷素。因此，纤维素等外源碳添加可能是提高磷利用效率的有效手段。

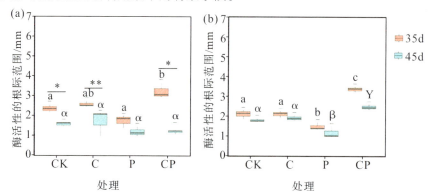

图 8.2.11　酸性磷酸酶（a）和碱性磷酸酶（b）活性热区由水稻根中心向土壤的扩张范围

注：不同处理间的显著异在第 35 天时以英文字母表示，在第 45 天时以拉丁字母表示。相同处理不同采样时间的差异用星号表示：*，$P<0.05$；**，$P<0.01$。

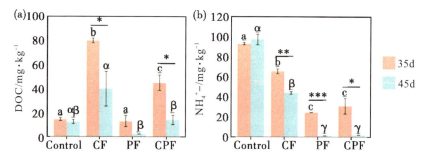

图 8.2.12　水稻生长第 35 天、第 45 天时根际土壤溶液的 DOC（a）、NH_4^+-N（b）、可溶性磷含量（SP）（c）和 pH

注：Control、CF、PF 和 CPF 分别表示不做任何添加、单添加纤维素、单添加磷和纤维素与磷共添加的处理。不同处理间的显著差异在第 35 天时以英文字母表示，不同处理间的显著差异在第 45 天时以拉丁字母表示。相同处理不同采样时间的差异用星号表示：*，$P<0.05$；**，$P<0.01$。

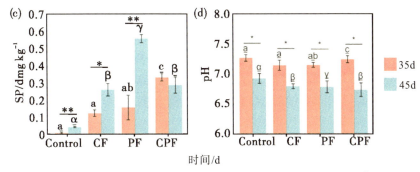

图 8.2.12 水稻生长第 35 天、第 45 天时根际土壤溶液的 DOC(a)、NH_4^+-N(b)、可溶性磷含量(SP)(c)和 pH(续图)

注:Control、CF、PF 和 CPF 分别表示不做任何添加、单添加纤维素、单添加磷和纤维素与磷共添加的处理。不同处理间的显著差异在第 35 天时以英文字母表示,不同处理间的显著差异在第 45 天时以拉丁字母表示。相同处理不同采样时间的差异用星号表示: *,$P<0.05$;**,$P<0.01$。

8.2.3.3 碱性磷酸酶编码基因对土壤磷水平的响应与调控机制

微生物比植物具有更强的缺磷耐受性(Godwin et al.,2015),这可能与其 ALP 的合成和分泌能力有关。与 ACP 和植酸酶等相比,ALP 对磷素有效性更加敏感,缺磷胁迫能显著提高 ALP 活性及其编码基因的表达(Apel et al.,2007)。在分子生物学水平上研究植物根际 ALP 编码基因(*phoA*、*phoD*、*phoX*)与磷素有效性的关系,有利于深入认识根际有机磷活化的微生物学机制。

以缺磷水稻土(Olsen-P$<$5mg·kg^{-1})和亚洲栽培稻(*Oryza sativa* L.)为材料,我们研究了施磷和水分管理对水稻根际、非根际磷水平及 *phoD* 丰度与多样性的影响。

结果表明 *phoD* 丰度与多样性仅与土壤磷水平有关,受水分管理和根际效应的影响不显著。与以往报道相同,如图 8.2.13 所示,*phoD* 丰度与速效磷含量呈负相关关系,说明缺磷促进了有机磷矿化微生物的生长(Luo et al.,2017a;Tan et al.,2013);施磷对 ALP 活性无显著影响,但速效磷含量与 ALP 活性显著正相关,表明有机磷矿化有利于缓解土壤缺磷状况(Hu et al.,2018)。以往对 *phoD* 的研究多集中在旱地,对稻田鲜有报道。在旱地中,*Bradyrhizobium*、*Methylobacterium* 是常见的优势物种(Fraser et al.,2015b;

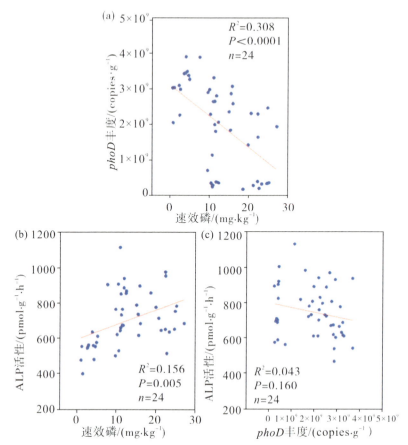

图 8.2.13 *phoD* 丰度与速效磷含量(a)、碱性磷酸酶(ALP)活性与速效磷含量(b)及 ALP 与 *phoD* 丰度(c)的线性拟合关系

Ragot et al., 2015；Luo et al., 2017a)。我们发现,除了旱地常见的优势物种外,甲烷氧化菌 *Methylomonas* 在稻田含 *phoD* 的微生物中相对丰度也较高,这可能是由于稻田土壤甲烷产生量大,为甲烷氧化菌提供了充足的底物(Aulakh, et al., 2001)。冗余分析表明,DOC、柠檬酸提取态磷、HCl 提取态磷和速效磷对含 *phoD* 微生物的群落组成有显著影响[见图 8.2.14(a)],分别解释了 13.4%、11.2%、8.1% 和 4.9% 的群落变异[见图 8.2.14(b)]。土壤磷水平是影响 *phoD* 多样性的首要因素(Ragot et al., 2016),但同时它还改变了水稻生长和根际分泌物的种类与数量。本研究中,根际土 DOC 含量在施磷处理中显著较高。以往研究表明,*phoD* 丰度和多样性与碳源可利用性密切相关(Ragot et al., 2015；Luo et al., 2017a),因此我们推测,除直接效应外,施磷

还通过促进根际沉积作用间接影响根际含*phoD*微生物的群落组成。

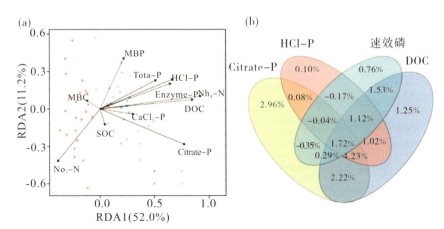

图8.2.14 土壤理化性质对含*phoD*微生物群落组成影响的冗余分析(a)和因子效应的方差分解(b)

缺磷处理中,含*phoD*微生物生态网络边的数量比施磷土壤多,其中负相关关系增加了3.5倍(见图8.2.15),说明缺磷胁迫下水稻根际含*phoD*微生物网络关系更复杂,种间竞争激烈。近年来,稀有物种对生态系统功能的重要性越来越引起广泛重视(Jousset et al.,2017)。通过分析OTUs相对丰度与*phoD*拷贝数的关系,我们发现,随着*phoD*拷贝数的增加,优势OTUs的相对丰度降低,而稀有OTUs的相对丰度升高(见图8.2.16),表明稀有物种是应对缺磷胁迫的关键微生物。57%~78%的OTUs相对丰度与*phoD*拷贝数无显著相关性。以上结果表明,尽管根际土中*phoD*具有较高的多样性,但可能仅有少量物种,包括Nostocales、Rhizobiales、Burkholderiales和Pseudomonadales与缺磷条件下的有机磷矿化有关(Fraser et al.,2015b)。我们进一步分析了来自各个OTU的*phoD*拷贝数(OTUs相对丰度×*phoD*总拷贝数)与土壤磷组分的关系(见图8.2.16)。此处我们仅关注了丰度与Olsen-P负相关的OTUs。这些微生物的生长受缺磷促进,可能对有机磷活化有重要贡献。结果显示,缺磷土中有46个OTUs与至少一种无机磷组分($CaCl_2$提取态磷、柠檬酸提取态磷和HCl提取态磷)正相关,而所有OTUs均与有机磷(酶提态磷和微生物生物量磷)负相关或无显著相关性;施磷处理中有40个OTUs与酶提态磷或微生物生物量磷正相关,且多数与$CaCl_2$提取态磷负相关(见图8.2.17)。以上结果表明,含*phoD*的微生物将缺磷条件下有机磷矿化为无机磷,以缓解缺磷胁迫,而磷供应相对充足时利用无机磷合成有机磷,储存在细胞内。缺磷土中,OTUs丰度与HCl提取态磷相关性最强,表明矿化产生的PO_4^{3-}大部分被土壤颗粒固定。尽管我们表明,有机磷的矿化无法有效提高根际速效磷含量,却为利用微生物手段缓解土壤磷胁迫提供了理论依据和研究方向。

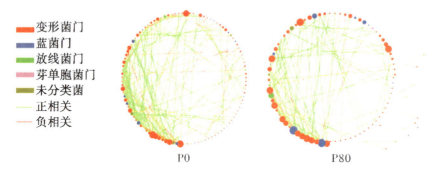

图 8.2.15　缺磷(P0)和施磷(P80)处理中,含 phoD 微生物的生态网络图

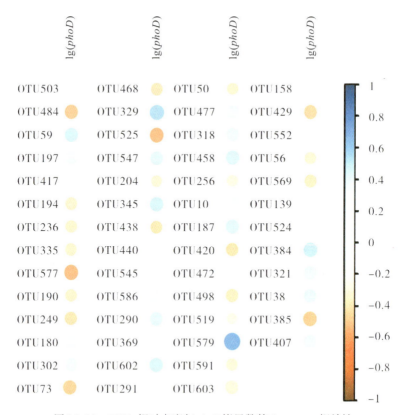

图 8.2.16　OTUs 相对丰度与 phoD 拷贝数的 Spearman 相关性

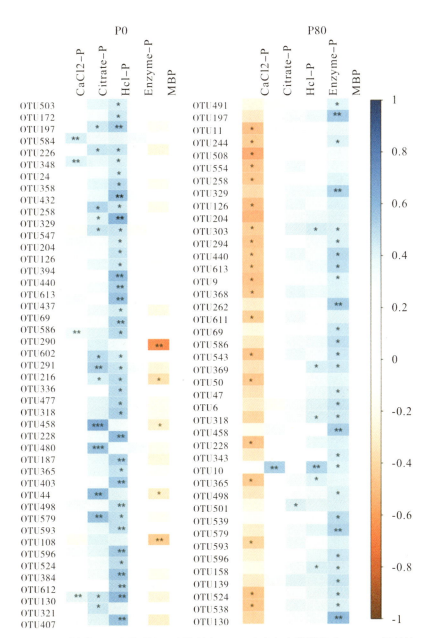

图 8.2.17　缺磷(P0)和施磷(P80)处理中OTUs丰度与土壤磷组分 Pearson 相关性

注：*，$P < 0.05$；**，$P < 0.01$；***，$P < 0.001$。

综上,根际磷活化是植物和微生物共同作用的结果。在缺磷条件下,微生物源碱性磷酸酶对有机磷矿化的贡献可能大于酸性磷酸酶。纤维素添加能促进根际有机磷活化,是提高磷利用效率的可行手段。在含 *phoD* 的微生物中,稀有物种可能是矿化有机磷、缓解缺磷胁迫的关键微生物。然而,有机磷矿化产生的无机磷大部分被土壤颗粒固定,无法有效提高根际磷素可利用性。在未来微生物促磷技术的研发中,需同时考虑有机磷的矿化和无机磷的活化,以实现最佳促磷效果。

（葛体达　胡亚军　魏晓梦　魏　亮　祝贞科　苏以荣　吴金水）

8.3　真菌菌丝际细菌群落结构及解磷潜能

土壤蕴藏着巨大的细菌和真菌多样性及丰度,是土壤其他微生物生物量的 100~10000 倍(Fierer,2017)。一方面,土壤真菌作为土壤微生物的重要组成及元素循环的驱动者与细菌竞争土壤养分和生存空间;另一方面,土壤中存在的大量菌丝为细菌定殖提供了新的栖息地。据报道,每克土壤含有的真菌菌丝长度总和高达 1000m(Ritz et al.,2004)。这些错综复杂的菌丝网不仅为细菌在土壤中的迁移、定殖和扩散提供了便利(菌丝"高速公路")(Furuno et al.,2012),还为细菌繁殖提供了丰富的源碳,是真菌–细菌相互作用以及养分循环的热点区域(de Boer et al.,2005;Halsey et al.,2016)。与非菌丝际土壤细菌群落相比,菌丝际细菌群落对真菌源碳组分具有更高的利用效率和养分矿化潜能(Uroz et al.,2007;2011)。此外,在真菌菌丝际也常分离到具有固氮和解磷能力的细菌 (Zhang et al.,2014;Zagryadskaya,2017)。这些研究结果表明,富集在菌丝周围的细菌在获取真菌源碳的同时,其高效的养分矿化能力可加速土壤氮、磷素周转,以满足真菌养分需求。

真菌与细菌的相互作用是地球最古老的相互作用之一。在长达约 1 亿年的共同进化过程中(Hassani et al.,2018),真菌对其周围细菌群落的影响不容忽视。长期以来,大量研究通过比较真菌存在与否对土壤细菌群落的影响,已证明真菌的存在显著影响其周围细菌群落的组成与多样性(Nazir et al.,2010,2013;Nuccio et al.,2013;Wang et al.,2016)。为了分离、鉴定真菌菌丝际富集的细菌(群落),真菌诱捕系统被广泛运用于特定真菌与细菌间的相互作用研究(Scheublin et al.,2010)。研究发现,真菌菌丝选择富集特定的细菌类群,包括 β-Proteobacteria、γ-Proteobacteria、Firmicutes 等。然而,目前研究所用的诱捕系统多通过提取土壤细菌群落,在实验室培养环境

第8章　土壤磷转化及其与碳氮耦合的微生物机制

下研究特定真菌(特别是菌根真菌)对提取细菌群落的选择作用(Scheublin et al.,2010)。这些基于提取方法的诱捕系统虽然在一定程度上反映了真菌对细菌群落的选择,但是忽略了土壤环境对真菌生长代谢及菌丝际细菌群落富集过程的影响。在复杂的土壤环境中,生物因素(如真菌种类)和非生物因素(如土壤性质等)均会影响真菌菌丝对细菌群落的选择。目前,关于真菌菌株差异对菌丝际细菌群落影响的研究结果不尽相同。Ballhausen 等(2015)将3种菌根真菌 *Trichoderma*、*Mucor*、*Rhizoctonia* 与提取自根际土壤的细菌群落共培养后发现,不同菌根真菌菌丝周围富集的细菌群落有所不同;然而,Scheublin 等(2010)在类似的实验条件下却发现四株菌根真菌 *Glomus* 对菌丝际细菌群落的影响不大。除了生物因素,土壤性质等非生物因素对菌丝际细菌群落也具有非常重要的影响(Filonow et al.,1987;Rousk et al.,2009)。先前研究发现,土壤 pH,C、N、P 含量,土壤 C:N 比等性质对外生菌根附近的细菌群落影响巨大(Simon et al.,2016;Marupakula et al.,2017)。然而,由于真菌诱捕系统的限制,关于在土壤环境下生物及非生物因素对真菌菌丝际细菌群落结构及功能影响的研究鲜有报道。

我们通过 Ghodsalavi 等(2017)设计的真菌诱捕系统,在近自然土壤条件下研究两株具有不同解磷能力的青霉菌,在5种不同 P 水平土壤中所富集的细菌群落结构及磷循环潜能,探究真菌种类及土壤性质对菌丝际细菌群落的影响。通过诱捕系统,我们发现菌丝周围附着的细菌形态多样,主要包括单细胞附着,以团聚态、链状,或生物膜形式环绕在菌丝周围等。16S rRNA 基因高通量测序分析表明,菌丝际细菌 OTUs 数量显著低于土壤细菌($P<0.01$),与土壤细菌群落相比,OTUs 数量减少了 69%±19%,只有约 9% 左右 OTUs 在土壤和菌丝际细菌群落中共存。此外,菌丝际细菌群落的 α-多样性也显著低于土壤细菌群落($P<0.01$)。与真菌菌株产生的影响相比,土壤对菌丝际细菌群落影响显著(Permanova, $F=22.57$, $P<0.001$)。偏冗余分析(pRDA)表明,土壤性质与真菌种类对菌丝际细菌群落变异度的解释量分别为 57.71%、2.74%。在门水平,变形菌门(Proteobacteria)在土壤细菌群落中丰度最高,约占 OTUs 总数的 23%~39%,而其他门(相对丰度大于 10%)随土壤来源变化较大。与土壤样品相比,Proteobacteria 的相对丰度在几乎所有菌丝际样品中有显著增长($P<0.01$),拟杆菌门(Bacteroidetes)和厚壁菌门(Firmicutes)在部分菌丝际样品中的相对丰度也显著增加($P<0.05$)。然而,真菌解磷能力对其菌丝际细菌群落结构的影响并不显著,而在 OTUs 水平的

383

选择作用较为明显。通过三元图(ternary plot)发现,具有不同解磷能力的真菌选择富集的OTUs截然不同,同一真菌在不同土壤中选择富集的OTUs也不尽相同。

为了测定青霉菌菌丝上附着的细菌群落是否具有较高的磷代谢潜能,我们测定了土壤和菌丝际细菌群落中磷循环相关基因的丰度。实验所测定基因主要参与有机及无机磷水解过程,包括:植酸水解过程(bpp)、磷酸单酯和磷酸二酯水解($phoX$、$phoD$)、磷酸酯利用($phnK$),以及吡咯喹啉醌辅酶的合成($pqqC$)。在多数菌丝际样品中,$phnK$的相对丰度显著高于土壤样品($P<0.05$),而bpp、$phoX$、$phoD$丰度受土壤来源的影响较大。细菌类群与磷循环基因的相关性网络分析表明,菌丝际样品中磷循环基因和细菌类群间的相关性模型与土壤样品完全不同。

综上所述,与非菌丝际土壤相比,青霉菌菌丝所富集的细菌群落具有较强的有机磷循环潜能。土壤类型是菌丝际细菌群落组成、结构,以及潜在功能的主要驱动力,而真菌菌株与土壤环境相互作用的影响也不容忽视。我们强调了土壤对真菌-细菌相互作用的重要性。关于土壤性质如何影响菌丝际细菌群落的机制,还需要进一步研究。

(郝秀丽 朱永官)

8.4 太湖稻麦轮作区磷肥减施土壤磷素周转特征及其微生物生态机制

太湖流域水稻土传统的种植方式为稻麦轮作。由于水稻季淹水条件下土壤磷的有效性会提高,而小麦为旱作,所以磷的有效性从淹水到落干的过程会降低。因此,需要在一个轮作周期中统筹考虑不同作物季磷肥的分配,充分利用残留磷肥的后效。在当前太湖流域高磷投入及土壤磷富集的情况下,我们重新讨论和实践了"旱重水轻"的减磷措施,并得到初步结果:与目前农民稻麦季均施磷肥相比,稻季不施磷、麦季施磷,进行7年仍可稳产,但麦季减磷处理显著减少小麦产量(见图8.4.1和图8.4.2)。然而,实施稻季不施磷、麦季施磷的磷肥减施:①满足作物生长需求的土壤磷阈值是多少? ②稻麦轮作周年土壤中磷素赋存形态及转化过程变化特征如何? ③在稻麦周年磷素转化过程中微生物起了什么样的作用？回答上述科学问题,对稻麦轮作农田科学施磷与保障粮食安全生产具有重要的实际指导意义。

图8.4.1　宜兴基地磷肥减施定位试验点

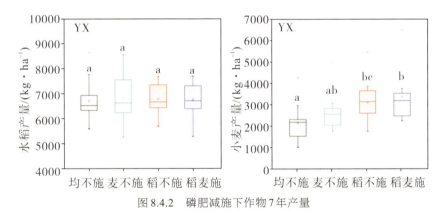

图8.4.2　磷肥减施下作物7年产量

注:图中不同字母表示结果之间差异达到显著水平($P<0.05$)。

因此,本节内容基于中国科学院常熟农业生态站宜兴基地与常熟市农科所磷肥减施定位试验(始于2010年稻季),研究区域土壤磷素供给阈值;并按照修正的Hedley分级方法,结合 ^{31}P-NMR与土壤磷酸盐氧同位素技术,分析稻麦轮作周年土壤中磷素赋存形态和组成,探析土壤中磷素的转化过程,并探索在土壤磷素周转过程中微生物的作用。

8.4.1 稻麦轮作农田土壤磷素供给阈值

通过分析太湖流域宜兴市及常熟市十种水稻土作物产量与土壤速效磷关系,结果如图8.4.3所示。在该区域,水稻生长土壤速效磷阈值范围为4.19~5.24mg·kg^{-1};小麦生长土壤速效磷阈值范围为7.00~16.8mg·kg^{-1}(Wang et al.,2018)。对于作物来说,土壤速效磷超过阈值范围,作物对施肥响应很小。目前有报道水稻的速效磷阈值为10~20mg·kg^{-1},小麦的速效磷阈值为7~18mg·kg^{-1}(Bai et al.,2013;Tang et al.,2009)。但是主要都是依据文献综述得到的数据。

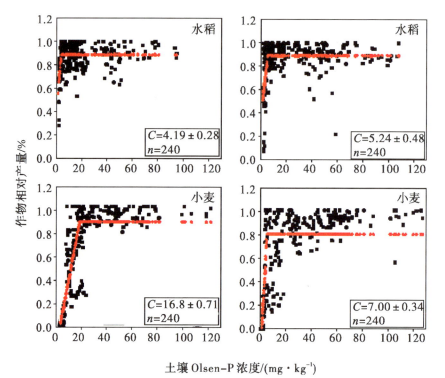

图8.4.3 作物产量与土壤速效磷阈值分析

(汪 玉 王慎强)

第8章　土壤磷转化及其与碳氮耦合的微生物机制

8.4.2　稻麦轮作农田土壤磷素周转机制

不同作物产量对土壤速效磷的响应主要由土壤中磷库变化导致。为此，我们进一步分析了太湖流域稻麦轮作农田土壤磷素赋存形态（见表8-4-1），发现不同磷肥处理及不同磷含量土壤对土壤中磷库，包括resin-P、NaHCO$_3$-Pi、NaOH-Pi、NaOH-Po、HCl-P有显著影响（$P < 0.05$）（Wang et al.，2016）。土壤类型与处理对resin-P、NaHCO$_3$-Pi及NaOH-Po具有极显著相关性（$P < 0.01$）。该区域土壤中，活性磷组分（resin-P、NaHCO$_3$-Pi、NaHCO$_3$-Po）占总磷的5.64%~24.3%；中等活性磷组分（NaOH-Pi、NaOH-Po）占总的12.2%~37.2%，稳定态磷组分（HCl-P，残留态P）占总磷的41.0%~82.1%。

进一步通过^{31}P-NMR分析发现（见图8.4.4），该区域土壤消耗的主要是无机磷库，有机磷库无显著变化（Wang et al.，2015）。对不同磷肥处理下无机磷库之间的周转过程，主要利用磷酸盐氧同位素方法分析（见图8.4.5）。磷肥减施处理发现，与稻麦季均施磷肥的对照相比，稻麦季均不施磷肥的空白对照，以及稻季不施磷、麦季施磷的减磷处理下土壤磷库周转过程不同。传统稻麦季均施磷肥处理下，土壤消耗的主要是NaHCO$_3$-Pi，而稻季不施磷的磷肥减施处理下主要消耗土壤中的NaHCO$_3$-Pi和NaOH-Pi，空白对照处理则消耗的是HNO$_3$-Pi。不同处理在利用对应主要磷库时，磷循环过程快速，微生物活动高效。

表8-4-1　太湖流域稻麦轮作农田土壤磷素赋存形态（单位：mg·kg^{-1}）

土壤类型	处　理	活性磷（Labile P）			中活性磷（Moderately labile P）		稳定磷（Stable P）	
		Resin-P	NaHCO$_3$-Pi	NaHCO$_3$-Po	NaOH-Pi	NaOH-Po	HCl-P	Residual-P
高磷土	均不施磷	7.60 a	11.93 a	6.03 a	28.05 a	27.18 a	270.2 a	102.0 a
	稻不施磷	13.05 b	64.91 b	13.00 b	92.10 b	27.34 a	379.7 ab	103.3 a
	麦不施磷	12.28 b	65.80 b	17.88 b	112.9 b	30.35 a	359.5 ab	104.0 a
	稻麦施磷	24.16 c	153.5 c	4.51 a	188.3 c	27.38 a	422.2 b	108.9 a

续表

土壤类型	处理	活性磷（Labile P）			中活性磷（Moderately labile P）		稳定磷（Stable P）	
		Resin-P	NaHCO₃-Pi	NaHCO₃-Po	NaOH-Pi	NaOH-Po	HCl-P	Residual-P
中磷土	均不施磷	4.61 a	6.89 a	10.54 a	22.14 a	24.74 a	197.7 a	118.9 a
	稻不施磷	3.62 a	23.11 b	8.95 a	58.08 b	30.05 a	237.1 b	130.0 a
	麦不施磷	6.57 a	43.09 c	8.74 a	86.74 c	28.03 a	245.9 b	126.8 a
	稻麦施磷	11.91 b	113.8 d	0 b	183.6 d	8.41 b	275.5 c	126.3 a
低磷土	均不施磷	2.90 a	5.89 a	10.11 a	24.43 a	22.51 a	69.24 a	102.6 a
	稻不施磷	4.76 ab	23.73 b	12.76 a	70.18 b	17.89 a	94.61 b	102.7 a
	麦不施磷	5.82 b	32.82 b	11.94 a	89.60 b	29.25 a	106.7 c	103.7 a
	稻麦施磷	16.58 c	96.20 c	5.20 b	172.3 c	28.85 a	127.5 d	94.09 a
显著水平（P）								
土壤类型		0.000	0.000	0.080	0.000	0.026	0.000	0.000
处理		0.000	0.000	0.130	0.000	0.004	0.000	0.196
土壤类型×处理		0.001	0.001	0.009	0.688	0.000	0.265	0.135

注：不同字母表示结果之间差异达到显著水平（$P < 0.05$）。

第8章 土壤磷转化及其与碳氮耦合的微生物机制

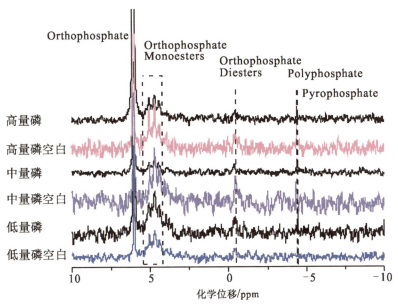

图8.4.4 不同磷肥处理下土壤^{31}P-NMR分析

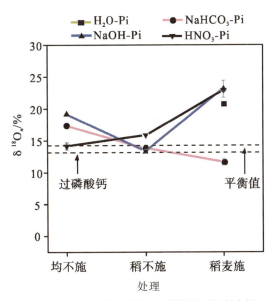

图8.4.5 不同磷肥处理下土壤磷氧同位素分析

(汪 玉 王慎强)

8.4.3 稻麦轮作土壤磷素周转过程中微生物作用

稻麦轮作土壤磷素周转微生物的作用如何？通过高通量测序分析(Wang et al.,2018)(见图8.4.6和图8.4.7),细菌群落结构主要分为两类(A,B),不同类型土壤微生物丰度不同。通过不同磷肥处理及不同磷含量土壤对微生物变化响应的双因素方差分析,9种产生变化的主要微生物种类受磷肥处理影响最大(见表8-4-2)。宜兴土壤主要受Sphingobacteria和Alphaproteobacteria影响,常熟土壤中则主要受Acidobacteria_Gp6、Actinobacteria、Anaerolineae和Betaproteobacteria影响($P<0.05$)。进一步通过分析不同磷肥处理、初始磷含量,以及土壤理化性质与微生物变化关系,发现不同磷肥处理相关性最高,其次是土壤基本理化性质,然后是土壤初始磷含量。

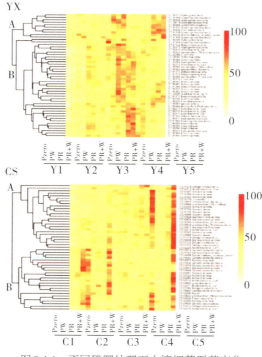

图8.4.6 不同磷肥处理下土壤细菌群落变化

注:①ˣLabile P指Resin-P、NaHCO₃-Pi、NaHCO₃-Po总和;ʸModerately Labile P指NaOH-Pi、NaOH-Po总和;ᶻStable P指HCl-P、Residual-P总和。PW,麦季施磷、稻季不施磷;PR,稻季施磷、麦季不施磷;PR+W,农民的稻麦季均施磷(对照);P_zero,稻麦季均不施磷(空白);H,高磷土壤;M,中磷土壤;L,低磷土壤。②表中同列不同字母表示结果之间差异达到显著水平($P<0.05$)。

第8章 土壤磷转化及其与碳氮耦合的微生物机制

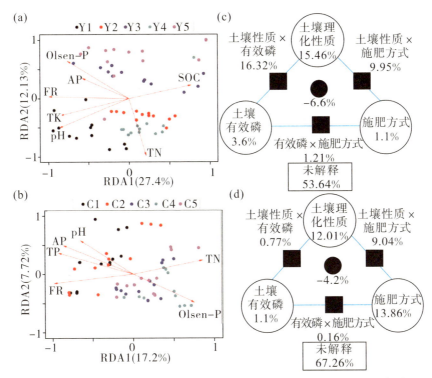

图8.4.7 不同磷肥处理下土壤细菌群落变化与土壤理化性质及磷肥处理的关系

表8-4-2 不同磷肥处理及磷含量土壤对微生物变化响应双因素方差分析

土壤	宜兴土壤			常熟土壤		
影响因素	施肥方式[a]	有效磷[b]	施肥方式×有效磷	施肥方式[a]	有效磷[b]	施肥方式×有效磷
Acidobacteria_Gp6	7.24***	26.06***	1.08ns	17.35***	17.95***	5.81***
Actinobacteria	4.52**	5.91***	0.62ns	3.93*	5.28**	2.2*
Bacilli	11.95***	28.97***	1.9ns	5.35**	51.7***	0.73ns
Sphingobacteria	20.51***	11.59***	2.31*	1.79ns	22.16***	2.92ns
Anaerolineae	12.4***	26.06***	1.99ns	10.83***	44.39***	2.19*
Alphaproteobacteria	7.17***	3.15*	2.24*	2.53ns	16.12***	1.06ns
Deltaproteobacteria	3.54*	4.58*	1.45ns	3.42*	14.03***	1.08ns
Betaproteobacteria	0.42ns	11.13***	1.51ns	0.56ns	7.74***	3.51**
Gammaproteobacteria	13.22***	5.18**	1.97ns	5.43**	14.31***	1.1ns

注：*，$P<0.05$；**，$P<0.01$；***，$P<0.001$。ns表示差异不显著。[a]，4种施肥方式；[b]，原始土壤有效磷。

391

基于磷肥减施定位试验中磷库变化及周转过程中微生物的作用分析，该地区土壤耗竭的主要是无机磷库，稻麦周年磷肥减施作物主要利用 $NaHCO_3$-Pi 及 NaOH-Pi，磷循环过程快速，微生物活动高效。土壤磷库变化主要受 Actinobacteria、Sphingobacteria 和 Proteobacteria 等细菌影响。

（汪　玉　王慎强）